普通高等教育基础课系列教材

概率论与数理统计（理工类）

张春琴　杨兰珍　周彩丽　田大增　编

U0379422

机械工业出版社

本书全面、系统地介绍了概率论与数理统计课程的基本内容、基本思想和基本原理. 全书始终坚持"以应用为目的且不削弱理论学习"的宗旨，前5章介绍概率论的基本内容，为学习数理统计准备必要的理论知识；后4章介绍数理统计的基本理论与方法，侧重介绍了抽样分布、参数估计、假设检验和回归分析. 书中配有基础练习题、总习题以及自测题供学生练习巩固.

本书可作为高等院校理工科各专业的概率论与数理统计教材，也可作为研究生、工程技术人员、科技工作者以及数学爱好者的参考用书.

图书在版编目（CIP）数据

概率论与数理统计: 理工类/ 张春琴等编. —北京：机械工业出版社，2023.12

普通高等教育基础课系列教材

ISBN 978-7-111-73895-4

Ⅰ. ①概…　Ⅱ. ①张…　Ⅲ. ①概率论-高等学校-教材②数理统计-高等学校-教材　Ⅳ. ①O21

中国国家版本馆 CIP 数据核字（2023）第 176860 号

机械工业出版社（北京市百万庄大街 22 号　邮政编码 100037）

策划编辑：汤　嘉　　　　　责任编辑：汤　嘉　李　乐
责任校对：宋　安　张　征　封面设计：王　旭
责任印制：刘　媛

涿州市殷润文化传播有限公司印刷

2024 年 8 月第 1 版第 1 次印刷

184mm×260mm · 20 印张 · 468 千字

标准书号：ISBN 978-7-111-73895-4

定价：59.00 元

电话服务　　　　　　　　网络服务

客服电话：010-88361066　机 工 官　网：www.cmpbook.com

　　　　　010-88379833　机 工 官　博：weibo.com/cmp1952

　　　　　010-68326294　金 书　　网：www.golden-book.com

封底无防伪标均为盗版　机工教育服务网：www.cmpedu.com

前　言

　　本书主要面向高等院校理工类专业学生，作者在编写过程中注重把"教、学、做"融为一体，并根据理工类专业的特点引入相关应用实例，力争编写出一本具有自身特色的教材．本书注重数学概念的实际背景和几何直观的引入，案例的选择更贴近人们的生活和生产管理，更具有时代气息；本书注重启发与思考、理论联系实际，体现专业特色和现代数学观点，提高学生解决问题的能力．本书还介绍了相关的数学家和他们的主要贡献，在恰当的章节或相关知识点融入思政内容以及习近平新时代中国特色社会主义思想，培养学生的家国情怀和奉献精神，使他们具有勇于攀登、开拓创新、求真务实和精益求精的工匠精神，有效提升了育人功能．

　　本书共九章，包括概率论和数理统计两部分，其中一至五章是概率论部分，六至九章是数理统计部分．由于理工科专业要求不同、学生数学基础参差不齐，所以本书内容会比教学大纲要求多一些、比教师在课堂讲授的多一些，从而覆盖各个专业的要求、满足不同程度学生的学习需要．标有 * 号的内容可以不学，这些内容相对独立，删去不影响全书的学习．全书内容：第一章介绍概率论的基础知识，第二、三章介绍随机变量 (多维随机变量) 及其分布，第四章介绍数学期望，第五章介绍大数定律与中心极限定理，第六章介绍样本及抽样分布，第七、八章介绍参数估计和假设检验，第九章介绍回归分析基础．

　　本书理论体系结构合理，叙述深入浅出，论证严谨，例题丰富，习题数量适中．书中每节附有"基础练习"，以帮助学生随堂消化所学知识；每章从易到难配备了总习题，既有针对基础知识的习题，也有针对有考研需求和基础好的学生而编写的具有一定综合性和难度的习题；每章附有一套自测题，以帮助读者了解自己的学习情况和知识掌握程度．本书在例题和习题的选择上扩大涉及的范围，包括农业、商业、保险业、建筑学、电子学、物理学、管理学、经济学、化学、医学和体育等．

　　在本书编写的过程中，不仅得到了河北省机器学习与计算智能重点实验室的支持，还得到了机械工业出版社的相关工作人员的悉心指导，在此一并表示特别的感谢．由于我们水平有限，书中不当甚至谬误之处在所难免，恳请同行专家及读者批评指正．

编　者

2023 年 3 月

目　录

第一章　概率论的基础知识

众所周知，在标准大气压下将液态水加热到 100 ℃，则水必然沸腾；每日清晨，太阳必然从东方升起；在地球上，手心向下握着的苹果，一旦松手，苹果必然从手中掉落. 这类在一定条件下必然发生的现象，我们称之为确定性现象.

然而，在现实世界中还存在着另一类现象，这类现象若在相同条件下进行重复观察或实验，其结果是不确定的，即每次观察或实验的结果可能不同，此类现象我们称之为随机现象. 例如，向空中抛掷一枚质地均匀的硬币，则硬币落地时，可能硬币正面 (带币值的那面) 朝上，也可能反面朝上；某射击选手在靶场进行射击，每次击中的环数可能不同；某传染病流行期间，每天新增感染人数可能不等，新增死亡人数也可能不等. 这些随机现象在每次观察或实验之前，事先不能准确预知确切结果. 但值得关注的是，若在相同条件下对这些现象进行大量的观察或实验，人们发现各种结果的出现呈现出固有的“量”的规律性，我们称之为随机现象的统计规律性. 例如，某射击选手在一固定靶场重复射击，人们会发现此选手击中 8 环的频率接近于某一固定常数.

显然，就随机现象的本质而言，一方面在个别观察或实验中呈现出其结果的不确定性；另一方面，在大量重复观察或实验中呈现出其结果具有某一统计规律性. 概率论与数理统计正是一门揭示与研究随机现象统计规律性的数学学科，而且这门学科已广泛应用于科学技术、国民经济以及国防工业等各个领域.

本章主要介绍概率论的基础知识：

1. 基本概念，包括样本空间、随机事件、概率、条件概率及事件独立性等；
2. 基本计算，包括古典概型计算、全概率公式和贝叶斯公式的应用等.

第一节　随机事件

一、随机试验

揭示与研究随机现象的统计规律性，一般需要进行大量的重复观察或实验. 对随机现象进行的一次观察或实验，这里统称为一个随机试验，简称试验，通常用字母 E 表示.

下面是试验的一些例子.

E_1：从某批灯泡中任选一只，检验其是否合格；

E_2：同时抛掷两颗骰子，观察其出现的点数；

E_3：记录某传染病一天内新增感染人数；

E_4：测试某种型号空调的使用寿命；

E_5：罐中有 12 颗围棋子，其中 8 颗白子，4 颗黑子，若从中任取 3 颗，观察白子出现的数目.

比较和分析这些试验, 可以发现它们具有以下共同特点:

1. 在相同条件下, 试验可以**重复**进行;

2. 每次试验具有不止一个可能结果, 并且可事先明确所有可能结果;

3. 每次试验之前, 并**不能准确预测哪一种可能结果将会出现**.

值得注意的是, 我们在做试验时不得弄虚作假, 要讲 "诚信", 要尊重科学、尊重事实、信守承诺, 保证数据真实可靠.

二、 样本空间与随机事件

对于随机试验 E, 试验的所有可能结果事先是明确的, 将所有可能结果构成一个集合, 我们称之为 E 的**样本空间**, 用 Ω 表示. 将样本空间的每一个元素称为**样本点**, 其实质为 E 的一个可能结果, 用 ω 表示. 显然, $\Omega = \{\omega\}$.

下面分析上述 $E_1 \sim E_5$ 的样本空间.

【例 1-1】   试验 E_1 的样本空间为 $\Omega_1 = \{$合格, 不合格$\}$.

【例 1-2】   试验 E_2 的样本空间为

$$\Omega_2 = \{(1, \ 1), \ (1, \ 2), \ \cdots, \ (1, \ 6),$$
$$(2, \ 1), \ (2, \ 2), \ \cdots, \ (2, \ 6),$$
$$\vdots$$
$$(6, \ 1), \ (6, \ 2), \ \cdots, \ (6, \ 6)\}.$$

【例 1-3】   试验 E_3 的样本空间为 $\Omega_3 = \{0, \ 1, \ 2, \ 3, \ \cdots\}$.

【例 1-4】   试验 E_4 的样本空间为 $\Omega_4 = \{t | t \geqslant 0\}$.

【例 1-5】   试验 E_5 的样本空间为 $\Omega_5 = \{0, \ 1, \ 2, \ 3\}$.

由上可知, 样本空间的样本点个数可能是有限个, 例如 Ω_1, Ω_2, Ω_5; 也可能是无限多个, 例如 Ω_3, Ω_4, 其中 Ω_3 的样本点个数是可列无穷多个. 通常, 若样本空间 Ω 的样本点个数是有限个或可列无穷多个, 则称 Ω 为离散型样本空间, 否则称 Ω 为连续型样本空间.

在进行试验研究时, 人们一方面关心试验的单个可能结果 (即单个样本点), 另一方面更关心满足某种条件的一些可能结果组成的集合 (即一些样本点组成的集合). 例如, 对于例 1-3 的试验 E_3, 我们可能关心 "新增感染人数是否为 1000", 也可能关心 "新增感染人数是否超过 1000". 事实上, 满足 "新增感染人数为 1000" 可表示为集合 $A = \{1000\}$; 满足 "新增感染人数超过 1000" 可表示为集合 $B = \{x | x > 1000, \ x \in \boldsymbol{N}\}$, 这里 $\boldsymbol{N}$ 为自然数集. 显然, A, B 均是样本空间 Ω_3 的子集, 我们称之为试验 E_3 的**随机事件** (random event).

一般地, 将试验 E 的样本空间 Ω 的一些样本点组成的集合称为 E 的**随机事件**, 简称**事件**, 用大写字母 A, B, C, $\cdots$ 表示. 特别地, 将一个样本点构成的单点集称为**基本事件** (basic event). 例如试验 E_3 的基本事件为 $\{0\}$, $\{1\}$, $\{2\}$, $\{3\}$, $\cdots$. 每一个基本事件为试验中的一个最简单的随机事件.

在试验中, **事件发生当且仅当事件中的某个样本点出现了**. 例如对于试验 E_3, 若统计得到某天新增感染人数为 2000, 则事件 "新增感染人数超过1000" 发生了.

注解 1-1　在新冠疫情期间, 众多医务工作者不顾个人安危, 无私奋战在抗疫一线; 全国人民在党中央的英明领导之下, 团结一致、上下齐心, 统筹防控和经济社会发展, 科学做好疫情防控工作. 这一切足以彰显中国共产党和中国特色社会主义制度的优势, 让全世界人民看到了中国共产党和中国政府的责任与担当, 看到了中国人民的智慧和力量. 作为中国人, 我们倍感自豪!

事件中有两种特殊情况: 一种是事件在每次试验中必然会发生, 称之为**必然事件** (certain event), 显然样本空间 Ω 为必然事件; 另一种是事件在每次试验中都不发生, 称之为**不可能事件** (impossible event), 显然样本空间的最小子集空集 $\varnothing$ 为不可能事件. 实际上, 必然事件和不可能事件都是确定性事件, 但为方便起见, 我们将其视为两个特殊的随机事件.

【例 1-6】　设试验 E 为从一批产品中任取 6 件, 观察其中不合格产品的件数. 则试验 E 的样本空间为 $\Omega = \{0,\ 1,\ 2,\ 3,\ 4,\ 5,\ 6\}$.

事件 A_i 表示 "不合格产品的件数为 i", 即 $A_i = \{i\}$, $i = 0,\ 1,\ 2,\ 3,\ 4,\ 5,\ 6$;

事件 B 表示 "不合格产品的件数不超过 5", 即 $B = \{0,\ 1,\ 2,\ 3,\ 4,\ 5\}$;

事件 C 表示 "奇数件不合格产品", 即 $C = \{1,\ 3,\ 5\}$;

事件 D 表示 "不合格产品的件数至少为 0", 即 $D = \Omega$;

事件 F 表示 "7 件不合格产品", 即 $F = \varnothing$.

显然, 这些事件均为 Ω 的子集, 且 $A_i(i = 0,\ 1,\ 2,\ 3,\ 4,\ 5,\ 6)$ 为基本事件, D 为必然事件, F 为不可能事件.

基础练习 1-1

1. 记录某超市一天内接待顾客的人数, 则此试验的样本空间为 $\Omega = $ _____.

2. 在区间 $[0,\ 2]$ 上任取一点, 记录其坐标, 则此试验的样本空间为 $\Omega = $ _____.

3. 将一枚质地均匀的硬币连续抛掷两次, 观察其反面出现的次数, 写出此试验的样本空间 Ω.

4. 设一笔袋中装有若干支红笔、蓝笔和黑笔. 现从该笔袋中任取两支笔, 观察其颜色, 写出此试验的样本空间 Ω.

第二节　事件之间的关系与运算

事件是样本空间的子集, 事件之间的关系与运算实质上是集合之间的关系与运算. 下面的讨论假设在同一试验 E 的样本空间 Ω 上进行, 即事件 A, B, A_k $(k = 1,\ 2,\ \cdots)$ 均为 E 的事件 (也就是 Ω 的子集).

一、 事件之间的关系

1. 包含关系

若事件 A 发生必然导致事件 B 发生, 则称事件 B 包含事件 A, 或称事件 A 是事件 B 的子事件, 记为 $A \subset B$ 或 $B \supset A$, 详见图 1-1 [图中平面上的矩形表示样本空间 Ω, 两个小圆形分别表示事件 A 和事件 B, 此类图称为维恩 (Venn) 图].

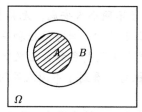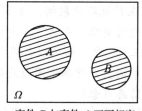

事件 B 包含事件 A　　　　　事件 B 与事件 A 互不相容

图　1-1

事实上,在试验中事件 A 一旦发生,则根据"事件发生"的含义可知,事件 A 的某个样本点 ω 出现了. 进一步地,若事件 A 发生导致事件 B 发生,则说明此样本点 ω 一定也是 B 的样本点,即 $\omega \in B$. 由此可见,事件 B 包含事件 A 等价于 A 是 B 的子集.

例如,对于例 1-6的试验 E,可知 $C \subset B$,即事件 B 包含事件 C.

特别地,对任何事件 A,都有 $\varnothing \subset A \subset \Omega$.

2. 相等关系

若事件 B 包含事件 A,且事件 A 也包含事件 B,即 $A \subset B$ 且 $B \subset A$,则称事件 A 与事件 B 相等,记为 $A = B$.

由此可见,事件 A 与事件 B 相等等价于相应的两个集合相等.

3. 互不相容关系

若事件 A 与事件 B 不能同时发生,即 $AB = \varnothing$,则称事件 A 与事件 B 是互不相容的,或是互斥的 (见图 1-1).

若 n 个事件 A_1, A_2, $\cdots$, A_n 中任意两个事件 A_i 与 $A_j (i \neq j;\ i,\ j = 1,\ 2,\ \cdots,\ n)$ 都互不相容,则称 A_1, A_2, $\cdots$, A_n 是互不相容的.

若可列个事件 A_1, A_2, $\cdots$, A_n, $\cdots$ 中的任意两个事件 A_i 与 $A_j (i \neq j;\ i,\ j = 1,\ 2,\ \cdots)$ 都互不相容,则称 A_1, A_2, $\cdots$, A_n, $\cdots$ 是互不相容的.

例如,同一个试验中的所有基本事件是互不相容的.

二、 事件之间的运算

1. 事件的和 (并)

称事件 $A \bigcup B = \{\omega |\ \omega \in A \text{ 或 } \omega \in B\}$ 为事件 A 与事件 B 的和 (并) 事件 (见图 1-2). 在试验中,事件 $A \bigcup B$ 发生当且仅当事件 A 与事件 B 中至少有一个发生.

类似地,称 $\bigcup\limits_{k=1}^{n} A_k$ 为 n 个事件 A_1, A_2, $\cdots$, A_n 的和事件;称 $\bigcup\limits_{k=1}^{\infty} A_k$ 为可列个事件 A_1, A_2, $\cdots$ 的和事件.

2. 事件的积 (交)

称事件 $A \bigcap B = \{\omega |\ \omega \in A \text{ 且 } \omega \in B\}$ 为事件 A 与事件 B 的积 (交) 事件 (见图 1-2),也可记为 AB. 在试验中,事件 $A \bigcap B$ 发生当且仅当事件 A 与事件 B 同时发生.

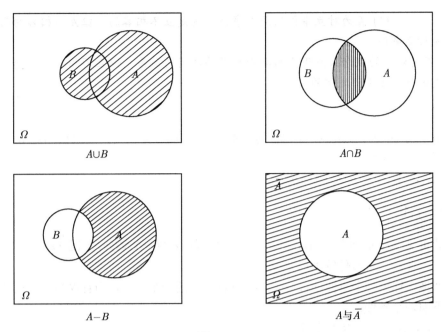

图 1-2

类似地，称 $\bigcap\limits_{k=1}^{n} A_k$ 为 n 个事件 A_1，A_2，$\cdots$，A_n 的积事件；称 $\bigcap\limits_{k=1}^{\infty} A_k$ 为可列个事件 A_1，A_2，$\cdots$ 的积事件.

显然，根据事件的积的含义可知，事件 A 与事件 B 互不相容当且仅当 $AB = \varnothing$，即事件 A 与事件 B 不能同时发生.

3. 事件的差

称事件 $A - B = \{\omega|\ \omega \in A \text{ 且 } \omega \notin B\}$ 为事件 A 与事件 B 的差事件 (见图 1-2). 在试验中，事件 $A - B$ 发生当且仅当事件 A 发生而事件 B 不发生.

4. 对立事件

称事件 A 与事件 B 互为对立事件 (或互为逆事件) 当且仅当事件 A 与事件 B 满足如下条件：

$$A \bigcup B = \Omega \text{ 且 } A \bigcap B = \varnothing.$$

在试验中，互为对立事件的两个事件中必有一个发生，且仅有一个发生.

A 的对立事件记为 $\overline{A}$ (见图 1-2). 在试验中，事件A 发生，则 $\overline{A}$ 不发生. 从而若事件 A 与事件 B 互为对立事件，则有

$$\overline{A} = \Omega - A = B.$$

此外，对于任意的两个事件 A 与 B，根据对立事件、积事件与差事件的含义，可得

$$A\overline{B} = A - B = A - AB.$$

事实上，此结论结合图 1-2 易得.

注解 1-2　(1) 互为对立事件的两个事件一定是互不相容的；但互不相容的两个事件未必互为对立事件.

(2) 互为对立的概念只适用于刻画两个事件之间的关系，但互不相容的概念适合于刻画两个或两个以上事件之间的关系.

5. 样本空间的划分

称 n 个事件 A_1，A_2，$\cdots$，A_n 为样本空间 Ω 的一个划分，当且仅当这 n 个事件同时满足下面两个条件：

(1) A_1，A_2，$\cdots$，A_n 互不相容；

(2) $\bigcup\limits_{k=1}^{n} A_k = \Omega$.

由此可见，若 n 个事件 A_1，A_2，$\cdots$，A_n 为 Ω 的一个划分，则在每次试验中，这 n 个事件有且仅有一个事件发生.

类似地，称可列个事件 A_1，A_2，$\cdots$ 构成 Ω 的一个划分，当且仅当这可列个事件同时满足下面两个条件：

(1) A_1，A_2，$\cdots$ 互不相容；

(2) $\bigcup\limits_{k=1}^{\infty} A_k = \Omega$.

注解 1-3　由上面的定义可知，事件之间的关系与运算完全可以用集合论的知识来解释，详见表 1-1.

表　1-1

符号	集合论	概率论
Ω	全集	样本空间，必然事件
$\varnothing$	空集	不可能事件
$\omega \in \Omega$	ω 为元素	ω 为样本点
$\{\omega\}$	单点集	基本事件
$A \subset \Omega$	A 为子集	A 为事件
$A \subset B$	集合 A 是集合 B 的子集	事件 A 发生必然导致事件 B 发生
$A = B$	集合 A 与集合 B 相等	事件 A 与事件 B 相等
$A \bigcup B$	集合 A 与集合 B 的并集	事件 A 与事件 B 至少一个发生
$A \bigcap B$	集合 A 与集合 B 的交集	事件 A 与事件 B 同时发生
$A - B$	集合 A 与集合 B 的差集	事件 A 发生而事件 B 不发生
$\overline{A}$	集合 A 的补集	事件 A 不发生 (或 A 的对立事件)
$A \bigcap B = \varnothing$	集合 A 与集合 B 没有共同元素	事件 A 与事件 B 不能同时发生

三、事件运算的定律

下面给出事件运算经常用到的定律.

(1) 交换律　$A \bigcup B = B \bigcup A$，$A \bigcap B = B \bigcap A$；

(2) 结合律　$(A \bigcup B) \bigcup C = A \bigcup (B \bigcup C)$，$(A \bigcap B) \bigcap C = A \bigcap (B \bigcap C)$；

(3) 分配律　$(A \bigcup B) \bigcap C = (A \bigcap C) \bigcup (B \bigcap C)$，$(A \bigcap B) \bigcup C = (A \bigcup C) \bigcap (B \bigcup C)$；

(4) 德·摩根律(或对偶律) $\overline{A \bigcup B} = \overline{A} \bigcap \overline{B}$, $\overline{A \bigcap B} = \overline{A} \bigcup \overline{B}$;

(5) 自反律 $\overline{\overline{A}} = A$.

注解 1-4 上述定律可根据集合论知识直接加以证明. 此外, 这些定律可推广到多个事件或可列个事件的情形. 例如:

(1) 分配律

$$\left(\bigcup_{k=1}^{n} A_k \right) \bigcap B = \bigcup_{k=1}^{n} (A_k \bigcap B), \quad \left(\bigcap_{k=1}^{n} A_k \right) \bigcup B = \bigcap_{k=1}^{n} (A_k \bigcup B),$$

$$\left(\bigcup_{k=1}^{\infty} A_k \right) \bigcap B = \bigcup_{k=1}^{\infty} (A_k \bigcap B), \quad \left(\bigcap_{k=1}^{\infty} A_k \right) \bigcup B = \bigcap_{k=1}^{\infty} (A_k \bigcup B);$$

(2) 德·摩根律

$$\overline{\bigcup_{k=1}^{n} A_k} = \bigcap_{k=1}^{n} \overline{A_k}, \quad \overline{\bigcap_{k=1}^{n} A_k} = \bigcup_{k=1}^{n} \overline{A_k},$$

$$\overline{\bigcup_{k=1}^{\infty} A_k} = \bigcap_{k=1}^{\infty} \overline{A_k}, \quad \overline{\bigcap_{k=1}^{\infty} A_k} = \bigcup_{k=1}^{\infty} \overline{A_k}.$$

【例 1-7】 设样本空间 $\Omega = \{x | 0 \leqslant x \leqslant 4\}$, 事件 $A = \{x | 0.5 \leqslant x \leqslant 3\}$, $B = \{x | 2 \leqslant x \leqslant 3.5\}$, $C = \{x | 1 < x \leqslant 3\}$. 求 $\overline{A}$, $A \bigcup B$, $A \bigcap C$, $B \bigcap C$, $A - B$, $(A \bigcup B) \bigcap C$.

解 $\overline{A} = \Omega - A = \{x | 0 \leqslant x \leqslant 4\} - \{x | 0.5 \leqslant x \leqslant 3\}$

$$= \{x | 0 \leqslant x < 0.5\} \bigcup \{x | 3 < x \leqslant 4\},$$

$A \bigcup B = \{x | 0.5 \leqslant x \leqslant 3\} \bigcup \{x | 2 \leqslant x \leqslant 3.5\} = \{x | 0.5 \leqslant x \leqslant 3.5\}$,

$A \bigcap C = \{x | 0.5 \leqslant x \leqslant 3\} \bigcap \{x | 1 < x \leqslant 3\} = \{x | 1 < x \leqslant 3\} = C$,

$B \bigcap C = \{x | 2 \leqslant x \leqslant 3.5\} \bigcap \{x | 1 < x \leqslant 3\} = \{x | 2 \leqslant x \leqslant 3\}$,

$A - B = \{x | 0.5 \leqslant x \leqslant 3\} - \{x | 2 \leqslant x \leqslant 3.5\} = \{x | 0.5 \leqslant x < 2\}$,

$(A \bigcup B) \bigcap C = \{x | 0.5 \leqslant x \leqslant 3.5\} \bigcap \{x | 1 < x \leqslant 3\} = \{x | 1 < x \leqslant 3\} = C$.

【例 1-8】 设甲、乙、丙三人在靶场进行射击. 现进行一次射击比试, 事件 A, B, C 分别表示甲、乙、丙击中目标, 试用 A, B, C 表示下列事件.

(1) 甲、乙、丙均击中目标;

(2) 只有甲未击中目标;

(3) 甲、乙、丙三人至少有两人击中目标;

(4) 甲、乙、丙三人至少有一人未击中目标;

(5) 甲、乙、丙三人至多有一人击中目标;

(6) 甲、乙、丙三人均未击中目标.

解 (1) ABC;   (2) $\overline{A}BC$;   (3) $AB \bigcup BC \bigcup AC$;

(4) $\overline{A} \bigcup \overline{B} \bigcup \overline{C}$;   (5) $\overline{A}\,\overline{B} \bigcup \overline{B}\,\overline{C} \bigcup \overline{A}\,\overline{C}$;   (6) $\overline{A}\,\overline{B}\,\overline{C}$.

四、 事件域

事件本质上是样本空间 Ω 的一个子集，然而并不是 Ω 的所有子集都可以作为事件. 这里将样本空间中所有作为事件的子集组成的集合类称为**事件域**，记为 $\mathscr{F}$.

事实上，由前面讨论可知，Ω 和 $\varnothing$ 一定是事件，即 Ω，$\varnothing \in \mathscr{F}$；事件域中的事件经过前面定义的并、交、差和对立运算后一定还是事件 (即关于并、交、差和对立运算是封闭的)，否则前面定义的这四种运算会失去意义. 这样一来，并与对立是最基本的运算，于是我们给出如下事件域的定义.

> **定义 1-1**   设 E 为随机试验，Ω 为 E 的样本空间，$\mathscr{F}$ 是由 Ω 的一些子集组成的集合类. 称 $\mathscr{F}$ 为事件域 (σ- 域或 σ- 代数) 当且仅当 $\mathscr{F}$ 满足如下条件：
> (1) $\Omega \in \mathscr{F}$；
> (2) 若 $A \in \mathscr{F}$，则 $\overline{A} \in \mathscr{F}$；
> (3) 若 $A_n \in \mathscr{F}$，$n = 1$，2，$\cdots$，则 $\bigcup\limits_{n=1}^{\infty} A_n \in \mathscr{F}$.
>
> 一般地，称 $(\Omega, \mathscr{F})$ 为可测空间；称 $\mathscr{F}$ 中的每一个元素为事件或可测集.

定义 1-1指明了事件关于并和对立运算是封闭的. 下面根据此定义，可以证明事件关于交和差运算也是封闭的.

(1) $\varnothing \in \mathscr{F}$；

(2) 若 $A_n \in \mathscr{F}$，$n = 1$，2，$\cdots$，则 $\bigcap\limits_{n=1}^{\infty} A_n \in \mathscr{F}$；

(3) 若 $A_i \in \mathscr{F}$，$i = 1$，2，$\cdots$，n，则 $\bigcap\limits_{i=1}^{n} A_i \in \mathscr{F}$，$\bigcup\limits_{i=1}^{n} A_i \in \mathscr{F}$；

(4) 若 $A \in \mathscr{F}$，$B \in \mathscr{F}$，则 $A - B \in \mathscr{F}$.

证明   (1) 根据定义 1-1(1) 可知 $\Omega \in \mathscr{F}$，从而根据定义 1-1(2) 可得 $\varnothing = \overline{\Omega} \in \mathscr{F}$.

(2) 由于 $A_n \in \mathscr{F}$，$n = 1$，2，$\cdots$，故根据定义 1-1 可知 $\overline{\bigcup\limits_{n=1}^{\infty} A_n} \in \mathscr{F}$. 进一步，根据定义 1-1(2) 可得 $\bigcap\limits_{n=1}^{\infty} A_n = \overline{\left(\bigcup\limits_{n=1}^{\infty} \overline{A_n} \right)} \in \mathscr{F}$.

(3) 令 $A_i = \varnothing \in \mathscr{F}$，$i = n+1$，$n+2$，$\cdots$，则根据结论 (2) 和定义 1-1(3) 可得 $\bigcap\limits_{i=1}^{n} A_i = \bigcap\limits_{i=1}^{\infty} A_i \in \mathscr{F}$，$\bigcup\limits_{i=1}^{n} A_i = \bigcup\limits_{i=1}^{\infty} A_i \in \mathscr{F}$.

(4) 若 $A \in \mathscr{F}$，$B \in \mathscr{F}$，则 $A - B = A \bigcap \overline{B} \in \mathscr{F}$.

【**例 1-9**】   设样本空间 $\Omega = \{\omega_1, \omega_2, \omega_3\}$.

(1) 根据定义 1-1，可以确定 $\mathscr{F}_1 = \{\varnothing, \Omega, \{\omega_1\}, \{\omega_2\}, \{\omega_3\}, \{\omega_1, \omega_2\}, \{\omega_1, \omega_3\}, \{\omega_2, \omega_3\}\}$ 为事件域，共有 2^3 个事件.

(2) 根据定义 1-1, 可以确定 $\mathscr{F}_2 = \{\varnothing,\ \Omega,\ \{\omega_1,\ \omega_2\},\ \{\omega_3\}\}$ 也为事件域, 共有 4 个事件.

基础练习 1-2

1. 某车间加工三个零件, 记 A_i 表示 "第 i 个零件是次品", $i = 1,\ 2,\ 3$. 试用语言描述下列事件所表示的试验结果:

(1) $A_1 A_2 A_3$;

(2) $\overline{A_1} A_2 A_3 \bigcup A_1 \overline{A_2} A_3 \bigcup A_1 A_2 \overline{A_3}$;

(3) $\overline{A_1 A_2 A_3}$.

2. 判断题: 设 $(\Omega,\ \mathscr{F})$ 为可测空间, $A,\ B,\ C \in \mathscr{F}$.

(1) $(A - B) \bigcup C = A - (B - C)$ (　　);

(2) 若 $AB = \varnothing$, $C \subset B$, 则 $AC = \varnothing$ (　　);

(3) $(A \bigcup B)B = A$ (　　);

(4) $(A - B) \bigcup B = A$ (　　);

(5) 若 $ABC = \varnothing$, 则 $BC = \varnothing$ (　　).

3. 设 $(\Omega,\ \mathscr{F})$ 为可测空间, $A,\ B,\ C \in \mathscr{F}$. 请用 A, B, C 的运算关系表示下列事件:

(1) A 发生, 但 B 与 C 都不发生: _____;

(2) A, B, C 至多有一个发生: _____;

(3) A, B, C 恰有两个发生: _____;

(4) A, B, C 至少有一个发生: _____;

(5) A, B, C 不多于两个事件发生: _____;

(6) A, B, C 都不发生: _____;

(7) A, B, C 不都发生: _____.

第三节　事件的概率

在进行试验时, 对于一个事件 (除了必然事件和不可能事件), 人们不仅关心这一事件是否发生, 往往更关心这一事件发生的可能性大小. 通常, 人们将刻画一个事件发生可能性大小的数量指标称为该事件发生的概率, 且此数量指标一般取 0 到 1 之间的数. 即若记事件 A 发生的概率为 $P(A)$, 则 $0 \leqslant P(A) \leqslant 1$.

本节主要介绍概率的公理化定义和概率的性质.

一、概率的公理化定义

在概率论的发展历程中, 人们早期曾经针对不同的问题、从不同的角度揭示了概率的含义, 但这些含义各自都存在一定的局限性和缺陷. 直到 1933 年, 苏联著名数学家柯尔莫哥洛夫 (Kolmogrov, 1903—1987) 给出了概率的公理化定义, 第一次将概率论建立在严密的逻辑基础之上, 并使其成为一门严谨的数学学科.

下面给出概率的公理化定义.

定义 1-2 设 Ω 为试验 E 的样本空间，$\mathscr{F}$ 为 Ω 的一个事件域，P 为定义在 $\mathscr{F}$ 上的一个实值集合函数. 称 P 为可测空间 $(\Omega,\ \mathscr{F})$ 上的概率当且仅当 P 满足如下条件：

    (1) 非负性 对于任意事件 $A \in \mathscr{F}$，有 $P(A) \geqslant 0$；

    (2) 规范性 对于必然事件 $\Omega \in \mathscr{F}$，有 $P(\Omega) = 1$；

    (3) 可列可加性 对于 $\mathscr{F}$ 中可列个互不相容的事件 $A_1,\ A_2,\ \cdots$，有

$$P\left(\bigcup_{n=1}^{\infty} A_n\right) = \sum_{n=1}^{\infty} P(A_n).$$

称三元组 $(\Omega,\ \mathscr{F},\ P)$ 为概率空间.

二、 概率的性质

设 $(\Omega,\ \mathscr{F},\ P)$ 为概率空间，下面根据概率的公理化定义，给出概率的几个重要性质.

(1) $P(\varnothing) = 0$.

证明 令 $A_i = \varnothing$，$i = 1, 2, \cdots$，则 $A_1,\ A_2,\ \cdots$ 为可列个互不相容的事件，且 $\bigcup\limits_{i=1}^{\infty} A_i = \varnothing$. 根据概率的可列可加性，可得

$$P(\varnothing) = P\left(\bigcup_{i=1}^{\infty} A_i\right) = \sum_{i=1}^{\infty} P(A_i) = \sum_{i=1}^{\infty} P(\varnothing).$$

再由概率的非负性知 $P(\varnothing) \geqslant 0$，故有 $P(\varnothing) = 0$.

(2) (有限可加性) 设 $A_1,\ A_2,\ \cdots,\ A_n$ 为 $\mathscr{F}$ 中 n 个互不相容的事件，则有

$$P\left(A_1 \bigcup A_2 \bigcup \cdots \bigcup A_n\right) = P(A_1) + P(A_2) + \cdots + P(A_n).$$

证明 令 $A_{n+1} = A_{n+2} = \cdots = \varnothing$，则 $A_1,\ A_2,\ \cdots$ 为可列个互不相容的事件，且 $\bigcup\limits_{i=1}^{\infty} A_i = \bigcup\limits_{i=1}^{n} A_i$. 根据概率的可列可加性及 $P(\varnothing) = 0$，可得

$$P\left(A_1 \bigcup A_2 \bigcup \cdots \bigcup A_n\right) = P\left(\bigcup_{i=1}^{\infty} A_i\right) = \sum_{i=1}^{\infty} P(A_i)$$

$$= \sum_{i=1}^{n} P(A_i) + \sum_{i=n+1}^{\infty} P(A_i)$$

$$= \sum_{i=1}^{n} P(A_i) + 0$$

$$= P(A_1) + P(A_2) + \cdots + P(A_n).$$

(3) 对于任意事件 $A \in \mathscr{F}$，有 $P(\overline{A}) = 1 - P(A)$.

证明 由于 $A \bigcup \overline{A} = \Omega$，$A \bigcap \overline{A} = \varnothing$，则根据概率的有限可加性，可得

$$1 = P(\Omega) = P\left(A \bigcup \overline{A}\right) = P(A) + P(\overline{A}),$$

移项得 $P(\overline{A}) = 1 - P(A)$.

(4) 设 A，$B \in \mathscr{F}$，且 $B \subset A$，则

$$P(A - B) = P(A) - P(B), \quad \text{且} \quad P(A) \geqslant P(B).$$

证明 由于 $B \subset A$，则

$$A = B \bigcup (A - B), \quad B \bigcap (A - B) = \varnothing.$$

根据概率的有限可加性，可得

$$P(A) = P(B) + P(A - B),$$

移项得

$$P(A - B) = P(A) - P(B).$$

再由 $P(A - B) \geqslant 0$，可知

$$P(A) \geqslant P(B).$$

注解 1-5 一般地，设 A，$B \in \mathscr{F}$，易证

$$P(A - B) = P(A - AB) = P(A) - P(AB),$$

此式称为概率的减法公式.

利用性质 (4) 也可证得，对于任意事件 $A \in \mathscr{F}$，有 $0 \leqslant P(A) \leqslant P(\Omega) = 1$.

(5) (加法公式) 设 A，$B \in \mathscr{F}$，则

$$P\left(A \bigcup B\right) = P(A) + P(B) - P(AB).$$

证明 由于

$$A \bigcup B = A \bigcup (B - AB), \quad A \bigcap (B - AB) = \varnothing,$$

且

$$AB \subset B,$$

根据概率的性质 (2) 和性质 (4)，可得

$$P\left(A \bigcup B\right) = P(A) + P(B - AB) = P(A) + P(B) - P(AB).$$

注解 1-6　　根据归纳法, 可将加法公式推广到一般情形:

$$P\left(\bigcup_{i=1}^{n} A_i\right) = \sum_{i=1}^{n} P(A_i) - \sum_{1\leqslant i<j\leqslant n} P(A_i A_j) + \sum_{1\leqslant i<j<k\leqslant n} P(A_i A_j A_k) + \cdots +$$

$$(-1)^{n-1} P(A_1 A_2 \cdots A_n),$$

其中 A_1, A_2, $\cdots$, A_n 为 $\mathscr{F}$ 中的 n 个事件.

特别地, 当 $n=3$ 时, 可得

$$P(A_1\bigcup A_2\bigcup A_3) = P(A_1) + P(A_2) + P(A_3) - P(A_1 A_2) - P(A_1 A_3) -$$

$$P(A_2 A_3) + P(A_1 A_2 A_3).$$

(6) 设 F_1, F_2, $\cdots$ 为 $\mathscr{F}$ 中的可列个事件. 若 $F_1 \supset F_2 \supset \cdots$, 且 $\bigcap_{i=1}^{\infty} F_i = \varnothing$, 则 $\lim_{n\to\infty} P(F_n) = 0$.

证明　令 $A_0 = \bigcap_{i=1}^{\infty} F_i$, $A_i = F_i - F_{i+1}$, $i=1$, 2, $\cdots$, 则 A_1, A_2, $\cdots$ 为 $\mathscr{F}$ 中可列个互不相容的事件, 且 $F_n = A_0 \bigcup A_n \bigcup A_{n+1} \bigcup \cdots$. 从而

$$P(F_n) = P(A_0\bigcup A_n\bigcup A_{n+1}\bigcup\cdots) = \sum_{i=n}^{\infty} P(A_i).$$

注意到

$$P(F_1) = P(A_0\bigcup A_1\bigcup\cdots\bigcup A_{n+1}\bigcup\cdots) = \sum_{i=1}^{\infty} P(A_i),$$

即级数 $\sum_{i=1}^{\infty} P(A_i)$ 是收敛的, 根据收敛级数的性质可知

$$\lim_{n\to\infty} P(F_n) = \lim_{n\to\infty} \sum_{i=n}^{\infty} P(A_i) = 0.$$

(7) (上连续性) 设 A_1, A_2, $\cdots$ 为 $\mathscr{F}$ 中的可列个事件. 若 $A_1 \supset A_2 \supset \cdots$, 则

$$\lim_{n\to\infty} P(A_n) = P\left(\bigcap_{i=1}^{\infty} A_i\right).$$

证明　令 $F_n = A_n - \bigcap_{i=1}^{\infty} A_i$, 则 $F_1 \supset F_2 \supset \cdots$, 且 $\bigcap_{i=1}^{\infty} F_i = \varnothing$. 根据性质 (6), 可得

$$\lim_{n\to\infty} P(A_n) = \lim_{n\to\infty} P\left(\left(A_n - \bigcap_{i=1}^{\infty} A_i\right)\bigcup\left(\bigcap_{i=1}^{\infty} A_i\right)\right)$$

$$= \lim_{n \to \infty} P\left(A_n - \bigcap_{i=1}^{\infty} A_i\right) + P\left(\bigcap_{i=1}^{\infty} A_i\right)$$

$$= \lim_{n \to \infty} P(F_n) + P\left(\bigcap_{i=1}^{\infty} A_i\right)$$

$$= P\left(\bigcap_{i=1}^{\infty} A_i\right).$$

(8) (下连续性) 设 A_1, A_2, $\cdots$ 为 $\mathscr{F}$ 中的可列个事件. 若 $A_1 \subset A_2 \subset \cdots$，则

$$\lim_{n \to \infty} P(A_n) = P\left(\bigcup_{i=1}^{\infty} A_i\right).$$

证明 根据已知，可得 $\overline{A_1} \supset \overline{A_2} \supset \cdots$. 因而，利用性质 (7) 可得

$$\lim_{n \to \infty} P(\overline{A_n}) = P\left(\bigcap_{i=1}^{\infty} \overline{A_i}\right),$$

即

$$1 - \lim_{n \to \infty} P(A_n) = P\left(\overline{\bigcup_{i=1}^{\infty} A_i}\right) = 1 - P\left(\bigcup_{i=1}^{\infty} A_i\right),$$

由此可得

$$\lim_{n \to \infty} P(A_n) = P\left(\bigcup_{i=1}^{\infty} A_i\right).$$

【例 1-10】 设 $(\Omega,\ \mathscr{F},\ P)$ 为概率空间，A, $B \in \mathscr{F}$，已知事件 A 和 B 当且仅当一个事件发生的概率为 0.3，且 $P(A) + P(B) = 0.8$，求事件 A 和 B 同时发生的概率.

解 根据题意知

$$0.3 = P\left(\overline{A}B \bigcup A\overline{B}\right) = P(\overline{A}B) + P(A\overline{B})$$

$$= P(B) - P(AB) + P(A) - P(AB)$$

$$= P(A) + P(B) - 2P(AB).$$

又因 $P(A) + P(B) = 0.8$，故有

$$0.3 = 0.8 - 2P(AB),$$

移项得 $P(AB) = 0.25$.

【例 1-11】 设 $(\Omega,\ \mathscr{F},\ P)$ 为概率空间，A, $B \in \mathscr{F}$，已知 $P(A) = 0.5$，$P(B) = 0.3$，$P(AB) = 0.2$，求 $P(A\overline{B})$ 与 $P(\overline{A}\ \overline{B})$.

解　根据概率的性质，可得

$$P(A\overline{B}) = P(A-B) = P(A) - P(AB) = 0.5 - 0.2 = 0.3,$$

$$P(\overline{A}\,\overline{B}) = P\left(\overline{A\bigcup B}\right) = 1 - P(A\bigcup B) = 1 - P(A) - P(B) + P(AB)$$

$$= 1 - 0.5 - 0.3 + 0.2$$

$$= 0.4.$$

基础练习 1-3

1. 设 A，B 为两个互不相容的事件，且 $P(A) = 0.2$，$P(A\bigcup B) = 0.8$，求 $P(\overline{B})$.

2. 设 $(\Omega, \mathscr{F}, P)$ 为概率空间，$A, B \in \mathscr{F}$，已知 $P(A) = 0.4$，$P(B) = 0.5$，$P(A\bigcup B) = 0.7$，求 $P\left(\overline{A}\bigcup\overline{B}\right)$.

3. 设 $(\Omega, \mathscr{F}, P)$ 为概率空间，$A, B \in \mathscr{F}$，且 $P(\overline{A}) = 0.6$，$P(\overline{A}B) = 0.2$，$P(B) = 0.4$，则

(1) $P(AB) = $ _____，$P(A-B) = $ _____；

(2) $P(A\bigcup B) = $ _____，$P(\overline{A}\,\overline{B}) = $ _____.

第四节　确定概率的常见方法

一、统计方法

设 $(\Omega, \mathscr{F})$ 为试验 E 的一个可测空间，对于任意的 $A \in \mathscr{F}$，这里研究如何通过统计的方法来确定事件 A 发生的概率 $P(A)$.

> **定义 1-3**　设在相同条件下重复进行了 n 次与事件 A 有关的试验 E. 若在这 n 次试验中，事件 A 发生了 n_A 次，则称比值 $\dfrac{n_A}{n}$ 为事件 A 发生的**频率** (frequency)，记为 $f_n(A)$，即
>
> $$f_n(A) = \frac{n_A}{n}.$$

显然，频率 $f_n(A)$ 反映了在 n 次试验中事件 A 发生的频繁程度. 频率越大，事件 A 发生就越频繁，这意味着事件 A 在一次试验中发生的可能性就越大；反之亦然.

注解 1-7　设 $(\Omega, \mathscr{F})$ 为试验 E 的一个可测空间，则根据频率的定义，可证得频率满足下面三个性质：

(1) **非负性**　对于任意事件 $A \in \mathscr{F}$，$0 \leqslant f_n(A) \leqslant 1$；

(2) **规范性**　对于必然事件 Ω，$f_n(\Omega) = 1$；

(3) **有限可加性**　对于 $\mathscr{F}$ 中 k 个互不相容的事件 A_1，A_2，$\cdots$，A_k，有

$$f_n\left(A_1\bigcup A_2\bigcup\cdots\bigcup A_k\right) = f_n(A_1) + f_n(A_2) + \cdots + f_n(A_k).$$

实践表明，只要在相同条件下进行大量的重复试验，事件 A 发生的频率 $f_n(A)$ 会随着 n 的逐渐增大，逐步"稳定"于某一客观数值. 这一频率的稳定值实质是我们要寻求的事件 A 发生的概率(本书第五章的伯努利大数定律将对此给出严格的证明)；这一"稳定"特性反映了事件 A 发生的统计规律性，称之为频率的稳定性.

例如，历史上一些学者曾做过抛掷硬币的试验，部分数据如表 1-2 所示. 设事件 A 表示"硬币正面朝上"，由表中数值可知，随着抛掷硬币次数的增多，事件 A 发生的频率 $f_n(A)$ 会逐步稳定于常数 0.5. 而这个稳定值 0.5 正是事件 A 在一次试验中发生的概率，即 $P(A) = 0.5$.

表　1-2

试验者	抛掷硬币次数 n	A (正面朝上) 发生的次数	频率 $f_n(A)$
德·摩根	2048	1061	0.5181
蒲丰	4040	2048	0.5069
费勒	10000	4979	0.4979
皮尔逊	24000	12012	0.5005
维尼	30000	14994	0.4998

这种通过寻求事件频率的稳定值来求解事件概率的方法，即为确定概率的统计方法. 特别注意的是，确定概率的统计方法虽然是很合理的，但此方法存在着自身的缺点：在实际生活中，人们是无法无限次重复同一个试验，因而很难精确地获得频率的稳定值. 所以，在概率统计中一般用频率作为概率的一个近似值.

【例 1-12】　检测某工厂一批产品的质量，一般进行若干次抽检，每次只抽取一件产品进行检测. 若在检测中，抽出产品的总件数为 2400，其中次品的件数为 248，试估计在一次抽检中，抽到产品为次品的概率是多少？

解　令事件 A 表示"一次抽检得到的产品为次品". 根据题意可知，共抽检 2400 次，即试验次数 $n = 2400$，其中事件 A 发生的次数为 248. 因而，事件 A 发生的概率可通过其频率来进行估计，即所求概率为

$$P(A) \approx f_n(A) = \frac{248}{2400} \approx 0.103.$$

故在一次抽检中，抽到产品为次品的概率约为 0.103.

注解 1-8　随机事件的发生一方面具有随机性，另一方面又具有统计规律性，这与哲学中"偶然性"与"必然性"对立统一的思想相一致. 具体来说，频率具有偶然性，概率具有必然性；当试验次数不够多时，频率与概率相差较大，体现了对立性；当试验次数足够多时，频率逼近概率，体现了统一性. 偶然性是受必然性支配的，必然性决定着事物发展的方向和目标. 所以做任何事情，一方面，要按其必然规律办事，不被偶然性所迷惑；另一方面，要抓住偶然性提供的机遇，揭示其所隐藏的必然性，正确地认识客观世界.

二、古典方法

古典方法是由法国数学家拉普拉斯 (Laplace) 于 1812 年首先提出的，是概率论发展初期确定概率的主要方法. 该方法简单、直观，所涉及的试验 E 具有以下两个特点：

(1) 有限性 试验 E 的样本空间只包含有限个样本点；

(2) 等可能性 试验 E 的样本空间中每个样本点的出现是等可能的.

一般称具备上面两个特点的试验概型为**古典概型**或**等可能概型**.

古典方法就是一种针对古典概型确定事件概率的方法. 具体地，设古典概型中试验 E 的样本空间 $\Omega = \{\omega_1,\ \omega_2,\ \cdots,\ \omega_n\}$，$(\Omega,\ \mathscr{F})$ 为试验 E 的一个可测空间，由于每个样本点出现的可能性相同，因此每个基本事件发生的概率相同，即

$$P(\{\omega_i\}) = \frac{1}{n},\ i = 1,\ 2,\ \cdots,\ n.$$

若事件 $A \in \mathscr{F}$，且事件 A 包含 m 个样本点，则

$$P(A) = \frac{A\,包含的样本点个数}{\Omega\,包含的样本点个数} = \frac{m}{n}. \tag{1-1}$$

注解 1-9 (1) 由式 (1-1) 知，若要根据古典方法计算事件 A 发生的概率，核心是分别确定事件 A 和样本空间 Ω 所包含的样本点个数.

(2) 由式 (1-1) 容易证明，古典方法确定的概率满足概率的公理化定义.

【例 1-13】 将一颗质地均匀的骰子连续抛掷两次，求

(1) 两次抛掷点数相同的概率；

(2) 两次抛掷点数乘积小于 12 的概率.

解 由题意知，试验的样本空间为

$$\begin{aligned}
\Omega = \{&(1,\ 1),\ (1,\ 2),\ \cdots,\ (1,\ 6),\\
&(2,\ 1),\ (2,\ 2),\ \cdots,\ (2,\ 6),\\
&\qquad\qquad\quad \vdots\\
&(6,\ 1),\ (6,\ 2),\ \cdots,\ (6,\ 6)\}.
\end{aligned}$$

显然，样本空间包含 $6 \times 6 = 36$ 个样本点，且每个样本点出现的可能性相同，因而可根据古典方法计算事件的概率.

(1) 设 A 表示"两次抛掷点数相同"，则

$$A = \{(1,\ 1),\ (2,\ 2),\ (3,\ 3),\ (4,\ 4),\ (5,\ 5),\ (6,\ 6)\}.$$

此时，事件 A 包含的样本点数为 6，样本空间 Ω 包含的样本点总数为 36. 于是，所求概率为

$$P(A) = \frac{6}{36} = \frac{1}{6}.$$

(2) 设 B 表示"两次抛掷点数乘积小于 12"，则

$$\begin{aligned}
B = \{&(1,\ 1),\ (1,\ 2),\ (1,\ 3),\ (1,\ 4),\ (1,\ 5),\ (1,\ 6),\ (2,\ 1),\\
&(2,\ 2),\ (2,\ 3),\ (2,\ 4),\ (2,\ 5),\ (3,\ 1),\ (3,\ 2),\ (3,\ 3),
\end{aligned}$$

$$(4, 1), (4, 2), (5, 1), (5, 2), (6, 1)\}.$$

此时，事件 B 包含的样本点数为 19. 于是，所求概率为 $P(B) = \dfrac{19}{36}$.

【例 1-14】 设一批产品共有 N 件，其中次品 M 件. 现从这 N 件产品中任取 n 件，求其含 m $(m < n)$ 件次品的概率.

解 根据题意知，从这 N 件产品中任取 n 件，共有 C_N^n 种取法. 由于每一种取法对应一个样本点，因此样本空间所含样本点总数为 C_N^n. 注意到产品是随机抽取的，故每一个样本点的出现是等可能的.

设 A 表示"抽到的 n 件产品中含有 m 件次品". 因从 N 件产品中抽取 m 件次品共有 $C_{N-M}^{n-m} C_M^m$ 种取法，即事件 A 所含样本点的数目为 $C_{N-M}^{n-m} C_M^m$，则根据古典方法可知，事件 A 的概率为

$$P(A) = \frac{C_{N-M}^{n-m} C_M^m}{C_N^n}.$$

为进一步理解该例，下面通过例 1-15 具体实现.

【例 1-15】 设有 100 件产品，其中一等品 40 件，二等品 60 件. 从 100 件产品中任取 10 件产品，求恰有 5 件二等品的概率.

解 根据题意知，从 100 件产品中任取 10 件，共有 C_{100}^{10} 种取法. 由于每一种取法对应一个样本点，因此样本空间共有 C_{100}^{10} 个样本点.

设 A 表示"抽到的 10 件产品中含有 5 件二等品". 因从 100 件产品中抽到 5 件二等品，共有 $C_{40}^5 C_{60}^5$ 种取法，即事件 A 包含的样本点数为 $C_{40}^5 C_{60}^5$，因而事件 A 的概率为

$$P(A) = \frac{C_{40}^5 C_{60}^5}{C_{100}^{10}} = \frac{\dfrac{40!}{35! \, 5!} \times \dfrac{60!}{55! \, 5!}}{\dfrac{100!}{90! \, 10!}} \approx 0.208.$$

【例 1-16】 设笔盒中共有 20 支中性笔，其中黑色笔 12 支，红色笔 6 支，蓝色笔 2 支. 从笔盒中连续三次取笔，每次取一支，求：

(1) 取出的笔都是红色笔的概率；

(2) 取出的笔有 2 支黑色笔、1 支蓝色笔的概率.

解 注意这里考虑两种取笔方式. 一种是有放回抽样：每次抽取后，放回笔盒；另一种是不放回抽样：每次抽取后，不放回笔盒.

设 A 表示"取出的笔都是红色笔"，B 表示"取出的笔有 2 支黑色笔、1 支蓝色笔".

第一种情形：假定取笔方式为有放回抽样.

根据题意知，从 20 支中性笔中有放回地连续抽取 3 次，每次取一支，共有 20^3 种取法. 由于每一种取法对应一个样本点，因此样本空间共有 20^3 个样本点. 注意到不管是有放回抽样，还是不放回抽样，每支笔的抽取都是随机的，因而每一个样本点的出现是等可能的.

对于事件 A 而言，由于三次有放回抽取得到的笔都是红色笔，因此共有 6^3 种取法，即事件 A 包含的样本点数为 6^3. 对于事件 B 而言，由于三次有放回抽取得到的笔有 2 支

黑色笔、1 支蓝色笔，因此共有$12^2 \times 2 = 288$ 种取法，即事件 B 包含的样本点数为 288. 于是，所求概率分别为

$$P(A) = \frac{6^3}{20^3} = 0.027, \quad P(B) = \frac{288}{20^3} = 0.036.$$

第二种情形：假定取笔方式为不放回抽样.

根据题意知，从 20 支中性笔中不放回地连续抽取 3 次，每次取一支，共有$20 \times 19 \times 18$ 种取法. 由于每一种取法对应一个样本点，因此样本空间共有 $20 \times 19 \times 18$ 个样本点.

对于事件 A 而言，由于三次不放回抽取得到的笔都是红色笔，因此共有 $6 \times 5 \times 4$ 种取法，即事件 A 包含的样本点数为 $6 \times 5 \times 4$. 对于事件 B 而言，由于三次不放回抽取得到的笔有 2 支黑色笔、1 支蓝色笔，因此共有 $12 \times 11 \times 2 = 264$ 种取法，即事件 B 包含的样本点数为 264. 于是，所求概率分别为

$$P(A) = \frac{6 \times 5 \times 4}{20 \times 19 \times 18} \approx 0.018, \quad P(B) = \frac{264}{20 \times 19 \times 18} \approx 0.039.$$

【例 1-17】　设 n 名游客到达景区附近的酒店后，被导游随机地安排到 $N(N \geqslant n)$ 个房间中去 (假定每一房间均可容纳 n 名游客)，求：

(1) 指定的 n 个房间中各有 1 名游客的概率；

(2) 每个房间中至多有 1 名游客的概率；

(3) 某指定的一个房间中恰有 $m\,(m \leqslant n)$ 名游客的概率.

解　根据题意知，将 n 名游客随机地安排到 N 个房间中去，共有 N^n 种安排方式. 由于每一种安排方式对应一个样本点，因此样本空间共有 N^n 个样本点. 注意到每名游客随机地安排到各个房间，因而每个样本点的出现是等可能的.

(1) 设 A 表示"指定的 n 个房间中各有 1 名游客". 若将指定的 n 个房间中各安排 1 名游客，则共有 $n!$ 种安排方式，即事件 A 包含的样本点数为 $n!$. 于是

$$P(A) = \frac{n!}{N^n}.$$

(2) 设 B 表示"每个房间中至多有 1 名游客". 若每个房间中至多有 1 名游客，则共有 A_N^n 种安排方式，即事件 B 包含的样本点数为 A_N^n. 于是，所求概率为

$$P(B) = \frac{\mathrm{A}_N^n}{N^n}.$$

(3) 设 D 表示"某指定的一个房间中恰有 $m\,(m \leqslant n)$ 名游客". 若某指定的一个房间中恰有 m 名游客，则共有 $\mathrm{C}_n^m (N-1)^{n-m}$ 种安排方式，即事件 D 包含的样本点数为 $\mathrm{C}_n^m (N-1)^{n-m}$. 于是所求概率为

$$P(D) = \frac{\mathrm{C}_n^m (N-1)^{n-m}}{N^n}.$$

【**例 1-18**】　将 20 辆共享单车随机平均地安置到四个地点，其中这 20 辆共享单车中有 4 辆车需要检修. 求：

(1) 每个地点各有一辆共享单车需要检修的概率；

(2) 4 辆待检修的共享单车被安置到同一地点的概率.

解　根据题意知，将 20 辆共享单车随机平均地安置到四个地点，共有 $C_{20}^5 C_{15}^5 C_{10}^5 C_5^5 = \dfrac{20!}{5!\,5!\,5!\,5!}$ 种安置方法. 由于每一种安置方法对应一个样本点，因此样本空间共有 $\dfrac{20!}{5!\,5!\,5!\,5!}$ 个样本点. 注意到每辆共享单车是被随机地安置到各个地点，因而每个样本点的出现是等可能的.

(1) 设 A 表示"每个地点各有一辆共享单车需要检修". 根据题意，先将待检修的 4 辆共享单车平均地安置到 4 个地点，共有 4! 种安置方法；余下的 16 辆共享单车平均地安置到 4 个地点，共有

$$C_{16}^4 C_{12}^4 C_8^4 C_4^4 = \frac{16!}{4!\,4!\,4!\,4!}$$

种安置方法. 于是事件 A 包含的样本点数为 $4! \times \dfrac{16!}{4!\,4!\,4!\,4!}$，从而事件 A 发生的概率为

$$P(A) = \frac{4! \times \dfrac{16!}{4!\,4!\,4!\,4!}}{\dfrac{20!}{5!\,5!\,5!\,5!}} = \frac{125}{969}.$$

(2) 设 B 表示"4 辆待检修的共享单车被安置到同一个地点". 根据题意，先将待检修的 4 辆共享单车安置到同一个地点，共有 4 种安置方法；对于余下的 16 辆共享单车，除 1 辆共享单车与前面待检修的 4 辆共享单车安置到同一个地点外，其余 15 辆共享单车平均地安置到其他 3 个地点，共有

$$C_{16}^1 C_{15}^5 C_{10}^5 C_5^5 = \frac{16 \times 15!}{5!\,5!\,5!}$$

种安置方法. 于是事件 B 包含的样本点数为 $4 \times \dfrac{16 \times 15!}{5!\,5!\,5!}$，从而事件 B 发生的概率为

$$P(B) = \frac{4 \times \dfrac{16 \times 15!}{5!\,5!\,5!}}{\dfrac{20!}{5!\,5!\,5!\,5!}} = \frac{4}{969}.$$

三、几何方法

在概率论的发展早期，人们已经注意到当样本点数目为无限时，古典方法不再适用. 例如，我们会遇到一类概率问题：样本空间为某一可度量区域 (样本点数目为不可列个)、而"等可能性"依然保持，那么事件的概率该如何求解呢？事实上，这类问题一般需要借助于"几何方法"来解决.

几何方法要求试验具有以下两个特点：

(1) **可度量性** 试验 E 的样本空间 Ω 是一个大小可以度量的几何区域 (例如线段、平面区域或空间区域);

(2) **等可能性** 向几何区域 Ω 任意投掷一点, 该点落在 Ω 中任意度量相同的子区域内的可能性相同.

一般称具备以上两个特点的试验概型为几何概型.

注解 1-10 这里的度量是指线段的长度、平面区域的面积和空间区域的体积等; 度量相同的子区域的形状可能不同.

几何方法就是一种针对几何概型试验确定事件概率的方法. 具体说来, 设 $(\Omega, \mathscr{F})$ 为可测空间, 对于任意事件 $A \in \mathscr{F}$ (这里 A 为 Ω 内的一个可度量的几何区域), 有

$$P(A) = \frac{m(A)}{m(\Omega)} = \frac{A \text{ 的度量}}{\Omega \text{ 的度量}}, \tag{1-2}$$

这里 $m(A)$ 表示 A 的度量, 称之为 A 的测度; $m(\Omega)$ 表示 Ω 的度量, 称之为 Ω 的测度.

注解 1-11 根据测度论知识可以证明, 几何方法确定的事件概率满足概率的公理化定义 (证明略).

【例 1-19】 在线段 $[0, 10]$ 内随机地投掷一点, 求此点落在线段 $[6, 8]$ 内的概率.

解 根据题意可知, 可度量的线段 $[0, 10]$ 即为样本空间 Ω, 即 $\Omega = \{x \mid 0 \leqslant x \leqslant 10\}$. 设 A 表示 "点落在线段 $[6, 8]$ 内", 则 $A = \{x \mid 6 \leqslant x \leqslant 8\}$. 于是

$$P(A) = \frac{m(A)}{m(\Omega)} = \frac{A \text{ 的长度}}{\Omega \text{ 的长度}} = \frac{2}{10} = \frac{1}{5}.$$

【例 1-20】 设两公司员工为洽谈业务, 约定上午 9:00—10:00 在某地见面, 并商定先到者等候 20 min, 若对方没来即可自行离去. 假定两员工在 9:00—10:00 内各个时刻到达的可能性相等, 求两名员工能会面的概率.

解 为方便起见, 不妨假定 9:00 为初始时刻 "0" 点, x 和 y 分别表示两名员工到达约定地点的时刻 (以 min 为单位), 则 $0 \leqslant x \leqslant 60$, $0 \leqslant y \leqslant 60$. 由于两名员工在约定时间范围内各个时刻到达的可能性相等, 因此两名员工随机到达的时刻 (x, y) 相当于在平面区域 $\Omega = \{(x, y) \mid 0 \leqslant x, y \leqslant 60\}$ 内随机地取一点, 即 Ω 为所讨论的样本空间.

设 A 表示 "两名员工能会面", 则依题意知

$$A = \{(x, y) \mid (x, y) \in \Omega, \ |x - y| \leqslant 20\},$$

如图 1-3 所示. 于是, 两名员工能会面的概率为

$$P(A) = \frac{m(A)}{m(\Omega)} = \frac{A \text{ 的面积}}{\Omega \text{ 的面积}} = \frac{60 \times 60 - 40 \times 40}{60 \times 60} = \frac{5}{9}.$$

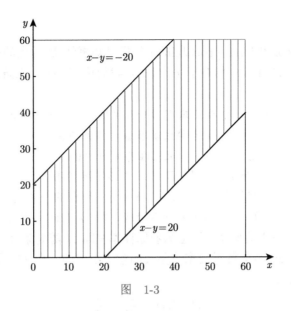

图 1-3

通过该例的学习,我们知道人与人的相遇是不确定的. 作为一名学生,我们要珍惜与老师、与同学难能可贵的相遇. 在新冠病毒肆虐期间,一些人因新冠肺炎失去了生命. 生命是脆弱的,我们要感恩生命中的相遇,热爱生命、敬畏生命!

基础练习 1-4

1. 设橱窗中的商品有 5 件一等品, 4 件二等品. 从橱窗中任取 3 件商品, 则至少有 1 件是二等品的概率为_____.

2. 现向一个正方形 $D = \{(x, y)\mid |x| \leqslant 1, |y| \leqslant 1\}$ 内投掷一点, 则此点落在圆 $C = \{(x, y)\mid x^2 + y^2 \leqslant 1\}$ 上的概率为_____.

3. 设盒中装有 8 个棋子, 其中 3 个白棋子, 5 个黑棋子. 每次从盒中任取一个棋子, 共取 3 次.

(1) 若每次取完棋子后放回, 求 3 次都取到黑棋子的概率;

(2) 若每次取完棋子后不放回, 求 3 次都取到黑棋子的概率.

4. 设有两组数均是 $\{1, 2, 3, 4, 5, 6\}$. 从这两组数中分别任取 1 个数, 求其中一个数比另一个数大 3 的概率.

5. 将 6 本书随机地放在书架上, 则指定的 3 本书放在一起的概率为_____.

6. 设箱中有 2 个白球, 3 个黑球. 每次从箱中任取一个球, 观察颜色后放回, 求第 5 次取到白球的概率.

第五节 条件概率

由经验知识可知,人在新冠肺炎高风险区容易感染新冠病毒,这说明一个事件的发生可能会影响另一个事件发生的可能性大小,这即为下面要讨论的条件概率.

一、条件概率的定义

所谓条件概率 (conditional probability) 是指已知事件 B 发生的条件下，求另一事件 A 发生的概率，记为 $P(A|B)$. 相对于 $P(A|B)$，我们称 $P(A)$ 为无条件概率，二者取值一般不相等.

【例 1-21】　设某大学一个毕业班有 40 名学生，其中有 20 名学生准备考国家公务员，有 30 名学生准备考研，有 10 名学生既准备考国家公务员又准备考研. 现从班里任选一名学生，结果他准备考国家公务员，求他准备考研的概率.

解　设 A 表示"该生准备考研"，B 表示"该生准备考国家公务员"，AB 表示"该生既准备考国家公务员又准备考研"，如图 1-4 所示. 现在的任务是求解 $P(A|B)$.

由题意知，原样本空间 Ω 由 40 名学生组成，故 Ω 的样本点总数为 40. 但若已知 B 发生，再考虑事件 A 发生的概率，这意味着原样本空间 Ω 随着条件"已知 B 发生"改变为 Ω_B，且 Ω_B 是由 20 名准备考国家公务员的学生组成的，即 Ω_B 的样本点数为 20. 于是，根据古典方法可得

$$P(A|B) = \frac{10}{20} = \frac{1}{2}. \tag{1-3}$$

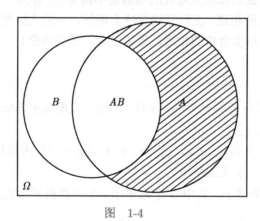

图　1-4

注解 1-12　(1) 由例 1-21 可知

$$P(A) = \frac{30}{40} = \frac{3}{4}, \quad P(A|B) = \frac{1}{2}.$$

显然，$P(A|B) \neq P(A)$，因而"条件概率"不同于前几节所讨论的"无条件概率".

(2) 对于例 1-21，根据题意可得

$$P(B) = \frac{20}{40} = \frac{1}{2}, \quad P(AB) = \frac{10}{40} = \frac{1}{4}.$$

这里需关注的是式 (1-3)，若将此式中的分子与分母同时除以样本点总数 40，则可得

$$P(A|B) = \frac{10}{20} = \frac{10/40}{20/40} = \frac{P(AB)}{P(B)}. \tag{1-4}$$

事实上，式 (1-4) 具有一般性，由此可引出条件概率的定义.

> **定义 1-4** 设 $(\Omega, \mathscr{F}, P)$ 为概率空间，$A, B \in \mathscr{F}$，且 $P(B) > 0$，则称
>
> $$P(A|B) = \frac{P(AB)}{P(B)} \tag{1-5}$$
>
> 为在事件 B 发生的条件下，事件 A 发生的**条件概率**.
>
> 称式 (1-5) 为**条件概率公式**.

性质 1-1 设 $(\Omega, \mathscr{F}, P)$ 为概率空间，$B \in \mathscr{F}$，且 $P(B) > 0$，则条件概率 $P(\cdot|B)$ 满足概率公理化定义的三个条件:

(1) 非负性 对于任意事件 $A \in \mathscr{F}$，有 $P(A|B) \geqslant 0$;

(2) 规范性 对于必然事件 $\Omega \in \mathscr{F}$，有 $P(\Omega|B) = 1$;

(3) 可列可加性 对于可列个互不相容的事件 $A_1, A_2, \cdots, A_n, \cdots$，有

$$P\left(\bigcup_{n=1}^{\infty} A_n \Big| B\right) = \sum_{n=1}^{\infty} P(A_n|B).$$

证明 根据条件概率的定义，易证性质 1-1 的 (1) 和 (2) 成立. 下面只证 (3) 成立. 根据条件概率公式 (1-5)，可知

$$\begin{aligned}
P\left(\bigcup_{n=1}^{\infty} A_n \Big| B\right) &= \frac{P\left(\left(\bigcup_{n=1}^{\infty} A_n\right) \bigcap B\right)}{P(B)} \\
&= \frac{P\left(\bigcup_{n=1}^{\infty} (A_n \bigcap B)\right)}{P(B)} \\
&= \frac{\sum_{n=1}^{\infty} P(A_n \bigcap B)}{P(B)} \\
&= \sum_{n=1}^{\infty} \frac{P(A_n \bigcap B)}{P(B)} \\
&= \sum_{n=1}^{\infty} P(A_n|B).
\end{aligned}$$

注解 1-13 由性质 1-1 可知，条件概率是概率，因而具有概率的性质. 例如:

$$P(\overline{A}|B) = 1 - P(A|B),$$

$$P((A_1 \bigcup A_2)|B) = P(A_1|B) + P(A_2|B) - P(A_1 A_2|B),$$

$$P((A_1 - A_2)|B) = P(A_1|B) - P(A_1 A_2|B).$$

根据前面分析可知，计算条件概率 $P(A|B)$ 一般有下面两种方法：

(1) 根据条件概率公式 (1-5)，计算 $P(A|B)$；

(2) 若事件 B 已经发生，则可理解为原样本空间随之改变为新样本空间 $\Omega_B = B$. 之后，基于新样本空间 Ω_B 去计算事件 A 发生的概率，即为 $P(A|B)$.

【例 1-22】 设有两罐子围棋子. 第一个罐子中有黑子 6 颗，白子 4 颗，共 10 颗围棋子；第二个罐子中有黑子 5 颗，白子 3 颗，共 8 颗围棋子. 假定从第一个罐子中任取一颗棋子放到第二个罐子中. 若已知从第一个罐子中取到白子，然后放到第二个罐子中. 现从第二个罐子中任取一颗棋子，求取到黑子的概率.

解 设 A 表示"从第二个罐子中取到黑子"，B 表示"从第一个罐子中取到白子".

采用第一种方法：

因 $P(AB) = \dfrac{4}{10} \times \dfrac{5}{9} = \dfrac{20}{90}$，则所求概率为

$$P(A|B) = \frac{P(AB)}{P(B)} = \frac{20/90}{2/5} = \frac{5}{9}.$$

采用第二种方法：

因为事件 B 已经发生，根据题意，此时第二个罐子中有 4 颗白子、5 颗黑子，共 9 颗棋子. 从而根据题意可知，所求概率为

$$P(A|B) = \frac{5}{9}.$$

【例 1-23】 设某地自上次发生洪灾后，20 年内再次发生洪灾的概率为 0.4，25 年内再次发生洪灾的概率为 0.5. 已知该地已有 20 年未发生洪灾，求在未来 5 年内再次发生洪灾的概率.

解 设 A 表示"某地自上次发生洪灾后 25 年内没有发生洪灾"，B 表示"某地自上次发生洪灾后 20 年内没有发生洪灾"，所求概率为 $P(\overline{A}|B)$.

由题意可知，$P(B) = 1 - 0.4 = 0.6$，$P(A) = 1 - 0.5 = 0.5$. 因 $A \subset B$，故 $AB = A$. 于是，所求概率为

$$\begin{aligned}
P(\overline{A}|B) &= 1 - P(A|B) = 1 - \frac{P(AB)}{P(B)} \\
&= 1 - \frac{P(A)}{P(B)} \\
&= 1 - \frac{0.5}{0.6} = \frac{1}{6}.
\end{aligned}$$

二、乘法定理

由条件概率公式可得下面的乘法定理.

定理 1-1 (乘法定理)　设 $(\Omega, \mathscr{F}, P)$ 为概率空间，$A, B \in \mathscr{F}$，$A_i \in \mathscr{F}$，$i = 1, 2, \cdots, n$.

(1) 若 $P(A) > 0$，则

$$P(AB) = P(A)P(B|A). \tag{1-6}$$

(2) 若 $P(B) > 0$，则

$$P(AB) = P(B)P(A|B). \tag{1-7}$$

(3) 若 $P(A_1 A_2 \cdots A_{n-1}) > 0$，则

$$P(A_1 A_2 \cdots A_n) = P(A_1)P(A_2|A_1) \cdots P(A_n|A_1 A_2 \cdots A_{n-1}). \tag{1-8}$$

证明　根据条件概率公式 (1-5)，易证定理 1-1 的 (1) 和 (2) 成立. 下面只证 (3) 成立. 已知 $P(A_1 A_2 \cdots A_{n-1}) > 0$，则

$$P(A_1) > 0, \ P(A_1 A_2) > 0, \ \cdots, \ P(A_1 A_2 \cdots A_{n-2}) > 0.$$

于是，根据条件概率公式 (1-5) 可得

$$P(A_1)P(A_2|A_1) \cdots P(A_n|A_1 A_2 \cdots A_{n-1})$$
$$= P(A_1) \times \frac{P(A_1 A_2)}{P(A_1)} \times \frac{P(A_1 A_2 A_3)}{P(A_1 A_2)} \times \cdots \times \frac{P(A_1 \cdots A_{n-1} A_n)}{P(A_1 \cdots A_{n-1})}$$
$$= P(A_1 A_2 \cdots A_n).$$

称式 (1-6)$\sim$ 式 (1-8) 为**乘法公式**，常用于求解有限个事件同时发生的概率.

【例 1-24】　100 件产品中有 10 件次品，按不放回方式连续抽取两次，每次抽取 1 件，求连续两次都抽到合格品的概率.

解　设 A_i 表示"第 i 次抽到合格品"，$i = 1, 2$. 根据乘法公式，所求概率为

$$P(A_1 A_2) = P(A_1)P(A_2|A_1)$$
$$= \frac{100 - 10}{100} \times \frac{100 - 10 - 1}{100 - 1}$$
$$= \frac{89}{110} \approx 0.809.$$

【例 1-25】　设盒中有 m 颗黑巧克力，n 颗白巧克力. 每次从盒中任取一颗巧克力，观察其颜色后放回盒中，之后再放入 a 颗与其同色的巧克力. 若自盒中连续取四次巧克力，试求前两次取到白巧克力且后两次取到黑巧克力的概率.

解　设 A_i 表示"第 i 次取到白巧克力"，$\overline{A_i}$ 表示"第 i 次取到黑巧克力"，$i = 1, 2, 3, 4$. 现在的任务是求 $P(A_1 A_2 \overline{A_3}\, \overline{A_4})$.

根据题意可知

$$P(A_1) = \frac{n}{m+n}, \quad P(A_2|A_1) = \frac{n+a}{m+n+a},$$

$$P(\overline{A_3}|A_1A_2) = \frac{m}{m+n+2a}, \quad P(\overline{A_4}|A_1A_2\overline{A_3}) = \frac{m+a}{m+n+3a}.$$

根据乘法公式，所求概率为

$$P(A_1A_2\overline{A_3}\,\overline{A_4})$$

$$= P(A_1)P(A_2|A_1)P(\overline{A_3}|A_1A_2)P(\overline{A_4}|A_1A_2\overline{A_3})$$

$$= \left(\frac{n}{m+n}\right)\left(\frac{n+a}{m+n+a}\right)\left(\frac{m}{m+n+2a}\right)\left(\frac{m+a}{m+n+3a}\right).$$

前面我们指出条件概率是概率，因而它也适用于乘法定理.

定理 1-2 (乘法定理)* 设 $(\Omega,\ \mathscr{F},\ P)$ 为概率空间，$A,\ B,\ C \in \mathscr{F}$，$A_i \in \mathscr{F}$ $(i = 1,\ 2,\ \cdots,\ n)$，且 $P(C) > 0$.

(1) 若 $P(A|C) > 0$，则

$$P(AB|C) = P(A|C)P(B|AC). \tag{1-9}$$

(2) 若 $P(B|C) > 0$，则

$$P(AB|C) = P(B|C)P(A|BC). \tag{1-10}$$

(3) 若 $P(A_1A_2\cdots A_{n-1}|C) > 0$，则

$$P(A_1A_2\cdots A_n|C) = P(A_1|C)P(A_2|A_1C)\cdots P(A_n|A_1A_2\cdots A_{n-1}C). \tag{1-11}$$

证明 根据条件概率公式，易证定理 1-2 的 (1) 和 (2) 成立. 下面只证 (3) 成立.
已知 $P(A_1A_2\cdots A_{n-1}|C) > 0$，则

$$P(A_1|C) > 0,\ P(A_1A_2|C) > 0,\ \cdots,\ P(A_1A_2\cdots A_{n-2}|C) > 0.$$

根据条件概率公式 (1-5) 与 $P(C) > 0$，可得

$$P(A_1C) > 0,\ P(A_1A_2C) > 0,\ \cdots,\ P(A_1A_2\cdots A_{n-1}C) > 0.$$

于是

$$P(A_1|C)P(A_2|A_1C)\cdots P(A_n|A_1A_2\cdots A_{n-1}C)$$

$$= \frac{P(A_1C)}{P(C)} \times \frac{P(A_1A_2C)}{P(A_1C)} \times \frac{P(A_1A_2A_3C)}{P(A_1A_2C)} \times \cdots \times \frac{P(A_1\cdots A_{n-1}A_nC)}{P(A_1\cdots A_{n-1}C)}$$

$$= \frac{P(A_1\cdots A_{n-1}A_nC)}{P(C)}$$

$$= P(A_1A_2\cdots A_n|C).$$

三、全概率定理

全概率定理 (total probability theorem) 是概率论中的一个重要定理, 借助于划分的思想, 阐释了如何将复杂事件概率的计算转换为简单事件概率的求和.

定理 1-3 (全概率定理)　设 $(\Omega, \mathscr{F}, P)$ 为概率空间, $A_i \in \mathscr{F}$, 且 $P(A_i) > 0$, $i = 1, 2, \cdots, n$. 若事件 $A_1, A_2, \cdots, A_n$ 为样本空间 Ω 的一个划分, 则对任意事件 B, 有

$$P(B) = \sum_{i=1}^{n} P(A_iB) = \sum_{i=1}^{n} P(A_i)P(B|A_i). \tag{1-12}$$

称式 (1-12) 为全概率公式.

证明　根据定理条件可知, $A_1, A_2, \cdots, A_n$ 为样本空间 Ω 的一个划分, 则这 n 个事件互不相容, 且 $\bigcup_{i=1}^{n} A_i = \Omega$. 因为

$$B = B\Omega = B\bigcap\left(\bigcup_{i=1}^{n} A_i\right) = \bigcup_{i=1}^{n}(A_iB),$$

且 $A_1B, A_2B, \cdots, A_nB$ 互不相容, 根据概率的有限可加性和乘法公式, 可得

$$P(B) = P\left(\bigcup_{i=1}^{n}(A_iB)\right) = \sum_{i=1}^{n} P(A_iB) = \sum_{i=1}^{n} P(A_i)P(B|A_i).$$

注解 1-14　(1) 若将定理 1-3 中的条件 "$A_1, A_2, \cdots, A_n$ 为样本空间 Ω 的一个划分", 改为 "$A_1, A_2, \cdots, A_n$ 互不相容, 且 $B \subset \bigcup_{i=1}^{n} A_i$", 则该定理照样成立 (读者可自行证明).

(2) 对于定理 1-3, 我们不妨换个方式进行理解: 将 B 视为所研究问题的结果, 将 $A_1, A_2, \cdots, A_n$ 视为这一问题中导致结果 B 发生的 n 个原因. 此时全概率公式可理解为一种 "根据原因的概率推出结果发生的概率" 的求解公式.

由上面分析可知, 若直接计算 $P(B)$ 困难, 不妨考虑应用全概率公式这一思路. 具体步骤如下:

首先, 根据题意将事件 B 分解为几个互不相容的简单事件之和, 即

$$B = A_1B\bigcup A_2B\bigcup \cdots \bigcup A_nB,$$

其中 $\bigcup_{i=1}^{n} A_i = \Omega \left(\text{或 } B \subset \bigcup_{i=1}^{n} A_i\right)$.

其次, 计算每一个简单事件的概率, 即求解 $P(A_iB) = P(A_i)P(B|A_i), i = 1, 2, \cdots, n$.

最后, 将这 n 个简单事件的概率求和, 即计算

$$P(B) = P(A_1B) + P(A_2B) + \cdots + P(A_nB) = \sum_{i=1}^{n} P(A_iB).$$

【例 1-26】 箱中有 30 个球, 其中白球 20 个, 红球 10 个. 现在两人依次从箱中取一球, 取后不放回, 求第二个人取到白球的概率.

解 设 A 表示"第一个人取到白球", B 表示"第二个人取到白球". 依题意可知

$$P(A) = \frac{20}{30} = \frac{2}{3}, \ P(\overline{A}) = \frac{10}{30} = \frac{1}{3},$$

$$P(B|A) = \frac{20-1}{30-1} = \frac{19}{29}, \ P(B|\overline{A}) = \frac{20}{30-1} = \frac{20}{29}.$$

根据全概率公式, 所求概率为

$$P(B) = P(A)P(B|A) + P(\overline{A})P(B|\overline{A}) = \frac{2}{3} \times \frac{19}{29} + \frac{1}{3} \times \frac{20}{29} = \frac{58}{87}.$$

【例 1-27】 某小型超市的充电器主要由甲、乙和丙三家公司提供. 设某月该超市从甲公司进货 30 箱, 每箱 100 个, 次品率为 0.06; 从乙公司进货 20 箱, 每箱 120 个, 次品率为 0.05; 从丙公司进货 10 箱, 每箱 150 个, 次品率为 0.08. 求:

(1) 现任取一箱, 从中任取一个充电器为次品的概率;

(2) 将所有的产品开箱混放, 从中任取一个充电器为次品的概率.

解 设 A_1, A_2, A_3 分别表示"任取的一箱分别来自于甲、乙、丙三家公司", B 表示"从任取的一箱中任取一个充电器为次品". 显然, A_1, A_2, A_3 互不相容, 且 $\bigcup_{i=1}^{3} A_i = \Omega$. 依题意可知

$$P(A_1) = \frac{30}{60} = \frac{1}{2}, \quad P(A_2) = \frac{20}{60} = \frac{1}{3}, \quad P(A_3) = \frac{10}{60} = \frac{1}{6},$$

$$P(B|A_1) = 0.06, \quad P(B|A_2) = 0.05, \quad P(B|A_3) = 0.08.$$

(1) 根据全概率公式, 所求概率为

$$P(B) = \sum_{i=1}^{3} P(A_i)P(B|A_i)$$

$$= \frac{1}{2} \times 0.06 + \frac{1}{3} \times 0.05 + \frac{1}{6} \times 0.08$$

$$= 0.06.$$

(2) 合计产品的总数目为

$$30 \times 100 + 20 \times 120 + 10 \times 150 = 6900 \text{个};$$

合计次品的总数目为

$$30 \times 100 \times 0.06 + 20 \times 120 \times 0.05 + 10 \times 150 \times 0.08 = 420 \text{个}.$$

令 C 表示"从所有充电器中任取一个充电器为次品", 则所求概率为

$$P(C) = \frac{420}{6900} = \frac{7}{115}.$$

【例 1-28】 每个人总会经历各种考试，对"作弊"这种行为也有所耳闻．若考场严格，考生作弊的概率为 1%；若考场不严格，考生作弊的概率为 10%．已知考场严格的概率为 a，求考生作弊的概率．

解 设 A 表示"考场严格"，B 表示"考生作弊"．由题意可知

$$P(A) = a, \quad P(\overline{A}) = 1 - a,$$

$$P(B|A) = \frac{1}{100}, \quad P(B|\overline{A}) = \frac{10}{100} = \frac{1}{10}.$$

根据全概率公式，所求概率为

$$P(B) = P(A)P(B|A) + P(\overline{A})P(B|\overline{A}) = a \times \frac{1}{100} + (1-a) \times \frac{1}{10} = \frac{10 - 9a}{100}.$$

该例表明，考场纪律越严格，考生作弊的概率会越小，即考场的严格性直接影响着考风．为防范考生作弊，可从考场监管入手．然而，更重要的是每位考生要拥有"以诚信考试为荣，以考试作弊为耻"的认知，谨记"诚信是做人做事的基本准则，是构建和谐社会的重要基础"．我们要讲诚信，形成诚实做人、踏实做事的良好行为习惯．

注解 1-15 全概率公式也可推广到某一事件 C 已经发生的前提条件下的情形：

设 $(\Omega, \mathscr{F}, P)$ 为概率空间，$C, A_i \in \mathscr{F}$，且 $P(C) > 0, P(A_i) > 0$，$i = 1, 2, \cdots, n$．若事件 $A_1, A_2, \cdots, A_n$ 为样本空间 Ω 的一个划分，则对任意事件 B，有

$$P(B|C) = \sum_{i=1}^{n} P(A_i B|C) = \sum_{i=1}^{n} P(A_i|C)P(B|A_i C). \tag{1-13}$$

称式 (1-13) 为在事件 C 发生条件下的全概率公式 (读者可自行证明)．

四、贝叶斯定理

全概率定理为一种"根据原因的概率推出结果发生的概率"的重要定理，而贝叶斯定理 (Bayes theorem) 考虑与其相反的问题，是一种"根据结果发生的概率推出导致结果发生的各个原因的概率"的重要定理．

定理 1-4 (贝叶斯定理) 设 $(\Omega, \mathscr{F}, P)$ 为概率空间，$A_i \in \mathscr{F}$，且 $P(A_i) > 0$，$i = 1, 2, \cdots, n$．若事件 $A_1, A_2, \cdots, A_n$ 为样本空间 Ω 的一个划分，则对任意事件 B，$P(B) > 0$，有

$$P(A_i|B) = \frac{P(A_i)P(B|A_i)}{\sum_{j=1}^{n} P(A_j)P(B|A_j)}, \quad i = 1, 2, \cdots, n. \tag{1-14}$$

称式 (1-14) 为贝叶斯公式．

证明 直接根据条件概率公式、乘法公式和全概率公式，可得

$$P(A_i|B) = \frac{P(A_i B)}{P(B)} = \frac{P(A_i)P(B|A_i)}{\sum_{j=1}^{n} P(A_j)P(B|A_j)}, \quad i = 1, 2, \cdots, n.$$

式 (1-14) 中的概率 $P(A_i)$ $(i = 1, 2, \cdots, n)$ 通常是通过总结以往的经验而得到的, 称之为 **先验概率**; 概率 $P(A_i|B)$ 则是在一次试验中知晓 "事件 B 已经发生" 的前提下, 重新估计事件 A_i 发生的概率 (即对 $P(A_i)$ 进行修正和补充), 称之为后验概率.

【例 1-29】 血液 ELISA 是检测艾滋病毒的一种方法. 已知艾滋病毒患者进行此检验被检测到呈阳性的概率为 95%, 非艾滋病毒患者被检测到呈阳性的概率为 1%. 设某地艾滋病毒患者约占 0.1%, 现有一人进行 ELISA 检测呈阳性, 求该人的确是艾滋病毒患者的概率.

解 设 A 表示 "此人是艾滋病毒患者", $\overline{A}$ 表示 "此人是非艾滋病毒患者", B 表示 "检测呈阳性".

依题意知

$$P(A) = \frac{1}{1000}, \quad P(\overline{A}) = \frac{999}{1000}, \quad P(B|A) = \frac{95}{100}, \quad P(B|\overline{A}) = \frac{1}{100}.$$

由贝叶斯公式, 所求概率为

$$P(A|B) = \frac{P(A)P(B|A)}{P(A)P(B|A) + P(\overline{A})P(B|\overline{A})}$$

$$= \frac{\dfrac{1}{1000} \times \dfrac{95}{100}}{\dfrac{1}{1000} \times \dfrac{95}{100} + \dfrac{999}{1000} \times \dfrac{1}{100}} = \frac{95}{1094} \approx 0.087.$$

【例 1-30】 设某企业有四个车间生产同一种产品. 已知这四个车间生产的产品分别占总产量的 15%、20%、30% 和 35%, 且生产产品的次品率分别为 0.05、0.04、0.03 和 0.02. 已知该企业将完工的产品全部都放到仓库, 现从仓库中任取一件产品, 求:

(1) 恰好抽到次品的概率;

(2) 若发现该产品是次品, 则此次品是由第 3 个车间生产的概率.

解 设 A_i 表示 "取到第 i 个车间生产的产品", $i = 1, 2, 3, 4$; B 表示 "取到的产品为次品". 显然, A_1, A_2, A_3, A_4 互不相容, 且 $\bigcup\limits_{i=1}^{4} A_i = \Omega$. 依题意可知

$$P(A_1) = 0.15, \quad P(A_2) = 0.2, \quad P(A_3) = 0.3, \quad P(A_4) = 0.35,$$

$$P(B|A_1) = 0.05, \quad P(B|A_2) = 0.04, \quad P(B|A_3) = 0.03, \quad P(B|A_4) = 0.02.$$

(1) 根据全概率公式, 所求概率为

$$P(B) = \sum_{i=1}^{4} P(A_i)P(B|A_i)$$

$$= 0.15 \times 0.05 + 0.2 \times 0.04 + 0.3 \times 0.03 + 0.35 \times 0.02$$

$$= 0.0315.$$

(2) 根据贝叶斯公式, 所求概率为

$$P(A_3|B) = \frac{P(A_3)P(B|A_3)}{\sum\limits_{i=1}^{4} P(A_i)P(B|A_i)}$$

$$= \frac{P(A_3)P(B|A_3)}{P(B)}$$

$$= \frac{0.3 \times 0.03}{0.0315}$$

$$\approx 0.286.$$

【例 1-31】 设茶杯整箱出售, 每箱 10 只茶杯, 且每箱含 0、1、2 只残品的概率分别为 0.7、0.2、0.1. 现在一顾客欲购买一箱茶杯, 先要求工作人员任取一箱茶杯, 并随机开箱抽测 3 只茶杯. 若此 3 只茶杯均无残品, 则购买该箱茶杯, 否则不再购买.

(1) 求顾客最后选择购买该箱茶杯的概率;

(2) 求顾客选择购买的该箱茶杯中, 确实不含残品的概率.

解 设 A_k 表示 "该箱茶杯含 k 只残品", $k = 0, 1, 2. B$ 表示 "顾客最后选择购买该箱茶杯".

依题意知

$$P(A_0) = 0.7, \ P(A_1) = 0.2, \ P(A_2) = 0.1,$$

$$P(B|A_0) = 1, \ P(B|A_1) = \frac{C_9^3}{C_{10}^3}, \ P(B|A_2) = \frac{C_8^3}{C_{10}^3}.$$

(1) 由全概率公式, 所求概率为

$$P(B) = \sum_{k=0}^{2} P(A_k)P(B|A_k) = 0.7 \times 1 + 0.2 \times \frac{C_9^3}{C_{10}^3} + 0.1 \times \frac{C_8^3}{C_{10}^3}$$

$$= \frac{133}{150} \approx 0.887.$$

(2) 由贝叶斯公式, 所求概率为

$$P(A_0|B) = \frac{P(A_0)P(B|A_0)}{P(A_0)P(B|A_0) + P(A_1)P(B|A_1) + P(A_2)P(B|A_2)}$$

$$= \frac{0.7 \times 1}{0.887} \approx 0.789.$$

注解 1-16 贝叶斯公式也可推广到某一事件 C 已经发生的前提条件下的情形:

设 $(\Omega, \mathscr{F}, P)$ 为概率空间, $C, A_i \in \mathscr{F},$ 且 $P(C) > 0, P(A_i) > 0, i = 1, 2, \cdots, n.$ 若事件 $A_1, A_2, \cdots, A_n$ 为样本空间 Ω 的一个划分, 则对任意事件 $B,$ 有

$$P(A_i|BC) = \frac{P(A_i|C)P(B|A_iC)}{\sum\limits_{j=1}^{n} P(A_j|C)P(B|A_jC)}, \quad i = 1, 2, \cdots, n. \tag{1-15}$$

称式 (1-15) 为在事件 C 发生条件下的贝叶斯公式 (读者可自行证明).

基础练习 1-5

1. 设箱中有 7 个正品, 3 个次品. 按不放回抽取, 每次取一个, 已知第一次取到次品, 则第二次仍取到次品的概率为 (　　)

A. $\dfrac{3}{7}$; 　　　 B. $\dfrac{3}{10}$; 　　　 C. $\dfrac{2}{7}$; 　　　 D. $\dfrac{2}{9}$.

2. 设 $(\Omega, \mathscr{F}, P)$ 为概率空间, $A, B \in \mathscr{F}$, 且 $P(B) > 0$. 若比较 $P(A)$ 与 $P(A|B)$ 的大小关系, 则叙述正确的是 (　　)

A. $P(A) = P(A|B)$; 　　　　　　　　 B. $P(A) < P(A|B)$;

C. $P(A) > P(A|B)$; 　　　　　　　　 D. 无法确定.

3. 投掷两颗质地均匀的骰子, 已知两颗骰子点数之和为 7, 则其中一颗骰子点数为 1 的概率为 _____.

4. 某座房子使用寿命超过 50 年的概率为 0.8, 使用寿命超过 65 年的概率为 0.7. 若该房子经历了 50 年, 求其在接下来的 15 年内倒塌的概率.

5. 已知 $P(A) = \dfrac{1}{4}$, $P(B|A) = \dfrac{1}{2}$, $P(A|B) = \dfrac{1}{3}$, 则 $P(AB) = $ _____, $P(B) = $ _____.

6. 已知 $P(A) = 0.6$, $P(B) = 0.5$, $P(B|A) = 0.7$, 则 $P(AB) = $ _____, $P(\overline{A}\,\overline{B}) = $ _____.

7. 设笔筒有 50 支笔, 其中 20 支黑笔, 30 支蓝笔. 每次从笔筒中任取一支笔, 不放回, 则第二次取到蓝笔的概率为 _____.

8. 某批灯泡由甲、乙、丙三个工厂同时加工生产, 已知这三个工厂生产灯泡的比例为 $2 : 7 : 1$, 次品率依次为 0.02, 0.01, 0.03. 现从这批灯泡中任取一只, 求:

(1) 该只灯泡是次品的概率;

(2) 已知该只灯泡是次品, 则它由哪个工厂生产的概率最大?

第六节　独立性

独立性(independence) 是概率论中的一个重要概念. 上一节指出, 事件 B ($P(B) > 0$) 的发生可能会影响事件 A 发生的概率, 即 $P(A|B) \neq P(A)$. 而本节关注的是, 事件 B 的发生不会影响事件 A 发生的概率, 即 $P(A|B) = P(A)$, 此时称事件 A 与事件 B 是相互独立的.

本节除了讨论事件的独立性, 还讨论试验的独立性.

一、两个事件的独立性

现在通过一个例子, 引入 "两个事件的独立性" 概念.

【例 1-32】 箱中有 6 支晶体管, 其中 4 支是合格品, 2 支是不合格品. 如今有放回地连续抽取两次, 每次取一支晶体管. 求第二次抽到不合格晶体管的概率.

解　设 A 表示"第二次抽到不合格晶体管"，则所求概率为

$$P(A) = \frac{2}{6} = \frac{1}{3}.$$

在该例中，若令 B 表示"第一次抽到合格晶体管"，则

$$P(A|\overline{B}) = P(A|B) = \frac{2}{6} = \frac{1}{3},$$

由此可得

$$P(A) = P(A|\overline{B}) = P(A|B).$$

这一结果表明，事件 B 的发生与否不会改变事件 A 发生的概率，即事件 A 与事件 B 是相互独立的，且

$$P(AB) = P(A|B)P(B) = P(A)P(B).$$

基于此，下面给出两个事件相互独立的严格定义.

定义 1-5　设 $(\Omega, \mathscr{F}, P)$ 为概率空间，$A, B \in \mathscr{F}$. 若

$$P(AB) = P(A)P(B)$$

成立，则称事件 A 与事件 B 相互独立.

注解 1-17　(1) 必然事件 Ω 与任意事件是相互独立的；不可能事件 $\varnothing$ 与任意事件也是相互独立的.

事实上，对任意 $A \in \mathscr{F}$，均有

$$P(\Omega A) = P(A) = 1 \times P(A) = P(\Omega)P(A),$$

$$P(\varnothing A) = P(\varnothing) = 0 \times P(A) = P(\varnothing)P(A).$$

(2) 互不相容与相互独立是两个完全不同的概念.

事件 A 与事件 B 互不相容表示这两个事件在一次试验中不可能同时发生，即表示在一次试验中，事件 A 的发生与否会影响事件 B 的发生与否；事件 A 与事件 B 相互独立表示在一次试验中，事件 A 的发生与否不会改变事件 B 发生的概率.

定理 1-5　设 $(\Omega, \mathscr{F}, P)$ 为概率空间，$A, B \in \mathscr{F}$. 若事件 A 与事件 B 互不相容，则事件 A 与事件 B 相互独立当且仅当 $P(A) = 0$ 或 $P(B) = 0$.

证明　必要性：若事件 A 与事件 B 相互独立，则 $P(AB) = P(A)P(B)$. 因事件 A 与事件 B 互不相容，则 $AB = \varnothing$. 于是

$$P(A)P(B) = P(AB) = P(\varnothing) = 0,$$

解得 $P(A) = 0$ 或 $P(B) = 0$.

充分性：若 $P(A) = 0$ 或 $P(B) = 0$，则 $P(A)P(B) = 0$. 由于事件 A 与事件 B 互不相容，即 $AB = \varnothing$，因此可得

$$P(A)P(B) = 0 = P(\varnothing) = P(AB).$$

此结果表明事件 A 与事件 B 是相互独立的.

注解 1-18　定理 1-5 表明，若 "A，B 互不相容" 与 "A，B 相互独立" 同时成立，则 $P(A) = 0$ 或 $P(B) = 0$. 换句话说，若 $P(A) > 0$ 且 $P(B) > 0$，则 "A，B 互不相容" 与 "A，B 相互独立" 不能同时成立.

定理 1-6　设 $(\Omega, \mathscr{F}, P)$ 为概率空间，$A, B \in \mathscr{F}$. 若 $P(A) > 0$，则 A，B 相互独立的充要条件是

$$P(B|A) = P(B).$$

证明　必要性：由于 A，B 相互独立，故

$$P(AB) = P(A)P(B).$$

根据乘法公式

$$P(AB) = P(A)P(B|A).$$

又 $P(A) > 0$，整理可得

$$P(B|A) = P(B).$$

充分性：由于 $P(B|A) = P(B)$，故根据乘法公式

$$P(AB) = P(A)P(B|A) = P(A)P(B).$$

这说明 A 与 B 相互独立.

定理 1-7　设 $(\Omega, \mathscr{F}, P)$ 为概率空间，$A, B \in \mathscr{F}$. 若 A，B 相互独立，则 A 与 $\overline{B}$，$\overline{A}$ 与 B，$\overline{A}$ 与 $\overline{B}$ 也相互独立.

证明　由于 A，B 相互独立，则 $P(AB) = P(A)P(B)$. 于是

$$
\begin{aligned}
P(A\overline{B}) &= P(A - B) \\
&= P(A) - P(AB) \\
&= P(A) - P(A)P(B), \\
&= P(A)(1 - P(B)) \\
&= P(A)P(\overline{B}),
\end{aligned}
$$

即 A 与 $\overline{B}$ 相互独立. 同理可证 $\overline{A}$ 与 B、$\overline{A}$ 与 $\overline{B}$ 也相互独立.

【例 1-33】　现有一副扑克牌 (不含大小王) 52 张，从中任意抽取一张，设 A 表示 "抽到 10"，B 表示 "抽到红桃"，C 表示 "抽到红桃 K". 问：

(1) 事件 A 与事件 B 是否相互独立?

(2) 事件 B 与事件 C 是否相互独立?

(3) 事件 A 与事件 C 是否相互独立?

解 (1) 依题意知,AB 表示 "抽到红桃 10",且

$$P(A) = \frac{4}{52} = \frac{1}{13}, \ P(B) = \frac{13}{52} = \frac{1}{4}, \ P(AB) = \frac{1}{52}.$$

于是

$$P(AB) = P(A)P(B) = \frac{1}{52},$$

这说明事件 A 与事件 B 相互独立.

(2) 依题意知,BC 表示 "抽到红桃 K",即 $BC = C$,且

$$P(B) = \frac{13}{52} = \frac{1}{4}, \ P(C) = \frac{1}{52} = P(BC).$$

于是

$$P(B)P(C) = \frac{1}{4} \times \frac{1}{52} = \frac{1}{208} \neq P(BC),$$

这说明事件 B 与事件 C 并不相互独立.

(3) 依题意知 $AC = \varnothing$,这说明事件 A 与事件 C 是互不相容的. 由于

$$P(A) = \frac{1}{13} > 0, \ P(C) = \frac{1}{52} > 0,$$

根据注解 1-18 的解释可知,事件 A 与事件 C 并不相互独立.

二、 多个事件的独立性

下面讨论三个及三个以上事件的独立性.

> **定义 1-6** 设 $(\Omega, \mathscr{F}, P)$ 为概率空间,$A, B, C \in \mathscr{F}$. 若
>
> $$\begin{cases} P(AB) = P(A)P(B) \\ P(AC) = P(A)P(C) \\ P(BC) = P(B)P(C) \end{cases} \tag{1-16}$$
>
> 成立,则称事件 A, B, C 两两独立;若
>
> $$P(ABC) = P(A)P(B)P(C) \tag{1-17}$$
>
> 还成立,则称事件 A, B, C 相互独立.

注解 1-19 若 A, B, C 相互独立,则 AB 与 C、BC 与 A、AC 与 B 均是相互独立的.

事实上,根据这三个事件的两两独立性以及式 (1-17),可得

$$P((AB)C) = P(ABC) = P(A)P(B)P(C) = P(AB)P(C),$$

$$P(A(BC)) = P(ABC) = P(A)P(B)P(C) = P(A)P(BC),$$

$$P((AC)B) = P(ABC) = P(A)P(C)P(B) = P(AC)P(B).$$

这一结果说明,三个事件相互独立意味着三个事件任意组合后的事件之间也是相互独立的. 注意,这一结论也适用于三个以上事件的独立性情形.

【例 1-34】 设有 4 张儿童卡片:一张卡片上是大小不等的三角形;一张卡片上是大小不等的矩形;一张卡片上是大小不等的圆形;最后一张卡片上同时含有三角形、矩形和圆形. 现从这 4 张卡片中随机抽取一张,设 A 表示"抽到的卡片上有三角形",B 表示"抽到的卡片上有矩形";C 表示"抽到的卡片上有圆形". 问事件 A,B,C 是否相互独立?

解 依题意知

$AB = BC = AC = ABC = $"抽到的卡片上含有三角形、矩形和圆形",且

$$P(AB) = P(AC) = P(BC) = P(ABC) = \frac{1}{4}.$$

又

$$P(A) = P(B) = P(C) = \frac{1}{2},$$

于是

$$P(AB) = \frac{1}{4} = P(A)P(B),$$

$$P(AC) = \frac{1}{4} = P(A)P(C),$$

$$P(BC) = \frac{1}{4} = P(B)P(C).$$

根据定义 1-6 知,事件 A,B,C 两两独立.

然而,注意到

$$P(ABC) = \frac{1}{4} \neq P(A)P(B)P(C),$$

因此事件 A,B,C 并不是相互独立的.

> **定义 1-7** 设 $(\Omega, \mathscr{F}, P)$ 为概率空间,$A_i \in \mathscr{F}$,$i = 1, 2, \cdots, n$. 若对任意 k 个事件 $A_{i_1}, A_{i_2}, \cdots, A_{i_k}$ $(1 \leqslant i_1 < i_2 < \cdots < i_k \leqslant n)$,都有
>
> $$P(A_{i_1} A_{i_2} \cdots A_{i_k}) = P(A_{i_1})P(A_{i_2}) \cdots P(A_{i_k}),$$
>
> 其中 $2 \leqslant k \leqslant n$,则称事件 A_1,A_2,$\cdots$,A_n 相互独立.

> **定义 1-8** 设 $(\Omega, \mathscr{F}, P)$ 为概率空间,$A_i \in \mathscr{F}$,$i = 1, 2, \cdots, n$. 若这 n 个事件中的任意两个事件均相互独立,则称事件 A_1,A_2,$\cdots$,A_n 两两独立.

结合例 1-34 可知, 多个事件两两独立但其不一定相互独立; 多个事件相互独立则其一定两两独立.

注解 1-20 若 $n\ (n \geqslant 2)$ 个事件 A_1, A_2, $\cdots$, A_n 相互独立, 则将它们中的任意 $k\ (1 \leqslant k \leqslant n)$ 个事件换成各自的对立事件后, 所得到的 n 个事件也是相互独立的.

事实上, 这一结论是定理 1-7 的推广.

【例 1-35】 设有一个由 4 个独立元件构成的串并联系统 (见图 1-5), 现考察此系统的可靠性. 事实上, 系统或元件的可靠性是指系统或元件能正常工作的概率. 已知这 4 个独立元件为 a_1、a_2、a_3 和 a_4, 其可靠性分别为 p_1、p_2、p_3 和 p_4. 试问这个系统的可靠性有多大?

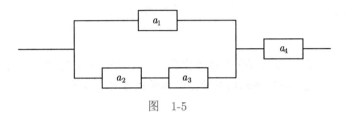

图 1-5

解 设 A_i 表示"元件 a_i 正常工作", 则依题意可知

$$P(A_i) = p_i, \quad i = 1,\ 2,\ 3,\ 4.$$

设 B 表示"系统正常工作", 依题意知, 系统是否正常工作是由两条线路决定的: 一条线路由元件 a_1 和 a_4 组成; 另一条线路由元件 a_2, a_3 和 a_4 组成. 从而可得 $B = A_1 A_4 \bigcup A_2 A_3 A_4$. 于是, 根据事件的独立性, 有

$$\begin{aligned}
P(B) &= P\left(A_1 A_4 \bigcup A_2 A_3 A_4\right) \\
&= P(A_1 A_4) + P(A_2 A_3 A_4) - P(A_1 A_2 A_3 A_4) \\
&= P(A_1)P(A_4) + P(A_2)P(A_3)P(A_4) - P(A_1)P(A_2)P(A_3)P(A_4) \\
&= p_1 p_4 + p_2 p_3 p_4 - p_1 p_2 p_3 p_4.
\end{aligned}$$

定理 1-8 若事件 A_1, A_2, $\cdots$, A_n 相互独立, 则有

$$P\left(\bigcup_{i=1}^{n} A_i\right) = 1 - \prod_{i=1}^{n} P(\overline{A_i}). \tag{1-18}$$

称式 (1-18) 为独立和公式.

证明 利用事件独立的性质和德·摩根律, 有

$$P\left(\bigcup_{i=1}^{n} A_i\right) = 1 - P\left(\overline{\bigcup_{i=1}^{n} A_i}\right) = 1 - P(\overline{A_1}\ \overline{A_2} \cdots \overline{A_n}) = 1 - \prod_{i=1}^{n} P(\overline{A_i}).$$

【例 1-36】 设小张喜欢射箭, 但每次射中靶心的概率为 0.001. 现在小张独立重复地射箭 6000 次, 求他至少有一次成功射中靶心的概率.

解   设 A_i 表示"小张第 i 次射中靶心",依题意可知

$$P(A_i) = 0.001, \quad i = 1, 2, \cdots, 6000.$$

从而小张至少有一次成功射中靶心的概率为

$$P\left(\bigcup_{i=1}^{6000} A_i\right) = 1 - \prod_{i=1}^{6000} P(\overline{A_i}) = 1 - (1 - 0.001)^{6000} \approx 0.998.$$

该例表明,虽然小张每次射中靶心的概率非常小,仅为 0.001,但通过坚持不懈地射箭6000 次后,成功射中靶心的概率竟高达 0.998. 这蕴含了"只要功夫深,铁杵磨成针""有志者事竟成"的道理!因此,只要我们有恒心、耐心和毅力,就可能自然而然地拥有能力、知识和成功.

> **定义 1-9**   设 $(\Omega, \mathscr{F}, P)$ 为概率空间,$A_i \in \mathscr{F}$,$i = 1, 2, \cdots$. 若这可列个事件中的任意 n $(n \geqslant 2)$ 个事件都相互独立,则称这可列个事件 $A_1, A_2, \cdots$ 相互独立.

在实际应用中,事件的独立性往往是根据问题的实际意义来判断的. 然后再根据独立性的含义和性质来计算事件的概率.

【例 1-37】   设一种传染病毒在某地肆虐. 现对当地居民抽血,测得每个人的血清中含有该病毒的概率为 0.5%. 若不小心混合 50 个人的血清,则此血清中含有该病毒的概率是多少?

解   设 A_i 表示"第 i 个人的血清中含有传染病毒",$i = 1, 2, \cdots, 50$,则根据独立和公式,所求概率为

$$P\left(\bigcup_{i=1}^{50} A_i\right) = 1 - \prod_{i=1}^{50} P(\overline{A_i}) = 1 - (1 - 0.005)^{50} \approx 0.222.$$

【例 1-38】   设有型号 1、2、3 三架无人机被投放,目标是击落某一入侵敌机. 已知型号 1、2、3 三架无人机击中敌机的概率分别为 0.4,0.5,0.7. 若一架无人机击中敌机并导致其坠落的概率为 0.2;两架无人机击中敌机并导致其坠落的概率为 0.6;三架无人机击中敌机必然导致其坠落. 现在三架无人机同时向敌机射击,求:

(1) 敌机坠落的概率;

(2) 若已确认敌机坠落,它是由两架无人机击中的概率.

解   设 C 表示"敌机坠落";A_i 表示"型号 i 无人机击中敌机",$i = 1, 2, 3$;B_j 表示"有 j 架无人机击中敌机",$j = 0, 1, 2, 3$.

(1) 依题意知,A_1, A_2, A_3 相互独立,则根据独立性可知

$$P(B_0) = P(\overline{A_1}\,\overline{A_2}\,\overline{A_3}) = P(\overline{A_1})P(\overline{A_2})P(\overline{A_3})$$
$$= (1 - 0.4) \times (1 - 0.5) \times (1 - 0.7)$$
$$= 0.09,$$

$$P(B_1) = P(A_1\overline{A_2}\,\overline{A_3}\bigcup\overline{A_1} A_2\overline{A_3}\bigcup\overline{A_1}\,\overline{A_2} A_3)$$

$$= P(A_1\overline{A_2}\,\overline{A_3}) + P(\overline{A_1} A_2\overline{A_3}) + P(\overline{A_1}\,\overline{A_2} A_3)$$

$$= P(A_1)P(\overline{A_2})P(\overline{A_3}) + P(\overline{A_1})P(A_2)P(\overline{A_3}) + P(\overline{A_1})P(\overline{A_2})P(A_3)$$

$$= 0.4 \times (1-0.5) \times (1-0.7) + (1-0.4) \times 0.5 \times (1-0.7) + (1-0.4)\times$$

$$(1-0.5) \times 0.7$$

$$= 0.36,$$

$$P(B_2) = P\left(\overline{A_1} A_2 A_3\bigcup A_1\overline{A_2} A_3\bigcup A_1 A_2\overline{A_3}\right)$$

$$= P(\overline{A_1} A_2 A_3) + P(A_1\overline{A_2} A_3) + P(A_1 A_2\overline{A_3})$$

$$= P(\overline{A_1})P(A_2)P(A_3) + P(A_1)P(\overline{A_2})P(A_3) + P(A_1)P(A_2)P(\overline{A_3})$$

$$= (1-0.4) \times 0.5 \times 0.7 + 0.4 \times (1-0.5) \times 0.7 + 0.4 \times 0.5 \times (1-0.7)$$

$$= 0.41,$$

$$P(B_3) = P\left(A_1 A_2 A_3\right)$$

$$= P(A_1) \times P(A_2) \times P(A_3)$$

$$= 0.4 \times 0.5 \times 0.7$$

$$= 0.14.$$

又因

$$P(C|B_0) = 0, \ P(C|B_1) = 0.2, \ P(C|B_2) = 0.6, \ P(C|B_3) = 1,$$

根据全概率公式, 所求概率为

$$P(C) = P(B_0) \times P(C|B_0) + P(B_1) \times P(C|B_1) + P(B_2) \times P(C|B_2)+$$

$$P(B_3) \times P(C|B_3)$$

$$= 0.36 \times 0.2 + 0.41 \times 0.6 + 0.14 \times 1$$

$$= 0.458.$$

(2) 根据贝叶斯公式, 所求概率为

$$P(B_2|C) = \frac{P(C|B_2) \times P(B_2)}{P(C)}$$

$$= \frac{0.6 \times 0.41}{0.458}$$

$$\approx 0.537.$$

注解 1-21 事实上, 事件的独立性可进一步推广到条件概率的情形, 简称条件独立性:

设 $(\Omega, \mathscr{F}, P)$ 为概率空间，$B \in \mathscr{F}$，$A_i \in \mathscr{F}$ $(i = 1, 2, \cdots, n)$，且 $P(B) > 0$. 若对任意 k 个事件 $A_{i_1}, A_{i_2}, \cdots, A_{i_k}$ $(1 \leqslant i_1 < i_2 < \cdots < i_k \leqslant n)$，总有

$$P(A_{i_1} A_{i_2} \cdots A_{i_k} | B) = P(A_{i_1} | B) P(A_{i_2} | B) \cdots P(A_{i_k} | B),$$

其中 $2 \leqslant k \leqslant n$，则称在事件 B 发生的条件下，事件 $A_1, A_2, \cdots, A_n$ 相互独立.

三、 独立试验与 n 重伯努利试验

下面根据事件的独立性，给出试验的独立性定义.

　　定义 1-10　设有两个试验 E_1 和 E_2，若试验 E_1 的任意事件 A_1 与试验 E_2 的任意事件 A_2 均相互独立，即

$$P(A_1 A_2) = P(A_1) P(A_2),$$

则称试验 E_1 和试验 E_2 是相互独立的.

例如，小张在靶场射箭为试验 E_1，小李在操场投掷标枪为试验 E_2，显然，试验 E_1 和 E_2 是相互独立的.

　　定义 1-11　设有 n 个试验 $E_1, E_2, \cdots, E_n$，A_i 为试验 E_i 的任意事件 $(i = 1, 2, \cdots, n)$. 若这 n 个任意事件 $A_1, A_2, \cdots, A_n$ 均满足

$$P(A_1 A_2 \cdots A_n) = P(A_1) P(A_2) \cdots P(A_n),$$

则称 n 个试验 $E_1, E_2, \cdots, E_n$ 是相互独立的；如果这 n 个独立试验是在相同条件下重复进行的，则称其为 n 重独立试验.

下面讨论一类简单的 n 重独立试验 —— n 重伯努利试验.

进行试验时，若人们只关心两种可能的结果："事件 A 发生" 与 "事件 A 不发生"，则称此试验为伯努利试验 (Bernoulli experiment).

例如，在检验产品质量时，人们关心产品是 "合格品"，还是 "不合格品"；在抛掷硬币时，人们关心硬币是 "正面朝上"，还是 "反面朝上"；在练习打靶时，人们关心射手 "命中"，还是 "脱靶" 等，这些试验均为伯努利试验.

在相同条件下，若将一个伯努利试验独立重复地进行 n 次，则称其为 n 重伯努利试验，简称伯努利概型.

为了研究随机现象，有时可能进行一系列随机试验，这里称依次进行的一系列试验 (一般为有限个，不妨设为 n 个) 为一个随机试验序列，简称试验序列. 若这一系列随机试验是相互独立的，则称其为独立随机试验序列. 显然，n 重伯努利试验为一种简单的独立随机试验序列.

　　定理 1-9 (伯努利定理)　设在 n 重伯努利试验中，每次试验事件 A 发生的概率为 p $(0 < p < 1)$，B_k 表示 "在 n 次试验中，事件 A 恰好发生 k 次"，则

$$P(B_k) = C_n^k p^k q^{n-k} = \frac{n!}{k!\,(n-k)!} p^k q^{n-k},$$

其中 $p + q = 1$，$k = 0, 1, 2, \cdots, n$.

证明 令 C 表示"事件 A 在指定的 k 次试验中发生，而在其余的 $(n-k)$ 次试验中不发生"，则事件 C 发生的概率为

$$P(C) = p^k (1-p)^{n-k} = p^k q^{n-k}.$$

若事件 A 在 n 次试验中恰好发生 k 次，则一共有 C_n^k 种不同情形. 于是

$$P(B_k) = C_n^k p^k q^{n-k} = \frac{n!}{k!\,(n-k)!} p^k q^{n-k}.$$

伯努利定理是由瑞士数学家雅各布·伯努利提出的. 瑞士伯努利家族是世界上声名显赫的数学家族，为数学界做出了重要贡献！其中刻苦好学的雅各布·伯努利是伯努利家族中最有代表性的数学家之一. 成功离不开勤奋和努力，作为新时代的人，我们也一定要刻苦钻研、努力学习，为科学的发展和社会的进步做出贡献.

【例 1-39】 设某车间的 10 台机床由一位员工负责维修. 已知在一个月内每台机床需要维修的概率均为 0.3，求在一个月内，只有 3 台机床需要维修的概率.

解 设 B_3 表示"一个月内有 3 台机床需要维修". 由于一个月内每台机床需要维修的概率均为 0.3，且各台机床"是否需要维修"是相互独立的，因此"维修 10 台机床"可以视为 10 重伯努利试验. 根据伯努利定理，所求概率为

$$P(B_3) = C_{10}^3 \times 0.3^3 \times 0.7^7 \approx 0.267.$$

【例 1-40】 设医药研究所正在研究某种药物的疗效，目前已知该种药物能够治愈某种疾病的概率为 0.8. 现有 20 位患者自愿服用该种药物，求服用该药物后，至少有 17 位患者能够治愈的概率.

解 设 A 表示"服用该药物能够治愈患者"，B 表示"至少有 17 位患者能够治愈". 依题意知 $P(A) = 0.8$. 由于不同患者"是否能够治愈"是相互独立的，因此"20 位患者自愿服用该种药物"可以视为 20 重伯努利试验. 根据伯努利定理，所求概率为

$$P(B) = C_{20}^{17} \times 0.8^{17} \times 0.2^3 + C_{20}^{18} \times 0.8^{18} \times 0.2^2 + C_{20}^{19} \times 0.8^{19} \times 0.2^1 +$$

$$C_{20}^{20} \times 0.8^{20} \times 0.2^0$$

$$\approx 0.411.$$

基础练习 1-6

1. 设 $(\Omega, \mathscr{F}, P)$ 为概率空间，$A, B \in \mathscr{F}$，且 A 和 B 相互独立，$P(A) = 0.3$，$P(A \bigcup B) = 0.6$，则 $P(\overline{B}) = $ _____.

2. 设 $(\Omega, \mathscr{F}, P)$ 为概率空间，$A, B \in \mathscr{F}$，已知 $P(A) = a$，$P(B) = 0.3$，$P(\overline{A} \bigcup B) = 0.7$.

(1) 若 A 与 B 互不相容，则 $a = $ _____；

(2) 若 A 和 B 相互独立，则 $a = $ _____.

3. 设 $(\Omega, \mathscr{F}, P)$ 为概率空间，$A, B, C \in \mathscr{F}$，且 A，B，C 相互独立，$0 < P(C) < 1$，则下面四对事件不相互独立的是（　　）

A. $\overline{A \bigcup B}$ 与 C；　　　B. $\overline{AC}$ 与 $\overline{C}$；　　　C. $\overline{A - B}$ 与 $\overline{C}$；　　　D. $\overline{AB}$ 与 $\overline{C}$.

4. 甲、乙、丙三位工作人员独立地去破译密码. 已知他们各自译出密码的概率分别为 $\frac{1}{5}$，$\frac{1}{3}$，$\frac{1}{4}$，求三位工作人员至少有一人译出密码的概率.

5. 随机地投掷一颗质地均匀的骰子，连续投掷 6 次，求：

(1) 只有一次出现 2 点的概率；

(2) 只有两次出现 2 点的概率；

(3) 至少一次出现 2 点的概率.

总习题一

1. 设某个篮球运动员进行定点投篮，共投篮三次，用 A_i 表示"第 i 次投中"（$i = 1, 2, 3$），试用语言描述下列事件：

(1) $\overline{A_1} \bigcup \overline{A_2} \bigcup \overline{A_3}$；　　　(2) $\overline{A_1 \bigcup A_2}$；　　　(3) $(A_1 A_2 \overline{A_3}) \bigcup (\overline{A_1} A_2 A_3)$.

2. 投掷一颗质地均匀的骰子，观察其出现的点数. 若 A 表示"出现奇数点"，B 表示"出现的点数能被 3 整除"，C 表示"出现的点数小于 2"，D 表示"出现偶数点"，F 表示"出现的点数不超过 4"，写出这几个事件之间的关系.

3. 如果 x 表示数轴上的一个动点的坐标. 试说明下列各个事件之间的关系：

$A = \{x \leqslant 20\}$，$B = \{x > 3\}$，$C = \{x < 9\}$，$D = \{x < -5\}$，$E = \{x \geqslant 9\}$.

4. 设 $(\Omega, \mathscr{F}, P)$ 为概率空间，$A, B \in \mathscr{F}$，已知 $P(A \bigcup B) = 0.8$，$P(A) = 0.2$，$P(\overline{B}) = 0.4$，求 $P(\overline{A}\,\overline{B})$，$P(B - A)$ 以及 $P(A\overline{B})$.

5. 设 $(\Omega, \mathscr{F}, P)$ 为概率空间，$A, B \in \mathscr{F}$，已知 $P(A) = 0.7$，$P(AB) = 0.2$，$P(\overline{A}\,\overline{B}) = 0.15$，求 $P(A - B)$，$P(B - A)$ 以及 $P(A \bigcup B)$.

6. 设 M 件产品中有 m 件是不合格品. 从中任取两件，求有一件是不合格品的条件下，另一件也是不合格品的概率.

7. 将 6 本中文书和 4 本英文书任意摆放在书架上，求 4 本英文书放在一起的概率.

8. 设 100 件元件中有 60 件一等品、30 件二等品、10 件次品，从中一次任意抽取两件，求恰好抽到 m 件（$m = 0, 1, 2$）一等品的概率.

9. 设甲与乙两艘游轮都要停靠在同一个泊位，且它们在一昼夜内到达的时刻是等可能的. 若两艘游轮停泊的时间都是两个小时，则它们相遇的概率是多少？

10. 在区间 $(0, 1)$ 中随机地取两个数，求这两个数差的绝对值小于 $\frac{1}{2}$ 的概率.

11. 设一个盒子中有 6 支钢笔，4 支铅笔. 从中不放回地抽取 3 次，每次取 1 支，求：

(1) 第 3 次取到铅笔的概率；

(2) 只有 1 次取到铅笔的概率.

12. 设某旅行团为 8 名游客安排宿舍. 已知共有 10 间宿舍，每间宿舍容纳的人数不超过 10 人. 求：

(1) 每间宿舍至多有 1 名游客的概率；

(2) 某指定的宿舍中有 3 名游客的概率.

13. 从 5 副不同的手套中任取 4 只，求这 4 只手套都不配对的概率.

14. 设 15 名学生将要去实习，其中 3 名为优秀生. 将这些学生随机平均地分为 3 组，求：

(1) 每组各分配到 1 名优秀生的概率；

(2) 3 名优秀生分配到同一组的概率.

15. 设一批产品包含 80 件正品和 20 件次品. 已知该批产品由甲、乙两厂分别生产，其中甲厂生产该批产品 60 件，包含 50 件正品和 10 件次品；其余均由乙厂生产. 现从该批产品中任取一件.

(1) 若已知该产品是正品，求该产品是由甲厂生产的概率；

(2) 若已知该产品是由甲厂生产的，求该产品是正品的概率.

16. 设 $(\Omega, \mathscr{F}, P)$ 为概率空间，$A, B \in \mathscr{F}$，且 $P(\overline{A}) = 0.3$，$P(B) = 0.4$，$P(A\overline{B}) = 0.5$，求 $P(B|A\bigcup\overline{B})$.

17. 100 件零件中有 10 件次品，按不放回方式进行抽取，每次取一件，求第三次才取到合格品的概率.

18. 设有 5 把钥匙，只有一把能打开箱子. 现在拿着这 5 把钥匙去开箱子，如果某次打不开，就扔掉该把钥匙. 求：

(1) 第 1 次能打开箱子的概率；

(2) 第 2 次能打开箱子的概率；

(3) 第 3 次能打开箱子的概率.

19. 袋中有 10 个球，其中 7 个新球，3 个旧球. 第一次比赛时从中任取 2 个球来用，比赛完后仍放回袋中，第二次比赛时仍从中任取 2 个球，求第二次取出的球中有 1 个新球的概率.

20. 设一台包装机正常工作的概率为 0.75. 由统计资料知，当包装机正常工作时，其生产的产品合格率为 0.9；当包装机不能正常工作时，其生产的产品合格率仅为 0.3. 现从生产的产品中任取 1 件，若它恰好是合格品，求目前包装机正常工作的概率.

21. 设某地医院乙肝诊断的准确率为 95%，且此病在当地人群中的发病率为 0.5%. 若该地某人在检查时被判断患有此病，求他确实患有此病的概率.

22. 设某电子设备厂所用的元件是由甲、乙、丙三家企业提供的. 由统计资料可知，这三家企业所提供元件的次品率分别为 0.02，0.01，0.03；三家企业所提供元件的份额分别为 15%，80%，5%. 已知这三家企业所提供的元件在仓库中是混放在一起的，且无区别的标志.

(1) 在仓库中随机地抽取一个元件，求它是次品的概率；

(2) 在仓库中随机地抽取一个元件，若已知它是次品，分别求它由甲、乙、丙企业提供的概率.

23. 假设有两箱同种类零件. 第一箱内装有 50 件零件，其中 10 件优等品；第二箱内装有 30 件零件，其中 18 件优等品. 现在从两箱中随机挑选一箱，然后从该箱中先后随机地、不放回地抽取两件，求：

(1) 先抽取出的零件是优等品的概率；

(2) 在先抽取出的零件是优等品的条件下，再次抽取出的零件仍然是优等品的概率.

24. 设三发大炮同时向一架飞机射击，它们击中目标的概率分别为 0.4，0.5，0.7. 若只有一发大炮击中，飞机坠毁的概率为 0.2；若有两发大炮击中，飞机坠毁的概率为 0.6；而飞机被三发大炮击中一定坠毁.

(1) 求飞机被击落的概率；

(2) 如果发现飞机已被击中坠毁，求它是由三发大炮同时击中的概率.

25. 设某居民家中的两台空调独立运转，且这两台空调能正常运转的概率分别为 0.8 和 0.7，求：

(1) 两台空调都正常运转的概率；

(2) 有空调不能正常运转的概率；

(3) 有一台空调不能正常运转的概率.

26. 设 $(\Omega, \mathscr{F}, P)$ 为概率空间，$A, B \in \mathscr{F}$，且 $P(B) = 0.8$，$P(B - A) = 0.2$.

(1) 求 A 与 B 至少有一个不发生的概率；

(2) 当 A 和 B 相互独立时，求 $P(B|A\bigcup B)$.

27. 甲、乙、丙三部机床独立工作，在一星期内它们不需要工人维修的概率依次为 0.7，0.8，0.9，求在这一星期内，最多只有一台机床需要维修的概率.

28. 设一个系统由 4 个元件按照图 1-6 连接而成，各元件是否正常工作是相互独立的，且各元件正常工作的概率均为 0.9.

(1) 求系统正常工作的概率；

(2) 已知系统正常工作，求元件 1 正常工作的概率.

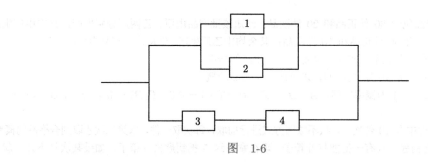

图 1-6

29. 已知加工某零件共需 4 道工序, 且各道工序导致的次品率分别为 0.02, 0.03, 0.05, 0.03. 假定这 4 道工序的加工互不影响, 求加工的零件是次品的概率.

30. 某篮球运动员进行投篮训练. 已知该运动员每次投篮的命中率为 0.8, 独立投篮 5 次. 求:

(1) 恰好有 4 次投中的概率;

(2) 至少有 4 次投中的概率;

(3) 至多有 4 次投中的概率.

31. 在四次独立试验中, 事件 A 至少出现一次的概率为 0.5904. 求在三次试验中事件 A 出现一次的概率.

自测题一

一、选择题 (每小题 3 分)

1. 设事件 A 与 B 满足 $AB = \varnothing$, 则下列结论正确的是 (　　)

A. $\overline{A}$ 与 $\overline{B}$ 相容; 　　　　　　　　B. $\overline{A}$ 与 $\overline{B}$ 互不相容;

C. $P(AB) = P(A)P(B)$; 　　　　　　　D. $P(A - B) = P(A)$.

2. 已知事件 A 与 B 同时发生时, 事件 C 必然发生, 则 (　　)

A. $P(C) \leqslant P(A) + P(B) - 1$; 　　　　B. $P(C) \geqslant P(A) + P(B) - 1$;

C. $P(C) = P(AB)$; 　　　　　　　　　　D. $P(C) = P(A \bigcup B)$.

3. 设事件 A 与 B 满足 $P(B|A) = 1$, 则 (　　)

A. A 是必然事件; 　　B. $A \supset B$; 　　C. $A \subset B$; 　　D. $P(A\overline{B}) = 0$.

4. 设事件 A 与 B 相互独立, 且 $0 < P(A) \leqslant P(B) < 1$, 则下列等式中有可能成立的是 (　　)

A. $P(A) + P(B) = P(A \bigcup B)$; 　　　　B. $P(A) = P(AB)$;

C. $P(A) + P(B) = 1$; 　　　　　　　　D. $P(B) = P(A \bigcup B)$.

5. 设事件 A, B, C 两两独立, 则 A, B, C 相互独立的充要条件是 (　　)

A. A 与 BC 独立; 　　　　　　　　　B. AB 与 $A \bigcup C$ 独立;

C. AB 与 AC 独立; 　　　　　　　　D. $A \bigcup B$ 与 $A \bigcup C$ 独立.

二、填空题 (每小题 3 分)

1. 设一个袋子内有 3 个白球和 2 个黑球. 现在任取 2 个球, 则至少有一个白球的概率为_____.

2. 设 $(\Omega, \mathscr{F}, P)$ 为概率空间, $A, B \in \mathscr{F}$, 已知 $P(A) = \dfrac{1}{4}$, $P(B|A) = \dfrac{1}{3}$, $P(A|B) = \dfrac{1}{2}$, 则 $P(A \bigcup B) =$_____.

3. 某种名牌衣服的商标为 "REBER", 其中有 2 个字母掉落, 某人捡起随意放回, 则放回后仍为 "REBER" 的概率为_____.

4. 设事件 A, B 相互独立, A 与 B 都不发生的概率为 $\dfrac{1}{9}$, A 发生 B 不发生与 B 发生 A 不发生的概率相等, 则 $P(A) =$_____.

5. 设 $(\Omega, \mathscr{F}, P)$ 为概率空间, $A, B, C \in \mathscr{F}$, 且 A 与 C 互不相容. 已知 $P(AB) = \dfrac{1}{2}$, $P(C) = \dfrac{1}{3}$, 则 $P(AB|\overline{C}) = $ _____.

三、解答题 (共 70 分)

1. (15 分) 某地区发行 A、B 两种报纸. 经调查, 该地区订阅 A 报纸的占 40%, 订阅 B 报纸的占 35%, 同时订阅两种报纸的占 10%. 求:

(1) 只订阅一种报纸的概率;

(2) 至少订阅一种报纸的概率;

(3) 两种报纸都不订阅的概率.

2. (15 分) 设两种小麦种子的发芽率分别为 0.8 和 0.9, 且各种小麦种子是否发芽相互独立. 从两种小麦种子中各取一颗种子, 求:

(1) 这两颗种子都能发芽的概率;

(2) 至少有一颗种子发芽的概率;

(3) 恰有一颗种子能发芽的概率.

3. (10 分) 设 $(\Omega, \mathscr{F}, P)$ 为概率空间, $A, B \in \mathscr{F}$, 且 $P(A) = 0.5$, $P(B) = 0.6$, $P(B|\overline{A}) = 0.4$, 求 $P(A \bigcup B)$ 以及 $P(A|\overline{B})$.

4. (10 分) 在 1 至 2000 的整数中随机地取一个数, 求这个数既不能被 6 整除, 又不能被 8 整除的概率.

5. (10 分) 设袋中有 50 个乒乓球, 其中 20 个是黄色的, 30 个是白色的. 现在有两个人不放回地依次从袋中随机各取一个球, 求第 2 个人取到黄球的概率.

6. (10 分) 设某工厂有四种机床, 分别是车床、钻床、磨床和刨床. 已知各个机床的台数之比为 $9:3:2:1$, 且它们在一个月内需要修理的概率之比为 $1:2:3:1$, 求一台机床需要修理时, 这台机床是车床的概率.

第二章 随机变量及其分布

在第一章我们看到，当对一个随机现象进行观察或实验时，其出现的结果 (即样本点) 可能是数量性质的，也可能是非数量性质的. 例如，某城市 120 急救电话台在时间间隔 $[0,T]$ 内接到的呼唤次数是 0 次，1 次，2 次，$\cdots$，这些结果是数量性质的；而射手在一次射击中，结果是 "击中""未击中"，这些结果是非数量性质的.

概率论与数理统计是从数量的角度来研究随机现象的统计规律性的. 为了进行定量的数学处理，便于用数学分析的方法研究随机现象，需要把试验结果数量化. 为此，对于任一随机现象所对应的试验，我们引进一个变量，用该变量的不同取值对应试验不同的结果，这种变量称为 随机变量. 随机变量的引入，使概率论从对随机事件及其概率的研究扩展到对随机变量及其概率分布的研究，从而可以借助于强有力的数学概念和方法来研究随机现象的统计规律性，使概率论成为一门严谨的数学学科.

第一节 随机变量的概念

为了全面地研究随机试验的结果，揭示随机现象的统计规律性，我们需将试验的结果和实数对应起来. 为此，我们按照一个法则，使得试验的每个结果 (即样本点) 都对应着一个实数. 于是，可以定义一个具有 "随机" 取值的变量，它的定义域是试验结果构成的集合 (即样本空间)，值域是用上述法则所对应的与此 "结果" 相联系的唯一确定的实数构成的集合. 下面先给出将试验结果与实数对应起来的例子，然后给出随机变量的概念.

【例 2-1】 设试验 E 为掷一颗骰子，观察其出现的点数. 若记 ω_i 为 "出现的点数为 i" $(i=1, 2, \cdots, 6)$，则 E 的样本空间为

$$\Omega = \{\omega_1, \omega_2, \omega_3, \omega_4, \omega_5, \omega_6\}.$$

若记 X 为出现的点数，可将 X 表示为

$$X = X(\omega) = \begin{cases} 1, & \omega = \omega_1, \\ 2, & \omega = \omega_2, \\ 3, & \omega = \omega_3, \\ 4, & \omega = \omega_4, \\ 5, & \omega = \omega_5, \\ 6, & \omega = \omega_6. \end{cases}$$

这样我们就建立了样本空间 Ω 与实数集合 $\{1, 2, 3, 4, 5, 6\}$ 之间的对应关系.

【例 2-2】 在相同条件下，测量某机床加工的零件直径，用 ω_x 表示"测得零件的直径为 $x\,\mathrm{mm}$"$(a \leqslant x \leqslant b)$，则样本空间为 $\Omega = \{\omega_x | a \leqslant x \leqslant b\}$.

若记 X 为该机床加工零件的直径，则有

$$X = X(\omega_x) = x \qquad (a \leqslant x \leqslant b).$$

这样就建立了样本空间 Ω 与实数区间 $[a,\ b]$ 的对应关系.

在上面的例子中，试验的结果直接与数量有关. 对于试验结果与数量无直接联系的，也可以引进一个变量，用该变量的不同取值来表示试验的不同结果.

【例 2-3】 将一枚质地均匀的硬币连续抛掷三次，在每一次抛掷中用 H 表示"正面朝上"，用 T 表示"反面朝上"，则样本空间

$$\Omega = \{HHH,\ HHT,\ HTH,\ THH,\ TTH,\ THT,\ HTT,\ TTT\}.$$

若记 X 为三次抛掷中"正面朝上"出现的次数，可将 X 表示为

$$X = X(\omega) = \begin{cases} 0, & \omega = TTT, \\ 1, & \omega = HTT,\ THT,\ TTH, \\ 2, & \omega = HHT,\ HTH,\ THH, \\ 3, & \omega = HHH. \end{cases}$$

这样就建立了样本空间 Ω 与实数集合 $\{0,\ 1,\ 2,\ 3\}$ 的对应关系.

上述例子都给出了"样本点"与"实数"对应起来的情形：对于每一个样本点 ω，都对应着一个实数 $X(\omega)$. 但为了刻画 $X(\omega)$ 取值的"随机性"，我们需要对 $X(\omega)$ 进行一些限制和规定. 为此，给出下面随机变量的定义.

定义 2-1 设 $(\Omega,\ \mathscr{F},\ P)$ 为概率空间，任意的 $\omega \in \Omega$，$X = X(\omega)$ 是一个实值单值函数；若对于任一实数 x，$\{\omega | X(\omega) < x\}$ 是一个随机事件，即 $\{\omega | X(\omega) < x\} \in \mathscr{F}$，则称 $X = X(\omega)$ 为随机变量(random variable).

根据定义 2-1，随机变量总是联系着一个概率空间 $(\Omega,\ \mathscr{F},\ P)$. 为了方便，不必每次都写出概率空间 $(\Omega,\ \mathscr{F},\ P)$；并且把 $\{\omega | X(\omega) < x\}$ 简记为 $\{X < x\}$.

通常用字母 $X,\ Y,\ Z$ 或 $\xi,\ \eta,\ \zeta$ 等表示随机变量，用 $x,\ y,\ z$ 等表示其可能的取值.

引入随机变量后，随机事件可用随机变量在某个范围内取值来表示. 对于一个随机变量 X，用等号、小于等于号或大于号等把随机变量 X 与某些实数连接起来，如 $a,\ b$ 为实数，则可以证明 $\{X = a\}$，$\{a \leqslant X \leqslant b\}$ 和 $\{X > b\}$ 等都属于 $\mathscr{F}$，它们都是随机事件.

【例 2-4】 设试验 E 为从一个装有编号为 $1,\ 2,\ \cdots,\ 9$ 的卡片的盒中任意摸一卡片. "摸到的卡片编号为 i"记为 $\omega_i (i = 1,\ 2,\ \cdots,\ 9)$，则 E 的样本空间为

$$\Omega = \{\omega_1,\ \omega_2,\ \cdots,\ \omega_9\}.$$

若 X 为摸到卡片的号码, 则 X 为定义在 Ω 上的实值单值函数, 即

$$X : \Omega \to \{1, 2, \cdots, 9\},$$

$$\omega_i \to i, \ i = 1, 2, \cdots, 9.$$

显然, X 是一个随机变量. 这样

$\{X = 4\}$ 表示事件 "摸到的卡片编号为 4", 即 $\{X = 4\} = \{\omega_4\}$;

$\{X \leqslant 6\}$ 表示事件 "摸到的卡片编号不超过 6", 即

$$\{X \leqslant 6\} = \{\omega_1, \ \omega_2, \ \omega_3, \ \omega_4, \ \omega_5, \ \omega_6\}.$$

随机变量的取值由试验的结果而定. 由于试验的结果是随机的, 所以随机变量的取值具有随机性, 因而它的取值具有一定的概率.

【例 2-5】 在例 2-3 中, 若记事件 $A = \{HTT, \ THT, \ TTH\}$, 则 A 发生当且仅当 $\{X = 1\}$ 发生, 即 $A = \{X = 1\}$, 所以事件 A 的概率等于事件 $\{X = 1\}$ 的概率, 也就是

$$P(A) = P\{X = 1\} = \frac{3}{8}.$$

同理, 我们有

$$\{X = 0\} = \{TTT\}, \quad P\{X = 0\} = \frac{1}{8};$$

$$\{X = 2\} = \{HHT, \ HTH, \ THH\}, \quad P\{X = 2\} = \frac{3}{8};$$

$$\{X = 3\} = \{HHH\}, \quad P\{X = 3\} = \frac{1}{8}.$$

类似地, 有

$$\{X \leqslant 1\} = \{HTT, \ THT, \ TTH, \ TTT\}, \quad P\{X \leqslant 1\} = \frac{1}{2};$$

$$\{1 < X \leqslant 3\} = \{HHT, \ HTH, \ THH, \ HHH\}, \quad P\{1 < X \leqslant 3\} = \frac{1}{2}.$$

由此可见, 随机变量的引入简化了随机事件的表示, 对随机事件的研究可以转化为对随机变量的研究, 因此能用数学分析的方法来研究随机现象.

注解 2-1　(1) 随机变量是一个函数, 但它与普通函数不同, 普通函数是定义在实数域上的, 而随机变量是定义在概率空间上的 (概率空间是一种抽象空间).

(2) 随机变量的取值具有一定的概率, 这是随机变量与普通函数本质的区别.

(3) 根据需要可在同一概率空间上定义不同的随机变量. 例如, 在例 2-3 中, 可定义 Y 为三次抛掷中 "反面朝上" 出现的次数, 则 Y 也是一个随机变量.

根据随机变量取值的情形, 可以将它分为两大类: 离散型随机变量和非离散型随机变量. 离散型随机变量的所有可能取值为有限个或至多可列个. 例如, 一批产品中次品的件数 X, 一个星期内某机场到来的航班数 Y, 则 X 与 Y 都是离散型随机变量. 除离散型以

外的随机变量我们统称为非离散型随机变量. 由于非离散型随机变量包含的范围很广, 情况比较复杂, 我们只关注其中最重要的, 也是实际中最常遇到的连续型随机变量, 其值域为一个或若干个有限或无限区间. 如某市 22 路公交车每 10 min 发一班, 某乘客在站台候车的时间 Z (单位: min) 即为一个连续型随机变量, 它的取值范围为区间 $[0, 10)$.

基础练习 2-1

1. 将一枚质地均匀的硬币连续抛掷三次, 在每次抛掷中用 H 表示 "正面朝上", 用 T 表示 "反面朝上".

(1) 写出样本空间 Ω;

(2) 若 X 表示三次抛掷中 "反面朝上" 出现的次数, 给出 X 的取值并求 X 取各个值的概率.

2. 随机变量有什么特征?

3. 随机变量的两种类型分别为 _____ 和 _____.

4. 已知 10 件商品中有 3 件次品. 现从中任取 2 件, 用 X 表示 "取得的 2 件商品中的次品件数", 则 X 是随机变量吗? X 有哪些取值? 它取这些值的概率分别是多少?

第二节 离散型随机变量

一、 离散型随机变量及其分布律

定义 2-2 设 X 为随机变量, 如果它的所有可能取值为有限个或至多可列个, 则称 X 为离散型随机变量 (discrete random variable).

显然, 对于一个离散型随机变量 X, 要掌握它的统计规律, 不仅要知道它的所有可能取值, 还要知道它取每一个可能值的概率.

定义 2-3 设离散型随机变量 X 的所有可能取值为 $x_1, x_2, \cdots, x_k, \cdots$, 称

$$p_k = P\{X = x_k\}, \ k = 1, 2, \cdots$$

为随机变量 X 的分布律 (distribution law).

分布律也可以用表格的形式直观地表示出来:

X	x_1	x_2	x_3	$\cdots$	x_k	$\cdots$
p	p_1	p_2	p_3	$\cdots$	p_k	$\cdots$

或用下列矩阵的形式表示:

$$\begin{pmatrix} x_1 & x_2 & x_3 & \cdots & x_k & \cdots \\ p_1 & p_2 & p_3 & \cdots & p_k & \cdots \end{pmatrix}.$$

由概率的定义及性质知, $p_k \ (k = 1, 2, \cdots)$ 具有以下两条基本性质:

(1) 非负性 $p_k \geqslant 0$，$k = 1$，2，$\cdots$；

(2) 规范性 $\sum\limits_{k=1}^{\infty} p_k = 1$.

反之，具有以上两条性质的数列都可以作为某个离散型随机变量的分布律.

【例 2-6】 一辆货车在送货途中需要经过 4 个设有红绿信号灯的路口. 已知每个信号灯显示红灯和绿灯的时间相等，且各信号灯的工作互不影响. 设该货车首次遇到红灯前已通过的路口数为 X，求 X 的分布律.

解 X 的所有可能取值为 0，1，2，3，4. 设 A_m 表示"货车在第 m 个路口遇到红灯"，$m = 1$，2，3，4，则 A_1，A_2，A_3，A_4 相互独立，且 $P(A_m) = P(\overline{A_m}) = 0.5$. 于是

$$P\{X = 0\} = P(A_1) = 0.5,$$

$$P\{X = 1\} = P(\overline{A_1}A_2) = P(\overline{A_1})P(A_2) = 0.5 \times 0.5 = 0.25,$$

$$P\{X = 2\} = P(\overline{A_1}\,\overline{A_2}A_3) = P(\overline{A_1})P(\overline{A_2})P(A_3) = 0.5^3 = 0.125,$$

$$P\{X = 3\} = P(\overline{A_1}\,\overline{A_2}\,\overline{A_3}A_4) = P(\overline{A_1})P(\overline{A_2})P(\overline{A_3})P(A_4) = 0.5^4 = 0.0625,$$

$$P\{X = 4\} = P(\overline{A_1}\,\overline{A_2}\,\overline{A_3}\,\overline{A_4}) = 0.5^4 = 0.0625.$$

故 X 的分布律为

X	0	1	2	3	4
p	0.5	0.25	0.125	0.0625	0.0625

【例 2-7】 某系统由三台机器构成，在系统运转中各机器需要调整的概率分别为 0.1，0.2，0.3，假设各台机器的工作相互独立，以 X 表示需要调整的机器台数，求 X 的分布律.

解 X 的所有可能取值为 0，1，2，3，且

$$P\{X = 0\} = 0.9 \times 0.8 \times 0.7 = 0.504,$$

$$P\{X = 1\} = 0.1 \times 0.8 \times 0.7 + 0.9 \times 0.2 \times 0.7 + 0.9 \times 0.8 \times 0.3 = 0.398,$$

$$P\{X = 2\} = 0.1 \times 0.2 \times 0.7 + 0.1 \times 0.8 \times 0.3 + 0.9 \times 0.2 \times 0.3 = 0.092,$$

$$P\{X = 3\} = 0.1 \times 0.2 \times 0.3 = 0.006.$$

故 X 的分布律为

X	0	1	2	3
p	0.504	0.398	0.092	0.006

二、 几种常见的离散型分布

1. (0 − 1) 分布

定义 2-4 若随机变量 X 只可能取 0 和 1 两个值，且它的分布律为

$$P\{X = k\} = p^k(1-p)^{1-k}, \ k = 0, \ 1, \quad 0 < p < 1,$$

则称 X 服从参数为 p 的 $(0-1)$ 分布或伯努利分布(Bernoulli distribution).

$(0-1)$ 分布的分布律用表格的形式表示为

X	0	1
p	$1-p$	p

如果一个试验的样本空间只含有两个样本点, 即 $\Omega = \{\omega_1, \ \omega_2\}$, 则可在 Ω 上定义一个服从 $(0-1)$ 分布的随机变量

$$X = X(\omega) = \begin{cases} 1, & \omega = \omega_1, \\ 0, & \omega = \omega_2 \end{cases}$$

来描述这个试验的结果. 例如, 新生婴儿的性别可用 X 来描述, 此时

$$X = X(\omega) = \begin{cases} 1, & \omega = 男, \\ 0, & \omega = 女; \end{cases}$$

某车间的电力消耗是否超过负荷的情况也可用 X 来描述, 此时

$$X = X(\omega) = \begin{cases} 1, & \omega = 超过负荷, \\ 0, & \omega = 未超过负荷. \end{cases}$$

可见, $(0-1)$ 分布是经常遇到的一种离散型分布.

2. 二项分布

在 n 重伯努利试验中, 若事件 A 在每次试验中发生的概率均为 $p \ (0 < p < 1)$, 用 X 表示在 n 次试验中事件 A 发生的次数, 则 X 是一个离散型随机变量, 它的所有可能取值为 $0, \ 1, \ 2, \ \cdots, \ n$, 由定理 1-9 (即伯努利定理) 知

$$P\{X = k\} = C_n^k p^k q^{n-k}, \ k = 0, \ 1, \ 2, \ \cdots, \ n; \ q = 1-p.$$

由于 $C_n^k p^k q^{n-k}$ 恰好是 $(p+q)^n$ 的二项展开式的一般项, 我们称 X 服从参数为 $n, \ p$ 的二项分布.

定义 2-5 若随机变量 X 的分布律为

$$P\{X = k\} = C_n^k p^k q^{n-k}, \ k = 0, \ 1, \ 2, \ \cdots, \ n.$$

其中 $0 < p < 1, \ q = 1-p$, 则称 X 服从参数为 $n, \ p$ 的二项分布 (binomial distribution)，记为 $X \sim B(n, \ p)$.

显然，若 $X \sim B(n, \ p)$，则有：

(1) $P\{X = k\} \geqslant 0, \quad k = 0, \ 1, \ 2, \ \cdots, \ n;$

(2) $\displaystyle\sum_{k=0}^{n} P\{X = k\} = \sum_{k=0}^{n} \mathrm{C}_n^k p^k q^{n-k} = (p + q)^n = 1.$

容易看出，当 $n = 1$ 时的二项分布 $B(1, \ p)$ 即为参数为 p 的 $(0 - 1)$ 分布，此时，

$$P\{X = k\} = p^k q^{1-k}, \ k = 0, \ 1.$$

所以 $(0 - 1)$ 分布是二项分布的特殊情况，二项分布是 $(0 - 1)$ 分布的推广.

在 n 重伯努利试验中，每次试验事件 A 发生的概率均为 $p \ (0 < p < 1)$. 若将第 k 个伯努利试验中 A 发生的次数记为 $X_k \ (k = 1, \ 2, \ \cdots, \ n)$，则 X_k 服从 $(0 - 1)$ 分布，即 $X_k \sim B(1, \ p)$. 记 X 为 A 在 n 重伯努利试验中发生的次数，则

$$X = X_1 + X_2 + \cdots + X_n.$$

这就是二项分布和 $(0 - 1)$ 分布之间的联系：服从二项分布 $B(n, \ p)$ 的随机变量可表示为 n 个独立同服从 $(0 - 1)$ 分布 $B(1, \ p)$ 的随机变量之和.

二项分布 $B(n, \ p)$ 具有如下性质：

(1) 对于固定的 p，随着 n 的增大，$B(n, \ p)$ 的图形趋于对称；

(2) 若 n 和 p 都固定，则

$$P\{X = k\} = \mathrm{C}_n^k p^k q^{n-k}$$

的值先是随着 k 的增加而增大，达到最大值后，又随着 k 的增加而减小 (见图 2-1).

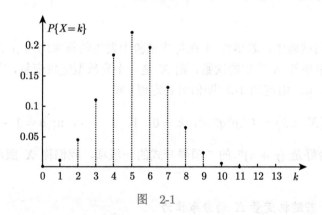

图 2-1

事实上，由

$$\frac{P\{X = k\}}{P\{X = k - 1\}} = \frac{\mathrm{C}_n^k p^k q^{n-k}}{\mathrm{C}_n^{k-1} p^{k-1} q^{n-k+1}} = \frac{(n - k + 1)p}{kq} = 1 + \frac{(n + 1)p - k}{kq}$$

知，当 $k < (n+1)p$ 时，$P\{X = k\}$ 的值大于前一项 $P\{X = k-1\}$ 的值，即 $P\{X = k\}$ 随着 k 的增加而增大；当 $k > (n+1)p$ 时，$P\{X = k\}$ 的值小于前一项 $P\{X = k-1\}$ 的值，即 $P\{X = k\}$ 随着 k 的增加而减小；当 $k = (n+1)p$ 且 $(n+1)p$ 是整数时，$P\{X = k\} = P\{X = k-1\}$，此时该两项值相等且达到最大.

我们称能使 $P\{X = k\}$ 达到最大值的点 k_0 为二项分布的最可能次数，且有

$$k_0 = \begin{cases} [(n+1)p], & \text{若 } (n+1)p \text{ 不是整数}, \\ (n+1)p \text{ 或 } (n+1)p-1, & \text{若 } (n+1)p \text{ 是整数}. \end{cases}$$

注意，这里 $[(n+1)p]$ 表示不超过 $(n+1)p$ 的最大整数.

【例 2-8】 80 台同类型的机器独立地工作，它们发生故障的概率均为 0.01. 若一台机器出故障时只能由一名维修工处理，试在以下两种情况下，求机器发生故障时不能及时维修的概率.

(1) 由 4 名维修工维护，每名负责 20 台机器；

(2) 由 3 名维修工共同维护这 80 台机器.

解 (1) 设 A_i 表示"第 i 名维修工维护的 20 台机器中发生故障而不能及时维修"，$i = 1$，2，3，4. 设 X 为第 1 名维修工维护的 20 台机器中在同一时刻发生故障的台数，则 $X \sim B(20，0.01)$，所求概率为

$$P\left(A_1 \bigcup A_2 \bigcup A_3 \bigcup A_4\right) \geqslant P(A_1) = P\{X > 1\} = 1 - P\{X \leqslant 1\}$$

$$= 1 - \sum_{k=0}^{1} C_{20}^k 0.01^k 0.99^{20-k} = 0.0169.$$

(2) 设 Y 为 80 台机器中在同一时刻发生故障的台数，则 $Y \sim B(80，0.01)$，所求概率为

$$P\{Y > 3\} = 1 - P\{Y \leqslant 3\} = 1 - \sum_{k=0}^{3} C_{80}^k 0.01^k 0.99^{80-k} = 0.0087.$$

由此可知，由 3 名维修工共同维护这 80 台机器虽然任务变重了，但工作效率却提高了. 这说明了团队的重要性. 因此，在生活、学习和工作中我们要注重培养团队合作精神，形成与人团结协作的良好行为习惯.

【例 2-9】 设有 9 名技术人员间断性地需要使用电力，他们在任一时刻需要一个单位电力的概率均为 0.2. 若技术人员的工作相互独立，求：

(1) 在同一时刻至多有 6 名技术人员需要得到一个单位电力的概率；

(2) 最大可能有多少名技术人员同时需要得到一个单位电力？

解 设 X 为同一时刻需要使用一个单位电力的技术人员数，则 $X \sim B(9，0.2)$.

(1) 所求概率为

$$P\{X \leqslant 6\} = \sum_{k=0}^{6} C_9^k 0.2^k 0.8^{9-k} = 0.9997.$$

(2) 由于 $n = 9$，$p = 0.2$，$(n+1)p = 2$ 为整数，从而可知最大可能有 1 名或 2 名技术人员同时需要得到一个单位电力.

关于二项分布概率的计算，若 n，p 较小，则可以直接查表得到；若 p 较大，则先利用下面的定理 2-1 将其转化为 p 较小的二项分布，再查表计算即可.

定理 2-1 设随机变量 $X \sim B(n,\ p)$，$Y = n - X$，则 $Y \sim B(n,\ q)$，其中 $q = 1 - p$.

证明 由于 $X \sim B(n,\ p)$，且 $Y = n - X$，可知 Y 的所有可能取值为 0，1，2，$\cdots$，n. 因此，对于 $k = 0$，1，2，$\cdots$，n，有

$$
\begin{aligned}
P\{Y = k\} &= P\{n - X = k\} \\
&= P\{X = n - k\} \\
&= \mathrm{C}_n^{n-k} p^{n-k} (1-p)^k \\
&= \mathrm{C}_n^k q^k p^{n-k},
\end{aligned}
$$

由此可见，$Y \sim B(n,\ q)$.

【例 2-10】 某种特效药的临床治愈率为 0.9，今有 10 人服用，求至少有 8 人被治愈的概率.

解 设 X 为 10 人中被治愈的人数，则 $X \sim B(10,\ 0.9)$. 记 $Y = 10 - X$，由定理 2-1 知，$Y \sim B(10,\ 0.1)$，所求概率为

$$
P\{X \geqslant 8\} = P\{Y \leqslant 2\} = 0.9298.
$$

下面分析一个有趣的问题：假设某人独立地射击 n 次，每次命中目标的概率为 p $(0 < p < 1)$，求至少有一次命中目标的概率.

设命中目标的次数为随机变量 X，则 $X \sim B(n,\ p)$. 所求概率为

$$
P\{X \geqslant 1\} = 1 - P\{X = 0\} = 1 - (1-p)^n.
$$

有趣的是，当 $n \to \infty$ 时，可得

$$
\lim_{n \to \infty} P\{X \geqslant 1\} = \lim_{n \to \infty} [1 - (1-p)^n] = 1.
$$

此式的意义是，无论 p 多么小，只要 n 充分大，至少有一次命中目标的概率就会很大. 也就是说，概率很小的事件在大量试验中"至少发生一次"几乎是肯定的. 这就告诫我们不要忽视小概率事件，"勿以恶小而为之"，谨记"一切皆有可能"！所以，在生活、学习中我们要及时纠正自己的小错误、小缺点和小毛病，否则日积月累便会酿成大错. 当然，我们也不是"勿以善小而不为"，因为大好事要从小善事做起. 比如，珍惜粮食、节约用水、随手关灯、礼让座位、爱护公物等，这些小小的善举不但能温暖他人还能照亮自己！

3. 泊松分布

定义 2-6 若随机变量 X 的分布律为

$$P\{X=k\} = \frac{\lambda^k}{k!}\mathrm{e}^{-\lambda}, \ k=0, \ 1, \ 2, \ \cdots,$$

其中 $\lambda > 0$，则称 X 服从参数为 λ 的泊松分布(Poisson distribution)，记为 $X \sim P(\lambda)$.

显然，若 $X \sim P(\lambda)$，则有

(1) $P\{X=k\} \geqslant 0, \ k=0, \ 1, \ 2, \ \cdots;$

(2) $\sum\limits_{k=0}^{\infty} \frac{\lambda^k}{k!}\mathrm{e}^{-\lambda} = \mathrm{e}^{-\lambda} \sum\limits_{k=0}^{\infty} \frac{\lambda^k}{k!} = \mathrm{e}^{-\lambda}\mathrm{e}^{\lambda} = 1.$

泊松分布只有一个参数 λ，对于固定的 λ，$P\{X=k\}$ 先随着 k 的增大而增大，当 k 增大到某个值后，相应的概率会急剧下降，甚至可以忽略不计.

泊松分布是应用广泛的分布之一，它可用来描述大量重复试验中稀有事件发生的次数. 例如，某医院在一天内的急诊病人数；某城市在一个月内发生的交通事故数；放射性物质在一个时间间隔内发生的 α 粒子数；某时间段内操作系统发生故障的次数等都近似服从泊松分布.

【例 2-11】 某电子商店出售某种品牌的计算机，历史记录表明，该计算机每月的销售量服从参数 $\lambda = 18$ 的泊松分布，问在月初进货时至少库存多少台此品牌计算机，才能以 0.95 的概率满足顾客的需要?

解 设需求量为 X 台，则 $X \sim P(18)$. 由题意，设至少库存 N 台此品牌计算机，使得

$$P\{X \leqslant N\} = \sum_{k=0}^{N} P\{X=k\} = \sum_{k=0}^{N} \frac{18^k}{k!}\mathrm{e}^{-18} \geqslant 0.95,$$

查表得 $N = 25$.

泊松分布是由法国数学家、物理学家泊松于 1838 年发表的. 泊松分布有一个很实用的特性，即它可作为二项分布的一种近似. 下面介绍的泊松定理就充分体现了泊松分布和二项分布之间的密切关系.

定理 2-2 (泊松定理) 在 n 重伯努利试验中，事件 A 发生的次数为 X_n，且 $X_n \sim B(n, \ p_n)(p_n$ 与试验次数 n 有关). 若 $\lim\limits_{n \to \infty} np_n = \lambda$ (λ 为与 n 无关的正常数)，则对任意给定的非负整数 k，有

$$\lim_{n \to \infty} P\{X_n = k\} = \lim_{n \to \infty} \mathrm{C}_n^k p_n^k (1-p_n)^{n-k} = \frac{\lambda^k}{k!}\mathrm{e}^{-\lambda}.$$

证明 令 $np_n = \lambda_n$，则 $p_n = \dfrac{\lambda_n}{n}$，于是

$$\mathrm{C}_n^k p_n^k (1-p_n)^{n-k} = \frac{n(n-1)\cdots(n-k+1)}{k!} \left(\frac{\lambda_n}{n}\right)^k \left(1-\frac{\lambda_n}{n}\right)^{n-k}$$

$$= \frac{\lambda_n^k}{k!}\left(1-\frac{1}{n}\right)\left(1-\frac{2}{n}\right)\cdots\left(1-\frac{k-1}{n}\right)\left(1-\frac{\lambda_n}{n}\right)^{n-k}.$$

对固定的 k，显然有

$$\lim_{n\to\infty}\lambda_n^k = \lambda^k,$$

$$\lim_{n\to\infty}\left(1-\frac{\lambda_n}{n}\right)^{n-k} = \mathrm{e}^{-\lambda},$$

$$\lim_{n\to\infty}\left(1-\frac{1}{n}\right)\left(1-\frac{2}{n}\right)\cdots\left(1-\frac{k-1}{n}\right) = 1,$$

因此

$$\lim_{n\to\infty}\mathrm{C}_n^k p_n^k (1-p_n)^{n-k} = \frac{\lambda^k}{k!}\mathrm{e}^{-\lambda}.$$

定理 2-2 表明：在一定条件下，二项分布的极限分布是泊松分布. 若 $X \sim B(n,\ p)$，当 n 充分大、p 充分小，而 $np = \lambda$ 不太大时，则二项分布可用参数为 $\lambda = np$ 的泊松分布近似计算. 例如，当 $n \geqslant 100$，$\lambda = np \leqslant 10$ 时，就可以考虑用 $\dfrac{\lambda^k}{k!}\mathrm{e}^{-\lambda}$ 近似代替 $\mathrm{C}_n^k p_n^k (1-p_n)^{n-k}$，即

$$P\{X=k\} = \mathrm{C}_n^k p_n^k (1-p_n)^{n-k} \approx \frac{\lambda^k}{k!}\mathrm{e}^{-\lambda}.$$

这就体现了有限与无限、近似与准确的对立统一. 有限与无限、近似与精确是数学中的两对矛盾，在一定条件下各对矛盾中的两者可以相互转换. 这种转换为数学解决实际问题的计算提供了有效的方法. 比如，极限的思想方法使"近似"到"精确"实现了完美的过渡.

【例 2-12】 某公司生产某种型号的充电宝，次品率达 0.1%，且各充电宝为次品相互独立. 求在 1000 个充电宝中至少有 2 个次品的概率.

解 设 X 为 1000 个充电宝中次品的个数，则 $X \sim B(1000,\ 0.001)$，所求概率为

$$P\{X \geqslant 2\} = 1 - P\{X=0\} - P\{X=1\}$$
$$= 1 - (0.999)^{1000} - \mathrm{C}_{1000}^1 (0.999)^{999}(0.001)$$
$$\approx 0.2642.$$

显然，直接计算是比较麻烦的. 由于 $n = 1000$ 较大，而 $\lambda = np = 1$ 较小，我们用参数为 1 的泊松分布来求近似值，即

$$P\{X \geqslant 2\} = 1 - P\{X=0\} - P\{X=1\}$$
$$\approx 1 - \mathrm{e}^{-1} - \mathrm{e}^{-1} \approx 0.2642.$$

4. 超几何分布

一般地,若有 N 个元素分成两类,第一类有 N_1 个元素,第二类有 N_2 个元素 $(N_1+N_2=N)$. 采取不放回抽取,从 N 个元素中取出 n 个,则所取到的第一类元素个数 X 的分布称为超几何分布.

> **定义 2-7**　若随机变量 X 的分布律为
>
> $$P\{X=k\}=\frac{C_{N_1}^k C_{N_2}^{n-k}}{C_N^n},\ k=0,\ 1,\ 2,\ \cdots,\ l,\ l=\min\{n,\ N_1\},$$
>
> 其中 $n\leqslant N$, $N_1+N_2=N$, 则称 X 服从参数为 n, N_1, N 的超几何分布(hypergeometric distribution), 记为 $X\sim h(n,\ N_1,\ N)$.

【例 2-13】　盒中装有 20 支铅笔, 其中有 3 支红色的, 从中一次取出 4 支铅笔, 被取到的红色铅笔数记为 X. 求 X 的分布律.

解　依题意, X 服从超几何分布, $N_1=3$, $N_2=17$, $n=4$. 由超几何分布的定义, 可得

$$P\{X=k\}=\frac{C_3^k C_{17}^{4-k}}{C_{20}^4},\ k=0,\ 1,\ 2,\ 3,$$

即

X	0	1	2	3
p	0.491	0.421	0.084	0.004

当 N 比较大且 n 相对于 N 较小时, 每次抽取后第一类元素所占的比例 $\dfrac{N_1}{N}$ 改变甚微. 此时, 不放回抽样可以近似看成有放回抽样, 因此超几何分布与二项分布有着密切的关系.

定理 2-3　设 $X\sim h(n,\ N_1,\ N)$. 对于固定的 n, 当 $N\to\infty$, $\dfrac{N_1}{N}\to p\ (p\neq0)$ 时, 有

$$P\{X=k\}=\frac{C_{N_1}^k C_{N_2}^{n-k}}{C_N^n}\to C_n^k p^k(1-p)^{n-k}.$$

证明　由 $N\to\infty$, $\dfrac{N_1}{N}\to p\ (p\neq0)$ 知, $N\to\infty$, $\dfrac{N_2}{N}\to 1-p$. 因此

$$P\{X=k\}=\frac{C_{N_1}^k C_{N_2}^{n-k}}{C_N^n}$$

$$=\frac{N_1(N_1-1)\cdots(N_1-k+1)N_2(N_2-1)\cdots(N_2-(n-k)+1)n!}{N(N-1)\cdots(N-n+1)k!(n-k)!}$$

$$=\frac{C_n^k N_1^k N_2^{n-k}\left(1-\dfrac{1}{N_1}\right)\cdots\left(1-\dfrac{k-1}{N_1}\right)\left(1-\dfrac{1}{N_2}\right)\cdots\left(1-\dfrac{n-k-1}{N_2}\right)}{N^n\left(1-\dfrac{1}{N}\right)\left(1-\dfrac{2}{N}\right)\cdots\left(1-\dfrac{n-1}{N}\right)}$$

$$\to C_n^k p^k (1-p)^{n-k}.$$

该定理表明：在一定条件下，超几何分布的极限分布是二项分布. 在实际应用中，当 N 很大而 n 相对较小时，超几何分布可用参数为 n，p 的二项分布近似计算，其中 $p = \dfrac{N_1}{N}$.

【例 2-14】 某地区今年有 20000 名学生参加高考，其中理科生占 90%. 现从该地区考生中任取 10 名考生，求恰好有 8 名理科生的概率.

解 设 10 名考生中理科生的人数为 X，则 $X \sim h(10, 18000, 20000)$，所求概率为

$$P\{X = 8\} = \frac{C_{18000}^8 C_{2000}^2}{C_{20000}^{10}}.$$

显然直接计算是比较麻烦的. 由于 $N = 20000$，$N_1 = 18000$，它们比较大，而 $n = 10$ 相对较小，所以 X 近似服从二项分布 $B(10, 0.9)$. 因此

$$P\{X = 8\} \approx C_{10}^8 0.9^8 0.1^2 \approx 0.1937.$$

基础练习 2-2

1. 已知随机变量 X 的分布律为

X	-1	0	1	4	6
p	0.2	a	0.4	0.1	0.2

则 $a = $ _____，$P\{X = -1\} = $ _____，$P\{0 < X \leqslant 4\} = $ _____.

2. 盒中共有 5 个产品，其中有 3 个正品和 2 个次品，今按不放回逐个取出，用 X 表示取到次品之前已取出的正品数，求 X 的分布律.

3. 某系统由两台独立的机器构成，设第一台机器与第二台机器的可靠度分别为 0.9 和 0.8，用 X 表示系统中未发生故障的机器数，求 X 的分布律.

4. 设随机变量 $X \sim B(16, 0.75)$，则最可能出现次数 $k_0 = $ _____.

5. 设 $X \sim B(2, p)$，$Y \sim B(3, p)$，若 $P\{X < 1\} = \dfrac{4}{9}$，求 $P\{Y \geqslant 1\}$.

6. 设某地区每年因火灾死亡的人数 X 服从参数为 λ 的泊松分布. 已知一年中因火灾死亡一人的概率是死亡两人概率的 $\dfrac{1}{2}$，求该地区每年因火灾死亡至少 3 人的概率.

第三节 随机变量的分布函数

分布函数由荷兰数学家、物理学家惠更斯 (Huygens) 于 1657 年在其著作《论赌博中的计算》中提出. 它是描述各种类型随机变量统计规律性的统一形式，定义如下：

定义 2-8 设 X 为一个随机变量，x 为任意一个实数，称函数

$$F(x) = P\{X \leqslant x\}, \quad -\infty < x < +\infty$$

为随机变量 X 的**分布函数** (distribution function).

该定义表明, 若将随机变量 X 看成数轴上随机点的坐标, 那么分布函数 $F(x)$ 在点 x 的函数值就是 X 落在区间 $(-\infty, x]$ 上的概率. 对于任意实数 a, b $(a < b)$, 随机变量 X 取值于区间 $(a, b]$ 的概率为

$$P\{a < X \leqslant b\} = P\{X \leqslant b\} - P\{X \leqslant a\} = F(b) - F(a).$$

因此, 若 X 的分布函数已知, 就可以知道 X 取值于区间 $(a, b]$ 的概率. 从这个意义上说, 分布函数能够完整地描述随机变量的统计规律性.

由定义 2-8 知, 分布函数是定义在实数域上的一个普通函数, 从而具有普通函数的性质, 使得我们能够用分析的方法来研究随机变量. 引入分布函数后, 各种事件的概率都可以用相应的分布函数来表示, 从而可以使许多概率计算问题简化为函数的运算问题.

分布函数 $F(x)$ 具有如下三条基本性质:

(1) **单调性** $F(x)$ 是单调不减函数, 即对任意的 $x_1 < x_2$, 有 $F(x_1) \leqslant F(x_2)$.

(2) **有界性** 对任意的实数 x, 有 $0 \leqslant F(x) \leqslant 1$, 且

$$F(-\infty) = \lim_{x \to -\infty} F(x) = 0;$$

$$F(+\infty) = \lim_{x \to +\infty} F(x) = 1.$$

(3) **右连续性** $F(x)$ 至多有可列个间断点, 且在任何一点处都是右连续的, 即对任意的实数 x_0, 有

$$\lim_{x \to x_0^+} F(x) = F(x_0 + 0) = F(x_0).$$

以上三条基本性质是分布函数必须具备的性质. 反之, 具备上述三条基本性质的函数 $F(x)$ 可作为某个随机变量的分布函数.

【例 2-15】 设随机变量 X 的分布函数为

$$F(x) = \begin{cases} a + be^{-\frac{x^2}{2}}, & x > 0, \\ c, & x \leqslant 0. \end{cases}$$

(1) 求常数 a, b, c;

(2) 求 $P\{0 < X \leqslant 1\}$.

解 (1) 由分布函数的有界性, 可得

$$F(-\infty) = \lim_{x \to -\infty} F(x) = c = 0,$$

$$F(+\infty) = \lim_{x \to +\infty} (a + be^{-\frac{x^2}{2}}) = a = 1,$$

又 $F(x)$ 在 $x = 0$ 处右连续, 故 $F(0 + 0) = F(0)$, 即

$$F(0 + 0) = \lim_{x \to 0^+} (a + be^{-\frac{x^2}{2}}) = a + b = F(0) = 0,$$

因此，可得 $a = 1$，$b = -1$，$c = 0$.

(2) $P\{0 < X \leqslant 1\} = F(1) - F(0) = 1 - \mathrm{e}^{-\frac{1}{2}} \approx 0.3935$.

下面我们给出离散型随机变量分布函数的计算方法.

设离散型随机变量 X 的分布律为

$$p_k = P\{X = x_k\},\ k = 1,\ 2,\ \cdots,$$

由概率的可列可加性，可得 X 的分布函数为

$$F(x) = P\{X \leqslant x\} = \sum_{x_k \leqslant x} P\{X = x_k\} = \sum_{x_k \leqslant x} p_k. \tag{2-1}$$

一般地，离散型随机变量 X 的分布函数 $F(x)$ 具有如下特点 (见图 2-2)：

(1) $F(x)$ 的图形呈阶梯状；

(2) $F(x)$ 在 $X = x_k (k = 1,\ 2,\ \cdots)$ 处发生跳跃；

(3) $F(x)$ 在 $X = x_k$ 处跳跃的高度恰为 p_k，且

$$p_k = P\{X = x_k\} = F(x_k) - F(x_k - 0),\quad k = 1,\ 2,\ \cdots.$$

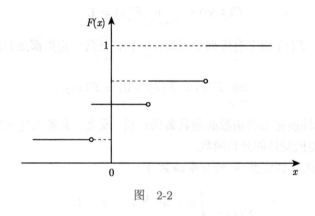

图　2-2

【例 2-16】　设随机变量 X 的分布律为

X	-2	0	2	3
p	0.1	0.2	0.4	a

求：

(1) 常数 a；

(2) $P\{X < 2\}$ 和 $P\{X \leqslant 2\}$；

(3) X 的分布函数.

解　(1) 由规范性知

$$0.1 + 0.2 + 0.4 + a = 1,$$

得 $a = 0.3$.

(2) 由 X 的分布律可知

$$P\{X < 2\} = P\{X = -2\} + P\{X = 0\} = 0.1 + 0.2 = 0.3,$$

$$P\{X \leqslant 2\} = P\{X = -2\} + P\{X = 0\} + P\{X = 2\} = 0.1 + 0.2 + 0.4 = 0.7.$$

(3) 由式 (2-1) 知

$$F(x) = P\{X \leqslant x\} = \sum_{x_k \leqslant x} P\{X = x_k\},$$

当 $x < -2$ 时, $F(x) = P(\varnothing) = 0$;

当 $-2 \leqslant x < 0$ 时, $F(x) = P\{X = -2\} = 0.1$;

当 $0 \leqslant x < 2$ 时, $F(x) = P\{X = -2\} + P\{X = 0\} = 0.3$;

当 $2 \leqslant x < 3$ 时, $F(x) = P\{X = -2\} + P\{X = 0\} + P\{X = 2\} = 0.7$;

当 $x \geqslant 3$ 时, $F(x) = 1$.

因此, X 的分布函数为

$$F(x) = \begin{cases} 0, & x < -2, \\ 0.1, & -2 \leqslant x < 0, \\ 0.3, & 0 \leqslant x < 2, \\ 0.7, & 2 \leqslant x < 3, \\ 1, & x \geqslant 3. \end{cases}$$

【例 2-17】 设随机变量 X 的分布函数为

$$F(x) = \begin{cases} 0, & x < -3, \\ 0.4, & -3 \leqslant x < -1, \\ 0.7, & -1 \leqslant x < 1, \\ 0.9, & 1 \leqslant x < 2, \\ 1, & x \geqslant 2. \end{cases}$$

求 X 的分布律.

解 $F(x)$ 是个阶梯形函数, 在 $x = -3$, -1, 1, 2 处有跳跃, 因此 X 的所有可能取值为 -3, -1, 1, 2, 利用

$$P\{X = x_k\} = F(x_k) - F(x_k - 0)$$

得

$$P\{X = -3\} = F(-3) - F(-3 - 0) = 0.4 - 0 = 0.4,$$

$$P\{X = -1\} = F(-1) - F(-1 - 0) = 0.7 - 0.4 = 0.3,$$

$$P\{X = 1\} = F(1) - F(1 - 0) = 0.9 - 0.7 = 0.2,$$

$$P\{X = 2\} = F(2) - F(2 - 0) = 1 - 0.9 = 0.1.$$

故 X 的分布律为

X	-3	-1	1	2
p	0.4	0.3	0.2	0.1

由例 2-16 和例 2-17 可以看出, 离散型随机变量 X 的分布律和分布函数能够互求, 它们统称为 X 的概率分布. 但分布律比分布函数更形象直观, 所以常用分布律来表示离散型随机变量.

基础练习 2-3

1. 设随机变量 X 的分布函数 $F(x) = a + b \arctan x$, 则 $a = $ _____, $b = $ _____, $P\{X \leqslant 1\} = $ _____.

2. 设随机变量 X 的分布函数为

$$F(x) = \begin{cases} 0, & x \leqslant 0, \\ Ax^2, & 0 < x \leqslant 1, \\ B, & x > 1. \end{cases}$$

(1) 确定 A, B 的值;

(2) 求 $P\{0.5 < X \leqslant 0.75\}$.

3. 设随机变量 X 的分布律为

X	-4	1	2	6
p	0.2	0.1	a	0.2

求:

(1) 常数 a;

(2) X 的分布函数;

(3) $P\{X \leqslant 1\}$ 和 $P\{X < 3\}$.

4. 已知两台计算机独立地工作, 它们发生故障的概率分别为 0.1 和 0.3, 若用 X 表示两台计算机中发生故障的台数, 求 X 的分布函数.

第四节 连续型随机变量

对于非离散型随机变量, 其中有一类很重要且很常见的类型, 就是连续型随机变量. 连续型随机变量的可能取值不是集中于有限个或可列个点上, 而是充满实数轴上的某个有限或无限区间. 例如, 某电子元件的寿命 X; 测量某物体的长度所产生的误差 Y; 某人在站台上等候公交车的时间 Z 等, 显然 X, Y, Z 都是随机变量, 它们的取值不能一一列举出, 而是充满了某一个区间. 对于这类随机变量, 不能再用分布律的形式来描述它们的概率分布, 而是改用概率密度函数来刻画它们的统计规律性.

一、连续型随机变量及其概率密度函数

定义 2-9 设随机变量 X 的分布函数为 $F(x)$, 如果存在一个非负可积的函数 $f(x)$, $-\infty < x < +\infty$, 使得对任意实数 x, 有

$$F(x) = \int_{-\infty}^{x} f(t)\mathrm{d}t, \tag{2-2}$$

则称 X 为连续型随机变量 (continuous random variable); 称 $f(x)$ 为 X 的概率密度函数 (probability density function), 简称为概率密度 或密度函数, 记为 $X \sim f(x)$.

概率密度 $f(x)$ 具有以下两条基本性质:

(1) 非负性 $\quad f(x) \geqslant 0, \quad -\infty < x < +\infty$;

(2) 规范性 $\quad \displaystyle\int_{-\infty}^{+\infty} f(x)\mathrm{d}x = F(+\infty) = 1$.

非负性和规范性是概率密度 $f(x)$ 必须同时具备的两条基本性质, 它们也是判断某个函数是否为概率密度的充要条件. 即对于一个给定的函数 $f(x)$, 它是某个随机变量的概率密度当且仅当 $f(x)$ 具备上述两条性质.

由定义 2-9 知, 概率密度 $f(x)$ 还具有以下性质:

(3) 对任意实数 a, b $(a < b)$, 有

$$P\{a < X \leqslant b\} = F(b) - F(a) = \int_{a}^{b} f(x)\mathrm{d}x.$$

此式表明, 随机变量 X 落在区间 $(a, b]$ 上的概率等于曲线 $y = f(x)$, $x = a$, $x = b$ 和 x 轴所围成图形的面积, 如图 2-3 所示.

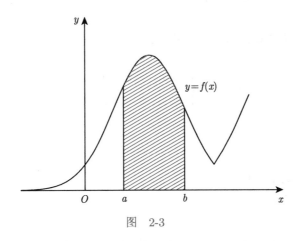

图 2-3

(4) 连续型随机变量 X 的分布函数 $F(x)$ 是连续函数, 且在 $f(x)$ 的连续点 x 处, 有

$$F'(x) = f(x).$$

(5) 设 X 为连续型随机变量, 则对任意实数 c, 有 $P\{X = c\} = 0$.

由性质 (5) 知, 连续型随机变量 X 取任一点 c 的概率为 0, 故在计算连续型随机变量 X 落在某一区间的概率时, 可以不区分该区间是开区间还是闭区间. 即若 X 的密度函数为 $f(x)$, 则它取值于区间 (a, b), $(a, b]$, $[a, b)$, $[a, b]$ 上的概率都相等, 此时有

$$P\{a < X < b\} = P\{a < X \leqslant b\} = P\{a \leqslant X < b\} = P\{a \leqslant X \leqslant b\} = \int_a^b f(x)\mathrm{d}x.$$

由于在若干点上改变概率密度 $f(x)$ 的值并不影响其积分值, 进而不影响其分布函数的值, 这就意味着一个连续型随机变量的概率密度不唯一, 也不一定连续.

譬如, 若随机变量 X 的分布函数为

$$F(x) = \begin{cases} 0, & x < 0, \\ \dfrac{x}{a}, & 0 \leqslant x < a, \\ 1, & x \geqslant a, \end{cases}$$

则两个函数

$$f_1(x) = \begin{cases} \dfrac{1}{a}, & 0 \leqslant x \leqslant a, \\ 0, & \text{其他}, \end{cases} \qquad f_2(x) = \begin{cases} \dfrac{1}{a}, & 0 < x < a, \\ 0, & \text{其他} \end{cases}$$

都可以作为 X 的概率密度. 仔细考察这两个函数 $f_1(x)$ 和 $f_2(x)$, 不难发现

$$P\{f_1(x) \neq f_2(x)\} = P\{X = 0\} + P\{X = a\} = 0.$$

可见这两个函数在概率意义上是无差别的, 在此处称 $f_1(x)$ 和 $f_2(x)$ 是 "几乎处处相等" 的.

【例 2-18】　设随机变量 X 的概率密度为

$$f(x) = \begin{cases} \sin x, & 0 \leqslant x \leqslant a, \\ 0, & \text{其他}. \end{cases}$$

求:

(1) 常数 a;

(2) X 的分布函数 $F(x)$.

解　(1) 由规范性知

$$\int_{-\infty}^{+\infty} f(x)\mathrm{d}x = \int_0^a \sin x\mathrm{d}x = 1 - \cos a = 1,$$

结合 $f(x)$ 的非负性, 解得 $a = \dfrac{\pi}{2}$.

(2) 由于

$$F(x) = \int_{-\infty}^{x} f(t)\mathrm{d}t,$$

当 $x < 0$ 时，$F(x) = 0$；

当 $0 \leqslant x < \dfrac{\pi}{2}$ 时，

$$F(x) = \int_{-\infty}^{x} f(t)\mathrm{d}t = \int_{0}^{x} \sin t \mathrm{d}t = 1 - \cos x;$$

当 $x \geqslant \dfrac{\pi}{2}$ 时，$F(x) = 1$.

于是，X 的分布函数为

$$F(x) = \begin{cases} 0, & x < 0, \\ 1 - \cos x, & 0 \leqslant x < \dfrac{\pi}{2}, \\ 1, & x \geqslant \dfrac{\pi}{2}. \end{cases}$$

【例 2-19】　设随机变量 X 的概率密度为

$$f(x) = \begin{cases} kx, & 0 \leqslant x < 1, \\ 2 - x, & 1 \leqslant x < 2, \\ 0, & 其他. \end{cases}$$

求：

(1) 常数 k；

(2) $P\{0.8 < X \leqslant 1.2\}$；

(3) 常数 c，已知 $P\{X > c\} = 0.875$；

(4) X 的分布函数 $F(x)$.

解　(1) 由规范性知

$$\int_{-\infty}^{+\infty} f(x)\mathrm{d}x = \int_{0}^{1} kx\mathrm{d}x + \int_{1}^{2} (2 - x)\mathrm{d}x = \frac{k}{2} + \frac{1}{2} = 1,$$

解得 $k = 1$.

(2) 所求概率

$$P\{0.8 < X \leqslant 1.2\} = \int_{0.8}^{1.2} f(x)\mathrm{d}x = \int_{0.8}^{1} x\mathrm{d}x + \int_{1}^{1.2} (2 - x)\mathrm{d}x$$

$$= 0.18 + 0.18 = 0.36.$$

(3) 由 $P\{X > c\} = 0.875$，知 $P\{X \leqslant c\} = 0.125$，可得 $c > 0$. 又因为

$$\int_0^1 x\mathrm{d}x = 0.5 > 0.125,$$

得 $c < 1$，故 $0 < c < 1$. 于是

$$P\{X \leqslant c\} = \int_0^c x\mathrm{d}x = \frac{1}{2}c^2 = 0.125,$$

解得 $c = 0.5$.

(4) 根据

$$F(x) = \int_{-\infty}^x f(t)\mathrm{d}t,$$

当 $x < 0$ 时，$F(x) = 0$；

当 $0 \leqslant x < 1$ 时，

$$F(x) = \int_{-\infty}^x f(t)\mathrm{d}t = \int_0^x t\mathrm{d}t = \frac{x^2}{2};$$

当 $1 \leqslant x < 2$ 时，

$$F(x) = \int_{-\infty}^x f(t)\mathrm{d}t = \int_0^1 t\mathrm{d}t + \int_1^x (2-t)\mathrm{d}t = -\frac{x^2}{2} + 2x - 1;$$

当 $x \geqslant 2$ 时，$F(x) = 1$.

于是，X 的分布函数为

$$F(x) = \begin{cases} 0, & x < 0, \\ \dfrac{x^2}{2}, & 0 \leqslant x < 1, \\ -\dfrac{x^2}{2} + 2x - 1, & 1 \leqslant x < 2, \\ 1, & x \geqslant 2. \end{cases}$$

二、几种常见的连续型分布

1. 均匀分布

定义 2-10　若随机变量 X 的概率密度为

$$f(x) = \begin{cases} \dfrac{1}{b-a}, & a \leqslant x \leqslant b, \\ 0, & \text{其他}, \end{cases}$$

则称 X 在区间 $[a,\ b]$ 上服从均匀分布 (uniform distribution)，记为 $X \sim U[a,\ b]$.

注解 2-2　在区间 $(a,\ b)$ 上服从均匀分布的随机变量 X 的概率密度定义为

$$f(x) = \begin{cases} \dfrac{1}{b-a}, & a < x < b, \\ 0, & \text{其他}, \end{cases}$$

相应地，记为 $X \sim U(a,\ b)$.

显然，$f(x)$ 具有以下两条性质：

(1) 非负性　$f(x) \geqslant 0,\ -\infty < x < +\infty$;

(2) 规范性　$\displaystyle\int_{-\infty}^{+\infty} f(x)\mathrm{d}x = \int_a^b \frac{1}{b-a}\mathrm{d}x = 1.$

【例 2-20】　设 $X \sim U[a,\ b]$，且 $[c,\ d] \subset [a,\ b]$，求：

(1) $P\{c \leqslant X \leqslant d\}$;

(2) X 的分布函数 $F(x)$.

解　(1) 所求概率

$$P\{c \leqslant X \leqslant d\} = \int_c^d f(x)\mathrm{d}x = \int_c^d \frac{1}{b-a}\mathrm{d}x = \frac{d-c}{b-a}.$$

(2) 利用

$$F(x) = \int_{-\infty}^x f(t)\mathrm{d}t,$$

当 $x < a$ 时，$F(x) = 0$;

当 $a \leqslant x < b$ 时，

$$F(x) = \int_{-\infty}^x f(t)\mathrm{d}t = \int_a^x \frac{1}{b-a}\mathrm{d}t = \frac{x-a}{b-a};$$

当 $x \geqslant b$ 时，$F(x) = 1$.

因此，X 的分布函数为

$$F(x) = \begin{cases} 0, & x < a, \\ \dfrac{x-a}{b-a}, & a \leqslant x < b, \\ 1, & x \geqslant b. \end{cases}$$

该例说明，若 $X \sim U[a,\ b]$，则 X 落在 $[a,\ b]$ 任意子区间 $[c,\ d]$ 上的概率只与子区间的长度有关，而与子区间在 $[a,\ b]$ 的具体位置无关，即

$$P\{c \leqslant X \leqslant d\} = \int_c^d f(x)\mathrm{d}x = \frac{d-c}{b-a}$$

只和区间 $[c,\ d]$ 的长度有关而和该区间的位置无关，这正是均匀分布的含义.

【例 2-21】 已知某地的电压是一个随机变量 X（单位：V），且 $X \sim U[215, 230]$. 一天内某技术电工需对该地电压检测 4 次，求一天内该地电压检测值至少有 2 次超过 225 V 的概率.

解 设随机变量 Y 表示 4 次检测中检测值超过 225 V 的次数，则 $Y \sim B(4, p)$，其中 $p = P\{X > 225\}$. $X \sim U[215, 230]$，故 X 的概率密度为

$$f(x) = \begin{cases} \dfrac{1}{15}, & 215 \leqslant x \leqslant 230, \\ 0, & \text{其他}, \end{cases}$$

因此

$$p = P\{X > 225\} = \int_{225}^{230} \frac{1}{15} \mathrm{d}x = \frac{1}{3}.$$

于是，所求概率为

$$P\{Y \geqslant 2\} = 1 - \mathrm{C}_4^1 p(1-p)^3 - (1-p)^4 = 1 - 4 \times \frac{1}{3} \times \left(\frac{2}{3}\right)^3 - \left(\frac{2}{3}\right)^4 = \frac{11}{27}.$$

2. 指数分布

指数分布有着广泛的应用，如电子产品的寿命、动物的寿命、随机服务系统的服务时间等都可以近似看作服从指数分布. 指数分布在可靠性理论和排队论中也有着广泛的应用.

> **定义 2-11** 若随机变量 X 的概率密度为
>
> $$f(x) = \begin{cases} \lambda \mathrm{e}^{-\lambda x}, & x > 0, \\ 0, & \text{其他}, \end{cases}$$
>
> 其中 $\lambda > 0$，则称 X 服从参数为 λ 的指数分布(exponential distribution)，记为 $X \sim e(\lambda)$.

显然，$f(x)$ 具有以下两条性质：

(1) 非负性 $f(x) \geqslant 0$，$-\infty < x < +\infty$；

(2) 规范性 $\displaystyle\int_{-\infty}^{+\infty} f(x)\mathrm{d}x = \int_{0}^{+\infty} \lambda \mathrm{e}^{-\lambda x}\mathrm{d}x = (-\mathrm{e}^{-\lambda x})\Big|_{0}^{+\infty} = 1$.

若 $X \sim e(\lambda)$，容易求得 X 的分布函数为

$$F(x) = \begin{cases} 1 - \mathrm{e}^{-\lambda x}, & x > 0, \\ 0, & x \leqslant 0. \end{cases}$$

【例 2-22】 某种型号电子元件的使用寿命为随机变量 X（单位：h），且 X 服从参数 $\lambda = 0.001$ 的指数分布. 现任取 1 只该型号电子元件，求：

(1) 该电子元件使用寿命超过 1000h 的概率；

(2) 若该电子元件使用了 500h 没有损坏，求它还可以继续使用 1000h 的概率.

解 因为 $X \sim e(0.001)$,故 X 的分布函数为

$$F(x) = \begin{cases} 1 - \mathrm{e}^{-0.001x}, & x > 0, \\ 0, & x \leqslant 0. \end{cases}$$

(1) 所求概率为

$$P\{X > 1000\} = 1 - P\{X \leqslant 1000\} = 1 - F(1000) = \mathrm{e}^{-1} \approx 0.3679.$$

(2) 所求概率为

$$P\{X > 1500|X > 500\} = \frac{P\{X > 1500, \ X > 500\}}{P\{X > 500\}} = \frac{P\{X > 1500\}}{P\{X > 500\}}$$

$$= \frac{\mathrm{e}^{-1.5}}{\mathrm{e}^{-0.5}} = \mathrm{e}^{-1} \approx 0.3679.$$

该例说明,若 X 服从参数 $\lambda = 0.001$ 的指数分布,则有

$$P\{X > 500 + 1000|X > 500\} = P\{X > 1000\}.$$

这种性质称为指数分布的"无记忆性"或"无后效性". 它表明:若元件以前使用了 500 h 没有损坏,不影响它以后使用寿命的统计规律性. 也就是说,元件对它使用过 500 h 没有记忆. 有趣的是,指数分布是连续型随机变量中唯一一个具有"无记忆性"的分布,这一性质决定了指数分布在排队论及可靠性理论中的重要地位. 下面我们以定理的形式给出指数分布这一性质.

定理 2-4 设随机变量 $X \sim e(\lambda)$,则对于任意的 $s > 0$, $t > 0$,有

$$P\{X > s + t|X > s\} = P\{X > t\}.$$

证明 $X \sim e(\lambda)$,则 X 的分布函数为

$$F(x) = \begin{cases} 1 - \mathrm{e}^{-\lambda x}, & x > 0, \\ 0, & x \leqslant 0. \end{cases}$$

由于 $s > 0$, $t > 0$,故 $\{X > s + t\} \subset \{X > s\}$,因而

$$P\{X > s + t|X > s\} = \frac{P\{X > s, \ X > s + t\}}{P\{X > s\}} = \frac{P\{X > s + t\}}{P\{X > s\}}$$

$$= \frac{\mathrm{e}^{-\lambda(s+t)}}{\mathrm{e}^{-\lambda s}} = \mathrm{e}^{-\lambda t} = 1 - F(t) = P\{X > t\}.$$

【例 2-23】 设某计算机显示器的使用寿命 X(单位:kh)是一个随机变量,且 X 服从参数为 $\lambda = \dfrac{1}{50}$ 的指数分布. 商家承诺,显示器在一年内损坏将可以免费更换.

(1) 假设用户每年使用电脑时间一般为 2000 h, 求商家需要免费为其更换显示器的概率;

(2) 求显示器寿命超过 15000 h 的概率;

(3) 如果某显示器已经正常使用了 5000 h, 求它还能正常使用 15000 h 的概率.

解 根据题意, X 的分布函数为

$$F(x) = \begin{cases} 1 - e^{-\frac{x}{50}}, & x > 0, \\ 0, & \text{其他}. \end{cases}$$

(1) 所求概率为

$$P\{X < 2\} = F(2) = 1 - e^{-\frac{2}{50}} \approx 0.0392.$$

(2) 寿命超过 15000 h 的概率为

$$P\{X > 15\} = 1 - F(15) = e^{-\frac{15}{50}} \approx 0.7408.$$

(3) 该显示器已经正常使用了 5000 h, 它还能正常使用 15000 h 的概率为 $P\{X > 20|X > 5\}$, 利用定理 2-4, 可得

$$P\{X > 20|X > 5\} = P\{X > 15\} \approx 0.7408.$$

3. 正态分布

正态分布又称高斯分布, 它是概率论中最重要的分布之一. 现实世界中, 许多随机变量都服从或近似服从正态分布. 例如, 物理测量所产生的误差, 农产品的收获量, 年降雨量以及人的身高和体重等都可以用正态分布来描述.

定义 2-12 若随机变量 X 的概率密度为

$$f(x) = \frac{1}{\sqrt{2\pi}\sigma} e^{-\frac{(x-\mu)^2}{2\sigma^2}}, \quad -\infty < x < +\infty,$$

其中 μ, σ $(\sigma > 0)$ 为常数, 则称 X 服从参数为 μ, σ^2 的正态分布 (normal distribution), 记为 $X \sim N(\mu, \sigma^2)$.

显然, $f(x)$ 具有以下两条性质:

(1) 非负性 $f(x) \geqslant 0$, $-\infty < x < +\infty$;

(2) 规范性 $\displaystyle\int_{-\infty}^{+\infty} f(x)\mathrm{d}x = \int_{-\infty}^{+\infty} \frac{1}{\sqrt{2\pi}\sigma} e^{-\frac{(x-\mu)^2}{2\sigma^2}} \mathrm{d}x = \int_{-\infty}^{+\infty} \frac{1}{\sqrt{2\pi}} e^{-\frac{t^2}{2}} \mathrm{d}t = 1$, 这里利用了泊松积分: $\displaystyle\int_{-\infty}^{+\infty} e^{-x^2} \mathrm{d}x = \sqrt{\pi}$.

若 $X \sim N(\mu, \sigma^2)$, 则 X 的分布函数为

$$F(x) = \int_{-\infty}^{x} \frac{1}{\sqrt{2\pi}\sigma} e^{-\frac{(t-\mu)^2}{2\sigma^2}} \mathrm{d}t, \quad -\infty < x < +\infty.$$

X 的概率密度 $f(x)$ 如图 2-4 所示，它具有以下特点：

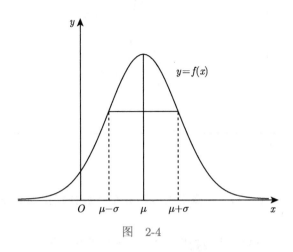

图 2-4

(1) $f(x)$ 关于 $x = \mu$ 对称，且在 $x = \mu$ 处达到最大值 $\dfrac{1}{\sqrt{2\pi}\sigma}$；在 $x = \mu \pm \sigma$ 处有拐点；当 $x \to \infty$ 时，以 x 轴为渐近线.

(2) 若 σ 固定不变，μ 值改变，则 $f(x)$ 的图形沿 x 轴平移而不改变其形状 (见图 2-5). 也就是说，$f(x)$ 的位置由参数 μ 确定，故称 μ 为位置参数.

(3) 若 μ 值固定不变，σ 值改变，则 $f(x)$ 的图形位置不变，但 σ 越小，曲线呈瘦而高状；σ 越大，曲线呈矮而胖状 (见图 2-6). 也就是说，$f(x)$ 的尺度由参数 σ 确定，故称 σ 为尺度参数.

正态分布是一个大家族，下面介绍其中的一个重要成员 —— 标准正态分布.

当 $\mu = 0$，$\sigma = 1$ 时的正态分布 $N(0, 1)$ 称为标准正态分布 (standard normal distribution).

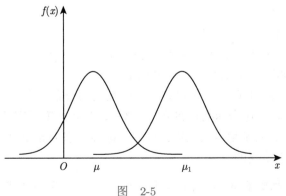

图 2-5

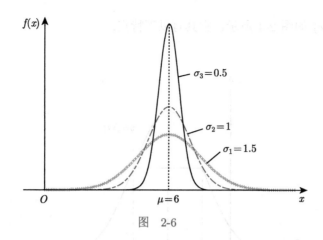

图　2-6

设随机变量 $X \sim N(0, 1)$，其概率密度和分布函数分别记为 $\varphi(x)$ 和 $\Phi(x)$，则有

$$\varphi(x) = \frac{1}{\sqrt{2\pi}} \mathrm{e}^{-\frac{x^2}{2}}, \quad -\infty < x < +\infty,$$

$$\Phi(x) = \int_{-\infty}^{x} \frac{1}{\sqrt{2\pi}} \mathrm{e}^{-\frac{t^2}{2}} \mathrm{d}t, \quad -\infty < x < +\infty.$$

由于标准正态分布函数不含任何未知参数，故 $\Phi(x)$ 的值可以计算出来. 二维码中附表 2 给出了当 $x \geqslant 0$ 时 $\Phi(x)$ 的值，可供查阅.

显然，若 $X \sim N(0, 1)$，则其概率密度的图形关于 y 轴对称. 利用分布函数的定义及定积分的几何意义，易得 $\Phi(x)$ 有以下性质：

(1) $\Phi(0) = 0.5$；

(2) $\Phi(-x) = 1 - \Phi(x)$；

(3) $P\{X > x\} = 1 - \Phi(x)$；

(4) $P\{a < X < b\} = \Phi(b) - \Phi(a)$；

(5) 若 $c > 0$，则 $P\{|X| < c\} = 2\Phi(c) - 1$.

【例 2-24】　设随机变量 $X \sim N(0, 1)$，求：

(1) $P\{X > 1.64\}$；

(2) $P\{-1 < X < 2.4\}$；

(3) $P\{|X| < 1.96\}$.

解　(1) $P\{X > 1.64\} = 1 - \Phi(1.64) = 0.0505$；

(2) $P\{-1 < X < 2.4\} = \Phi(2.4) - \Phi(-1) = \Phi(2.4) + \Phi(1) - 1 = 0.8331$；

(3) $P\{|X| < 1.96\} = 2\Phi(1.96) - 1 = 0.950$.

在实际应用中，很少有随机变量恰好服从标准正态分布. 对于一般正态分布，我们需要通过一个线性变换将它化为标准正态分布. 这样，与正态变量有关的一切事件的概率都可通过查标准正态分布的函数值表获得. 可见，标准正态分布 $N(0, 1)$ 对一般正态分布 $N(\mu, \sigma^2)$ 的计算起着重要的作用.

定理 2-5　若随机变量 $X \sim N(\mu, \sigma^2)$，则 $Y = \dfrac{X - \mu}{\sigma} \sim N(0, 1)$.

证明　记 Y 的分布函数为 $F(y)$，则由分布函数的定义知

$$F(y) = P\{Y \leqslant y\} = P\left\{\frac{X - \mu}{\sigma} \leqslant y\right\}$$

$$= P\{X \leqslant \mu + \sigma y\} = \int_{-\infty}^{\mu + \sigma y} \frac{1}{\sqrt{2\pi}\sigma} \mathrm{e}^{-\frac{(x-\mu)^2}{2\sigma^2}} \mathrm{d}x.$$

令 $t = \dfrac{x - \mu}{\sigma}$，则有

$$F(y) = P\{Y \leqslant y\} = \int_{-\infty}^{y} \frac{1}{\sqrt{2\pi}} \mathrm{e}^{-\frac{t^2}{2}} \mathrm{d}t = \Phi(y).$$

由此可得 $Y = \dfrac{X - \mu}{\sigma} \sim N(0, 1)$.

于是，若 $X \sim N(\mu, \sigma^2)$，则 X 的分布函数 $F(x)$ 可写为

$$F(x) = P\{X \leqslant x\} = P\left\{\frac{X - \mu}{\sigma} \leqslant \frac{x - \mu}{\sigma}\right\} = \Phi\left(\frac{x - \mu}{\sigma}\right).$$

【例 2-25】　设随机变量 $X \sim N(10, 3^2)$，求：

(1) $P\{10 < X < 13\}$；

(2) $P\{|X - 10| < 6\}$.

解　(1) $P\{10 < X < 13\} = F(13) - F(10)$

$$= \Phi\left(\frac{13 - 10}{3}\right) - \Phi\left(\frac{10 - 10}{3}\right) = \Phi(1) - \Phi(0) = 0.3413;$$

(2) $P\{|X - 10| < 6\} = P\left\{\frac{|X - 10|}{3} < \frac{6}{3}\right\} = 2\Phi(2) - 1 = 0.9544.$

【例 2-26】　某装配车间将要实行计件超产奖，因此需要规定生产定额. 根据历史数据分析，各个工人每月装配的产品数为随机变量 X，且 $X \sim N(5000, 60^2)$. 假设车间主任希望有 10% 的工人获得超产奖，则工人每月需完成多少件产品才能获奖？

解　设工人每月需完成 m 件产品才能获奖，根据题意知，若 $X < m$，则工人不能获奖. 由此可得

$$P\{X < m\} = F(m) = \Phi\left(\frac{m - 5000}{60}\right) = 0.9,$$

查标准正态分布表，得

$$\frac{m - 5000}{60} = 1.282,$$

因此 $m = 5077$(件).

此外，若 $X \sim N(\mu, \sigma^2)$，由 $\Phi(x)$ 的函数表还能得到 (见图 2-7)：

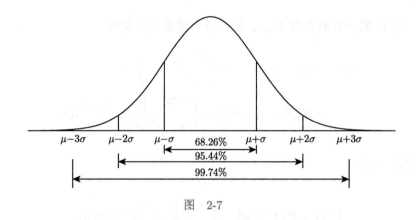

图 2-7

(1) $P\{\mu - \sigma < X < \mu + \sigma\} = P\left\{-1 < \dfrac{X - \mu}{\sigma} < 1\right\}$

$$= \Phi(1) - \Phi(-1) = 2\Phi(1) - 1 = 68.26\%,$$

(2) $P\{\mu - 2\sigma < X < \mu + 2\sigma\} = P\left\{-2 < \dfrac{X - \mu}{\sigma} < 2\right\}$

$$= \Phi(2) - \Phi(-2) = 2\Phi(2) - 1 = 95.44\%,$$

(3) $P\{\mu - 3\sigma < X < \mu + 3\sigma\} = P\left\{-3 < \dfrac{X - \mu}{\sigma} < 3\right\}$

$$= \Phi(3) - \Phi(-3) = 2\Phi(3) - 1 = 99.74\%.$$

由此可见,虽然正态变量 X 的取值范围为 $(-\infty, +\infty)$,但它的值落在 $(\mu - 3\sigma, \mu + 3\sigma)$ 内几乎是肯定的事. 这就是正态分布的 "3σ" 法则.

图 2-7 说明,正态分布的概率密度曲线非常形象地刻画了世界上的事物普遍存在的中心与外围、核心与边缘的结构特征. 正态分布正是从数学上体现了唯物辩证法所说的事物有主、次矛盾之分的观点. 它给予我们的启示是:在看问题、办事情时既要全面把握,又要围绕中心、抓住重点,从而有效地指导自己的学习、工作和实践,以期提高效率和效益.

最后,我们给出标准正态分布上 α 分位点的定义,以方便正态分布在数理统计中的应用.

定义 2-13 设随机变量 $X \sim N(0, 1)$,且 $0 < \alpha < 1$,若 z_α 满足

$$P\{X > z_\alpha\} = \int_{z_\alpha}^{+\infty} \varphi(x)\mathrm{d}x = \alpha,$$

则称 z_α 为标准正态分布的上 α 分位点(见图 2-8).

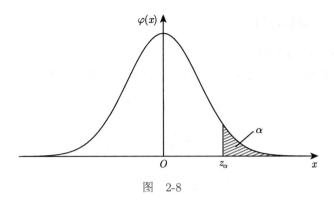

图　2-8

由定义 2-13 可知，z_α 满足 $1 - \Phi(z_\alpha) = \alpha$.

另外，由 $\varphi(x)$ 图形的对称性可知

$$z_{1-\alpha} = -z_\alpha.$$

下面列出几个常用的 z_α 的值：

α	0.001	0.005	0.01	0.025	0.05	0.10
z_α	3.090	2.576	2.325	1.960	1.645	1.282

4. 伽马分布 *

定义 2-14　称函数

$$\Gamma(\alpha) = \int_0^{+\infty} x^{\alpha-1}\mathrm{e}^{-x}\mathrm{d}x$$

为伽马函数，其中 $\alpha > 0$.

伽马函数具有以下性质：

(1) $\Gamma(1) = 1$，$\Gamma\left(\dfrac{1}{2}\right) = \sqrt{\pi}$；

(2) $\Gamma(\alpha + 1) = \alpha\Gamma(\alpha)$；

(3) 若 α 为自然数 n 时，则

$$\Gamma(n + 1) = n\Gamma(n) = n!.$$

定义 2-15　若随机变量 X 的概率密度为

$$f(x) = \begin{cases} \dfrac{\lambda^\alpha}{\Gamma(\alpha)}x^{\alpha-1}\mathrm{e}^{-\lambda x}, & x > 0, \\ 0, & \text{其他}, \end{cases}$$

其中 $\alpha > 0$，$\lambda > 0$ 为常数，则称 X 服从参数为 α，λ 的伽马分布(gamma distribution)，记为 $X \sim Ga(\alpha, \lambda)$.

伽马分布有两个常用的特例：

(1) $\alpha = 1$ 时的伽马分布 $Ga(1, \lambda)$ 即为参数为 λ 的指数分布 $e(\lambda)$，也就是

$$Ga(1, \lambda) = e(\lambda).$$

(2) $\alpha = \dfrac{n}{2}$，$\lambda = \dfrac{1}{2}$ 时的伽马分布即为自由度为 n 的 χ^2 (卡方) 分布 $\chi^2(n)$，也就是

$$Ga\left(\frac{n}{2}, \frac{1}{2}\right) = \chi^2(n).$$

χ^2 (卡方) 分布将在第六章详细介绍. 若 X 服从自由度为 n 的 χ^2 (卡方) 分布 (记为 $X \sim \chi^2(n)$)，则其概率密度为

$$f(x) = \begin{cases} \dfrac{1}{2^{\frac{n}{2}} \Gamma\left(\dfrac{n}{2}\right)} x^{\frac{n}{2}-1} \mathrm{e}^{-\frac{x}{2}}, & x > 0, \\ 0, & \text{其他}. \end{cases}$$

基础练习 2-4

1. 设随机变量 X 的概率密度为

$$f(x) = \begin{cases} ax, & 0 < x < 2, \\ 0, & \text{其他}, \end{cases}$$

则 $a =$ _____.

2. 设 $X \sim N(\mu, \sigma^2)$，则随着 σ 的增大，$P\{|X - \mu| < \sigma\}$ 的值（　　）

　　A. 单调增加；　　　　B. 单调减少；　　　　C. 保持不变；　　　　D. 增减不定.

3. 设随机变量 X 的概率密度为

$$f(x) = \begin{cases} cx^2, & 0 < x < 1, \\ 0, & \text{其他}. \end{cases}$$

求：

(1) 常数 c；

(2) X 的分布函数；

(3) $P\{X \leqslant 0.5\}$.

4. 设连续型随机变量 X 的分布函数为

$$F(x) = \begin{cases} A\mathrm{e}^x, & x < 0, \\ B, & 0 \leqslant x < 1, \\ 1 - A\mathrm{e}^{-(x-1)}, & x \geqslant 1. \end{cases}$$

求：

(1) A，B 的值；

(2) X 的概率密度；

(3) $P\{X > 0.5\}$.

5. 某商场销售某种产品，根据历史数据分析，这种产品的需求量 X（单位：t）是一个随机变量，它均匀分布在 300 至 500 之间，求 $P\{X > 400\}$.

6. 某机床的使用寿命 X（单位：h）是一个连续型随机变量，其概率密度为

$$f(x) = \begin{cases} \lambda \mathrm{e}^{-\frac{x}{100}}, & x > 0, \\ 0, & \text{其他}. \end{cases}$$

(1) 求常数 λ；

(2) 求寿命超过 200 h 的概率；

(3) 如果该机床已经正常使用了 100 h，求它还能正常使用 200 h 的概率.

7. 已知随机变量 $X \sim N(0, 1)$，且 $P\{X \leqslant b\} = 0.9515$，$P\{X \leqslant a\} = 0.04947$，求 a，b.

8. 已知随机变量 $X \sim N(8, 2^2)$，求 $P\{8 < X < 12\}$，$P\{|X - 8| < 2\}$.

9. 某班有 52 名学生，设该班概率论课程的考试成绩为随机变量 X，且 $X \sim N(80, 10^2)$，则考试成绩在 80 分至 92 分的学生人数为多少？

第五节　随机变量函数的分布

在实际应用中，我们往往关心某些随机变量函数的分布. 例如，设圆轴截面的直径为 X，而我们关心的是截面的面积 $Y = \frac{1}{4}\pi X^2$ 的分布；又如某电流 I 通过 $2\ \Omega$ 的电阻时，我们关心的是在其上消耗的功率 $W = 2I^2$ 的分布. 这里，Y 和 W 分别为随机变量 X 和 I 的函数.

一般地，设 X 为一个随机变量，$y = g(x)$ 为 x 的连续函数，那么 $Y = g(X)$ 作为 X 的函数也是一个随机变量. 本节研究如何根据 X 的分布去求得它的函数 Y 的分布.

一、 离散型随机变量函数的分布

设 X 为离散型随机变量，它的所有可能取值为 x_1，x_2，$\cdots$，x_k，$\cdots$，分布律为

X	x_1	x_2	x_3	$\cdots$	x_k	$\cdots$
p	p_1	p_2	p_3	$\cdots$	p_k	$\cdots$

若随机变量 $Y = g(X)$，则 Y 也是一个离散型随机变量，它的所有可能取值为

$$y_k = g(x_k),\ k = 1,\ 2,\ \cdots,$$

分布律为

Y	$g(x_1)$	$g(x_2)$	$g(x_3)$	$\cdots$	$g(x_k)$	$\cdots$
p	p_1	p_2	p_3	$\cdots$	p_k	$\cdots$

当 $g(x_1)$, $g(x_2)$, $\cdots$, $g(x_k)$, $\cdots$ 中出现某些值相等时，则把那些相等的值分别合并，且把相应的概率相加. 即 $k = 1$, 2, $\cdots$ 时，有

$$P\{Y = y_k\} = P\{g(X) = y_k\} = \sum_{g(x_i) = y_k} P\{X = x_i\} = \sum_{g(x_i) = y_k} p_i. \tag{2-3}$$

【例 2-27】 设随机变量 X 的分布律为

X	-3	-1	0	1	3
p	0.3	0.1	0.1	0.2	0.3

求 $Y = X^2$ 和 $Z = X^2 + X$ 的分布律.

解 依题意知，$Y = X^2$ 的分布律为

Y	9	1	0	1	9
p	0.3	0.1	0.1	0.2	0.3

将相等的值合并，得

Y	0	1	9
p	0.1	0.3	0.6

$Z = X^2 + X$ 的分布律为

Z	6	0	0	2	12
p	0.3	0.1	0.1	0.2	0.3

将相等的值合并，得

Z	0	2	6	12
p	0.2	0.2	0.3	0.3

二、 连续型随机变量函数的分布

设 X 为连续型随机变量，它的概率密度和分布函数分别记为 $f_X(x)$ 和 $F_X(x)$. 若 $Y = g(X)$，则 Y 不一定是连续型随机变量，但我们主要讨论 Y 是连续型随机变量的情形. 为此，记 Y 的概率密度和分布函数分别为 $f_Y(y)$ 和 $F_Y(y)$. 为求得 Y 的分布，下面介绍一种求连续型随机变量函数分布的基本方法——分布函数法.

分布函数法的步骤如下：

(1) 利用分布函数的定义，先求 Y 的分布函数 $F_Y(y)$. 由

$$F_Y(y) = P\{Y \leqslant y\} = P\{g(X) \leqslant y\},$$

将 "$g(X) \leqslant y$" 进行不等式的等价变换，使其化为 "X 在相应范围内取值".

(2) 根据 X 的分布得到 Y 的分布函数 $F_Y(y)$.

(3) 利用公式 $f_Y(y) = F_Y'(y)$，求得 Y 的概率密度 $f_Y(y)$.

下面我们用例子来说明这种方法的应用.

【例 2-28】　若随机变量 X 的概率密度为

$$f_X(x) = \frac{1}{\pi(1+x^2)}, \quad -\infty < x < +\infty,$$

则称 X 服从柯西分布. 设 $Y = 2X + 3$，求 Y 的概率密度 $f_Y(y)$.

　　解　由于 $Y = 2X + 3$，因此

$$\begin{aligned} F_Y(y) = P\{Y \leqslant y\} &= P\{2X + 3 \leqslant y\} \\ &= P\left\{X \leqslant \frac{y-3}{2}\right\} = F_X\left(\frac{y-3}{2}\right). \end{aligned}$$

利用公式 $f_Y(y) = F_Y'(y)$ 和复合函数求导法则，可得

$$\begin{aligned} f_Y(y) = \frac{\mathrm{d}}{\mathrm{d}y}F_Y(y) &= \frac{\mathrm{d}}{\mathrm{d}y}F_X\left(\frac{y-3}{2}\right) \\ &= \frac{1}{2}f_X\left(\frac{y-3}{2}\right) = \frac{2}{\pi[4+(y-3)^2]}. \end{aligned}$$

【例 2-29】　设 X 为随机变量且 $X \sim N(0,\ 1)$，$Y = X^2$，求 Y 的概率密度 $f_Y(y)$.

　　解　由于 $Y = X^2 \geqslant 0$，于是

当 $y \leqslant 0$ 时，

$$F_Y(y) = P\{Y \leqslant y\} = 0, \ f_Y(y) = 0.$$

当 $y > 0$ 时，

$$F_Y(y) = P\{Y \leqslant y\} = P\{X^2 \leqslant y\} = P\{-\sqrt{y} \leqslant X \leqslant \sqrt{y}\} = 2\Phi(\sqrt{y}) - 1,$$

从而可得

$$f_Y(y) = \frac{\mathrm{d}}{\mathrm{d}y}F_Y(y) = \frac{\mathrm{d}}{\mathrm{d}y}(2\Phi(\sqrt{y}) - 1) = \varphi(\sqrt{y})y^{-\frac{1}{2}} = \frac{1}{\sqrt{2\pi}}y^{-\frac{1}{2}}\mathrm{e}^{-\frac{y}{2}}.$$

因此

$$f_Y(y) = \begin{cases} \dfrac{1}{\sqrt{2\pi}}y^{-\frac{1}{2}}\mathrm{e}^{-\frac{y}{2}}, & y > 0, \\ 0, & \text{其他}. \end{cases}$$

　　利用该例的结果，再对照 χ^2（卡方）分布的概率密度，可以得出结论：若 $X \sim N(0,\ 1)$，则 $Y = X^2 \sim \chi^2(1)$.

　　如果 $y = g(x)$ 为一个单调可导的函数，且其导数恒不为零，则利用分布函数法，可得到求 $Y = g(X)$ 的概率密度 $f_Y(y)$ 的一般公式. 用该公式求得连续型随机变量函数的概率密度的方法称为公式法.

定理 2-6　设随机变量 X 的概率密度为 $f_X(x)$，$y = g(x)$ 是单调可导函数，且其导数恒不为零. 已知 $y = g(x)$ 的值域为 $(a,\ b)$ $(-\infty < a < b < +\infty)$，反函数为 $x = h(y)$，则 $Y = g(X)$ 是连续型随机变量，其概率密度为

$$f_Y(y) = \begin{cases} f_X(h(y)) \cdot |h'(y)|, & a < y < b, \\ 0, & \text{其他.} \end{cases} \qquad (2\text{-}4)$$

证明　当 $y = g(x)$ 为单调增函数时，有 $g'(x) > 0$，则其反函数 $x = h(y)$ 在 $(a,\ b)$ 上单调增加且 $h'(y) > 0$. 因为 $Y = g(X)$ 在 $(a,\ b)$ 上取值，故

当 $y \leqslant a$ 时，

$$F_Y(y) = 0,\ f_Y(y) = 0;$$

当 $y \geqslant b$ 时，

$$F_Y(y) = 1,\ f_Y(y) = 0;$$

当 $a < y < b$ 时，

$$F_Y(y) = P\{Y \leqslant y\} = P\{g(X) \leqslant y\} = P\{X \leqslant h(y)\} = F_X(h(y)),$$

从而

$$f_Y(y) = f_X(h(y)) \cdot h'(y).$$

所以，当 $g'(x) > 0$ 时，有

$$f_Y(y) = \begin{cases} f_X(h(y)) \cdot h'(y), & a < y < b, \\ 0, & \text{其他.} \end{cases} \qquad (2\text{-}5)$$

当 $y = g(x)$ 为单调减函数时，有 $g'(x) < 0$，且 $h'(y) < 0$. 同理证得

$$f_Y(y) = \begin{cases} f_X(h(y)) \cdot (-h'(y)), & a < y < b, \\ 0, & \text{其他.} \end{cases} \qquad (2\text{-}6)$$

合并式 (2-5) 及式 (2-6) 可得式 (2-4).

【例 2-30】　设随机变量 X 的概率密度为

$$f_X(x) = \begin{cases} \dfrac{1}{3}(4x + 1), & 0 < x < 1, \\ 0, & \text{其他.} \end{cases}$$

求 $Y = \ln X$ 的概率密度.

解　当 $0 < x < 1$ 时，函数 $y = \ln x$ 严格单调增加、导数恒不为零，且 $y < 0$，$x = h(y) = e^y$，$h'(y) = e^y > 0$，利用式 (2-4)，得 Y 的概率密度为

$$f_Y(y) = \begin{cases} f_X(e^y) \cdot e^y, & y < 0, \\ 0, & \text{其他,} \end{cases}$$

即

$$f_Y(y) = \begin{cases} \dfrac{1}{3}(4e^y + 1)e^y, & y < 0, \\ 0, & \text{其他.} \end{cases}$$

【例 2-31】　设电流 I 为随机变量，它均匀分布在 9~11 A 之间. 若此电流通过 $2\,\Omega$ 的电阻，在其上消耗的功率 $W = 2I^2$. 求 W 的概率密度.

解　由题意知，I 的概率密度为

$$f_I(i) = \begin{cases} \dfrac{1}{2}, & 9 \leqslant i \leqslant 11, \\ 0, & \text{其他.} \end{cases}$$

当 $9 \leqslant i \leqslant 11$ 时，函数 $w = 2i^2$ 是严格单调增加的，且 $162 \leqslant w \leqslant 242$，而

$$i = h(w) = \left(\frac{w}{2}\right)^{\frac{1}{2}}, \quad h'(w) = \frac{\sqrt{2}}{4} w^{-\frac{1}{2}}.$$

利用式 (2-4)，得 W 的概率密度为

$$f_W(w) = \begin{cases} \dfrac{1}{2}\left(\dfrac{\sqrt{2}}{4} w^{-\frac{1}{2}}\right), & 162 \leqslant w \leqslant 242, \\ 0, & \text{其他,} \end{cases}$$

即

$$f_W(w) = \begin{cases} \dfrac{\sqrt{2}}{8} w^{-\frac{1}{2}}, & 162 \leqslant w \leqslant 242, \\ 0, & \text{其他.} \end{cases}$$

定理 2-7　设随机变量 X 的概率密度为 $f_X(x)$，$Y = kX + b\ (k \neq 0)$，则 Y 的概率密度为

$$f_Y(y) = \frac{1}{|k|} f_X\left(\frac{y-b}{k}\right).$$

【例 2-32】　设随机变量 $X \sim N(\mu, \sigma^2)$，$Y = kX + b(k \neq 0)$，则

$$Y \sim N(k\mu + b,\ k^2\sigma^2).$$

解　X 的概率密度为

$$f(x) = \frac{1}{\sqrt{2\pi}\sigma}\mathrm{e}^{-\frac{(x-\mu)^2}{2\sigma^2}}, \quad -\infty < x < +\infty.$$

由推论 2-7 可知

$$f_Y(y) = \frac{1}{|k|}f_X\left(\frac{y-b}{k}\right) = \frac{1}{\sqrt{2\pi}|k|\sigma}\mathrm{e}^{-\frac{[y-(k\mu+b)]^2}{2(k\sigma)^2}}, \quad -\infty < x < +\infty,$$

因此，$Y = kX + b \sim N(k\mu + b, \ k^2\sigma^2)$.

　　该例说明，若 $X \sim N(\mu, \ \sigma^2)$，则 X 的线性函数 $Y = kX + b \ (k \neq 0)$ 也服从正态分布.

　　于是，若 $X \sim N(\mu, \ \sigma^2)$，$Y = \dfrac{X-\mu}{\sigma}$，此时有 $k = \dfrac{1}{\sigma}$，$b = -\dfrac{\mu}{\sigma}$，则根据例 2-32，可得

$$Y = \frac{X-\mu}{\sigma} \sim N(0, \ 1),$$

这与定理 2-5 结论一致.

　　【例 2-33】　设随机变量 $X \sim N(0, \ 3^2)$，求 $Y = -X$ 的分布.

　　解　由题意知，$k = -1$，$b = 0$，利用例 2-32 的结论，得 $Y \sim N(0, \ 3^2)$.

　　此例告诉我们，随机变量 X 与 $-X$ 有相同的分布. 但这两个随机变量是不相等的. 这说明分布相同与随机变量相等是两个完全不同的概念.

基础练习 2-5

　　1. 已知随机变量 X 的分布律为

X	-1	0	1	2
p	0.2	0.1	0.3	0.4

且 $Y = 2X + 1$，$Z = X^2$，求随机变量 Y，Z 的分布律.

　　2. 设随机变量 X 的概率密度为

$$f_X(x) = \begin{cases} 2x, & 0 < x < 1, \\ 0, & \text{其他}. \end{cases}$$

求 $Y = -2X + 1$ 的概率密度.

　　3. 设随机变量 $X \sim U(0, 2)$，求下列随机变量函数的概率密度：

（1）$Y = X^2$；（2）$Z = -2\mathrm{e}^X$.

　　4. 设随机变量 X 的概率密度为

$$f_X(x) = \begin{cases} a\mathrm{e}^{-x}, & x > 0, \\ 0, & x \leqslant 0. \end{cases}$$

求：

(1) 常数 a；

(2) $Y = \ln X$ 的概率密度；

(3) $Z = \sqrt{X}$ 的概率密度.

5. 设随机变量 $X \sim N(0,\ 9)$，求 $Y = 3X + 2$ 的分布.

总习题二

1. 已知随机变量 X 只取 0，1，2 三个值，取各个值的概率分别为 p_0，p_1，p_2. 已知 p_0，p_1，p_2 组成等差数列，且满足 $3p_0 = p_2$，求 X 的分布律和分布函数.

2. 设 X 为随机变量，且

$$p_k = P\{X = k\} = \frac{1}{2^k},\ k = 1,\ 2,\ \cdots.$$

判断上式是否可以作为 X 的分布律.

3. 设 8 个电子元件中有两个是次品，其余为正品. 仪器在装配过程中，需从这 8 个元件中任取一个. 如果取到的是次品，则扔掉再取，直到取出正品为止. 若记取到正品前已取出的次品个数为 X，求 X 的分布律.

4. 根据规定，某种零件的使用寿命超过 1600h 的为一等品. 已知某一大批该种零件的一等品率为 0.2，现从中随机地抽取 20 个. 求 20 个零件中恰好有 3 个为一等品的概率.

5. 某种疾病患者自然痊愈的概率为 0.25，为了试验一种新药是否有效，把它给 10 个病人服用，且规定若 10 个病人中至少有 4 个治好则认为这种药有效；反之则认为无效. 求：

(1) 虽然新药有效，且把痊愈的概率提高到 0.35，但通过试验却被否定的概率；

(2) 新药完全无效，但通过试验却被认为有效的概率.

6. 某电话交换台每分钟收到用户的呼叫数 X 服从参数为 4 的泊松分布，求：

(1) 某 1min 恰有 8 次呼叫的概率；

(2) 某 1min 的呼叫次数大于 3 的概率.

7. 某小学学生上午上课的迟到率为 0.0025，设该校有 800 名学生，求上午恰有 2 名学生迟到的概率.

8. 设随机变量 X 的概率密度为

$$f(x) = \begin{cases} ax + b, & 0 < x < 2, \\ 0, & \text{其他}, \end{cases}$$

且 $P\{1 < X < 3\} = 0.25$，求：

(1) 常数 a，b；

(2) $P\{X > 1.5\}$；

(3) 随机变量 X 的分布函数.

9. 已知随机变量 X 的概率密度为

$$f(x) = \begin{cases} \dfrac{a}{\sqrt{1 - x^2}}, & |x| < 1, \\ 0, & \text{其他}. \end{cases}$$

(1) 求常数 a；

(2) 求随机变量 X 的分布函数；

(3) 计算 $P\{|X| \leqslant 0.5\}$.

10. 设随机变量 X 的概率密度为 $f(x)$, 且 $f(-x) = f(x)$. 若 X 的分布函数为 $F(x)$, 试证对任意给定的正数 a, 有

(1) $F(-a) = \dfrac{1}{2} - \displaystyle\int_0^a f(x)\mathrm{d}x$;

(2) $P\{|X| < a\} = 2F(a) - 1$.

11. 设随机变量 Y 在区间 $[0,5]$ 上服从均匀分布, 求关于 x 的二次方程 $4x^2 + 4xY + Y + 2 = 0$ 有实根的概率.

12. 设随机变量 X 的概率密度为

$$f(x) = \begin{cases} \lambda \mathrm{e}^{-2x}, & x > 0, \\ 0, & \text{其他}. \end{cases}$$

求:

(1) 常数 λ;

(2) 随机变量 X 的分布函数;

(3) $P\{X > a^2 + 2 \mid X > a^2\}$.

13. 设某种型号电子元件的使用寿命 X (单位: h) 是一个随机变量, 且 $X \sim e\left(\dfrac{1}{1000}\right)$, 求:

(1) 任取 1 只电子元件使用寿命超过 1000 h 的概率;

(2) 任取 2 只电子元件使用寿命皆超过 1000 h 的概率.

14. 设顾客在某邮局等待服务的时间 X (单位: min) 服从参数为 0.2 的指数分布. 某顾客在邮局等待服务, 若等待的时间超过 10 min 他就离开. 该顾客半个月要到邮局 5 次. 以 Y 表示半个月内他未等到服务而离开邮局的次数, 求 Y 的分布律和 $P\{Y \geqslant 1\}$.

15. 恒温箱是靠温度调节器根据箱内温度的变化进行调整的, 因此恒温箱内的实际温度 X (以°C 为单位) 为一个随机变量. 设调节器设定在 d °C, 且 $X \sim N(d,\ 0.5^2)$.

(1) 若 $d = 90$°C, 求箱内温度小于 89 °C 的概率;

(2) 若要以 95% 的把握保证箱内温度不低于 90 °C, 问应将温度调节器设定为多少摄氏度为宜?

16. 某机器生产的零件长度 X(单位: cm) 服从正态分布 $N(10.05, 0.06^2)$, 如果规定长度在范围 10.05 ± 0.12 内为正品, 现从生产出来的零件中任取一个, 求它不是正品的概率.

17. 某人需要去火车站乘车, 他有两条路线可以选择, 其中第一条路程较短但交通拥挤, 所需时间 (单位: min) 服从正态分布 $N(40, 10^2)$; 第二条路程较长但意外阻塞较少, 所需时间服从正态分布 $N(50,\ 4^2)$.

(1) 若动身时离火车开车时间只有 60 min, 应走哪一条路线?

(2) 若动身时离火车开车时间只有 40 min, 应走哪一条路线?

18. 设随机变量 X 的分布律为

X	0	$\dfrac{\pi}{4}$	$\dfrac{\pi}{2}$	π
p	0.2	0.1	0.4	0.3

求随机变量 $Y = 2X + 1$ 和 $Z = \sin 2X + 3$ 的分布律.

19. 已知随机变量 X 的概率密度为

$$f(x) = \frac{2}{\pi(\mathrm{e}^x + \mathrm{e}^{-x})}, \quad -\infty < x < +\infty.$$

求随机变量 $Y = g(X)$ 的分布律，其中

$$g(X) = \begin{cases} -1, & X < 0, \\ 1, & X \geqslant 0. \end{cases}$$

20. 对正方形边长 X (单位：m) 进行测量，已知 X 在区间 $[8, 10]$ 上服从均匀分布，求正方形面积的分布函数及概率密度.

21. 设随机变量 X 在区间 $[0, \pi]$ 上服从均匀分布，求 $Y = \sin X$ 的概率密度.

22. 设随机变量 X 服从参数为 1 的指数分布，求 $Y = \mathrm{e}^X$ 的概率密度.

23. 设随机变量 $X \sim U(0, 1)$，求下列随机变量函数的概率密度：

(1) $Y = 2X^2 + 1$；

(2) $Z = \ln X$.

自测题二

一、填空题 (每空 3 分)

1. 设随机变量 X 的分布律为

$$P\{X = k\} = a \frac{\lambda^k}{k!} \quad (k = 0, 1, 2, \cdots, \text{ 且 } \lambda > 0),$$

则常数 $a = $ _____.

2. 设随机变量 X 服从泊松分布，已知 $P\{X = 1\} = P\{X = 2\}$，则 $P\{X = 4\} = $ _____.

3. 已知随机变量 $X \sim N(3, 2^2)$，且 $P\{X > k\} = P\{X \leqslant k\}$，则 $k = $ _____.

4. 设随机变量 $X \sim N(\mu, \sigma^2)$，且 $P\{X \leqslant -1.6\} = 0.036$，$P\{X \leqslant 5.9\} = 0.758$，则 $\mu = $ _____，$\sigma = $ _____.

5. 设离散型随机变量 X 的分布函数为

$$F(x) = \begin{cases} 0, & x < -2, \\ a, & -2 \leqslant x < -1, \\ \dfrac{2}{3} - a, & -1 \leqslant x < 2, \\ a + b, & x \geqslant 2, \end{cases}$$

且 $P\{X = 2\} = \dfrac{1}{2}$，则 $a = $ _____，$b = $ _____.

6. 设随机变量 X 与 Y 同分布，X 的概率密度为

$$f(x) = \begin{cases} \dfrac{3}{8} x^2, & 0 < x < 2, \\ 0, & \text{其他}. \end{cases}$$

已知事件 $A = \{X > a\}$ 和事件 $B = \{Y > a\}$ 独立，且 $P(A \bigcup B) = \dfrac{3}{4}$，则常数 $a = $ _____.

二、选择题 (每小题 2 分)

1. 设随机变量 X 的分布律为

X	0	1	2	3
p	0.25	0.05	a	0.3

则 $a = ($ $)$

      A. 0.4;   B. 0.3;   C. 0;   D. 0.2.

2. 下列函数中，可作为某一随机变量的分布函数的是 (   )

A. $F(x) = 1 + \dfrac{1}{x^2}$;

B. $F(x) = \dfrac{1}{2} + \dfrac{1}{\pi} \arctan x$;

C. $F(x) = \displaystyle\int_{-\infty}^{x} f(t)\mathrm{d}t$, 其中 $\displaystyle\int_{-\infty}^{+\infty} f(t)\mathrm{d}t = 1$;

D. 以上都不是.

3. 设函数 $f(x)$ 在区间 $[a, b]$ 上等于 $\sin x$, 否则等于 0, 为了 $f(x)$ 是某个随机变量的概率密度, 则区间 $[a, b]$ 可能是 (   )

    A. $\left[0, \dfrac{\pi}{2}\right]$;   B. $[0, \pi]$;   C. $\left[-\dfrac{\pi}{2}, 0\right]$;   D. $\left[0, \dfrac{3\pi}{2}\right]$.

4. 设随机变量 $X \sim N(1, 1)$, $f(x)$ 为概率密度, $F(x)$ 为分布函数, 则 (   )

A. $P\{X \leqslant 0\} = P\{X \geqslant 0\} = 0.5$;

B. $P\{X \leqslant 1\} = P\{X \geqslant 1\} = 0.5$;

C. $f(x) = f(-x)$, $x \in (-\infty, +\infty)$;

D. $F(x) = 1 - F(-x)$.

5. 设随机变量 $X \sim N(\mu, \sigma^2)$, 则一定正确的是 (   )

A. $P\{X > \mu\} = P\{X \leqslant -\mu\}$;   B. $P\{X > 0\} = 0.5$;

C. $\dfrac{X - \mu}{\sigma} \sim N(0, 1)$;   D. 以上都不正确.

三、计算题 (每小题 10 分)

1. 设某种疾病在鸭子中传染的概率为 0.25. 分别求在正常情况下 (未注射防疫血清) 50 只鸭子和 39 只鸭子中, 受到感染的最大可能只数.

2. 根据某商店过去的销售记录知, 某种商品每月销售的件数服从参数为 5 的泊松分布, 为了以 95% 以上的把握保证不脱销, 问商店在月底至少应进该种商品多少件?

3. 设随机变量 X 的概率密度为

$$f(x) = \begin{cases} kx^3, & 0 \leqslant x \leqslant 1, \\ 0, & \text{其他}. \end{cases}$$

(1) 求常数 k;

(2) 已知 $P\{X < a\} = P\{X > a\}$, 求常数 a;

(3) 求 X 的分布函数 $F(x)$.

4. 设随机变量 X 在区间 $[-1, 2]$ 上服从均匀分布, 求随机变量函数 $Y = X^2$ 的概率密度.

5. 假设某机床生产的零件内径 X (单位: mm) 服从正态分布 $N(11, 1)$, 内径小于 10 或大于 12 为次品, 其余为正品. 销售每件正品可获利, 否则亏损. 已知销售利润 Y (单位: 元) 与销售零件内径的关

系如下:

$$Y = \begin{cases} -1, & X < 10, \\ 20, & 10 \leqslant X \leqslant 12, \\ -5, & X > 12, \end{cases}$$

求 Y 的分布律.

四、证明题 (每小题 8 分)

1. 如果某设备在任何长为 t 的时间 $[0,\,t]$ 内发生故障的次数 $N(t)$ 服从参数为 λt 的泊松分布，证明：相继两次故障之间的时间间隔 T 服从参数为 λ 的指数分布.

2. 设随机变量 $X \sim N(\mu,\,36)$，$Y \sim N(\mu,\,64)$，$p_1 = P\{X \leqslant \mu - 6\}$，$p_2 = P\{Y \geqslant \mu + 8\}$，证明：$p_1 = p_2$.

第三章 多维随机变量及其分布

在实际应用与理论研究中, 往往需要用两个或两个以上的随机变量才能更好地描述某些随机试验的结果. 例如, 电子放大器的干扰电流由其振幅和相位这两个随机变量来共同确定; 飞机在空中的位置由三个随机变量 (三个坐标) 来给定; 某个家庭的支出情况由其衣、食、住、行等方面的花费来确定. 在这些情况下, 我们不但要研究每个随机变量的统计规律性, 还需要研究它们联合取值的统计规律性, 进一步需要研究随机变量之间的相互依存关系. 为此, 我们在本章引入多维随机变量的概念, 并着重讨论二维随机变量及其分布.

第一节 二维随机变量及其分布

一、二维随机变量及其分布函数

> **定义 3-1** 设 $(\Omega, \mathscr{F}, P)$ 为概率空间, 如果 $X_1, X_2, \cdots, X_n$ 都是定义在 $(\Omega, \mathscr{F}, P)$ 上的 n 个随机变量, 则称由它们构成的 n 维向量
>
> $$(X_1, X_2, \cdots, X_n)$$
>
> 为 n 维随机变量或 n 维随机向量.

当 $n = 2$ 时, (X_1, X_2) 称为二维随机变量(two-dimensional random variable) 或二维随机向量.

在实际中, 多维随机变量的情况是经常遇到的.

【例 3-1】 (1) 研究炮弹命中点的位置时, 需要用命中点 (样本点) 的横坐标 X_1 和纵坐标 X_2 来确定, 这里 (X_1, X_2) 是一个二维随机变量.

(2) 研究儿童的生长发育情况, 需要重点考虑每个儿童 (样本点) 的身高 X_1、体重 X_2 和智力 X_3, 这里 (X_1, X_2, X_3) 是一个三维随机变量.

(3) 公司在招聘职工时, 需要综合考察每位应聘者 (样本点) 的心理素质 X_1、业务素质 X_2、职业道德 X_3、文化水平 X_4 和学习能力 X_5, 这里 $(X_1, X_2, X_3, X_4, X_5)$ 是一个五维随机变量.

注意 n 维随机变量的关键是它的 n 个随机变量都是定义在同一个概率空间上的; 对于不同的概率空间上的情况需要更多的数学工具, 本章不涉及这类问题.

> **定义 3-2** 设 $(X_1, X_2, \cdots, X_n)$ 为 n 维随机变量, $x_1, x_2, \cdots, x_n$ 为任意

n 个实数，称 n 元函数

$$F(x_1,\ x_2,\ \cdots,\ x_n) = P\{X_1 \leqslant x_1,\ X_2 \leqslant x_2,\ \cdots,\ X_n \leqslant x_n\}$$

为 n 维随机变量 $(X_1,\ X_2,\ \cdots,\ X_n)$ 的**分布函数**，或为随机变量 $X_1,\ X_2,\ \cdots,\ X_n$ 的**联合分布函数** (joint distribution function).

当 $n = 2$ 时，设 $x_1,\ x_2$ 为任意两个实数，称二元函数

$$F(x_1,\ x_2) = P\{X_1 \leqslant x_1,\ X_2 \leqslant x_2\}$$

为二维随机变量 $(X_1，X_2)$ 的分布函数，或为随机变量 $X_1,\ X_2$ 的联合分布函数.

本章主要研究二维随机变量，二维以上的情况可类似进行.

为了方便起见，今后用 $(X,\ Y)$ 表示二维随机变量. 相应地，用二元函数

$$F(x,\ y) = P\{X \leqslant x,\ Y \leqslant y\}$$

表示 $(X,\ Y)$ 的分布函数，这里 $x,\ y$ 为任意两个实数.

$(X,\ Y)$ 的分布函数 $F(x,\ y)$ 具有如下几何意义：将二维随机变量 $(X,\ Y)$ 看成平面上随机点的坐标，那么分布函数 $F(x,\ y)$ 在 $(x,\ y)$ 处的函数值就是随机点 $(X,\ Y)$ 落入以 $(x,\ y)$ 为顶点，且位于该点左下方的无穷矩形区域内的概率 (见图 3-1).

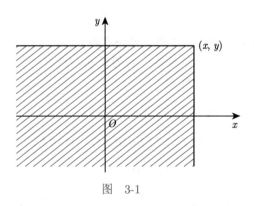

图　3-1

根据 $F(x,\ y)$ 的几何意义 (见图 3-1)，我们容易算得随机点落在矩形区域

$$\{(x,\ y)|a < x \leqslant b,\ c < y \leqslant d\}$$

的概率为

$$P\{a < X \leqslant b,\ c < Y \leqslant d\} = F(b,\ d) - F(a,\ d) - F(b,\ c) + F(a,\ c).$$

分布函数 $F(x,\ y)$ 具有如下基本性质：

(1) **有界性**　对任意的 $x,\ y$，有 $0 \leqslant F(x,\ y) \leqslant 1$，且

$$F(-\infty,\ y) = \lim_{x \to -\infty} F(x,\ y) = 0;$$

$$F(x, -\infty) = \lim_{y \to -\infty} F(x, y) = 0;$$

$$F(-\infty, -\infty) \lim_{x, y \to -\infty} F(x, y) = 0;$$

$$F(+\infty, +\infty) = \lim_{x, y \to +\infty} F(x, y) = 1.$$

(2) 单调性　$F(x, y)$ 分别关于 x 和 y 单调不减. 即

对固定的 y, 若 $x_1 < x_2$, 则有 $F(x_1, y) \leqslant F(x_2, y)$;

对固定的 x, 若 $y_1 < y_2$, 则有 $F(x, y_1) \leqslant F(x, y_2)$.

(3) 右连续性　$F(x, y)$ 分别关于 x 和 y 右连续. 即

对固定的 y, 有 $F(x+0, y) = F(x, y)$;

对固定的 x, 有 $F(x, y+0) = F(x, y)$.

(4) 非负性　对于任意实数 $a < b$, $c < d$, 有

$$P\{a < X \leqslant b, c < Y \leqslant d\} = F(b, d) - F(a, d) - F(b, c) + F(a, c) \geqslant 0.$$

分布函数 $F(x, y)$ 必具有上述四条性质;反之,具有上述四条性质的二元函数 $F(x, y)$ 可作为某个二维随机变量的分布函数.

【例 3-2】　设二元函数

$$F(x, y) = \begin{cases} 0, & x+y < 0, \\ 1, & x+y \geqslant 0, \end{cases}$$

试问 $F(x, y)$ 能否作为某个二维随机变量的分布函数?

解　容易验证 $F(x, y)$ 满足单调性、有界性和右连续性,但在正方形区域 $\{(x, y) \mid -1 < x \leqslant 1, -1 < y \leqslant 1\}$ 内,有

$$P\{-1 < X \leqslant 1, -1 < Y \leqslant 1\}$$

$$= F(1, 1) - F(1, -1) - F(-1, 1) + F(-1, -1)$$

$$= 1 - 1 - 1 + 0 = -1 < 0.$$

由于 $F(x, y)$ 不满足非负性,因此不能作为某个二维随机变量的分布函数.

【例 3-3】　设二维随机变量 (X, Y) 的分布函数为

$$F(x, y) = a\left(b + \arctan\frac{x}{3}\right)\left(c + \arctan\frac{y}{4}\right),$$

求常数 a, b, c.

解　由分布函数的性质,得方程组

$$\begin{cases} F(+\infty, +\infty) = a\left(b + \dfrac{\pi}{2}\right)\left(c + \dfrac{\pi}{2}\right) = 1, \\ F(-\infty, +\infty) = a\left(b - \dfrac{\pi}{2}\right)\left(c + \dfrac{\pi}{2}\right) = 0, \\ F(+\infty, -\infty) = a\left(b + \dfrac{\pi}{2}\right)\left(c - \dfrac{\pi}{2}\right) = 0, \end{cases}$$

解得 $a = \dfrac{1}{\pi^2}$, $b = c = \dfrac{\pi}{2}$.

二、 二维离散型随机变量及其分布律

如果二维随机变量 (X, Y) 的所有可能取值为有限个或可列无穷多个数对，则称 (X, Y) 为二维离散型随机变量 (bivariate discrete random variable).

显然，若 (X, Y) 为二维离散型随机变量，则它的分量 X 与 Y 都是一维离散型随机变量.

> **定义 3-3**　设二维离散型随机变量 (X, Y) 的所有可能取值为 (x_i, y_j), $i, j = 1, 2, \cdots$, 称
> $$p_{ij} = P\{X = x_i, Y = y_j\}, \quad i, j = 1, 2, \cdots$$
> 为 (X, Y) 的**分布律**，或为 X 与 Y 的**联合分布律** (law of joint distribution).

(X, Y) 的分布律也可用表格的形式直观地表示出来：

X	Y				
	y_1	y_2	$\cdots$	y_j	$\cdots$
x_1	p_{11}	p_{12}	$\cdots$	p_{1j}	$\cdots$
x_2	p_{21}	p_{22}	$\cdots$	p_{2j}	$\cdots$
$\vdots$	$\vdots$	$\vdots$		$\vdots$	
x_i	p_{i1}	p_{i2}	$\cdots$	p_{ij}	$\cdots$
$\vdots$	$\vdots$	$\vdots$		$\vdots$	

由概率的定义及性质，p_{ij} $(i, j = 1, 2, \cdots)$ 显然满足以下两条基本性质：

(1) 非负性　$p_{ij} \geqslant 0$;

(2) 规范性　$\displaystyle\sum_{i=1}^{\infty}\sum_{j=1}^{\infty} p_{ij} = 1$.

【例 3-4】　设随机变量 $Z \sim N(0, 1)$，已知

$$X = \begin{cases} 0, & |Z| \geqslant 1, \\ 1, & |Z| < 1, \end{cases} \quad Y = \begin{cases} 0, & |Z| \geqslant 2, \\ 1, & |Z| < 2, \end{cases}$$

求 X 与 Y 的联合分布律.

解　(X, Y) 的所有可能取值为 $(0, 0)$, $(0, 1)$, $(1, 0)$, $(1, 1)$.

$$P\{X = 0, Y = 0\} = P\{|Z| \geqslant 1, |Z| \geqslant 2\}$$

$$= P\{|Z| \geqslant 2\} = 1 - P\{|Z| < 2\}$$

$$= 1 - [2\Phi(2) - 1] = 0.0456;$$

$$P\{X = 0,\ Y = 1\} = P\{|Z| \geqslant 1,\ |Z| < 2\}$$
$$= P\{1 \leqslant |Z| < 2\} = 2[\Phi(2) - \Phi(1)]$$
$$= 0.2718;$$
$$P\{X = 1,\ Y = 0\} = P\{|Z| < 1,\ |Z| \geqslant 2\} = 0;$$
$$P\{X = 1,\ Y = 1\} = P\{|Z| < 1,\ |Z| < 2\}$$
$$= P\{|Z| < 1\} = 2\Phi(1) - 1 = 0.6826.$$

故 X 与 Y 的联合分布律为

X	Y	
	0	1
0	0.0456	0.2718
1	0	0.6826

如果二维离散型随机变量 $(X,\ Y)$ 的分布律为

$$p_{ij} = P\{X = x_i,\ Y = y_j\},\ i,\ j = 1,\ 2,\ \cdots,$$

则 $(X,\ Y)$ 的分布函数

$$F(x,\ y) = P\{X \leqslant x,\ Y \leqslant y\} = \sum_{x_i \leqslant x} \sum_{y_j \leqslant y} P\{X = x_i,\ Y = y_j\} = \sum_{x_i \leqslant x} \sum_{y_j \leqslant y} p_{ij}.$$

【例 3-5】 设二维离散型随机变量 $(X,\ Y)$ 的分布律为

X	Y		
	-2	0	1
-1	0.1	0.3	0.2
2	0.1	0	0.3

(1) 计算 $P\{x \leqslant 0,\ y \geqslant 0\}$ 及 $F(0,\ 0)$;
(2) 求 $(X,\ Y)$ 的分布函数 $F(x,\ y)$.
解 (1) 由题意知

$$P\{x \leqslant 0,\ y \geqslant 0\} = P\{x = -1,\ y = 0\} + P\{x = -1,\ y = 1\} = 0.5,$$
$$F(0,\ 0) = P\{x \leqslant 0,\ y \leqslant 0\}$$
$$= P\{x = -1,\ y = -2\} + P\{x = -1,\ y = 0\} = 0.4.$$

(2) 由

$$F(x,\ y) = P\{X \leqslant x,\ Y \leqslant y\} = \sum_{x_i \leqslant x} \sum_{y_j \leqslant y} p_{ij}$$

可知

$$F(x,\ y) = \begin{cases} 0.1, & -1 \leqslant x < 2,\ -2 \leqslant y < 0, \\ 0.1 + 0.3 = 0.4, & -1 \leqslant x < 2,\ 0 \leqslant y < 1, \\ 0.1 + 0.3 + 0.2 = 0.6, & -1 \leqslant x < 2,\ y \geqslant 1, \\ 0.1 + 0.1 = 0.2, & x \geqslant 2,\ -2 \leqslant y < 0, \\ 0.1 + 0.1 + 0.3 = 0.5, & x \geqslant 2,\ 0 \leqslant y < 1, \\ 1, & x \geqslant 2,\ y \geqslant 1, \\ 0, & \text{其他}. \end{cases}$$

三、 二维连续型随机变量及其概率密度

> **定义 3-4**　设二维随机变量 $(X,\ Y)$ 的分布函数为 $F(x,\ y)$，如果存在非负可积函数 $f(x,\ y)$，使得对任意实数 $x,\ y$，有
>
> $$F(x,\ y) = \int_{-\infty}^{x} \int_{-\infty}^{y} f(u,\ v)\mathrm{d}u\mathrm{d}v,$$
>
> 则称 $(X,\ Y)$ 为二维连续型随机变量 (bivariate continuous random variable)；称函数 $f(x,\ y)$ 为 $(X,\ Y)$ 的概率密度，或为 X 与 Y 的联合概率密度 (joint probability density)，记为 $(X,\ Y) \sim f(x,\ y)$.

概率密度 $f(x,\ y)$ 具有以下两条基本性质：

(1) 非负性　$f(x,\ y) \geqslant 0$；

(2) 规范性　$\displaystyle\int_{-\infty}^{+\infty} \int_{-\infty}^{+\infty} f(x,\ y)\mathrm{d}x\mathrm{d}y = F(+\infty,\ +\infty) = 1$.

非负性和规范性是概率密度 $f(x,\ y)$ 必须同时具有的两条性质. 反之，任一具有这两条性质的二元函数 $f(x,\ y)$ 都可作为某个二维随机变量 $(X,\ Y)$ 的概率密度.

由定义 3-4 知，概率密度 $f(x,\ y)$ 还具有如下性质：

(3) 若 $f(x,\ y)$ 在点 $(x,\ y)$ 连续，则有

$$\frac{\partial^2 F(x,\ y)}{\partial x \partial y} = f(x,\ y);$$

(4) 若 D 是 xOy 平面上的一个区域，则 $(X,\ Y)$ 落在 D 内的概率为

$$P\{(X,\ Y) \in D\} = \iint\limits_{D} f(x,\ y)\mathrm{d}x\mathrm{d}y. \tag{3-1}$$

在几何上，$z = f(x,\ y)$ 表示空间的一个曲面. 性质 (2) 说明介于该曲面和 xOy 平面的空间区域的体积为 1；性质 (4) 则说明 $P\{(X,\ Y) \in D\}$ 的值等于以 D 为底，以曲面 $z = f(x,\ y)$ 为顶的曲顶柱体的体积.

注解 3-1　在使用式 (3-1) 时，要注意积分范围是 $f(x, y)$ 非零时对应的区域与 D 的交集部分. 另需注意"直线的面积为零"，故积分区域的边界是否在积分区域内不影响概率计算的结果.

【例 3-6】　设二维随机变量 (X, Y) 的概率密度为

$$f(x, y) = \begin{cases} k, & (x, y) \in G, \\ 0, & \text{其他,} \end{cases}$$

其中 G 是由 $y = |x|$ 和 $y = 1$ 围成的区域 (见图 3-2)，求 k 及 $P\{Y < 0.5\}$.

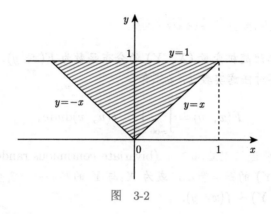

图　3-2

解　由规范性可得

$$\int_{-\infty}^{+\infty} \int_{-\infty}^{+\infty} f(x, y)\mathrm{d}x\mathrm{d}y = \iint\limits_{G} k\mathrm{d}x\mathrm{d}y = \int_0^1 \mathrm{d}y \int_{-y}^y k\mathrm{d}x = k = 1,$$

因此 $k = 1$.

令区域 $D = \{(x, y) \mid -\infty < x < +\infty, y < 0.5\}$，由式 (3-1) 可得

$$P\{Y < 0.5\} = \iint\limits_{D} f(x, y)\mathrm{d}x\mathrm{d}y = \iint\limits_{D \cap G} \mathrm{d}x\mathrm{d}y = \int_0^{0.5} \mathrm{d}y \int_{-y}^y \mathrm{d}x = \frac{1}{4}.$$

【例 3-7】　设二维随机变量 (X, Y) 的概率密度为

$$f(x, y) = \begin{cases} kxy, & 0 \leqslant x \leqslant 2,\ 0 \leqslant y \leqslant 1, \\ 0, & \text{其他,} \end{cases}$$

求:

(1) 常数 k；

(2) $P\{X + Y \geqslant 1\}$；

(3) X 与 Y 的联合分布函数 $F(x, y)$.

解　(1) 由规范性可得

$$\int_{-\infty}^{+\infty}\int_{-\infty}^{+\infty}f(x,\ y)\mathrm{d}x\mathrm{d}y=\int_0^1\int_0^2kxy\mathrm{d}x\mathrm{d}y=k=1,$$

因此 $k=1$.

(2) 由于在区域 $G=\{(x,\ y)|0\leqslant x\leqslant 2,\ 0\leqslant y\leqslant 1\}$ 外 $f(x,\ y)=0$，由式 (3-1) 知，$P\{X+Y\geqslant 1\}$ 等于概率密度 $f(x,\ y)$ 在区域 $G\cap\{(x,\ y)|x+y\geqslant 1\}$ 上的二重积分，参考图 3-3可得

$$P\{X+Y\geqslant 1\}=\iint\limits_{x+y\geqslant 1}f(x,\ y)\mathrm{d}x\mathrm{d}y=\int_0^1\mathrm{d}y\int_{1-y}^2xy\mathrm{d}x=\frac{23}{24}.$$

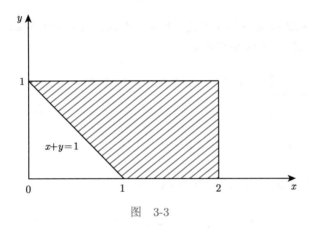

图　3-3

(3) 当 $x<0$ 或 $y<0$ 时，

$$F(x,\ y)=\int_{-\infty}^x\int_{-\infty}^yf(u,\ v)\mathrm{d}u\mathrm{d}v=0;$$

当 $0\leqslant x<2,\ 0\leqslant y<1$ 时，

$$F(x,\ y)=\int_{-\infty}^x\int_{-\infty}^yf(u,\ v)\mathrm{d}u\mathrm{d}v=\int_0^x\int_0^yuv\mathrm{d}u\mathrm{d}v=\frac14x^2y^2;$$

当 $0\leqslant x<2,\ y\geqslant 1$ 时，

$$F(x,\ y)=\int_{-\infty}^x\int_{-\infty}^yf(u,\ v)\mathrm{d}u\mathrm{d}v=\int_0^x\int_0^1uv\mathrm{d}u\mathrm{d}v=\frac14x^2;$$

当 $x\geqslant 2,\ 0\leqslant y<1$ 时，

$$F(x,\ y)=\int_{-\infty}^x\int_{-\infty}^yf(u,\ v)\mathrm{d}u\mathrm{d}v=\int_0^2\int_0^yuv\mathrm{d}u\mathrm{d}v=y^2;$$

当 $x \geqslant 2$，$y \geqslant 1$ 时，

$$F(x, y) = \int_{-\infty}^{x} \int_{-\infty}^{y} f(u, v) \mathrm{d}u \mathrm{d}v = 1.$$

因此 X 与 Y 的联合分布函数为

$$F(x, y) = \begin{cases} 0, & x < 0 \text{ 或 } y < 0, \\ \dfrac{1}{4} x^2 y^2, & 0 \leqslant x < 2, \ 0 \leqslant y < 1, \\ \dfrac{1}{4} x^2, & 0 \leqslant x < 2, \ y \geqslant 1, \\ y^2, & x \geqslant 2, \ 0 \leqslant y < 1, \\ 1, & x \geqslant 2, \ y \geqslant 1. \end{cases}$$

【例 3-8】 某机器由两个部件组成，且这两个部件的寿命 (单位：h) 分别用随机变量 X，Y 表示. 已知 (X, Y) 的分布函数为

$$F(x, y) = \begin{cases} 1 - \mathrm{e}^{-0.5x} - \mathrm{e}^{-0.5y} + \mathrm{e}^{-0.5(x+y)}, & x > 0, \ y > 0, \\ 0, & \text{其他}. \end{cases}$$

(1) 求 (X, Y) 的概率密度 $f(x, y)$；

(2) 求 $P\{X > Y\}$.

解 (1) 由概率密度 $f(x, y)$ 的性质 (3) 知

$$f(x, y) = \frac{\partial^2 F(x, y)}{\partial x \partial y} = \begin{cases} 0.25 \mathrm{e}^{-0.5(x+y)}, & x > 0, \ y > 0, \\ 0, & \text{其他}. \end{cases}$$

(2) 由概率密度 $f(x, y)$ 的性质 (4)，即式 (3-1) 知

$$P\{X > Y\} = \iint\limits_{x > y} f(x, y) \mathrm{d}x \mathrm{d}y = \int_0^{+\infty} \mathrm{d}x \int_0^x 0.25 \mathrm{e}^{-0.5(x+y)} \mathrm{d}y = 0.5.$$

下面介绍两个常用的二维连续型随机变量的分布.

1. 二维均匀分布

定义 3-5 设二维随机变量 (X, Y) 的概率密度为

$$f(x, y) = \begin{cases} \dfrac{1}{S_D}, & (x, y) \in D, \\ 0, & \text{其他}, \end{cases}$$

其中 D 为平面上的有界区域，S_D 为 D 的面积，则称 (X, Y) 在区域 D 上服从均匀分布，记为 $(X, Y) \sim U(D)$.

由定义 3-5 知，若 G 为 D 的子区域，则

$$P\{(X,\ Y) \in G\} = \frac{1}{S_D} \iint\limits_{G} \mathrm{d}x\mathrm{d}y = \frac{S_G}{S_D},$$

其中S_G 为 G 的面积. 这表明 $(X,\ Y)$ 落在区域D 的任意子区域 G 的概率只与 G 的面积成正比，而与 G 在区域D 中的位置和形状无关，这正是二维均匀分布的含义.

【例 3-9】 设 D 为由曲线 $y = \sqrt{x}$ 和 $y = x(0 < x < 1)$ 围成的区域，若二维随机变量 $(X,\ Y)$ 在区域 D 上服从均匀分布，求 $(X,\ Y)$ 的概率密度 $f(x,\ y)$.

解 由定积分的几何意义，区域 D 的面积为

$$S_D = \int_0^1 (\sqrt{x} - x)\mathrm{d}x = \frac{1}{6},$$

因此，由定义 3-5 可得

$$f(x,\ y) = \begin{cases} 6, & (x,\ y) \in D, \\ 0, & \text{其他}. \end{cases}$$

2. 二维正态分布

定义 3-6 设二维随机变量 $(X,\ Y)$ 的概率密度为

$$f(x,\ y) = \frac{1}{2\pi\sigma_1\sigma_2\sqrt{1-\rho^2}} \exp\left\{ -\frac{1}{2(1-\rho^2)} \left[\frac{(x-\mu_1)^2}{\sigma_1^2} - 2\rho\frac{(x-\mu_1)(y-\mu_2)}{\sigma_1\sigma_2} + \frac{(y-\mu_2)^2}{\sigma_2^2} \right] \right\},$$
$$-\infty < x,\ y < +\infty,$$

其中 $\mu_1,\ \mu_2,\ \sigma_1^2,\ \sigma_2^2,\ \rho$ 都为常数，且 $\sigma_1 > 0,\ \sigma_2 > 0,\ -1 < \rho < 1$，则称 $(X,\ Y)$ 服从参数为 $\mu_1,\ \mu_2,\ \sigma_1^2,\ \sigma_2^2,\ \rho$ 的**二维正态分布** (two-dimensional normal distribution)，记为 $(X,\ Y) \sim N(\mu_1,\ \mu_2,\ \sigma_1^2,\ \sigma_2^2,\ \rho)$.

二维正态分布是最重要的二维分布之一，其概率密度的图形很像一顶四周无限延伸的草帽，中心点在 $(\mu_1,\ \mu_2)$ 处，如图 3-4 所示.

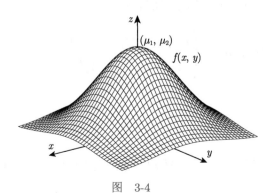

图 3-4

基础练习 3-1

1. 设随机变量 X 与 Y 的联合分布律为

X	Y		
	1	2	3
-1	$\dfrac{1}{4}$	$\dfrac{a}{6}$	$\dfrac{1}{3}$
1	0	$\dfrac{1}{4}$	a^2

则 $a=$ _____.

2. 设随机变量 X 与 Y 的联合分布律为

X	Y	
	-1	0
-1	0.2	0.1
1	0.4	0.3

求：(1) $F(0,\ 0)$；

(2) $F(x,\ y)$.

3. 设二维随机变量 $(X,\ Y)$ 的分布函数为

$$
F(x,\ y)=\begin{cases}
xy, & 0\leqslant x\leqslant 1,\ 0\leqslant y\leqslant 1, \\
x, & 0\leqslant x\leqslant 1,\ y>1, \\
ay, & x>1,\ 0\leqslant y\leqslant 1, \\
1, & x>1,\ y>1, \\
0, & \text{其他}.
\end{cases}
$$

求：

(1) 常数 a；

(2) $(X,\ Y)$ 的概率密度 $f(x,\ y)$.

4. 设二维随机变量 $(X,\ Y)$ 的概率密度为

$$
f(x,\ y)=\begin{cases}
kxy\mathrm{e}^{-(x+y)}, & x\geqslant 0,\ y\geqslant 0, \\
0, & \text{其他}.
\end{cases}
$$

求：

(1) 常数 k；

(2) $P\{X\geqslant 2Y\}$.

5. 设二维随机变量 $(X,\ Y)$ 在区域 $D=\{(x,\ y)|1<x<2,\ 1<y<3\}$ 上服从均匀分布. 求：

(1) (X, Y) 的概率密度 $f(x, y)$;

(2) (X, Y) 的分布函数 $F(x, y)$;

(3) $P\{X < 1.5, Y < 2\}$.

第二节 边缘分布

上一节讨论了随机变量 X 与 Y 的联合分布, 其含有丰富的信息, 主要有:

(1) 可求每个变量的分布, 即边缘分布;

(2) 当给定一个变量时, 可求另一个变量的分布, 即条件分布;

(3) 可求两个变量 X 与 Y 的关联程度, 即协方差和相关系数.

本节主要讨论边缘分布, 条件分布将在本章的第四节讨论, 而协方差和相关系数的研究将在第四章中进行.

设 (X, Y) 为二维随机变量, 则 X 与 Y 均为一维随机变量, 称分量 X (或 Y) 的分布为 (X, Y) 关于 X (或 Y) 的边缘分布 (marginal distribution).

一、 边缘分布函数

设 (X, Y) 的分布函数为 $F(x, y)$, 为方便起见, 将分量 X 和 Y 的分布函数分别记为 $F_X(x)$ 和 $F_Y(y)$, 依次称它们为 (X, Y) 关于 X 和关于 Y 的边缘分布函数 (marginal distribution function).

边缘分布函数 $F_X(x)$ 和 $F_Y(y)$ 可由 (X, Y) 的分布函数 $F(x, y)$ 来确定. 事实上,

$$F_X(x) = P\{X \leqslant x\} = P\{X \leqslant x, Y < +\infty\} = \lim_{y \to +\infty} F(x, y) = F(x, +\infty).$$

同理可得

$$F_Y(y) = P\{Y \leqslant y\} = P\{X < +\infty, Y \leqslant y\} = \lim_{x \to +\infty} F(x, y) = F(+\infty, y).$$

【例 3-10】 设二维随机变量 (X, Y) 的分布函数为

$$F(x, y) = \begin{cases} 1 - e^{-x} - e^{-y} + e^{-x-y}, & x > 0, y > 0, \\ 0, & \text{其他}, \end{cases}$$

求 (X, Y) 关于 X 和关于 Y 的边缘分布函数.

解 (X, Y) 关于 X 和关于 Y 的边缘分布函数分别为

$$F_X(x) = F(x, +\infty) = \begin{cases} 1 - e^{-x}, & x > 0, \\ 0, & \text{其他}, \end{cases}$$

$$F_Y(y) = F(+\infty, y) = \begin{cases} 1 - e^{-y}, & y > 0, \\ 0, & \text{其他}. \end{cases}$$

二、 边缘分布律

设二维离散型随机变量 (X,Y) 的分布律为

$$p_{ij} = P\{X = x_i,\ Y = y_j\},\ i,\ j = 1,\ 2,\ \cdots,$$

则称

$$
\begin{aligned}
p_{i\cdot} &\triangleq P\{X = x_i\} = P\{X = x_i,\ -\infty < Y < +\infty\} \\
&= P\left\{X = x_i,\ \bigcup_{j=1}^{\infty}\{Y = y_j\}\right\} \\
&= \sum_{j=1}^{\infty} P\{X = x_i,\ Y = y_j\} \\
&= \sum_{j=1}^{\infty} p_{ij},\ i = 1,\ 2,\ \cdots
\end{aligned}
$$

为 (X,Y) 关于 X 的边缘分布律.

同理, 称

$$p_{\cdot j} \triangleq P\{Y = y_j\} = \sum_{i=1}^{\infty} P\{X = x_i,\ Y = y_j\} = \sum_{i=1}^{\infty} p_{ij},\ j = 1,\ 2,\ \cdots$$

为 (X,Y) 关于 Y 的边缘分布律.

在实际应用中, 往往将边缘分布律写在联合分布律表格的边缘上 (如下表所示), 从直观上体现了边缘分布律中"边缘"二字的含义.

X	Y					$p_{i\cdot}$
	y_1	y_2	$\cdots$	y_j	$\cdots$	
x_1	p_{11}	p_{12}	$\cdots$	p_{1j}	$\cdots$	$p_{1\cdot}$
x_2	p_{21}	p_{22}	$\cdots$	p_{2j}	$\cdots$	$p_{2\cdot}$
$\vdots$	$\vdots$	$\vdots$		$\vdots$		$\vdots$
x_i	p_{i1}	p_{i2}	$\cdots$	p_{ij}	$\cdots$	$p_{i\cdot}$
$\vdots$	$\vdots$	$\vdots$		$\vdots$		$\vdots$
$p_{\cdot j}$	$p_{\cdot 1}$	$p_{\cdot 2}$	$\cdots$	$p_{\cdot j}$	$\cdots$	1

表中的中间部分是 X 与 Y 的联合分布律, 而边缘部分正是 (X,Y) 关于 X 和关于 Y 的边缘分布律, 它们由联合分布律的同一行或同一列相加而得到.

【例 3-11】 设盒中有 5 张卡片, 其中有 2 张卡片上写有数"1", 3 张卡片上写有数"2". 现从盒中按有放回和无放回两种方式取出两张卡片. 若用 X 表示第一次取到的卡片上的数字, 以 Y 表示第二次取到的卡片上的数字, 求 (X,Y) 的分布律及其边缘分布律.

解　先讨论有放回的情形.

有放回地从盒中取出两张卡片, (X, Y) 的所有可能取值为 $(1, 1)$, $(1, 2)$, $(2, 1)$, $(2, 2)$, 且

$$P\{X = 1, Y = 1\} = P\{X = 1\}P\{Y = 1\} = \frac{2}{5} \times \frac{2}{5} = 0.16,$$

同理可得

$$P\{X = 1, Y = 2\} = 0.24,$$

$$P\{X = 2, Y = 1\} = 0.24,$$

$$P\{X = 2, Y = 2\} = 0.36.$$

故 (X, Y) 的分布律为

X	Y	
	1	2
1	0.16	0.24
2	0.24	0.36

现在求 (X, Y) 关于 X 的边缘分布律:

$$P\{X = 1\} = p_{11} + p_{12} = 0.4, \quad P\{X = 2\} = p_{21} + p_{22} = 0.6.$$

同理, (X, Y) 关于 Y 的边缘分布律为

$$P\{Y = 1\} = p_{11} + p_{21} = 0.4, \quad P\{Y = 2\} = p_{12} + p_{22} = 0.6.$$

因此, (X, Y) 关于 X 和关于 Y 的边缘分布律分别为

X	1	2
p	0.4	0.6

Y	1	2
p	0.4	0.6

将联合分布律和边缘分布律放在一起, 得到如下列表:

X	Y		$p_{i \cdot}$
	1	2	
1	0.16	0.24	0.4
2	0.24	0.36	0.6
$p_{\cdot j}$	0.4	0.6	1

下面讨论无放回的情形.

无放回地从盒中取出两张卡片, (X, Y) 的所有可能取值为 $(1, 1)$, $(1, 2)$, $(2, 1)$, $(2, 2)$, 且

$$P\{X = 1, Y = 1\} = P\{X = 1\}P\{Y = 1 | X = 1\} = \frac{2}{5} \times \frac{1}{4} = 0.1,$$

同理可得

$$P\{X=1,\ Y=2\}=0.3,\ P\{X=2,\ Y=1\}=0.3,\ P\{X=2,\ Y=2\}=0.3.$$

故 $(X,\ Y)$ 的分布律为

X	Y	
	1	2
1	0.1	0.3
2	0.3	0.3

由此可得，$(X,\ Y)$ 关于 X 和关于 Y 的边缘分布律分别为

X	1	2
p	0.4	0.6

Y	1	2
p	0.4	0.6

　　该例说明，按有放回和无放回两种方式取卡片，得到的 X 与 Y 的联合分布是不同的，但得到的边缘分布是相同的. 这表明由联合分布律可以得到边缘分布律，但由边缘分布律却不一定能确定联合分布律.

三、 边缘概率密度

　　设二维连续型随机变量 $(X,\ Y)$ 的分布函数为 $F(x,\ y)$，概率密度为 $f(x,\ y)$，则由

$$F_X(x)=P\{X\leqslant x\}=F(x,\ +\infty)=\int_{-\infty}^{x}\left[\int_{-\infty}^{+\infty}f(x,\ y)\mathrm{d}y\right]\mathrm{d}x$$

知 X 是一个连续型随机变量，且其概率密度为

$$f_X(x)=\int_{-\infty}^{+\infty}f(x,\ y)\mathrm{d}y.$$

　　同理，我们有

$$F_Y(y)=P\{Y\leqslant y\}=F(+\infty,\ y)=\int_{-\infty}^{y}\left[\int_{-\infty}^{+\infty}f(x,\ y)\mathrm{d}x\right]\mathrm{d}y.$$

因此 Y 也是一个连续型随机变量，其概率密度为

$$f_Y(y)=\int_{-\infty}^{+\infty}f(x,\ y)\mathrm{d}x.$$

　　$f_X(x)$ 和 $f_Y(y)$ 分别称为 $(X,\ Y)$ 关于 X 和关于 Y 的边缘概率密度(marginal probability density).

　　【例 3-12】　设二维随机变量 $(X,\ Y)$ 的概率密度为

$$f(x,\ y)=\begin{cases}\dfrac{21}{4}x^2y, & x^2\leqslant y\leqslant 1,\\ 0, & \text{其他},\end{cases}$$

求边缘概率密度 $f_X(x)$ 和 $f_Y(y)$.

解 当 $-1 \leqslant x \leqslant 1$ 时,

$$f_X(x) = \int_{-\infty}^{+\infty} f(x, y)\mathrm{d}y = \int_{x^2}^{1} \frac{21}{4}x^2y\mathrm{d}y = \frac{21}{8}x^2(1-x^4);$$

当 $x < -1$ 或 $x > 1$ 时,

$$f_X(x) = \int_{-\infty}^{+\infty} f(x, y)\mathrm{d}y = 0.$$

因此, (X, Y) 关于 X 的边缘概率密度为

$$f_X(x) = \begin{cases} \dfrac{21}{8}x^2(1-x^4), & -1 \leqslant x \leqslant 1, \\ 0, & \text{其他}. \end{cases}$$

当 $0 \leqslant y \leqslant 1$ 时,

$$f_Y(y) = \int_{-\infty}^{+\infty} f(x, y)\mathrm{d}x = \int_{-\sqrt{y}}^{\sqrt{y}} \frac{21}{4}x^2y\mathrm{d}x = \frac{7}{2}y^{\frac{5}{2}};$$

当 $y < 0$ 或 $y > 1$ 时,

$$f_Y(y) = \int_{-\infty}^{+\infty} f(x, y)\mathrm{d}x = 0.$$

因此, (X, Y) 关于 Y 的边缘概率密度为

$$f_Y(y) = \begin{cases} \dfrac{7}{2}y^{\frac{5}{2}}, & 0 \leqslant y \leqslant 1, \\ 0, & \text{其他}. \end{cases}$$

【**例3-13**】 设二维随机变量 (X, Y) 在单位圆域 D 上服从均匀分布, $D = \{(x, y)|x^2 + y^2 \leqslant 1\}$, 求边缘概率密度 $f_X(x)$ 和 $f_Y(y)$.

解 依题意, (X, Y) 的概率密度为

$$f(x, y) = \begin{cases} \dfrac{1}{\pi}, & x^2 + y^2 \leqslant 1, \\ 0, & \text{其他}. \end{cases}$$

当 $-1 \leqslant x \leqslant 1$ 时

$$f_X(x) = \int_{-\infty}^{+\infty} f(x, y)\mathrm{d}y = \int_{-\sqrt{1-x^2}}^{\sqrt{1-x^2}} \frac{1}{\pi}\mathrm{d}y = \frac{2}{\pi}\sqrt{1-x^2}.$$

当 $x < -1$ 或 $x > 1$ 时，

$$f_X(x) = \int_{-\infty}^{+\infty} f(x,\ y)\mathrm{d}y = 0.$$

因此，$(X,\ Y)$ 关于 X 的边缘概率密度为

$$f_X(x) = \begin{cases} \dfrac{2}{\pi}\sqrt{1 - x^2}, & -1 \leqslant x \leqslant 1, \\ 0, & 其他. \end{cases}$$

同理，$(X,\ Y)$ 关于 Y 的边缘概率密度为

$$f_Y(y) = \begin{cases} \dfrac{2}{\pi}\sqrt{1 - y^2}, & -1 \leqslant y \leqslant 1, \\ 0, & 其他. \end{cases}$$

该例表明，二维均匀分布的边缘分布未必是一维均匀分布.

【例 3-14】 设二维随机变量 $(X,\ Y) \sim N(\mu_1,\ \mu_2,\ \sigma_1^2,\ \sigma_2^2,\ \rho)$，求 $(X,\ Y)$ 关于 X 和关于 Y 的边缘概率密度 $f_X(x)$ 和 $f_Y(y)$.

解 由定义 3-6 知

$$f(x,\ y) = \frac{1}{2\pi\sigma_1\sigma_2\sqrt{1 - \rho^2}} \exp\left\{ -\frac{1}{2(1 - \rho^2)}\left[\frac{(x - \mu_1)^2}{\sigma_1^2} - 2\rho\frac{(x - \mu_1)(y - \mu_2)}{\sigma_1\sigma_2} + \frac{(y - \mu_2)^2}{\sigma_2^2} \right] \right\},$$

$$-\infty < x,\ y < +\infty,$$

关于 X 的边缘概率密度

$$f_X(x) = \int_{-\infty}^{+\infty} f(x,\ y)\mathrm{d}y,$$

令 $t = \dfrac{y - \mu_2}{\sigma_2}$，并对 t 进行配方可得

$$f_X(x) = \int_{-\infty}^{+\infty} \frac{1}{2\pi\sigma_1\sqrt{1 - \rho^2}} \exp\left\{ -\frac{1}{2(1 - \rho^2)}\left[\frac{(x - \mu_1)^2}{\sigma_1^2} - 2\rho t\frac{x - \mu_1}{\sigma_1} + t^2 \right] \right\} \mathrm{d}t$$

$$= \int_{-\infty}^{+\infty} \frac{1}{2\pi\sigma_1\sqrt{1 - \rho^2}} \exp\left\{ -\frac{1}{2(1 - \rho^2)}\left[\left(t - \rho\frac{x - \mu_1}{\sigma_1} \right)^2 + \right. \right.$$

$$\left. \left. (1 - \rho^2)\left(\frac{x - \mu_1}{\sigma_1} \right)^2 \right] \right\} \mathrm{d}t$$

$$= \frac{1}{\sqrt{2\pi}\sigma_1} \mathrm{e}^{-\frac{(x - \mu_1)^2}{2\sigma_1^2}} \int_{-\infty}^{+\infty} \frac{1}{\sqrt{2\pi}\sqrt{1 - \rho^2}} \mathrm{e}^{-\frac{1}{2(1 - \rho^2)}\left(t - \rho\frac{x - \mu_1}{\sigma_1} \right)^2} \mathrm{d}t.$$

上式右边积分的被积函数是一个服从参数为

$$\mu = \rho\frac{x - \mu_1}{\sigma_1}, \ \sigma^2 = 1 - \rho^2$$

的正态分布随机变量的概率密度. 因此, 上式右边积分值是 1, 从而

$$f_X(x) = \frac{1}{\sqrt{2\pi}\sigma_1}\mathrm{e}^{-\frac{(x-\mu_1)^2}{2\sigma_1^2}},$$

即 $X \sim N(\mu_1, \ \sigma_1^2)$.

同理可得

$$f_Y(y) = \frac{1}{\sqrt{2\pi}\sigma_2}\mathrm{e}^{-\frac{(y-\mu_2)^2}{2\sigma_2^2}},$$

即 $Y \sim N(\mu_2, \ \sigma_2^2)$.

于是, 我们得到如下结论:

(1) 二维正态分布的边缘分布是一维正态分布, 且不依赖于参数 ρ.

(2) 给定 μ_1, μ_2, σ_1^2, σ_2^2, 则不同的 ρ 对应于不同的二维正态分布, 但它们的边缘分布都是一样的.

例如, 二维正态分布 $N(\mu_1, \ \mu_2, \ \sigma_1^2, \ \sigma_2^2, \ 0.5)$ 与 $N(\mu_1, \ \mu_2, \ \sigma_1^2, \ \sigma_2^2, \ 0.8)$ 是不同的, 但是它们的边缘分布是一样的. 这一事实说明联合分布不仅含有每个变量的信息, 而且还含有变量间相互关系的信息, 这正是人们要研究二维随机变量的原因. 同时, 这一事实也再次说明由联合分布能求得边缘分布; 但仅仅知道边缘分布不一定能确定联合分布.

基础练习 3-2

1. 设二维随机变量 $(X, \ Y)$ 的分布函数为

$$F(x, \ y) = \begin{cases} 1 - \mathrm{e}^{-x} - \mathrm{e}^{-y} + \mathrm{e}^{-x-y-\lambda xy}, & x > 0, \ y > 0, \\ 0, & \text{其他}, \end{cases}$$

其中参数 $\lambda > 0$, 则 $F_X(x) = $ _____, $F_Y(y) = $ _____.

2. 设二维随机变量 $(X, \ Y)$ 的分布律为

X	Y		
	-1	0	1
-2	0.2	0.1	0.1
0	0.1	0.2	0.1
3	0.1	0	0.1

求 $(X, \ Y)$ 关于 X 和关于 Y 的边缘分布律.

3. 设二维随机变量 (X, Y) 的概率密度为

$$f(x, y) = \begin{cases} 8xy, & 0 \leqslant x \leqslant y \leqslant 1, \\ 0, & \text{其他}, \end{cases}$$

则 (X, Y) 关于 Y 的边缘概率密度在 $y = 0.5$ 处的值为 (　　)

　　　A. $\dfrac{1}{3}$;　　　　B. $\dfrac{1}{8}$;　　　　C. $\dfrac{1}{4}$;　　　　D. $\dfrac{1}{2}$.

4. 某电子设备由两个元件并联而成,即电子设备发生故障当且仅当两个元件都发生故障. 已知两个元件的寿命分别为随机变量 X 和 Y (单位:h),且 (X, Y) 的分布函数为

$$F(x, y) = \begin{cases} 1 - e^{-0.01x} - e^{-0.01y} + e^{-0.01(x+y)}, & x > 0, \ y > 0, \\ 0, & \text{其他}, \end{cases}$$

求 (X, Y) 关于 X 和关于 Y 的边缘概率密度.

5. 设二维随机变量 (X, Y) 的概率密度为

$$f(x, y) = \begin{cases} cxy, & 0 \leqslant x \leqslant 1, \ 0 \leqslant y \leqslant 2, \\ 0, & \text{其他}, \end{cases}$$

(1) 确定常数 c;

(2) 求边缘概率密度 $f_X(x)$ 和 $f_Y(y)$.

第三节　随机变量的独立性

随机变量的独立性是概率论中的一个十分重要的概念. 本节利用随机事件相互独立的概念引出随机变量相互独立的概念.

一、 二维随机变量的独立性

定义 3-7　设二维随机变量 (X, Y) 的分布函数为 $F(x, y)$,其边缘分布函数分别为 $F_X(x)$ 和 $F_Y(y)$,如果对任意的实数 x, y,有

$$P\{X \leqslant x, Y \leqslant y\} = P\{X \leqslant x\}P\{Y \leqslant y\},$$

即

$$F(x, y) = F_X(x)F_Y(y), \tag{3-2}$$

则称随机变量 X 和 Y 相互独立.

该定义表明,随机变量 X 和 Y 相互独立当且仅当它们的联合分布函数等于两个边缘分布函数的乘积.

【例 3-15】 设二维随机变量 (X, Y) 的分布函数为

$$F(x, y) = \begin{cases} (1 - e^{-2x})(1 - e^{-3y}), & x > 0, \ y > 0, \\ 0, & \text{其他}, \end{cases}$$

判断 X 和 Y 是否相互独立.

解 (X, Y) 关于 X 的边缘分布函数为

$$F_X(x) = F(x, +\infty) = \begin{cases} 1 - e^{-2x}, & x > 0, \\ 0, & \text{其他}, \end{cases}$$

(X, Y) 关于 Y 的边缘分布函数为

$$F_Y(y) = F(+\infty, y) = \begin{cases} 1 - e^{-3y}, & y > 0, \\ 0, & \text{其他}. \end{cases}$$

则对任意的实数 x, y,

$$F(x, y) = F_X(x) \cdot F_Y(y)$$

均成立,因此 X 和 Y 相互独立.

对于二维离散型随机变量和连续型随机变量,我们不加证明地给出下面相互独立的充分必要条件.

设 (X, Y) 为二维离散型随机变量,其分布律为

$$p_{ij} = P\{X = x_i, Y = y_j\}, \ i, \ j = 1, \ 2, \ \cdots,$$

边缘分布律分别为

$$p_{i\cdot} = P\{X = x_i\} = \sum_{j=1}^{\infty} P\{X = x_i, Y = y_j\} = \sum_{j=1}^{\infty} p_{ij}, \ i = 1, \ 2, \ \cdots,$$

$$p_{\cdot j} = P\{Y = y_j\} = \sum_{i=1}^{\infty} P\{X = x_i, Y = y_j\} = \sum_{i=1}^{\infty} p_{ij}, \ j = 1, \ 2, \ \cdots,$$

则随机变量 X 和 Y 相互独立的充分必要条件是对所有的可能取值 (x_i, y_j),有

$$P\{X = x_i, Y = y_j\} = P\{X = x_i\} \cdot P\{Y = y_j\},$$

即

$$p_{ij} = p_{i\cdot} \cdot p_{\cdot j}, \ i, \ j = 1, \ 2, \ \cdots. \tag{3-3}$$

设 (X,Y) 为二维连续型随机变量，其概率密度为 $f(x,y)$，边缘概率密度分别为 $f_X(x)$ 和 $f_Y(y)$，则 X 和 Y 相互独立的充分必要条件是等式

$$f(x,y) = f_X(x) \cdot f_Y(y) \tag{3-4}$$

在平面上几乎处处成立（"几乎处处成立"的含义是：在平面上除去"面积"为零的集合外，处处成立）.

【例 3-16】 设二维随机变量 (X,Y) 的分布律为

X	Y	
	1	2
0	0.25	a
1	b	0.25

已知 X 和 Y 相互独立，求常数 a 与 b.

解 X 和 Y 相互独立，可得

$$P\{X=0, Y=2\} = P\{X=0\} \cdot P\{Y=2\},$$

即

$$a = (0.25+a)^2,$$

由分布律的规范性知，

$$a+b = 0.5,$$

解得 $a = b = 0.25$.

【例 3-17】 设 (X,Y) 关于 X 和关于 Y 的边缘分布律分别为

X	0	1
p	0.5	0.5

Y	-2	0	2
p	0.25	0.5	0.25

且 $P\{XY=0\} = 1$.

(1) 求 X 与 Y 的联合分布律；

(2) 判断 X 和 Y 是否相互独立？

解 (1) 将 X 与 Y 的联合分布律和边缘分布律放在一起，得到如下列表：

X	Y			$p_{i\cdot}$
	-2	0	2	
0	p_{11}	p_{12}	p_{13}	0.5
1	p_{21}	p_{22}	p_{23}	0.5
$p_{\cdot j}$	0.25	0.5	0.25	1

由 $P\{XY=0\} = 1$，知 $P\{XY \neq 0\} = 0$，即有

$$p_{21} = P\{X=1, Y=-2\} = 0, \quad p_{23} = P\{X=1, Y=2\} = 0.$$

又

$$P\{Y = -2\} = p_{11} + p_{21} = 0.25,$$

得 $p_{11} = 0.25$. 同理可得

$$p_{13} = 0.25, \quad p_{12} = 0, \quad p_{22} = 0.5.$$

于是，X 与 Y 的联合分布律为

X	Y		
	-2	0	2
0	0.25	0	0.25
1	0	0.5	0

(2) 由 $P\{X = 0, Y = 0\} = 0$，$P\{X = 0\} \cdot P\{Y = 0\} = 0.25$ 可知

$$P\{X = 0, Y = 0\} \neq P\{X = 0\} \cdot P\{Y = 0\},$$

因此 X 和 Y 不相互独立.

【例 3-18】 设二维随机变量 (X, Y) 的概率密度为

$$f(x, y) = \begin{cases} x\mathrm{e}^{-(x+y)}, & x > 0, \ y > 0, \\ 0, & \text{其他}, \end{cases}$$

判断 X 和 Y 是否相互独立.

解 关于 X 和 Y 的边缘概率密度分别为

$$f_X(x) = \int_{-\infty}^{+\infty} f(x, y)\mathrm{d}y = \int_0^{+\infty} x\mathrm{e}^{-(x+y)}\mathrm{d}y = x\mathrm{e}^{-x}, \ x > 0,$$

$$f_Y(y) = \int_{-\infty}^{+\infty} f(x, y)\mathrm{d}x = \int_0^{+\infty} x\mathrm{e}^{-(x+y)}\mathrm{d}x = \mathrm{e}^{-y}, \ y > 0,$$

即

$$f_X(x) = \begin{cases} x\mathrm{e}^{-x}, & x > 0, \\ 0, & \text{其他}, \end{cases} \quad f_Y(y) = \begin{cases} \mathrm{e}^{-y}, & y > 0, \\ 0, & \text{其他}. \end{cases}$$

对任意实数 x, y，均有

$$f(x, y) = f_X(x) \cdot f_Y(y),$$

因此 X 和 Y 相互独立.

【例 3-19】 设某种货物的需求量与供应量分别为随机变量 X 与 Y，已知 X 与 Y 均在区间 $[0, a]$ 上服从均匀分布，并且两者相互独立，求缺货的概率.

解　由题意知, X 与 Y 的概率密度分别为

$$f_X(x) = \begin{cases} \dfrac{1}{a}, & 0 \leqslant x \leqslant a, \\ 0, & \text{其他,} \end{cases} \qquad f_Y(y) = \begin{cases} \dfrac{1}{a}, & 0 \leqslant y \leqslant a, \\ 0, & \text{其他.} \end{cases}$$

由于 X 和 Y 相互独立, 因此 X 与 Y 的联合概率密度为

$$f(x,\ y) = f_X(x) f_Y(y) = \begin{cases} \dfrac{1}{a^2}, & 0 \leqslant x \leqslant a,\ 0 \leqslant y \leqslant a, \\ 0, & \text{其他.} \end{cases}$$

缺货的概率为

$$P\{X > Y\} = \iint\limits_{x>y} f(x,\ y)\mathrm{d}x\mathrm{d}y = \int_0^a \mathrm{d}x \int_0^x \frac{1}{a^2}\mathrm{d}y = 0.5.$$

【**例 3-20**】　设二维随机变量 $(X,\ Y) \sim N(\mu_1,\ \mu_2,\ \sigma_1^2,\ \sigma_2^2,\ \rho)$. 证明: 随机变量 X 和 Y 相互独立的充分必要条件是 $\rho = 0$.

证明　由例 3-14 知 $(X,\ Y)$, X 和 Y 的概率密度分别为

$$f(x,\ y) = \frac{1}{2\pi\sigma_1\sigma_2\sqrt{1-\rho^2}} \exp\left\{ -\frac{1}{2(1-\rho^2)} \left[\frac{(x-\mu_1)^2}{\sigma_1^2} - 2\rho\frac{(x-\mu_1)(y-\mu_2)}{\sigma_1\sigma_2} + \frac{(y-\mu_2)^2}{\sigma_2^2} \right] \right\},$$

$$-\infty < x,\ y < +\infty,$$

$$f_X(x) = \frac{1}{\sqrt{2\pi}\sigma_1} \exp\left\{ -\frac{(x-\mu_1)^2}{2\sigma_1^2} \right\},\quad -\infty < x < +\infty,$$

$$f_Y(y) = \frac{1}{\sqrt{2\pi}\sigma_2} \exp\left\{ -\frac{(y-\mu_2)^2}{2\sigma_2^2} \right\},\quad -\infty < y < +\infty.$$

边缘概率密度 $f_X(x)$ 和 $f_Y(y)$ 的乘积为

$$f_X(x)f_Y(y) = \frac{1}{2\pi\sigma_1\sigma_2} \exp\left\{ -\frac{(x-\mu_1)^2}{2\sigma_1^2} - \frac{(y-\mu_2)^2}{2\sigma_2^2} \right\},\quad -\infty < x,\ y < +\infty.$$

充分性: 若 $\rho = 0$, 则对所有的实数 x, y, 都有

$$f(x,\ y) = f_X(x)f_Y(y),$$

因此 X 和 Y 相互独立.

必要性: 若 X 和 Y 相互独立, 由于 $f(x,\ y)$, $f_X(x)$ 和 $f_Y(y)$ 都是连续函数, 故对任意的实数 x, y, 都有

$$f(x,\ y) = f_X(x)f_Y(y).$$

现在令 $x = \mu_1$, $y = \mu_2$, 则有

$$\frac{1}{2\pi\sigma_1\sigma_2\sqrt{1-\rho^2}} = \frac{1}{2\pi\sigma_1\sigma_2},$$

要使上式成立, 则 $\rho = 0$.

定理 3-1 设 X 和 Y 为相互独立的随机变量, $h(x)$ 和 $g(y)$ 均为连续函数或单调函数, 则随机变量 $h(X)$ 和 $g(Y)$ 相互独立.

证明需要更深的数学知识, 我们略去证明.

二、 n 维随机变量的独立性

下面将上述的二维随机变量的一些结论推广到 n 维随机变量的情况.

设 $(X_1, X_2, \cdots, X_n)$ 为 n 维随机变量, 其分布函数为

$$F(x_1, x_2, \cdots, x_n) = P\{X_1 \leqslant x_1, X_2 \leqslant x_2, \cdots, X_n \leqslant x_n\},$$

这里 $x_1, x_2, \cdots, x_n$ 为任意 n 个实数.

$(X_1, X_2, \cdots, X_n)$ 关于 X_i 的边缘分布函数定义为

$$F_{X_i}(x_i) = F(+\infty, +\infty, \cdots, x_i, \cdots, +\infty), \quad i = 1, 2, \cdots, n.$$

> **定义 3-8** 设 $(X_1, X_2, \cdots, X_n)$ 为 n 维随机变量, 若对任意 n 个实数 $x_1, x_2, \cdots, x_n$, 有
>
> $$F(x_1, x_2, \cdots, x_n) = \prod_{i=1}^{n} F_{X_i}(x_i),$$
>
> 则称随机变量 $X_1, X_2, \cdots, X_n$ 相互独立.

对于 n 维离散型随机变量和连续型随机变量, 利用定义 3-8 可分别得到下面判断相互独立的方法.

设 $(X_1, X_2, \cdots, X_n)$ 为 n 维离散型随机变量, 若对任意 n 个实数 $x_1, x_2, \cdots, x_n$, 有

$$P\{X_1 = x_1, X_2 = x_2, \cdots, X_n = x_n\} = \prod_{i=1}^{n} P\{X_i = x_i\},$$

则 $X_1, X_2, \cdots, X_n$ 相互独立.

设 $(X_1, X_2, \cdots, X_n)$ 为 n 维连续型随机变量, 若对任意 n 个实数 $x_1, x_2, \cdots, x_n$, 有

$$f(x_1, x_2, \cdots, x_n) = \prod_{i=1}^{n} f_{X_i}(x_i),$$

其中 $f(x_1, x_2, \cdots, x_n)$ 为 $(X_1, X_2, \cdots, X_n)$ 的概率密度, $f_{X_i}(x_i)$ 为 $X_i(i = 1, 2, \cdots, n)$ 的概率密度, 则 $X_1, X_2, \cdots, X_n$ 相互独立.

> **定义 3-9** 若对任意 $m+n$ 个实数 x_1, x_2, $\cdots$, x_m; y_1, y_2, $\cdots$, y_n, 有
>
> $$F(x_1, x_2, \cdots, x_m; y_1, y_2, \cdots, y_n)$$
> $$=F_1(x_1, x_2, \cdots, x_m) \cdot F_2(y_1, y_2, \cdots, y_n),$$
>
> 其中 F_1, F_2, F 分别为 $(X_1, X_2, \cdots, X_m)$, $(Y_1, Y_2, \cdots, Y_n)$ 和 $(X_1, X_2, \cdots, X_m; Y_1, Y_2, \cdots, Y_n)$ 的分布函数,则称随机向量 $(X_1, X_2, \cdots, X_m)$ 和 $(Y_1, Y_2, \cdots, Y_n)$ 相互独立.

定理 3-2 若随机向量 $(X_1, X_2, \cdots, X_m)$ 和 $(Y_1, Y_2, \cdots, Y_n)$ 相互独立, 则 $X_i(i=1, 2, \cdots, m)$ 和 $Y_j(j=1, 2, \cdots, n)$ 相互独立; 又若 h, g 均为连续函数, 则 $h(X_1, X_2, \cdots, X_m)$ 和 $g(Y_1, Y_2, \cdots, Y_n)$ 相互独立.

此定理在数理统计中非常有用, 证明超出本书范围, 我们略去证明.

基础练习 3-3

1. 设随机变量 X 和 Y 相互独立, 且 $P\{X \leqslant 1\} = \dfrac{1}{2}$, $P\{Y \leqslant 1\} = \dfrac{1}{3}$, 则 $P\{X \leqslant 1,\ Y \leqslant 1\} = $ _____.

2. 设随机变量 X 和 Y 相互独立, 且

X	-1	1
p	0.5	0.5

Y	-1	1
p	0.5	0.5

则 (　　)

A. $P\{X = Y\} = 1$;　　　　　　　B. $P\{X = Y\} = 0.5$;

C. $P\{XY = 1\} = 0.25$;　　　　　D. $P\{X + Y = 0\} = 0.25$.

3. 设二维随机变量 (X, Y) 的分布律为

X	Y 0	Y 2
1	0.25	0.15
3	a	b

已知 X 和 Y 相互独立, 求 a 和 b 的值.

4. 设二维随机变量 (X, Y) 的概率密度为

$$f(x, y) = \begin{cases} 3x, & 0 < x < 1,\ 0 < y < x, \\ 0, & \text{其他}, \end{cases}$$

(1) 求边缘概率密度 $f_X(x)$ 和 $f_Y(y)$;

(2) 判断 X 和 Y 是否相互独立.

第四节　条件分布

本节由随机事件的条件概率很自然地引出随机变量的条件分布概念. 对二维随机变量 (X, Y) 来说, X 与 Y 之间主要表现为独立和相依两类关系. 在许多实际问题中, 随机变量的取值往往是相互影响的, 这就使得条件分布成为研究随机变量之间的相依关系的一个重要数学工具.

所谓随机变量 X 的条件分布, 就是在随机变量 Y 取定某个值的条件下 X 的分布. 例如, 考察某小学学生的成长发育情况, 用 X (单位: kg) 表示学生的体重, Y(单位: m) 表示学生的身高, 则 X 与 Y 存在一定的相依关系. 现在若限定 $Y = 1.42$, 在此条件下去求体重 X 的条件分布, 则意味着要把身高为 $1.42\mathrm{m}$ 的学生都挑出来, 然后在挑出来的学生中求其体重 X 的分布. 一般情况下, 这种分布与无限制条件下体重 X 的分布会有所不同. 下面分别讨论离散型随机变量和连续型随机变量的条件分布.

一、 离散型随机变量的条件分布律

设 (X, Y) 为二维离散型随机变量, 其分布律为

$$p_{ij} = P\{X = x_i, Y = y_j\}, \; i, \; j = 1, \; 2, \; \cdots;$$

(X, Y) 关于 X 和关于 Y 的边缘分布律分别为

$$p_{i\cdot} \triangleq P\{X = x_i\} = \sum_{j=1}^{\infty} p_{ij}, \; i = 1, \; 2, \; \cdots,$$

$$p_{\cdot j} \triangleq P\{Y = y_j\} = \sum_{i=1}^{\infty} p_{ij}, \; j = 1, \; 2, \; \cdots.$$

由条件概率公式可得如下定义.

> **定义 3-10**　设 (X, Y) 为二维离散型随机变量.
>
> (1) 如果对于固定的 j, $p_{\cdot j} = P\{Y = y_j\} > 0$, 则称
>
> $$P\{X = x_i \mid Y = y_j\} = \frac{P\{X = x_i, Y = y_j\}}{P\{Y = y_j\}} = \frac{p_{ij}}{p_{\cdot j}}, \; i = 1, \; 2, \; \cdots$$
>
> 为在 $Y = y_j$ 条件下, 随机变量 X 的条件分布律.
>
> (2) 如果对于固定的 i, $p_{i\cdot} = P\{X = x_i\} > 0$, 则称
>
> $$P\{Y = y_j \mid X = x_i\} = \frac{P\{X = x_i, Y = y_j\}}{P\{X = x_i\}} = \frac{p_{ij}}{p_{i\cdot}}, \; j = 1, \; 2, \; \cdots$$
>
> 为在 $X = x_i$ 条件下, 随机变量 Y 的条件分布律.

容易证明, 当 X 和 Y 相互独立时, 条件分布律即为边缘分布律.

【例 3-21】 将某一医药公司 4 月份和 5 月份的青霉素针剂的订货单数分别记为随机变量 X 和 Y, 根据以往的数据资料知 X 与 Y 的联合分布律为:

X	Y				
	51	52	53	54	55
51	0.05	0.06	0.05	0.01	0.01
52	0.07	0.05	0.01	0.01	0.01
53	0.05	0.09	0.10	0.05	0.05
54	0.05	0.02	0.01	0.02	0.03
55	0.05	0.06	0.05	0.01	0.03

求 4 月份订货单数为 52 时, 5 月份订货单数的条件分布律.

解 由题意知

$$P\{X = 52\} = 0.07 + 0.05 + 0.01 + 0.01 + 0.01 = 0.15.$$

由条件概率公式, 可得

$$P\{Y = 51 \mid X = 52\} = \frac{P\{X = 52, \, Y = 51\}}{P\{X = 52\}} = \frac{0.07}{0.15} = \frac{7}{15},$$

$$P\{Y = 52 \mid X = 52\} = \frac{P\{X = 52, \, Y = 52\}}{P\{X = 52\}} = \frac{0.05}{0.15} = \frac{1}{3},$$

$$P\{Y = 53 \mid X = 52\} = \frac{P\{X = 52, \, Y = 53\}}{P\{X = 52\}} = \frac{0.01}{0.15} = \frac{1}{15},$$

$$P\{Y = 54 \mid X = 52\} = \frac{P\{X = 52, \, Y = 54\}}{P\{X = 52\}} = \frac{0.01}{0.15} = \frac{1}{15},$$

$$P\{Y = 55 \mid X = 52\} = \frac{P\{X = 52, \, Y = 55\}}{P\{X = 52\}} = \frac{0.01}{0.15} = \frac{1}{15}.$$

或写成

$Y = y_j$	51	52	53	54	55
$P\{Y = y_j \mid X = 52\}$	$\frac{7}{15}$	$\frac{1}{3}$	$\frac{1}{15}$	$\frac{1}{15}$	$\frac{1}{15}$

由此可见, 当 4 月份订货单数为 52 时, 5 月份订货单数为 51 的概率最大. 由此该医药公司可以大致算出 5 月份青霉素的生产数额. 这种用数据做出的决策更直观、更有说服力, 也更能得到相关人员的认可.

事实上, 在我们的生活中有很多情况是用条件分布来判断的. 比如蛋糕店在本周的销售量固定时, 分析下周销售量的分布; 又比如在劳动时间固定时, 研究劳动生产率的分布等. 通过利用条件分布, 能够得到在一个随机变量取定某个值的条件下, 另一个随机变量的概率分布. 我们对其进行分析和判断, 有利于做出正确的决策, 这样我们就可以更加理性、客观和全面地分析并处理问题. 因此, 学好条件分布、学好概率论对我们极其重要. 英国逻辑学家杰文就认为: 如果没有对概率的某种估计, 我们就寸步难行、无所作为.

二、 连续型随机变量的条件概率密度

设 (X, Y) 为二维连续型随机变量, 其概率密度为 $f(x, y)$. (X, Y) 关于 X 和关于 Y 的边缘概率密度分别为 $f_X(x)$ 和 $f_Y(y)$. 由于 X 和 Y 是连续型随机变量, 故对任意的实数 x, y, 都有 $P\{X = x\} = 0$, $P\{Y = y\} = 0$. 因此, 条件分布函数 $P\{X \leqslant x | Y = y\}$ 无法用条件概率直接计算. 下面将 $P\{X \leqslant x | Y = y\}$ 看作 $\varepsilon \to 0$ 时, $P\{X \leqslant x | y < Y \leqslant y + \varepsilon\}$ 的极限. 于是, 利用积分中值定理可得

$$
\begin{aligned}
P\{X \leqslant x | Y = y\} &= \lim_{\varepsilon \to 0} P\{X \leqslant x | y < Y \leqslant y + \varepsilon\} \\
&= \lim_{\varepsilon \to 0} \frac{P\{X \leqslant x, \ y < Y \leqslant y + \varepsilon\}}{P\{y < Y \leqslant y + \varepsilon\}} \\
&= \lim_{\varepsilon \to 0} \frac{\displaystyle\int_{-\infty}^{x} \left[\int_{y}^{y+\varepsilon} f(x, y) \mathrm{d}y \right] \mathrm{d}x}{\displaystyle\int_{y}^{y+\varepsilon} f_Y(y) \mathrm{d}y} \\
&= \lim_{\varepsilon \to 0} \frac{\displaystyle\int_{-\infty}^{x} \left[\frac{1}{\varepsilon} \int_{y}^{y+\varepsilon} f(x, y) \mathrm{d}y \right] \mathrm{d}x}{\dfrac{1}{\varepsilon} \displaystyle\int_{y}^{y+\varepsilon} f_Y(y) \mathrm{d}y} \\
&= \int_{-\infty}^{x} \frac{f(x, y)}{f_Y(y)} \mathrm{d}x.
\end{aligned}
$$

与一维连续型随机变量概率密度的定义比较, 可以给出以下定义.

定义 3-11 设二维随机变量 (X, Y) 的概率密度为 $f(x, y)$, (X, Y) 关于 X 和关于 Y 的边缘概率密度分别为 $f_X(x)$ 和 $f_Y(y)$.

(1) 如果对于给定的 y, $f_Y(y) > 0$, 则称 $\dfrac{f(x, y)}{f_Y(y)}$ 为在 $Y = y$ 条件下 X 的条件概率密度 (conditional probability density), 记为 $f_{X|Y}(x \mid y)$, 即

$$
f_{X|Y}(x \mid y) = \frac{f(x, y)}{f_Y(y)};
$$

称

$$
F_{X|Y}(x \mid y) = \int_{-\infty}^{x} \frac{f(x, y)}{f_Y(y)} \mathrm{d}x
$$

为在 $Y = y$ 条件下 X 的条件分布函数.

(2) 如果对于给定的 x, $f_X(x) > 0$, 则称 $\dfrac{f(x, y)}{f_X(x)}$ 为在 $X = x$ 条件下 Y 的条件

概率密度, 记为 $f_{Y|X}(y \mid x)$, 即

$$f_{Y|X}(y \mid x) = \frac{f(x, y)}{f_X(x)};$$

称

$$F_{Y|X}(y \mid x) = \int_{-\infty}^{y} \frac{f(x, y)}{f_X(x)} \mathrm{d}y$$

为在 $X = x$ 条件下 Y 的条件分布函数.

容易证得, 若 (X, Y) 为二维随机变量, 则 X 和 Y 相互独立当且仅当其中一个随机变量关于另一个随机变量的条件分布就是该随机变量的 (无条件) 分布.

【例 3-22】 设二维随机变量 (X, Y) 的概率密度为

$$f(x, y) = \begin{cases} \mathrm{e}^{-y}, & 0 < x < y, \\ 0, & \text{其他}. \end{cases}$$

求条件概率密度 $f_{X|Y}(x \mid y)$.

解 依题意知, (X, Y) 关于 Y 的边缘概率密度为

$$f_Y(y) = \begin{cases} y\mathrm{e}^{-y}, & y > 0, \\ 0, & \text{其他}. \end{cases}$$

于是, 当 $y > 0$ 时,

$$f_{X|Y}(x \mid y) = \frac{f(x, y)}{f_Y(y)} = \begin{cases} \dfrac{\mathrm{e}^{-y}}{y\mathrm{e}^{-y}}, & 0 < x < y, \\ 0, & \text{其他}, \end{cases}$$

即

$$f_{X|Y}(x \mid y) = \begin{cases} \dfrac{1}{y}, & 0 < x < y, \\ 0, & \text{其他}. \end{cases}$$

【例 3-23】 设数 X 在区间 $(0, 1)$ 上随机地取值, 当观察到 $X = x \, (0 < x < 1)$ 时, 数 Y 在区间 $(x, 1)$ 上随机地取值. 求:

(1) X 与 Y 的联合概率密度 $f(x, y)$;

(2) Y 的概率密度 $f_Y(y)$.

解 (1) 根据题意可知, X 的概率密度为

$$f_X(x) = \begin{cases} 1, & 0 < x < 1, \\ 0, & \text{其他}. \end{cases}$$

对于任意给定的值 $x\,(0 < x < 1)$，在 $X = x$ 条件下，Y 的条件概率密度为

$$f_{Y|X}(y \mid x) = \begin{cases} \dfrac{1}{1-x}, & x < y < 1, \\ 0, & \text{其他.} \end{cases}$$

于是，X 与 Y 的联合概率密度为

$$f(x,\ y) = f_X(x)f_{Y|X}(y \mid x) = \begin{cases} \dfrac{1}{1-x}, & 0 < x < y < 1, \\ 0, & \text{其他.} \end{cases}$$

(2) Y 的概率密度为

$$f_Y(y) = \int_{-\infty}^{+\infty} f(x,\ y)\mathrm{d}x = \begin{cases} -\ln(1-y), & 0 < y < 1, \\ 0, & \text{其他.} \end{cases}$$

通过本节的学习，我们发现某些随机变量之间具有相互依存的联系. 这就体现了唯物辩证法"联系具有普遍性"的观点. 我们应该懂得，任何事物都处于普遍联系之中、都不可能孤立地存在. 事物之间的相互依赖、相互制约和相互作用的关系，要求我们必须用联系的观点看待问题. 比如，我们在学习概率论课程时不能把它与其他学科知识孤立起来，而应该把它与其他学科联系起来，做到融会贯通才能达到事半功倍的学习效果.

基础练习 3-4

1. 组装一台设备有多道工序，已知焊接和紧固螺栓这两道工序是由机器人完成的. 现在需要焊接 2 处焊点，紧固 3 只螺栓，用随机变量 X 表示由机器人焊接的焊点个数，Y 表示由机器人紧固的螺栓个数. 根据以往的资料分析知，$(X,\ Y)$ 的分布律为

X	Y			
	0	1	2	3
0	0.82	0.03	0.04	0.01
1	0.06	0.02	0.007	0.002
2	0.002	0.005	0.003	0.001

(1) 求在 $X = 2$ 条件下，Y 的条件分布律；

(2) 求在 $Y = 1$ 条件下，X 的条件分布律.

2. 设二维随机变量 $(X,\ Y)$ 在区域 $D = \{(x,\ y)\,|\,x^2 + y^2 \leqslant 1\}$ 上服从均匀分布，求在 $Y = y$ 条件下 X 的条件概率密度 $f_{X|Y}(x \mid y)$.

3. 设二维随机变量 $(X,\ Y)$ 的概率密度为

$$f(x,\ y) = \begin{cases} ax^2y, & x^2 \leqslant y \leqslant 1, \\ 0, & \text{其他.} \end{cases}$$

(1) 确定常数 a 的值；

(2) 求条件概率密度 $f_{Y|X}(y \mid x)$；

(3) 求 $P\{Y \geqslant 0.25 \mid X = 0.5\}$.

第五节　二维随机变量函数的分布

在第二章的第五节中讨论了一维随机变量函数的分布，本节推广这个问题，讨论二维随机变量函数的分布.

设 (X, Y) 为二维随机变量，$g(x, y)$ 为二元连续函数，则 $g(X, Y)$ 是一维随机变量，将其记为 Z，即 $Z = g(X, Y)$. 例如，在一人群中，用 X 和 Y 分别表示一个人的年龄和体重，Z 表示此人的血压，则 Z 为 X，Y 的函数，将它表示为 $Z = g(X, Y)$. 下面研究如何由 X 与 Y 的联合分布求出 Z 的分布，我们仅就离散型随机变量和连续型随机变量两种情况，讨论一些简单函数的分布.

一、 二维离散型随机变量函数的分布

设 (X, Y) 为二维离散型随机变量，其分布律为

$$p_{ij} = P\{X = x_i, Y = y_j\}, \ i, j = 1, 2, \cdots,$$

则 $Z = g(X, Y)$ 是一维离散型随机变量. 为求得 Z 的分布律，先求出 Z 的所有可能取值，再求取各个值的概率. 具体操作如下：

(1) 将 (X, Y) 的所有可能取值 (x_i, y_j) $(i, j = 1, 2, \cdots)$ 代入函数 $z = g(x, y)$，求得 $Z = g(X, Y)$ 的所有可能取值，记为 $z_1, z_2, \cdots, z_k, \cdots$，即

$$z_k = g(x_i, y_j), \ k = 1, 2, \cdots;$$

(2) 求 Z 取各个值的概率，即

$$P\{Z = z_k\} = P\{g(X, Y) = z_k\}$$

$$= \sum_{g(x_i, y_j) = z_k} P\{X = x_i, Y = y_j\}$$

$$= \sum_{g(x_i, y_j) = z_k} p_{ij}, \ k = 1, 2, \cdots.$$

下面通过具体的例子来说明计算过程.

【例 3-24】 设二维随机变量 (X, Y) 的分布律为

X	Y		
	-1	0	1
-1	0.2	0.1	0.1
1	0.1	0.2	0.3

分别求 $Z = X + Y$，$W = XY$ 的分布律.

解　$Z = X + Y$ 的可能取值为 $-2,\ -1,\ 0,\ 1,\ 2$，且

$$P\{Z = -2\} = P\{X = -1,\ Y = -1\} = 0.2,$$

$$P\{Z = -1\} = P\{X = -1,\ Y = 0\} = 0.1,$$

$$P\{Z = 0\} = P\{X = -1,\ Y = 1\} + P\{X = 1,\ Y = -1\} = 0.1 + 0.1 = 0.2,$$

$$P\{Z = 1\} = P\{X = 1,\ Y = 0\} = 0.2,$$

$$P\{Z = 2\} = P\{X = 1,\ Y = 1\} = 0.3.$$

从而 Z 的分布律为

Z	-2	-1	0	1	2
p	0.2	0.1	0.2	0.2	0.3

同理，$W = XY$ 的可能取值为 $-1,\ 0,\ 1$，且

$$P\{W = -1\} = P\{X = -1,\ Y = 1\} + P\{X = 1,\ Y = -1\} = 0.2,$$

$$P\{W = 0\} = P\{X = -1,\ Y = 0\} + P\{X = 1,\ Y = 0\} = 0.3,$$

$$P\{W = 1\} = P\{X = -1,\ Y = -1\} + P\{X = 1,\ Y = 1\} = 0.5.$$

从而 W 的分布律为

W	-1	0	1
p	0.2	0.3	0.5

二、 二维连续型随机变量函数的分布

设 $(X,\ Y)$ 为二维连续型随机变量，其概率密度为 $f(x,\ y)$. $z = g(x,\ y)$ 是一个二元函数，$Z = g(X,\ Y)$ 未必是一维的连续型随机变量. 但我们主要研究 Z 是连续型随机变量时，如何由 $(X,\ Y)$ 的分布求出 Z 的分布这种情况.

事实上，如果 $Z = g(X,\ Y)$，利用分布函数法可得 Z 的分布函数为

$$F_Z(z) = P\{Z \leqslant z\} = P\{g(X,\ Y) \leqslant z\} = \iint\limits_{\{(x,y)|g(x,\ y) \leqslant z\}} f(x,\ y)\mathrm{d}x\mathrm{d}y.$$

根据连续型随机变量分布函数和概率密度的关系，得 $Z = g(X,\ Y)$ 的概率密度为

$$f_Z(z) = F_Z'(z).$$

【例 3-25】　设二维随机变量 $(X,\ Y)$ 的概率密度为

$$f(x,\ y) = \begin{cases} 1, & 0 < x < 1,\ 0 < y < 2x, \\ 0, & \text{其他}. \end{cases}$$

求 $Z = 2X - Y$ 的概率密度.

解　根据题意,概率密度 $f(x, y)$ 非零时对应的区域如图 3-5 所示. 先求 Z 的分布函数,由于

$$F_Z(z) = P\{Z \leqslant z\} = P\{2X - Y \leqslant z\} = \iint\limits_{\{(x,\ y)|2x-y \leqslant z\}} f(x,\ y)\mathrm{d}x\mathrm{d}y.$$

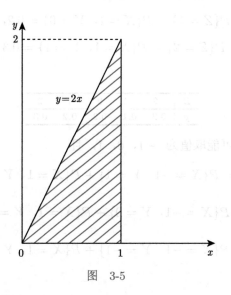

图　3-5

当 $z < 0$ 时,$F_Z(z) = 0$;

当 $0 \leqslant z < 2$ 时 (见图 3-6),

$$F_Z(z) = \int_0^{\frac{z}{2}} \mathrm{d}x \int_0^{2x} 1\mathrm{d}y + \int_{\frac{z}{2}}^1 \mathrm{d}x \int_{2x-z}^{2x} 1\mathrm{d}y = z - \frac{z^2}{4};$$

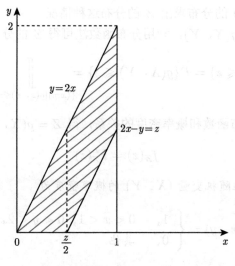

图　3-6

当 $z \geqslant 2$ 时,

$$F_Z(z) = \int_0^1 \mathrm{d}x \int_0^{2x} 1 \mathrm{d}y = 1.$$

可得 Z 的分布函数为

$$F_Z(z) = \begin{cases} 0, & z < 0, \\ z - \dfrac{z^2}{4}, & 0 \leqslant z < 2, \\ 1, & z \geqslant 2. \end{cases}$$

因此, Z 的概率密度为

$$f_Z(z) = \begin{cases} 1 - \dfrac{z}{2}, & 0 \leqslant z < 2, \\ 0, & 其他. \end{cases}$$

下面分别给出 $Z = X + Y$, $Z = XY$, $Z = \dfrac{Y}{X}$ 的分布. 但我们仅重点讨论 $Z = X + Y$ 的分布.

1. $Z = X + Y$ 的分布

设二维随机变量 (X, Y) 的概率密度为 $f(x, y)$, 则 $Z = X + Y$ 的分布函数为

$$F_Z(z) = P\{X + Y \leqslant z\} = \iint\limits_{\{(x,\ y)|x+y \leqslant z\}} f(x,\ y)\mathrm{d}x\mathrm{d}y,$$

这里积分区域为直线 $x + y = z$ 及其左下方的半平面 (见图 3-7).

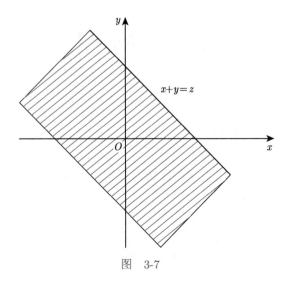

图　3-7

先将二重积分化为累次积分，然后作变量代换 $x = u - y$，再交换积分次序，可得

$$F_Z(z) = \int_{-\infty}^{+\infty} \int_{-\infty}^{z-y} f(x, y) \mathrm{d}x \mathrm{d}y = \int_{-\infty}^{+\infty} \mathrm{d}y \int_{-\infty}^{z} f(u-y, y) \mathrm{d}u$$

$$= \int_{-\infty}^{z} \mathrm{d}u \int_{-\infty}^{+\infty} f(u-y, y) \mathrm{d}y = \int_{-\infty}^{z} \left[\int_{-\infty}^{+\infty} f(u-y, y) \mathrm{d}y \right] \mathrm{d}u,$$

则 $Z = X + Y$ 的概率密度为

$$f_Z(z) = \frac{\mathrm{d}}{\mathrm{d}z} F_Z(z) = \int_{-\infty}^{+\infty} f(z-y, y) \mathrm{d}y.$$

利用 X 与 Y 的对称性，$f_Z(z)$ 又可以表示为

$$f_Z(z) = \int_{-\infty}^{+\infty} f(x, z-x) \mathrm{d}x.$$

特别地，当 X 和 Y 相互独立时，有

$$f_Z(z) = \int_{-\infty}^{+\infty} f_X(z-y) f_Y(y) \mathrm{d}y$$

或

$$f_Z(z) = \int_{-\infty}^{+\infty} f_X(x) f_Y(z-x) \mathrm{d}x,$$

这两个公式称为卷积公式 (convolution formula).

【例 3-26】 设随机变量 X 和 Y 相互独立，且 $X \sim U[0, 1]$，$Y \sim e(1)$，求 $Z = X + Y$ 的概率密度.

解 由题意可知，X 和 Y 的概率密度分别为

$$f_X(x) = \begin{cases} 1, & 0 \leqslant x \leqslant 1, \\ 0, & \text{其他}, \end{cases} \qquad f_Y(y) = \begin{cases} \mathrm{e}^{-y}, & y > 0, \\ 0, & \text{其他}. \end{cases}$$

因为 X 和 Y 相互独立，由卷积公式知

$$f_Z(z) = \int_{-\infty}^{+\infty} f_X(x) f_Y(z-x) \mathrm{d}x.$$

被积函数 $f_X(x) f_Y(z-x)$ 非零时对应的区域为 $0 < x < 1$，$x < z$，如图 3-8 所示.

当 $z \leqslant 0$ 时，$f_Z(z) = 0$；

当 $0 < z < 1$ 时，

$$f_Z(z) = \int_0^z \mathrm{e}^{x-z} \mathrm{d}x = \mathrm{e}^{-z}(\mathrm{e}^z - 1) = 1 - \mathrm{e}^{-z};$$

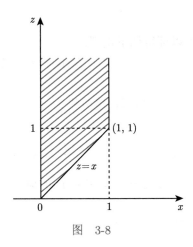

图　3-8

当 $z \geqslant 1$ 时，

$$f_Z(z) = \int_0^1 \mathrm{e}^{x-z}\mathrm{d}x = \mathrm{e}^{-z}(\mathrm{e}-1).$$

于是，Z 的概率密度为

$$f_Z(z) = \begin{cases} 0, & z \leqslant 0, \\ 1 - \mathrm{e}^{-z}, & 0 < z < 1, \\ \mathrm{e}^{-z}(\mathrm{e}-1), & z \geqslant 1. \end{cases}$$

【例 3-27】　设随机变量 X 和 Y 相互独立，且均服从标准正态分布，求 $Z = X + Y$ 的概率密度.

解　由题意可知，X 与 Y 的概率密度分别为

$$f_X(x) = \frac{1}{\sqrt{2\pi}}\mathrm{e}^{-\frac{x^2}{2}}, \quad -\infty < x < +\infty,$$

$$f_Y(y) = \frac{1}{\sqrt{2\pi}}\mathrm{e}^{-\frac{y^2}{2}}, \quad -\infty < y < +\infty.$$

因为 X 和 Y 相互独立，由卷积公式知

$$f_Z(z) = \int_{-\infty}^{+\infty} f_X(x)f_Y(z-x)\mathrm{d}x = \frac{1}{2\pi}\int_{-\infty}^{+\infty} \mathrm{e}^{-\frac{x^2}{2}} \cdot \mathrm{e}^{-\frac{(z-x)^2}{2}}\mathrm{d}x$$

$$= \frac{1}{2\pi}\mathrm{e}^{-\frac{z^2}{4}}\int_{-\infty}^{+\infty} \mathrm{e}^{-(x-\frac{z}{2})^2}\mathrm{d}x.$$

令 $t = x - \dfrac{z}{2}$，得

$$f_Z(z) = \frac{1}{2\pi}\mathrm{e}^{-\frac{z^2}{4}}\int_{-\infty}^{+\infty} \mathrm{e}^{-t^2}\mathrm{d}t = \frac{1}{2\sqrt{\pi}}\mathrm{e}^{-\frac{z^2}{4}},$$

即 $Z \sim N(0, 2)$.

一般地，用卷积公式还可以证得如下定理：

定理 3-3 设 X 和 Y 相互独立，且 $X \sim N(\mu_1, \sigma_1^2)$，$Y \sim N(\mu_2, \sigma_2^2)$，则随机变量 $Z = X + Y \sim N(\mu_1 + \mu_2, \sigma_1^2 + \sigma_2^2)$.

证明 由题意可知，X 与 Y 的概率密度分别为

$$f_X(x) = \frac{1}{\sqrt{2\pi}\sigma_1} e^{-\frac{(x-\mu_1)^2}{2\sigma_1^2}}, \quad f_Y(y) = \frac{1}{\sqrt{2\pi}\sigma_2} e^{-\frac{(y-\mu_2)^2}{2\sigma_2^2}}.$$

因为 X 和 Y 相互独立，由卷积公式知 $Z = X + Y$ 的概率密度

$$\begin{aligned} f_Z(z) &= \int_{-\infty}^{+\infty} f_X(x) f_Y(z-x) \mathrm{d}x \\ &= \int_{-\infty}^{+\infty} \frac{1}{2\pi\sigma_1\sigma_2} \exp\left\{ -\frac{1}{2}\left[\frac{(x-\mu_1)^2}{\sigma_1^2} + \frac{(z-x-\mu_2)^2}{\sigma_2^2} \right] \right\} \mathrm{d}x. \end{aligned}$$

令 $t = x - \mu_1$，作变量代换，然后再对 t 进行配方可得

$$\begin{aligned} f_Z(z) &= \int_{-\infty}^{+\infty} \frac{1}{2\pi\sigma_1\sigma_2} \exp\left\{ -\frac{\sigma_1^2+\sigma_2^2}{2\sigma_1^2\sigma_2^2}\left(t - \frac{\sigma_1^2[z-(\mu_1+\mu_2)]}{\sigma_1^2+\sigma_2^2} \right)^2 - \frac{[z-(\mu_1+\mu_2)]^2}{2(\sigma_1^2+\sigma_2^2)} \right\} \mathrm{d}t \\ &= \frac{1}{\sqrt{2\pi}\sqrt{\sigma_1^2+\sigma_2^2}} \exp\left\{ -\frac{[z-(\mu_1+\mu_2)]^2}{2(\sigma_1^2+\sigma_2^2)} \right\} \cdot \\ &\quad \int_{-\infty}^{+\infty} \frac{\sqrt{\sigma_1^2+\sigma_2^2}}{\sqrt{2\pi}\sigma_1\sigma_2} \exp\left\{ -\frac{\sigma_1^2+\sigma_2^2}{2\sigma_1^2\sigma_2^2}\left(t - \frac{\sigma_1^2[z-(\mu_1+\mu_2)]}{\sigma_1^2+\sigma_2^2} \right)^2 \right\} \mathrm{d}t. \end{aligned}$$

上式积分中的被积函数是一个服从参数为

$$\mu = \frac{\sigma_1^2[z-(\mu_1+\mu_2)]}{\sigma_1^2+\sigma_2^2}, \quad \sigma^2 = \frac{\sigma_1^2 \cdot \sigma_2^2}{\sigma_1^2+\sigma_2^2}$$

的正态分布随机变量的概率密度，因此上式右边积分值为 1. 从而

$$f_Z(z) = \frac{1}{\sqrt{2\pi}\sqrt{\sigma_1^2+\sigma_2^2}} e^{-\frac{[z-(\mu_1+\mu_2)]^2}{2(\sigma_1^2+\sigma_2^2)}},$$

即 $Z = X + Y \sim N(\mu_1 + \mu_2, \sigma_1^2 + \sigma_2^2)$.

该结论还可以推广到多个独立正态随机变量的情形.

定理 3-4 设随机变量 $X_1, X_2, \cdots, X_n$ 相互独立，且 $X_i \sim N(\mu_i, \sigma_i^2)$ $(i = 1, 2, \cdots, n)$，则有

$$\sum_{i=1}^{n} k_i X_i \sim N\left(\sum_{i=1}^{n} k_i \mu_i, \ \sum_{i=1}^{n} k_i^2 \sigma_i^2 \right),$$

其中 $k_1, k_2, \cdots, k_n$ 为不全为零的常数.

该定理表明有限个相互独立的正态随机变量的线性组合仍然服从正态分布.

【例 3-28】　设随机变量 X, Y, Z 相互独立, 且 $X \sim N(1, 4)$, $Y \sim N(-2, 3)$, $Z \sim N(5, 9)$. $W = -2X + 3Y - Z$, 求 W 的分布.

解　由定理 3-4 知, $W \sim N(\mu, \sigma^2)$, 其中

$$\mu = -2 \times 1 + 3 \times (-2) + (-1) \times 5 = -13,$$

$$\sigma^2 = (-2)^2 \times 4 + 3^2 \times 3 + (-1)^2 \times 9 = 52.$$

即 $W \sim N(-13, 52)$.

2. $Z = XY$ 和 $Z = \dfrac{Y}{X}$ 的分布 *

设 (X, Y) 为二维连续型随机变量, 且 $(X, Y) \sim f(x, y)$, 则 $Z = XY$ 仍为连续型随机变量, 其概率密度为

$$f_{XY}(z) = \int_{-\infty}^{+\infty} \frac{1}{|x|} f\left(x, \frac{z}{x}\right) \mathrm{d}x.$$

特别地, 当 X 和 Y 相互独立时,

$$f_{XY}(z) = \int_{-\infty}^{+\infty} \frac{1}{|x|} f_X(x) f_Y\left(\frac{z}{x}\right) \mathrm{d}x,$$

其中 $f_X(x)$ 和 $f_Y(y)$ 分别为 (X, Y) 关于 X 和关于 Y 的边缘概率密度.

类似地, $Z = \dfrac{Y}{X}$ 也为连续型随机变量, 其概率密度为

$$f_{Y/X}(z) = \int_{-\infty}^{+\infty} |x| f(x, xz) \mathrm{d}x.$$

特别地, 当 X 和 Y 相互独立时,

$$f_{Y/X}(z) = \int_{-\infty}^{+\infty} |x| f_X(x) f_Y(xz) \mathrm{d}x.$$

【例 3-29】　某保险公司设置了一种水灾保险, 保险费为连续型随机变量 Y, 其概率密度为

$$f_Y(y) = \begin{cases} \dfrac{y}{25} \mathrm{e}^{-\frac{y}{5}}, & y > 0, \\ 0, & \text{其他.} \end{cases}$$

保险赔付为另一连续型随机变量 X, 且 X 服从参数为 $\dfrac{1}{5}$ 的指数分布. 设 X 和 Y 相互独立, 求 $Z = \dfrac{Y}{X}$ 的概率密度.

解　由题意知, X 的概率密度为

$$f_X(x) = \begin{cases} \dfrac{1}{5}\mathrm{e}^{-\frac{x}{5}}, & x > 0, \\ 0, & \text{其他}. \end{cases}$$

X 和 Y 相互独立, 因此 $Z = \dfrac{Y}{X}$ 的概率密度为

$$f_{Y/X}(z) = \int_{-\infty}^{+\infty} |x| f_X(x) f_Y(xz) \mathrm{d}x.$$

当 $z \leqslant 0$ 时, $f_{Y/X}(z) = 0$.

当 $z > 0$ 时,

$$f_{Y/X}(z) = \int_0^{+\infty} x \cdot \frac{1}{5}\mathrm{e}^{-\frac{x}{5}} \cdot \frac{xz}{25}\mathrm{e}^{-\frac{xz}{5}} \mathrm{d}x = \frac{z}{125} \int_0^{+\infty} x^2 \mathrm{e}^{-x \cdot \frac{1+z}{5}} \mathrm{d}x$$

$$= \frac{z}{125} \frac{\Gamma(3)}{\left(\dfrac{1+z}{5}\right)^3} = \frac{2z}{(1+z)^3}.$$

从而可得 $Z = \dfrac{Y}{X}$ 的概率密度为

$$f_{Y/X}(z) = \begin{cases} \dfrac{2z}{(1+z)^3}, & z > 0, \\ 0, & \text{其他}. \end{cases}$$

三、 随机变量取大和取小的分布

设 X 与 Y 为随机变量, 下面讨论 $U = \max\{X, Y\}$ 和 $V = \min\{X, Y\}$ 的分布.

假设 X 和 Y 相互独立, 它们的分布函数分别为 $F_X(x)$ 和 $F_Y(y)$. 现在来求 U 和 V 的分布函数.

记 U 的分布函数为 $F_U(z)$. 由于 X 和 Y 相互独立, 因此

$$F_U(z) = P\{U \leqslant z\} = P\{\max\{X, Y\} \leqslant z\} = P\{X \leqslant z, Y \leqslant z\}$$

$$= P\{X \leqslant z\}P\{Y \leqslant z\} = F_X(z) \cdot F_Y(z).$$

类似地, 记 V 的分布函数为 $F_V(z)$, 可以得到

$$F_V(z) = P\{V \leqslant z\} = P\{\min\{X, Y\} \leqslant z\}$$

$$= 1 - P\{\min\{X, Y\} > z\} = 1 - P\{X > z, Y > z\}$$

$$= 1 - P\{X > z\}P\{Y > z\} = 1 - [1 - P\{X \leqslant z\}][1 - P\{Y \leqslant z\}]$$

$$= 1 - [1 - F_X(z)][1 - F_Y(z)].$$

以上结果能够推广到 n 个相互独立的随机变量情形：

设 X_1，X_2，$\cdots$，X_n 为 n 个相互独立的随机变量，它们的分布函数依次为 $F_{X_1}(x_1)$，$F_{X_2}(x_2)$，$\cdots$，$F_{X_n}(x_n)$. 记

$$U = \max\{X_1,\ X_2,\ \cdots,\ X_n\},$$

$$V = \min\{X_1,\ X_2,\ \cdots,\ X_n\},$$

则 U 与 V 的分布函数分别为

$$F_U(z) = F_{X_1}(z)F_{X_2}(z)\cdots F_{X_n}(z),$$

$$F_V(z) = 1 - [1 - F_{X_1}(z)][1 - F_{X_2}(z)]\cdots[1 - F_{X_n}(z)].$$

特别地，当 X_1，X_2，$\cdots$，X_n 相互独立且具有相同分布函数 $F(x)$ 时，有

$$F_U(z) = [F(z)]^n,$$

$$F_V(z) = 1 - [1 - F(z)]^n.$$

【例 3-30】　设系统 L 由两个相互独立的子系统 L_1 和 L_2 连接而成，连接的方式分别为：(1) 串联；(2) 并联；(3) 备用（当系统 L_1 损坏时，系统 L_2 立即开始工作），如图 3-9 所示. 设 L_1 和 L_2 的寿命分别为随机变量 X 和 Y，它们的概率密度分别为

$$f_X(x) = \begin{cases} \alpha e^{-\alpha x}, & x > 0, \\ 0, & \text{其他}, \end{cases} \qquad f_Y(y) = \begin{cases} \beta e^{-\beta y}, & y > 0, \\ 0, & \text{其他}, \end{cases}$$

其中 $\alpha > 0$，$\beta > 0$，且 $\alpha \neq \beta$. 分别就上述三种连接方式，求出系统 L 的寿命 Z 的概率密度.

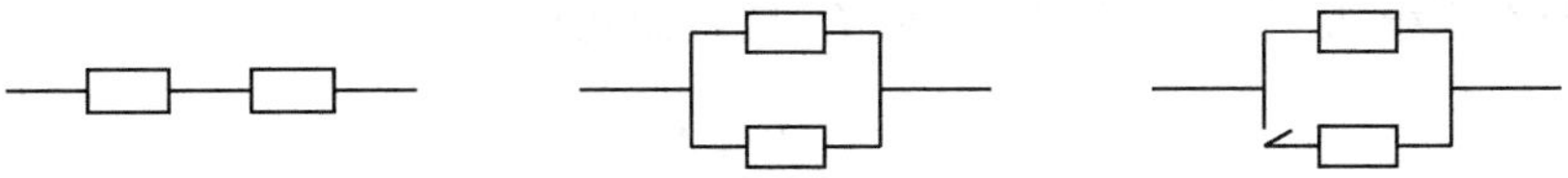

(1) 串联　　　　　　(2) 并联　　　　　　(3) 备用

图　3-9

解　由 X 和 Y 的概率密度 $f_X(x)$ 和 $f_Y(y)$，可算得 X 和 Y 的分布函数分别为

$$F_X(x) = \begin{cases} 1 - e^{-\alpha x}, & x > 0, \\ 0, & \text{其他}, \end{cases} \qquad F_Y(y) = \begin{cases} 1 - e^{-\beta y}, & y > 0, \\ 0, & \text{其他}. \end{cases}$$

(1) 串联的情形.

由于当 L_1 和 L_2 中有一个损坏时，系统 L 就停止工作，此时 L 的寿命为

$$Z = \min\{X,\ Y\}.$$

因为 X 和 Y 相互独立，所以 Z 的分布函数为

$$F_Z(z) = 1 - [1 - F_X(z)] \cdot [1 - F_Y(z)] = \begin{cases} 1 - \mathrm{e}^{-(\alpha+\beta)z}, & z > 0, \\ 0, & \text{其他.} \end{cases}$$

从而 $Z = \min\{X,\ Y\}$ 的概率密度为

$$f_Z(z) = \begin{cases} (\alpha+\beta)\mathrm{e}^{-(\alpha+\beta)z}, & z > 0, \\ 0, & \text{其他.} \end{cases}$$

(2) 并联的情形.

由于当 L_1 和 L_2 都损坏时，系统 L 才停止工作，此时 L 的寿命是

$$Z = \max\{X,\ Y\}.$$

因此 Z 的分布函数为

$$F_Z(z) = F_X(z)F_Y(z) = \begin{cases} (1 - \mathrm{e}^{-\alpha z})(1 - \mathrm{e}^{-\beta z}), & z > 0, \\ 0, & \text{其他.} \end{cases}$$

于是 $Z = \max\{X,\ Y\}$ 的概率密度为

$$f_Z(z) = \begin{cases} \alpha \mathrm{e}^{-\alpha z} + \beta \mathrm{e}^{-\beta z} - (\alpha+\beta)\mathrm{e}^{-(\alpha+\beta)z}, & z > 0, \\ 0, & \text{其他.} \end{cases}$$

(3) 备用的情形.

此时整个系统 L 的寿命 Z 是 L_1 和 L_2 的寿命之和，即

$$Z = X + Y.$$

X 与 Y 相互独立，由卷积公式知 Z 的概率密度为

$$f_Z(z) = \int_{-\infty}^{+\infty} f_X(x) f_Y(z-x)\,\mathrm{d}x.$$

当 $z \leqslant 0$ 时，$f_Z(z) = 0$；
当 $z > 0$ 时，有

$$f_Z(z) = \int_{-\infty}^{+\infty} f_X(x) f_Y(z-x)\,\mathrm{d}x$$

$$= \int_0^z \alpha e^{-\alpha x} \beta e^{-\beta(z-x)} dx$$

$$= \frac{\alpha\beta}{\beta - \alpha}(e^{-\alpha z} - e^{-\beta z}).$$

于是 $Z = X + Y$ 的概率密度为

$$f_Z(z) = \begin{cases} \dfrac{\alpha\beta}{\beta - \alpha}(e^{-\alpha z} - e^{-\beta z}), & z > 0, \\ 0, & z \leqslant 0. \end{cases}$$

若已知二维离散型随机变量 (X, Y) 的分布律为

$$p_{ij} = P\{X = x_i, Y = y_j\}, \ i, \ j = 1, \ 2, \ \cdots,$$

则 $U = \max\{X, Y\}$ 和 $V = \min\{X, Y\}$ 的分布律很容易求得，具体过程见例 3-31.

【例 3-31】 设二维随机变量 (X, Y) 的分布律为

X	Y		
	-1	1	3
-1	0.2	0.1	0.2
2	0.1	0.2	0.2

(1) 求 $U = \max\{X, Y\}$ 的分布律；

(2) 求 $V = \min\{X, Y\}$ 的分布律.

解 $U = \max\{X, Y\}$ 的可能取值为 $-1, 1, 2, 3,$ 且

$$P\{U = -1\} = P\{X = -1, Y = -1\} = 0.2,$$

$$P\{U = 1\} = P\{X = -1, Y = 1\} = 0.1,$$

$$P\{U = 2\} = P\{X = 2, Y = -1\} + P\{X = 2, Y = 1\} = 0.1 + 0.2 = 0.3,$$

$$P\{U = 3\} = P\{X = -1, Y = 3\} + P\{X = 2, Y = 3\} = 0.2 + 0.2 = 0.4.$$

从而 U 的分布律为

U	-1	1	2	3
p	0.2	0.1	0.3	0.4

同理，$V = \min\{X, Y\}$ 的可能取值为 $-1, 1, 2,$ 且

$$P\{V = -1\} = 1 - P\{V = 1\} - P\{V = 2\} = 0.6.$$

$$P\{V = 1\} = P\{X = 2, Y = 1\} = 0.2,$$

$$P\{V = 2\} = P\{X = 2, Y = 3\} = 0.2,$$

从而 V 的分布律为

V	-1	1	2
p	0.6	0.2	0.2

基础练习 3-5

1. 设 (X,Y) 为二维连续型随机变量，且关于 X 和关于 Y 的边缘概率密度分别为 $f_X(x)$ 和 $f_Y(y)$，若 X 和 Y 相互独立，则 $Z=X+Y$ 的概率密度为 _____.

2. 设 $X \sim N(2,5)$，$Y \sim N(-1,3)$，且 X 和 Y 相互独立，则 $Z=2X-3Y$ 服从的分布为 _____.

3. 设 $X \sim N(0,1)$，$Y \sim N(1,1)$，且 X 和 Y 相互独立，则正确的是 (　　)

A. $P\{X+Y \leqslant 0\} = 0.5$；   B. $P\{X+Y \leqslant 1\} = 0.5$；

C. $P\{X-Y \leqslant 0\} = 0.5$；   D. $P\{X-Y \leqslant 1\} = 0.5$.

4. 设 X 与 Y 为两个随机变量，且

$$P\{X \geqslant 0, Y \geqslant 0\} = \frac{3}{7}, \quad P\{X \geqslant 0\} = P\{Y \geqslant 0\} = \frac{4}{7}.$$

则 $P\{\max\{X,Y\} \geqslant 0\} = (\quad)$

A. $\dfrac{1}{2}$；   B. $\dfrac{2}{3}$；   C. $\dfrac{3}{4}$；   D. $\dfrac{5}{7}$.

5. 设二维随机变量 (X,Y) 的分布律为

X	Y		
	0	1	3
0	0.1	0.2	0.1
2	0.2	0.2	0.2

求：

(1) $Z=X+Y$ 的分布律；

(2) $W=XY$ 的分布律；

(3) $U=\max\{X,Y\}$ 的分布律；

(4) $V=\min\{X,Y\}$ 的分布律.

6. 设随机变量 X 和 Y 相互独立，它们在区间 $[0,1]$ 上都服从均匀分布，求 $Z=X+Y$ 的概率密度.

总习题三

1. 设随机变量 X 在 1，2，3，4 四个数中等可能地取一个值，另一个随机变量 Y 在 $1 \sim X$ 中等可能地取一整数值，求 (X,Y) 的分布律及其边缘分布律.

2. 将一枚质地均匀的硬币抛掷三次，以 X 表示前 2 次中正面朝上的次数，以 Y 表示 3 次中正面朝上的次数，求 X 与 Y 的联合分布律.

3. 已知二维随机变量 (X,Y) 的分布函数为

$$F(x,y) = \begin{cases} a - 3^{-x} - 3^{-y} + 3^{-x-y}, & x \geqslant 0, y \geqslant 0, \\ 0, & \text{其他}. \end{cases}$$

(1) 求常数 a；

(2) 求 (X, Y) 的概率密度 $f(x, y)$;

(3) 求边缘分布函数 $F_X(x)$ 和 $F_Y(y)$;

(4) 判断 X 和 Y 是否相互独立.

4. 设随机变量 X 和 Y 相互独立, X 在区间 $[0, 1]$ 上服从均匀分布, Y 的概率密度为

$$f_Y(y) = \begin{cases} \lambda e^{-\frac{y}{2}}, & y > 0, \\ 0, & 其他. \end{cases}$$

(1) 求常数 λ;

(2) 求 X 与 Y 的联合概率密度 $f(x, y)$;

(3) 求含有 t 的二次方程 $t^2 + 2Xt + Y = 0$ 有实根的概率.

5. 设随机变量 X 与 Y 的联合概率密度为

$$f(x, y) = \begin{cases} k(6 - x - y), & 0 < x < 2, \ 2 < y < 4, \\ 0, & 其他. \end{cases}$$

(1) 求常数 k;

(2) 求 $P\{X < 1.5\}$;

(3) 求 $P\{X + Y > 4\}$.

6. 设二维随机变量 (X, Y) 的概率密度为

$$f(x, y) = \begin{cases} xy, & 0 \leqslant x \leqslant 1, \ 0 \leqslant y \leqslant 2, \\ 0, & 其他, \end{cases}$$

(1) 求 $P\{X + Y \geqslant 1\}$;

(2) 求 (X, Y) 的分布函数 $F(x, y)$.

7. 设二维随机变量 (X, Y) 的概率密度为

$$f(x, y) = \begin{cases} kx, & 0 < x < 2, \ 0 < y < x, \\ 0, & 其他, \end{cases}$$

求:

(1) 常数 k;

(2) $P\{Y < X^2\}$;

(3) 边缘概率密度 $f_X(x)$ 和 $f_Y(y)$;

(4) 判断 X 和 Y 是否相互独立.

8. 设二维随机变量 (X, Y) 的分布函数为

$$F(x, y) = \begin{cases} (a - x^{-2})(1 - e^{-y+1}), & x > 1, \ y > 1, \\ b, & 其他, \end{cases}$$

(1) 求常数 a, b;

(2) 计算 $P\{1 < X \leqslant 2, \ 0 < Y \leqslant 1\}$.

9. 设二维随机变量 (X, Y) 在区域 $D = \{(x, y) | x^2 \leqslant y \leqslant x, \ 0 \leqslant x \leqslant 1\}$ 上服从均匀分布, 求 (X, Y) 的概率密度.

10. 设二维随机变量 (X, Y) 的概率密度为

$$f(x, y) = \begin{cases} kxy^2, & (x, y) \in D, \\ 0, & \text{其他,} \end{cases}$$

其中 D 是由 $x = |y|$ 和 $x = 1$ 围成的区域,求:

(1) 常数 k;

(2) 边缘概率密度 $f_X(x)$ 和 $f_Y(y)$;

(3) 判断 X 和 Y 是否相互独立.

11. 设二维随机变量 X 和 Y 相互独立,(X, Y) 的分布律及其关于 X 和关于 Y 的边缘分布律的部分数值如下表所示,请将其余数值填入表中的空白处.

X	Y			$p_{i\cdot}$
	1	2	3	
1		$\frac{1}{8}$		
2	$\frac{1}{8}$			
$p_{\cdot j}$	$\frac{1}{6}$			1

12. 设二维随机变量 (X, Y) 的概率密度为

$$f(x, y) = \begin{cases} ae^{-y}, & 0 < x < 2, \ y > 0, \\ 0, & \text{其他,} \end{cases}$$

(1) 求常数 a;

(2) 求 $P\{X + Y \leqslant 1\}$;

(3) 判断 X 和 Y 是否相互独立.

13. 设甲、乙两种元件的寿命分别为随机变量 X 和 Y,且 X 和 Y 相互独立,均服从参数为 0.5 的指数分布,求甲元件寿命不大于乙元件寿命两倍的概率.

14. 设随机变量 X 和 Y 相互独立,且 $X \sim P(\lambda_1)$,$Y \sim P(\lambda_2)$.

(1) 证明:$X + Y \sim P(\lambda_1 + \lambda_2)$;

(2) 证明:在 $X + Y = n$ 条件下,X 的条件分布为二项分布 $B(n, p)$,其中 $p = \dfrac{\lambda_1}{\lambda_1 + \lambda_2}$.

15. 在汽车的安装过程中,某道工序需要焊接 2 处焊点和紧固 3 只螺栓. 用 X 表示焊点焊接不良的数目,用 Y 表示螺栓紧固不良的数目. 根据以往资料知 (X, Y) 的分布律为

X	Y			
	0	1	2	3
0	0.81	0.04	0.03	0.02
1	0.04	0.03	0.001	0.001
2	0.01	0.005	0.003	0.01

(1) 求在 $X = 0$ 条件下,Y 的条件分布律;

(2) 求在 $Y = 1$ 条件下,X 的条件分布律.

16. 设二维随机变量 (X, Y) 的概率密度为

$$f(x, y) = \begin{cases} a, & 0 < x < 1, \ |y| < x, \\ 0, & \text{其他}. \end{cases}$$

(1) 求常数 a;

(2) 求 $f_{X|Y}(x|y)$ 和 $f_{Y|X}(y|x)$.

17. 设二维随机变量 (X, Y) 的概率密度为

$$f(x, y) = \begin{cases} c\mathrm{e}^{-(2x+y)}, & x > 0, \ y > 0, \\ 0, & \text{其他}. \end{cases}$$

求:

(1) 常数 c;

(2) 边缘概率密度 $f_X(x)$ 和 $f_Y(y)$;

(3) X 与 Y 的联合分布函数 $F(x, y)$;

(4) $f_{X|Y}(x|y)$ 及 $P\{X < 2 \mid Y < 1\}$.

18. 设二维随机变量 (X, Y) 的概率密度为

$$f(x, y) = \begin{cases} 1, & 0 < x < 1, \ 0 < y < 2(1-x), \\ 0, & \text{其他}, \end{cases}$$

求 $Z = X + Y$ 与 $W = 2X + Y$ 的概率密度.

19. 设二维随机变量 (X, Y) 的概率密度为

$$f(x, y) = \begin{cases} 2 - x - y, & 0 < x < 1, \ 0 < y < 1, \\ 0, & \text{其他}. \end{cases}$$

(1) 求 $P\{X < 3Y\}$;

(2) 求 $Z = X + Y$ 的概率密度 $f_Z(z)$.

20. 设随机变量 X 和 Y 相互独立,概率密度分别为

$$f_X(x) = \begin{cases} kx, & 0 < x < 1, \\ 0, & \text{其他}, \end{cases} \qquad f_Y(y) = \begin{cases} \mathrm{e}^{-y}, & y > 0, \\ 0, & \text{其他}. \end{cases}$$

(1) 求常数 k;

(2) 求 $Z = X + Y$ 的概率密度 $f_Z(z)$;

(3) 求 $W = 3X - Y$ 的概率密度 $f_W(w)$.

21. 设二维随机变量 (X, Y) 的分布律为

X	Y		
	-2	-1	2
1	0.1	0.2	0.3
3	0.2	0.1	0.1

求：

(1) $Z = X + Y$ 的分布律；

(2) $W = XY$ 的分布律；

(3) $U = \max\{X, Y\}$ 的分布律；

(4) $V = \min\{X, Y\}$ 的分布律.

22. 设随机变量 X 与 Y 在区间 $[0, 1]$ 上都服从均匀分布，并且两者相互独立，分别求 $U = \max\{X, Y\}$，$V = \min\{X, Y\}$ 的概率密度.

自测题三

一、填空题 (每空 3 分)

1. 已知 10 件产品中有 2 件一级品，7 件二级品和 1 件次品，从中任取 3 件，用 X 表示这 3 件中的一级品数，Y 表示这 3 件中的二级品数，则 $P\{X = 2, Y = 1\} = $ _____.

2. 设二维随机变量 (X, Y) 在区域 $D = \{(x, y) | 0 \leqslant x \leqslant 2, 0 \leqslant y \leqslant 2\}$ 上服从均匀分布，则 $P\{|X - Y| \leqslant 1\} = $ _____.

3. 设二维随机变量 (X, Y) 的概率密度为

$$f(x, y) = \begin{cases} kx^2 y, & x^2 < y < 1, \\ 0, & \text{其他}, \end{cases}$$

则 $k = $ _____.

4. 已知随机变量 X 与 Y 的联合分布函数为

$$F(x, y) = \begin{cases} 1 - e^{-x} - xe^{-y}, & 0 \leqslant x \leqslant y, \\ 1 - e^{-y} - ye^{-y}, & 0 \leqslant y \leqslant x, \\ 0, & \text{其他}, \end{cases}$$

则 $F_X(x) = $ _____，$F_Y(y) = $ _____.

5. 设二维随机变量 $(X, Y) \sim N(-1, 2, 4, 25, 0.5)$，则 $X \sim$ _____，$Y \sim$ _____.

6. 已知随机变量 X 和 Y 相互独立，且 $X \sim P(2)$，$Y \sim P(4)$，则 $X + Y \sim$ _____.

7. 设随机变量 X, Y, Z 相互独立，已知 $X \sim N(-3, 4)$，$Y \sim N(1, 16)$，$Z \sim N(2, 25)$，则 $\frac{1}{3}(X + Y + Z) \sim$ _____，$-2X + 3Y + Z \sim$ _____.

二、选择题 (每小题 3 分)

1. 设二维随机变量 (X, Y) 的概率密度为

$$f(x, y) = \begin{cases} c(x + y), & 0 < x < 1, 0 < y < x, \\ 0, & \text{其他}, \end{cases}$$

则 $c = ($　$)$

A. $\frac{1}{3}$；　　　　　B. $\frac{1}{2}$；　　　　　C. 3；　　　　　D. 2.

2. 设二维随机变量 $(X, Y) \sim N(0, 2, 4, 5, 0.6)$，则 $2X + 1 \sim ($　$)$

A. $N(\mu, \sigma^2)$；　　B. $N(0, 4)$；　　C. $N(1, 16)$；　　D. $N(2, 5)$.

3. 设随机变量 X 和 Y 相互独立，且 $P\{X \leqslant 1\} = \frac{1}{2}$，$P\{Y \leqslant 1\} = \frac{1}{3}$，则 $P\{X \leqslant 1, Y \leqslant 1\} = $

(　　)

A. $\dfrac{1}{6}$；   B. $\dfrac{1}{2}$；   C. $\dfrac{1}{4}$；   D. 1.

4. 设二维随机变量 $(X, Y) \sim N(-2, 3, 3, 6, 0)$，则 $2X + 4Y \sim$（   ）

A. $N(1, 9)$；   B. $N(8, 108)$；   C. $N(1, 96)$；   D. $N(8, 12)$.

5. 设随机变量 X 和 Y 相互独立，其分布函数分别为 $F_X(x)$，$F_Y(y)$，则 $Z = \max\{X, Y\}$ 的分布函数为（   ）

A. $F_X(x)F_Y(y)$；   B. $F_X(z)F_Y(z)$；   C. $F_X^2(z)$；   D. $F_Y^2(z)$.

三、计算题 (每小题 10 分)

1. 设随机变量 X 与 Y 的联合分布律为

X	Y	
	1	3
0	0.1	α
2	β	0.4

$A = \{X = 2\}$，$B = \{Y = 3\}$. 已知 $P(A|B) = \dfrac{2}{3}$，求常数 α，β.

2. 设随机变量 $X \sim N(0, 1)$，

$$Y_1 = \begin{cases} 0, & |X| \geqslant 1, \\ 1, & |X| < 1, \end{cases} \qquad Y_2 = \begin{cases} 0, & |X| \geqslant 2, \\ 1, & |X| < 2, \end{cases}$$

(1) 求 Y_1 和 Y_2 的分布律；

(2) 求 Y_1 与 Y_2 的联合分布律.

3. 设二维随机变量 (X, Y) 的概率密度为

$$f(x, y) = \begin{cases} ce^{-(3x+4y)}, & x > 0, \ y > 0, \\ 0, & \text{其他}. \end{cases}$$

求：

(1) 常数 c；

(2) (X, Y) 的分布函数 $F(x, y)$；

(3) $P\{(X, Y) \in D\}$，其中 D 是由 x 轴、y 轴和 $x + y = 1$ 所围成的区域.

4. 设二维随机变量 (X, Y) 的概率密度为

$$f(x, y) = \begin{cases} k, & x^2 \leqslant y \leqslant x, \\ 0, & \text{其他}, \end{cases}$$

(1) 确定常数 k；

(2) 求边缘概率密度 $f_X(x)$ 和 $f_Y(y)$；

(3) 判断 X 和 Y 是否相互独立.

5. 设随机变量 X 与 Y 在区间 $[0, 10]$ 上都服从均匀分布，并且两者相互独立，求：

(1) $P\{X > Y\}$；

(2) $Z = X + Y$ 的概率密度 $f_Z(z)$.

四、证明题 (5 分)

设随机变量 X 和 Y 相互独立，且 $X \sim B(n_1, p)$，$Y \sim B(n_2, p)$，证明：$X + Y \sim B(n_1 + n_2, p)$.

第四章　数学期望

由前面几章的讨论可知，随机变量的分布函数能够完整地描述随机变量的统计规律性. 然而在实践中我们发现，要想完全地确定某些随机变量的分布是很困难的. 事实上，我们有时并不需要全面地了解随机变量的分布，而只需要了解与随机变量的分布相关的某些数字指标即可，例如数学期望值 (或均值)、最大可能值等. 一般地，我们称这些数字指标为数字特征，它们可以更具体、更准确、更突出地刻画随机变量 (或分布) 某些方面的重要特征. 比如，在评价某地区小麦的收成状况时，通过了解该地区小麦的平均产量即可；又如要评价某人的射击水平时，通过了解这个人射击的平均成绩即可.

数学期望 (mathematical expectation) 是概率论中的重要概念之一，用来刻画随机变量取值的平均水平. 本章主要围绕数学期望这个重要数字特征，逐步介绍方差、协方差、相关系数和矩等一些其他数字特征.

第一节　随机变量的数学期望

本节主要讨论离散型随机变量和连续型随机变量的数学期望. 下面我们来看一个引例.

引例　设一检测中心为了调查某品牌手表的日走时误差，随机抽查了该品牌手表 30 只，并记录了每只手表的日走时误差 (见表 4-1).

表　4-1

日走时误差 k/s	-3	-2	-1	0	1	2	3
手表数目 n_k (频数)	3	2	3	6	8	5	3
频率 $\dfrac{n_k}{n}$ $(n=30)$	$\dfrac{1}{10}$	$\dfrac{1}{15}$	$\dfrac{1}{10}$	$\dfrac{1}{5}$	$\dfrac{4}{15}$	$\dfrac{1}{6}$	$\dfrac{1}{10}$

令 X 表示 "手表的日走时误差"，则

$$X = -3, \ -2, \ -1, \ 0, \ 1, \ 2, \ 3.$$

于是所抽查的 30 只手表的平均日走时误差为

$$\frac{(-3) \times 3 + (-2) \times 2 + (-1) \times 3 + 0 \times 6 + 1 \times 8 + 2 \times 5 + 3 \times 3}{30} = \frac{11}{30}$$

$$= (-3) \times \frac{3}{30} + (-2) \times \frac{2}{30} + (-1) \times \frac{3}{30} + 0 \times \frac{6}{30} + 1 \times \frac{8}{30} + 2 \times \frac{5}{30} + 3 \times \frac{3}{30}$$

$$= \sum_{k=-3}^{3} k \times \frac{n_k}{n},$$

其中 $\dfrac{n_k}{n}$ 为事件 $\{X = k\}$ 发生的频率, 且 $k = -3, -2, -1, 0, 1, 2, 3$.

事实上, 随着 n 的增大, 事件 $\{X = k\}$ 发生的频率 $\dfrac{n_k}{n}$ 在一定意义下稳定于其概率 $P\{X = k\} = p_k$ (这将在第五章讲到), 算术平均值 $\sum\limits_{k=-3}^{3} k \times \dfrac{n_k}{n}$ 在一定意义下稳定于 $\sum\limits_{k=-3}^{3} k p_k$. 显然, 这里 "以取不同值的概率 p_k 作为权重" 的加权平均值 $\sum k p_k$ 要比算术平均值合理, 并称此 "加权平均值 $\sum k p_k$" 为随机变量 X 的数学期望或均值.

注解 4-1 数学期望起源于并不光彩的赌博行业. 17 世纪中叶, 法国著名数学家帕斯卡 (Pascal)、费马 (Fermat) 以及荷兰数学家惠更斯 (Huygens) 为了解决当时一位赌徒提出的 "赌金分配问题", 提出了 "数学期望" 的概念, 并解决了此问题.

下面分别严格地给出离散型随机变量和连续型随机变量的数学期望定义.

一、离散型随机变量的数学期望

定义 4-1 设离散型随机变量 X 的分布律为

$$p_k = P\{X = x_k\}, \quad k = 1, 2, \cdots.$$

若 $\sum\limits_{k=1}^{\infty} |x_k| p_k < +\infty$, 即级数 $\sum\limits_{k=1}^{\infty} x_k p_k$ 绝对收敛, 则称该级数的和为随机变量 X 的数学期望 (简称期望, 又称为均值), 记为 $E(X)$, 即

$$E(X) = \sum_{k=1}^{\infty} x_k p_k. \tag{4-1}$$

若级数 $\sum\limits_{k=1}^{\infty} x_k p_k$ 不绝对收敛, 即 $\sum\limits_{k=1}^{\infty} |x_k| p_k$ 发散, 则称 X 的数学期望不存在.

注解 4-2 (1) 由定义 4-1 可知, 若数学期望 $E(X)$ 存在, 则它是一个实数, 是一个唯一确定的量而非变量. 事实上, $E(X)$ 是以随机变量 X 取值 x_k 的概率 p_k 为权重的加权平均值, 这体现了随机变量 X 取值的平均水平, 故也称它为均值.

(2) 级数 $\sum\limits_{k=1}^{\infty} x_k p_k$ 的每项取值可正可负, 但若其绝对收敛, 则保证了该级数的和一定存在, 即 $E(X)$ 存在.

(3) 由定义 4-1 可知, 数学期望 $E(X)$ 完全由 X 的分布律来确定, 故 $E(X)$ 也称为 X 相应分布的数学期望.

【例 4-1】 设一公司打算将一笔资金投入到某科研项目研发中去, 调研可知这次项目研发收益和未来市场状态有关. 目前, 公司将未来一年市场划分为 4 个状态: 优、良、中、差, 且各个状态出现的概率分别为 0.2, 0.3, 0.4, 0.1. 此外, 通过调研获得这次项目研发

在各个状态下的预估年收益 (单位: 万元), 见表 4-2. 求公司这次科研项目研发的的预估年平均收益是多少?

表　4-2

市场状态	优	良	中	差
预估年收益 X/万元	11	6	3	-3

解　令 X 表示"公司在这次科研项目研发中的预估年收益", 则根据式 (4-1), 可得预估年平均收益为

$$E(X) = 11 \times 0.2 + 6 \times 0.3 + 3 \times 0.4 + (-3) \times 0.1 = 4.9 \text{ 万元}.$$

该例表明, 项目投资建立在前期详细调研的结果之上, 而且 "借助数学期望预估的平均收益" 可作为一个 "判断是否投资" 的重要指标. 目前, 社会上存在投资、保险、校园贷等诸多行业, 我们一定要学会理性审视和对待, 不要盲目投资或贷款, 以免造成严重的损失.

【例 4-2】　设随机变量 X 服从参数为 p 的 (0–1) 分布, 求 $E(X)$.

解　X 的分布律为

$$P\{X = k\} = p^k q^{1-k}, \quad k = 0, 1; \quad q = 1 - p.$$

根据式 (4-1), 可得

$$E(X) = 0 \times q + 1 \times p = p.$$

【例 4-3】　设随机变量 $X \sim B(n, p)$, 求 $E(X)$.

解　X 的分布律为

$$p_k = P\{X = k\} = C_n^k p^k q^{n-k}, \quad k = 0, 1, 2, \cdots, n; \quad q = 1 - p.$$

根据式 (4-1), 可得

$$
\begin{aligned}
E(X) &= \sum_{k=0}^{n} k p_k = \sum_{k=0}^{n} k C_n^k p^k q^{n-k} \\
&= \sum_{k=1}^{n} k \frac{n!}{k!(n-k)!} p^k q^{n-k} \\
&= \sum_{k=1}^{n} \frac{np(n-1)!}{(k-1)![(n-1)-(k-1)]!} p^{k-1} q^{(n-1)-(k-1)} \\
&= np(p+q)^{n-1} = np.
\end{aligned}
$$

【例 4-4】　设随机变量 $X \sim P(\lambda)$, 求 $E(X)$.

解　X 的分布律为

$$p_k = P\{X = k\} = \frac{\lambda^k}{k!}\mathrm{e}^{-\lambda}, \quad k = 0,\ 1,\ 2,\ \cdots,\quad \lambda > 0.$$

根据式 (4-1)，可得

$$
\begin{aligned}
E(X) = \sum_{k=0}^{\infty} k p_k &= \sum_{k=1}^{\infty} k \frac{\lambda^k}{k!}\mathrm{e}^{-\lambda} \\
&= \lambda \mathrm{e}^{-\lambda} \sum_{k=1}^{\infty} \frac{\lambda^{k-1}}{(k-1)!} \\
&= \lambda \mathrm{e}^{-\lambda} \mathrm{e}^{\lambda} = \lambda.
\end{aligned}
$$

【例 4-5】　设随机变量 $X \sim h(n,\ N_1,\ N)$，求 $E(X)$.

解　X 的分布律为

$$p_k = P\{X = k\} = \frac{\mathrm{C}_{N_1}^k \mathrm{C}_{N-N_1}^{n-k}}{\mathrm{C}_N^n}, \quad k = 0,\ 1,\ 2,\ \cdots,\ l,\ l = \min\{n,\ N_1\}.$$

根据式 (4-1)，可得

$$
\begin{aligned}
E(X) = \sum_{k=0}^{l} k p_k &= \sum_{k=1}^{l} k \frac{\mathrm{C}_{N_1}^k \mathrm{C}_{N-N_1}^{n-k}}{\mathrm{C}_N^n} \\
&= n \frac{N_1}{N} \sum_{k=1}^{l} \frac{\mathrm{C}_{N_1-1}^{k-1} \mathrm{C}_{N-N_1}^{n-k}}{\mathrm{C}_{N-1}^{n-1}} \\
&= n \frac{N_1}{N} \sum_{k=1}^{l} P\{X = k-1\} \\
&= n \frac{N_1}{N}.
\end{aligned}
$$

【例 4-6】　设小张喜好投篮，但他性格执拗，每次投篮直到命中才会停下来. 已知他每次投篮命中的概率为 $p\ (0 < p < 1)$，X 表示他停下来之前投篮的总次数，求 $E(X)$.

解　依题意知 X 的分布律为

$$p_k = P\{X = k\} = p(1-p)^{k-1}, \quad k = 1,\ 2,\ \cdots.$$

根据式 (4-1)，可得

$$E(X) = \sum_{k=1}^{\infty} k p_k = \sum_{k=1}^{\infty} k p (1-p)^{k-1}.$$

注意到

$$\sum_{k=1}^{\infty} k x^{k-1} = \left(\sum_{k=1}^{\infty} x^k\right)' = \left(\frac{x}{1-x}\right)' = \frac{1}{(1-x)^2},$$

则所求期望为

$$E(X) = p\sum_{k=1}^{\infty} k(1-p)^{k-1} = p \times \frac{1}{p^2} = \frac{1}{p}.$$

【例 4-7】 设随机变量 X 的分布律为

$$P\{X = k\} = \frac{1}{2|k|(|k| + 1)}, \quad k = \pm 1, \ \pm 2, \ \cdots,$$

判断 X 的数学期望是否存在.

解 由于

$$\sum_{k=1}^{\infty} |k| \frac{1}{2|k|(|k| + 1)} = +\infty,$$

因此级数 $\sum_{k=1}^{\infty} k\dfrac{1}{2|k|(|k| + 1)}$ 并不绝对收敛，从而 X 的数学期望不存在.

二、连续型随机变量的数学期望

定义 4-2 设连续型随机变量 X 的概率密度为 $f(x)$. 若 $\displaystyle\int_{-\infty}^{+\infty} |x|f(x)\mathrm{d}x < +\infty$，即积分 $\displaystyle\int_{-\infty}^{+\infty} xf(x)\mathrm{d}x$ 绝对收敛，则称该积分值为随机变量 X 的 数学期望 (简称期望或均值)，记为 $E(X)$，即

$$E(X) = \int_{-\infty}^{+\infty} xf(x)\mathrm{d}x. \tag{4-2}$$

若积分 $\displaystyle\int_{-\infty}^{+\infty} |x|f(x)\mathrm{d}x$ 发散，即 $\displaystyle\int_{-\infty}^{+\infty} xf(x)\mathrm{d}x$ 不绝对收敛，则称 X 的数学期望不存在.

注解 4-3 由定义 4-2 可知，若连续型随机变量 X 的数学期望 $E(X)$ 存在，则 $E(X)$ 完全由它的概率密度 $f(x)$ 确定，并且是一个确定的实数. 这意味着若随机变量 X 的概率密度 $f(x)$ 一旦给定，则其数学期望 $E(X)$ 也随之确定，从而 $E(X)$ 也称为 X 相应分布的数学期望.

【例 4-8】 设一电子元件的使用寿命为随机变量 X (单位: 万 h). 若 X 的概率密度为

$$f(x) = \begin{cases} \dfrac{1}{2}\cos\dfrac{x}{2}, & 0 \leqslant x \leqslant \pi, \\ 0, & \text{其他}, \end{cases}$$

则此电子元件的平均使用寿命是多少?

解 依题意知，电子元件的平均寿命为

$$E(X) = \int_{-\infty}^{+\infty} x f(x)\, \mathrm{d}x = \int_0^\pi \frac{x}{2} \cos \frac{x}{2}\, \mathrm{d}x$$

$$= x \sin \frac{x}{2}\Big|_0^\pi + 2\cos \frac{x}{2}\Big|_0^\pi$$

$$= (\pi - 2)\ (\overline{万}\ \mathrm{h}).$$

【例 4-9】 设随机变量 X 的概率密度为

$$f(x) = \frac{1}{2}\mathrm{e}^{-|x|}, \quad -\infty < x < +\infty,$$

求 $E(X)$.

解 $E(X) = \int_{-\infty}^{+\infty} x f(x)\mathrm{d}x = \int_{-\infty}^{+\infty} x \cdot \frac{1}{2}\mathrm{e}^{-|x|}\mathrm{d}x = 0.$

【例 4-10】 设随机变量 $X \sim U(a,\ b)$，求 $E(X)$.

解 X 的概率密度为

$$f(x) = \begin{cases} \dfrac{1}{b-a}, & a < x < b, \\ 0, & 其他. \end{cases}$$

根据式 (4-2)，可得

$$E(X) = \int_{-\infty}^{+\infty} x f(x)\mathrm{d}x = \int_a^b \frac{x}{b-a}\mathrm{d}x = \frac{1}{b-a} \cdot \frac{x^2}{2}\Big|_a^b = \frac{a+b}{2}.$$

这说明在区间 $(a,\ b)$ 上服从均匀分布的随机变量，其数学期望为区间 $(a,\ b)$ 的中点.

【例 4-11】 设随机变量 $X \sim e(\lambda)$，求 $E(X)$.

解 X 的概率密度为

$$f(x) = \begin{cases} \lambda \mathrm{e}^{-\lambda x}, & x > 0, \\ 0, & x \leqslant 0. \end{cases}$$

根据式 (4-2)，可得

$$E(X) = \int_{-\infty}^{+\infty} x f(x)\mathrm{d}x = \int_0^{+\infty} \lambda x \mathrm{e}^{-\lambda x}\mathrm{d}x$$

$$= -x\mathrm{e}^{-\lambda x}\Big|_0^{+\infty} + \int_0^{+\infty} \mathrm{e}^{-\lambda x}\mathrm{d}x$$

$$= \frac{1}{\lambda}.$$

【例 4-12】 设随机变量 $X \sim N(\mu,\ \sigma^2)$，求 $E(X)$.

解　X 的概率密度为

$$f(x) = \frac{1}{\sqrt{2\pi}\sigma} e^{-\frac{(x-\mu)^2}{2\sigma^2}}, \quad -\infty < x < +\infty,$$

根据式 (4-2)，可得

$$E(X) = \int_{-\infty}^{+\infty} x f(x) \mathrm{d}x = \int_{-\infty}^{+\infty} \frac{x}{\sqrt{2\pi}\sigma} e^{-\frac{(x-\mu)^2}{2\sigma^2}} \mathrm{d}x.$$

令 $y = \dfrac{x-\mu}{\sigma}$，则

$$E(X) = \int_{-\infty}^{+\infty} \frac{\sigma y + \mu}{\sqrt{2\pi}} e^{-\frac{y^2}{2}} \mathrm{d}y$$

$$= \frac{\sigma}{\sqrt{2\pi}} \int_{-\infty}^{+\infty} y e^{-\frac{y^2}{2}} \mathrm{d}y + \mu \int_{-\infty}^{+\infty} \frac{1}{\sqrt{2\pi}} e^{-\frac{y^2}{2}} \mathrm{d}y$$

$$= \mu.$$

【例 4-13】 设随机变量 $X \sim Ga(\alpha,\ \lambda)$，求 $E(X)$.

解　X 的概率密度为

$$f(x) = \begin{cases} \dfrac{\lambda^\alpha}{\Gamma(\alpha)} x^{\alpha-1} e^{-\lambda x}, & x > 0, \\ 0, & \text{其他.} \end{cases}$$

于是

$$E(X) = \int_0^\infty x \cdot \frac{\lambda^\alpha}{\Gamma(\alpha)} x^{\alpha-1} e^{-\lambda x} \mathrm{d}x$$

$$= \frac{1}{\Gamma(\alpha)} \int_0^\infty (\lambda x)^\alpha e^{-\lambda x} \mathrm{d}x$$

$$= \frac{1}{\lambda\Gamma(\alpha)} \int_0^\infty (\lambda x)^\alpha e^{-\lambda x} \mathrm{d}(\lambda x)$$

$$= \frac{\Gamma(\alpha+1)}{\lambda\Gamma(\alpha)} = \frac{\alpha}{\lambda}.$$

【例 4-14】 设随机变量 X 的概率密度为

$$f(x) = \frac{1}{\pi(1+x^2)}, \quad -\infty < x < +\infty,$$

即 X 服从柯西分布 (cauchy distribution)，判断 X 的数学期望是否存在.

解　由于

$$\int_{-A}^{A} |x| \frac{1}{\pi(1+x^2)} \mathrm{d}x = \frac{2}{2\pi} \int_0^A \frac{\mathrm{d}(1+x^2)}{1+x^2}$$

$$= \frac{1}{\pi} \ln(1+x^2) \Big|_0^A \to +\infty \quad (A \to +\infty),$$

即积分 $\int_{-\infty}^{+\infty} xf(x)\mathrm{d}x$ 不绝对收敛, 因而 X 的数学期望不存在.

数学期望反映了随机变量取值的平均水平. 特别关注的是数学期望与随机变量的分布密切相关. 在生活中, 切合实际的期望离不开平时的点滴积累. 或许有同学平时偷懒, 却期望期末考试能拿到一个满意的成绩, 事实上这就是不切实际的期望. 因此, 在人生道路上, 每一个人都应树立合理的期望或目标, 然后脚踏实地去实现之.

基础练习 4-1

1. 设随机变量 X 的分布律为

X	-2	-1	0	1	3
p	0.2	0.3	0.1	0.2	0.2

则 $E(X) =$ _____.

2. 设随机变量 X 的概率密度为

$$f(x) = \begin{cases} 2(1-x), & 0 \leqslant x \leqslant 1, \\ 0, & 其他, \end{cases}$$

则 $E(X) =$ _____.

3. 设随机变量 X 的概率密度为

$$f(x) = \begin{cases} \dfrac{1}{3}\mathrm{e}^{-\frac{x}{3}}, & x > 0, \\ 0, & 其他, \end{cases}$$

则 $E(X) =$ _____.

4. 设随机变量 X 的概率密度为

$$f(x) = \frac{1}{4}|x|, \quad -2 < x < 2,$$

求 $E(X)$.

5. 设随机变量 X 的分布函数为

$$F(x) = \begin{cases} 0, & x < 0, \\ x^3, & 0 \leqslant x \leqslant 1, \\ 1, & x > 1, \end{cases}$$

求 $E(X)$.

6. 设随机变量 X 的分布函数为

$$F(x) = \begin{cases} 0, & x < -2, \\ 0.3, & -2 \leqslant x < 1, \\ 0.6, & 1 \leqslant x < 4, \\ 1, & x \geqslant 4, \end{cases}$$

求 $E(X)$.

第二节　随机变量函数的数学期望

在实际应用中，我们经常需要求解随机变量函数的数学期望. 我们来看一个例子.

【例 4-15】 设某建筑队完成某项建筑任务的时间 X（单位：月）是一个随机变量，其分布律为

X	8	9	10	11
p	0.4	0.3	0.2	0.1

若该建筑队所获利润（单位：万元）为 $Y = 40(11 - X)$，求该建筑队的平均利润 $E(Y)$.

解　下面分两种方法来分析计算.

第 1 种方法：由题意知 Y 的分布律为

Y	120	80	40	0
p	0.4	0.3	0.2	0.1

于是，该建筑队的平均利润为

$$E(Y) = 120 \times 0.4 + 80 \times 0.3 + 40 \times 0.2 + 0 \times 0.1 = 80 \text{（万元）}.$$

第 2 种方法：直接计算 $E[40(11 - X)]$. 事实上，

$$\begin{aligned} E(Y) &= E[40(11 - X)] \\ &= 40 \times (11 - 8) \times 0.4 + 40 \times (11 - 9) \times 0.3 + \\ &\quad\ 40 \times (11 - 10) \times 0.2 + 40 \times (11 - 11) \times 0.1 \\ &= 80 \text{（万元）}. \end{aligned}$$

比较这两种计算方法，显然这两种方法本质上是一样的. 但第 2 种方法不需要先求出 Y 的分布律，而是直接根据 X 的分布律求得函数 $Y = 40(11 - X)$ 的数学期望.

一、 一维随机变量函数的数学期望

设 $Y = g(X)$ 是随机变量 X 的函数，其中 $y = g(x)$ 为连续函数. 由例 4-15 可知，求解一维随机变量函数 $Y = g(X)$ 的数学期望，不需要先求出 Y 的分布，而是直接借助于 X 的分布求出. 具体详见下面的定理 4-1.

定理 4-1 设 $Y = g(X)$ 为随机变量 X 的函数，$y = g(x)$ 为连续函数，且 $E[g(X)]$ 存在.

(1) 若 X 为离散型随机变量，其分布律为

$$p_k = P\{X = x_k\}, \quad k = 1, 2, \cdots,$$

则有

$$E(Y) = E[g(X)] = \sum_{k=1}^{\infty} g(x_k)p_k.$$

(2) 若 X 为连续型随机变量，其概率密度为 $f(x)$，则有

$$E(Y) = E[g(X)] = \int_{-\infty}^{+\infty} g(x)f(x)\mathrm{d}x.$$

证明 (1) 由题意可知 $Y = g(X)$ 的分布律为

$Y = g(X)$	$g(x_1)$	$g(x_2)$	$\cdots$	$g(x_k)$	$\cdots$
p_k	p_1	p_2	$\cdots$	p_k	$\cdots$

于是，有

$$E(Y) = E[g(X)] = \sum_{k=1}^{\infty} g(x_k)p_k.$$

(2) 由于此结论的证明涉及更深的数学理论，故这里只证明特殊情形：
设 $y = g(x)$ 满足第二章定理 2-6 的条件，则 $Y = g(X)$ 的概率密度为

$$f_Y(y) = \begin{cases} f_X(h(y)) \cdot |h'(y)|, & a < y < b, \\ 0, & \text{其他}. \end{cases}$$

于是，有

$$E(Y) = \int_{-\infty}^{+\infty} yf_Y(y)\mathrm{d}y$$

$$= \int_a^b yf_X(h(y)) \cdot |h'(y)|\mathrm{d}y.$$

1) 若 $h'(y) > 0$，则

$$E(Y) = \int_a^b y f_X(h(y)) \cdot |h'(y)| \mathrm{d}y$$

$$= \int_a^b y f_X(h(y)) \cdot h'(y) \mathrm{d}y$$

$$= \int_{-\infty}^{+\infty} g(x) f(x) \mathrm{d}x. \tag{4-3}$$

2) 若 $h'(y) < 0$，则

$$E(Y) = \int_a^b y f_X(h(y)) \cdot |h'(y)| \mathrm{d}y$$

$$= -\int_a^b y f_X(h(y)) \cdot h'(y) \mathrm{d}y$$

$$= -\int_{+\infty}^{-\infty} g(x) f(x) \mathrm{d}x = \int_{-\infty}^{+\infty} g(x) f(x) \mathrm{d}x. \tag{4-4}$$

因此，综合 1) 和 2) 可知在特殊情形下所证结论成立.

【例 4-16】 设随机变量 X 的分布律为

X	-2	-1	0	1
p	0.1	0.3	0.2	0.4

求 $E(X^2 - 2)$.

解 根据 X 的分布律，可得

p	0.1	0.3	0.2	0.4
X	-2	-1	0	1
$X^2 - 2$	2	-1	-2	-1

由定理 4-1 知

$$E(X^2 - 2) = 2 \times 0.1 + (-1) \times 0.3 + (-2) \times 0.2 + (-1) \times 0.4 = -0.9.$$

【例 4-17】 设随机变量 $X \sim U(0, \pi)$，$Y = 2X^2$，$Z = \cos X - E(X)$，求 $E(Y)$，$E(Z)$.

解 由题意知，X 的概率密度为

$$f(x) = \begin{cases} \dfrac{1}{\pi}, & 0 < x < \pi, \\ 0, & \text{其他}. \end{cases}$$

易知 $E(X) = \dfrac{\pi}{2}$. 根据定理 4-1，可得

$$E(Y) = E(2X^2) = \int_{-\infty}^{+\infty} 2x^2 f(x)\mathrm{d}x = \int_0^\pi \frac{2x^2}{\pi}\mathrm{d}x = \frac{2}{\pi} \cdot \frac{x^3}{3}\Big|_0^\pi = \frac{2}{3}\pi^2,$$

$$E(Z) = E[\cos X - E(X)] = \int_{-\infty}^{+\infty} \left(\cos x - \frac{\pi}{2}\right) f(x)\mathrm{d}x$$

$$= \int_0^\pi \left(\cos x - \frac{\pi}{2}\right) \frac{1}{\pi}\mathrm{d}x = -\frac{\pi}{2}.$$

【例 4-18】 设一药业公司计划在某地推销一种医疗设备，且该种医疗设备的预估销售量 X (台) 服从参数为 0.01 的指数分布. 已知每售出 1 台该种设备可获利 3 千元；若未售出积压在仓库，则每台损失 1 千元. 问该药业公司应该进货多少台医疗设备，才使得所获利润的数学期望达到最大？

解　由题意知，X 的概率密度为

$$f(x) = \begin{cases} \dfrac{1}{100}\mathrm{e}^{-\frac{1}{100}x}, & x > 0, \\ 0, & x \leqslant 0. \end{cases}$$

假设该药业公司进货 a 台医疗设备，可获利润 Y 千元，则

$$Y = g(X) = \begin{cases} 3X - (a - X), & X < a, \\ 3a, & X \geqslant a, \end{cases}$$

$$= \begin{cases} 4X - a, & X < a, \\ 3a, & X \geqslant a. \end{cases}$$

根据定理 4-1，可得所获利润的数学期望 (即平均利润) 为

$$E(Y) = E[g(X)] = \int_{-\infty}^{+\infty} g(x)f(x)\mathrm{d}x$$

$$= \int_0^a \frac{(4x - a)}{100} \cdot \mathrm{e}^{-\frac{1}{100}x}\mathrm{d}x + \int_a^\infty \frac{3a}{100} \cdot \mathrm{e}^{-\frac{1}{100}x}\mathrm{d}x$$

$$= 400 - 400\mathrm{e}^{-\frac{1}{100}a} - a.$$

令

$$\frac{\mathrm{d}(E(Y))}{\mathrm{d}a} = 4\mathrm{e}^{-\frac{1}{100}a} - 1 = 0,$$

得

$$a = -100\ln\frac{1}{4} \approx 138.629.$$

由于

$$\frac{\mathrm{d}^2(E(Y))}{\mathrm{d}a^2} = -\frac{4}{100}\mathrm{e}^{-\frac{1}{100}a} < 0,$$

故当 $a = 139$ 台时，$E(Y)$ 达到最大. 因此，当该药业公司进货 139 台设备时，公司所获利润的数学期望达到最大.

二、 二维随机变量函数的数学期望

定理 4-1 给出了一维随机变量函数数学期望的求解方法. 事实上，此定理可推广到多维随机变量的情形. 下面重点讨论二维随机变量函数的数学期望. 设 (X, Y) 为二维随机变量，$z = g(x, y)$ 为连续函数，$Z = g(X, Y)$ 为二维随机变量 (X, Y) 的函数，定理 4-2给出了不用求 $Z = g(X, Y)$ 的分布，而直接求解 $E[g(X, Y)]$ 的方法.

定理 4-2 设 $z = g(x, y)$ 为连续函数，$Z = g(X, Y)$ 为二维随机变量 (X, Y) 的函数，且 $E[g(X, Y)]$ 存在.

(1) 若 (X, Y) 为二维离散型随机变量，其分布律为

$$p_{ij} = P\{X = x_i, Y = y_j\}, \quad i, j = 1, 2, \cdots,$$

则有

$$E(Z) = E[g(X, Y)] = \sum_{i=1}^{\infty}\sum_{j=1}^{\infty} g(x_i, y_j)p_{ij}.$$

(2) 若 (X, Y) 为二维连续型随机变量，其概率密度为 $f(x, y)$，则有

$$E(Z) = E[g(X, Y)] = \int_{-\infty}^{+\infty}\int_{-\infty}^{+\infty} g(x, y)f(x, y)\mathrm{d}x\mathrm{d}y.$$

【例 4-19】 设二维离散型随机变量 (X, Y) 的分布律为

X	Y		
	-1	2	4
-1	0.2	0.1	0.1
2	0.1	0.3	0.2

求 $E(X)$，$E(X^2Y)$，$E(X + Y)$ 和 $E[\max\{X, Y\}]$.

解 根据 (X, Y) 的分布律，可得

p_{ij}	0.2	0.1	0.1	0.1	0.3	0.2
(X, Y)	$(-1, -1)$	$(-1, 2)$	$(-1, 4)$	$(2, -1)$	$(2, 2)$	$(2, 4)$
X	-1	-1	-1	2	2	2
X^2Y	-1	2	4	-4	8	16
$X + Y$	-2	1	3	1	4	6
$\max\{X, Y\}$	-1	2	4	2	2	4

由定理 4-2 知

$$E(X) = -1 \times 0.2 - 0.1 - 0.1 + 2 \times 0.1 + 2 \times 0.3 + 2 \times 0.2 = 0.8,$$

$$E(X^2 Y) = -1 \times 0.2 + 2 \times 0.1 + 4 \times 0.1 - 4 \times 0.1 + 8 \times 0.3 + 16 \times 0.2 = 5.6,$$

$$E(X + Y) = -2 \times 0.2 + 1 \times 0.1 + 3 \times 0.1 + 1 \times 0.1 + 4 \times 0.3 + 6 \times 0.2 = 2.5,$$

$$E[\max\{X, Y\}] = -1 \times 0.2 + 2 \times 0.1 + 4 \times 0.1 + 2 \times 0.1 + 2 \times 0.3 + 4 \times 0.2 = 2.$$

【例 4-20】 设二维连续型随机变量 (X, Y) 的概率密度为

$$f(x, y) = \begin{cases} kx^2 y, & (x, y) \in G, \\ 0, & \text{其他}, \end{cases}$$

其中 G 是由 $y = |x|$ 和 $y = 1$ 所围成的区域, 如图 4-1 所示.

(1) 求常数 k;

(2) 求 $P\left\{\dfrac{1}{3} < Y < \dfrac{2}{3}\right\}$, $E(Y)$ 和 $E\left(\dfrac{2}{XY}\right)$.

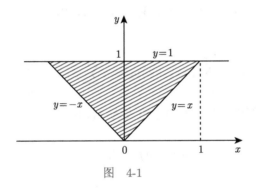

图 4-1

解 (1) 由概率密度的规范性知

$$\int_{-\infty}^{+\infty} \int_{-\infty}^{+\infty} f(x, y)\mathrm{d}x\mathrm{d}y = \iint\limits_{G} kx^2 y \mathrm{d}x\mathrm{d}y = \int_0^1 \mathrm{d}y \int_{-y}^{y} kx^2 y \mathrm{d}x = \frac{2}{15}k = 1,$$

解得 $k = \dfrac{15}{2}$.

(2) (X, Y) 的概率密度为

$$f(x, y) = \begin{cases} \dfrac{15}{2} x^2 y, & (x, y) \in G, \\ 0, & \text{其他}. \end{cases}$$

因此, 所求结果分别为

$$P\left\{\frac{1}{3} < Y < \frac{2}{3}\right\} = \int_{\frac{1}{3}}^{\frac{2}{3}} \mathrm{d}y \int_{-y}^{y} \frac{15}{2} x^2 y \mathrm{d}x = \frac{31}{243},$$

$$E(Y) = \int_{-\infty}^{+\infty} \int_{-\infty}^{+\infty} y f(x, y)\mathrm{d}x\mathrm{d}y = \int_{0}^{1} \mathrm{d}y \int_{-y}^{y} \frac{15}{2} x^2 y^2 \mathrm{d}x = \int_{0}^{1} 5y^5 \mathrm{d}y = \frac{5}{6},$$

$$E\left(\frac{2}{XY}\right) = \int_{-\infty}^{+\infty} \int_{-\infty}^{+\infty} \frac{2}{xy} f(x, y)\mathrm{d}x\mathrm{d}y = \int_{0}^{1} \mathrm{d}y \int_{-y}^{y} 15x \mathrm{d}x = 0.$$

三、 数学期望的性质

为了简化函数的数学期望计算，下面给出数学期望的几个重要性质，并假设性质中所涉及的数学期望均存在.

(1) 设 X，Y 为两个随机变量，$Y = aX + b$，其中 a 和 b 均为常数，则

$$E(Y) = E(aX + b) = aE(X) + b.$$

特别地，当 $a = 0$ 时，$E(b) = b$.

证明　1) 若 X 为离散型随机变量，其分布律为

$$p_k = P\{X = x_k\}, \quad k = 1, 2, \cdots,$$

则

$$E(Y) = E(aX + b) = \sum_{k=1}^{\infty} (ax_k + b)p_k = a\sum_{k=1}^{\infty} x_k p_k + \sum_{k=1}^{\infty} bp_k = aE(X) + b.$$

2) 若 X 为连续型随机变量，其概率密度为 $f(x)$，则

$$E(aX + b) = \int_{-\infty}^{+\infty} (ax + b)f(x)\mathrm{d}x$$

$$= a\int_{-\infty}^{+\infty} xf(x)\mathrm{d}x + \int_{-\infty}^{+\infty} bf(x)\mathrm{d}x = aE(X) + b.$$

(2) 设 X，Y 为两个随机变量，则

$$E(X + Y) = E(X) + E(Y).$$

证明　1) 若 (X, Y) 为二维离散型随机变量，其分布律为

$$p_{ij} = P\{X = x_i, Y = y_j\}, \quad i, j = 1, 2, \cdots,$$

则

$$E(X + Y) = \sum_{i=1}^{\infty} \sum_{j=1}^{\infty} (x_i + y_j)p_{ij}$$

$$= \sum_{i=1}^{\infty} \sum_{j=1}^{\infty} x_i p_{ij} + \sum_{i=1}^{\infty} \sum_{j=1}^{\infty} y_j p_{ij} = E(X) + E(Y).$$

2) 若 (X, Y) 为二维连续型随机变量，其概率密度为 $f(x, y)$，则

$$E(X+Y) = \int_{-\infty}^{+\infty} \int_{-\infty}^{+\infty} (x+y)f(x, y)\mathrm{d}x\mathrm{d}y$$

$$= \int_{-\infty}^{+\infty} \int_{-\infty}^{+\infty} xf(x, y)\mathrm{d}x\mathrm{d}y + \int_{-\infty}^{+\infty} \int_{-\infty}^{+\infty} yf(x, y)\mathrm{d}x\mathrm{d}y$$

$$= E(X) + E(Y).$$

(3) 设 X 和 Y 为两个相互独立的随机变量，则

$$E(XY) = E(X)E(Y).$$

证明　1) 若 (X, Y) 为二维离散型随机变量，其分布律为

$$p_{ij} = P\{X = x_i, Y = y_j\}, \quad i, j = 1, 2, \cdots,$$

则根据 X 和 Y 的独立性，可得

$$E(XY) = \sum_{i=1}^{\infty} \sum_{j=1}^{\infty} x_i y_j p_{ij}$$

$$= \sum_{i=1}^{\infty} \sum_{j=1}^{\infty} x_i y_j p_{i\cdot} p_{\cdot j}$$

$$= \sum_{i=1}^{\infty} x_i p_{i\cdot} \sum_{j=1}^{\infty} y_j p_{\cdot j} = E(X)E(Y).$$

2) 若 (X, Y) 为二维连续型随机变量，其概率密度为 $f(x, y)$，则根据 X 和 Y 的独立性，可得

$$E(XY) = \int_{-\infty}^{+\infty} \int_{-\infty}^{+\infty} xyf(x, y)\mathrm{d}x\mathrm{d}y$$

$$= \int_{-\infty}^{+\infty} \int_{-\infty}^{+\infty} xyf_X(x)f_Y(y)\mathrm{d}x\mathrm{d}y$$

$$= \int_{-\infty}^{+\infty} xf_X(x)\mathrm{d}x \int_{-\infty}^{+\infty} yf_Y(y)\mathrm{d}y = E(X)E(Y).$$

(4) 设 X 为随机变量，若存在一个常数 a，使得 $E(X) = a$，且 $P\{X \geqslant a\} = 1$ 或 $P\{X \leqslant a\} = 1$，则 $P\{X = a\} = 1$.

证明　这里只证明 X 为一个离散型随机变量且 $P\{X \geqslant a\} = 1$ 的情形，其他情形类似可证.

假设随机变量 X 的取值 $x_1, x_2, \cdots$ 中存在 x 满足

$$x > a \text{ 且 } P\{X = x\} > 0.$$

令 $P\{X = a\} = p_0$，则根据假定 $P\{X \geqslant a\} = 1$ 以及数学期望的定义，可知 $P\{X < a\} = 0$ 以及

$$
\begin{aligned}
E(X) &= p_0 a + \sum_{i=1,\ x_i \neq a}^{\infty} x_i P\{X = x_i\} \\
&> p_0 a + \sum_{i=1,\ x_i > a}^{\infty} a P\{X = x_i\} \\
&= a P\{X \geqslant a\} = a,
\end{aligned}
$$

这与已知 $E(X) = a$ 相矛盾. 于是随机变量 X 的取值中不存在大于 a 的 x，使得 $P\{X = x\} > 0$. 因此

$$
P\{X = a\} = P\{X \geqslant a\} = 1.
$$

注解4-4　性质 (2) 与 (3) 可推广到任意有限个随机变量的情形：设 X_1，X_2，$\cdots$，X_n 为 n 个随机变量，a_1，a_2，$\cdots$，a_n 为任意 n 个常数.

(1)

$$
E\left(\sum_{i=1}^{n} a_i X_i\right) = \sum_{i=1}^{n} a_i E(X_i).
$$

特别地，

$$
E\left(\frac{1}{n} \sum_{i=1}^{n} X_i\right) = \frac{1}{n} \sum_{i=1}^{n} E(X_i).
$$

(2) 若 X_1，X_2，$\cdots$，X_n 相互独立，则

$$
E\left(\prod_{i=1}^{n} X_i\right) = \prod_{i=1}^{n} E(X_i).
$$

但此性质的逆命题不成立，见例 4-21.

【例 4-21】　设二维离散型随机变量 (X, Y) 的分布律为

X	Y		
	-2	0	2
-1	0.3	0.1	0.3
0	0	0.1	0
1	0.1	0	0.1

(1) 求 $E(X)$，$E(Y)$，$E(XY)$ 和 $E(Y^2)$；

(2) 判断 $E(XY) = E(X)E(Y)$ 是否成立；

(3) 判断 X 和 Y 是否相互独立；

(4) 求 $E(2X + 3)$ 和 $E(2Y^2 + 3X - 1)$.

解　(1) 根据 (X, Y) 的分布律，可得

p_{ij}	0.3	0.1	0.3	0	0.1	0	0.1	0	0.1
(X, Y)	$(-1, -2)$	$(-1, 0)$	$(-1, 2)$	$(0, -2)$	$(0, 0)$	$(0, 2)$	$(1, -2)$	$(1, 0)$	$(1, 2)$
X	-1	-1	-1	0	0	0	1	1	1
Y	-2	0	2	-2	0	2	-2	0	2
XY	2	0	-2	0	0	0	-2	0	2
Y^2	4	0	4	4	0	4	4	0	4

由定理 4-2 知

$$E(X) = -0.3 - 0.1 - 0.3 + 0.1 + 0.1 = -0.5,$$

$$E(Y) = -2 \times 0.3 + 2 \times 0.3 - 2 \times 0.1 + 2 \times 0.1 = 0,$$

$$E(XY) = 2 \times 0.3 - 2 \times 0.3 - 2 \times 0.1 + 2 \times 0.1 = 0,$$

$$E(Y^2) = 4 \times 0.3 + 4 \times 0.3 + 4 \times 0.1 + 4 \times 0.1 = 3.2.$$

(2) 由于 $E(XY) = 0$，$E(X)E(Y) = -0.5 \times 0 = 0$，故 $E(XY) = E(X)E(Y)$.

(3) 依题意知

$$P\{X = -1\} = P\{X = -1, Y = -2\} + P\{X = -1, Y = 0\} + P\{X = -1, Y = 2\}$$

$$= 0.3 + 0.3 + 0.1 = 0.7,$$

$$P\{Y = -2\} = P\{X = -1, Y = -2\} + P\{X = 0, Y = -2\} + P\{X = 1, Y = -2\}$$

$$= 0.3 + 0.1 = 0.4.$$

于是

$$P\{X = -1\}P\{Y = -2\} = 0.7 \times 0.4 = 0.28.$$

又因 $P\{X = -1, Y = -2\} = 0.3$，可得

$$P\{X = -1, Y = -2\} \neq P\{X = -1\}P\{Y = -2\},$$

因此，X 和 Y 不是相互独立的.

(4) 根据期望的性质，可得

$$E(2X + 3) = 2E(X) + 3 = 2 \times (-0.5) + 3 = 2,$$

$$E(2Y^2 + 3X - 1) = 2E(Y^2) + 3E(X) - 1 = 2 \times 3.2 - 3 \times 0.5 - 1 = 3.9.$$

注解 4-5　例 4-21 表明，当 $E(XY) = E(X)E(Y)$ 成立时，X 和 Y 不一定相互独立.

【例 4-22】　设随机变量 $X \sim U(1, 3)$，$Y \sim N(0.5, 4)$，求 $E(3X - 2Y)$.

解　由题意知 $E(X) = \dfrac{1 + 3}{2} = 2$，$E(Y) = 0.5$. 根据数学期望的性质，可得

$$E(3X - 2Y) = 3E(X) - 2E(Y) = 3 \times 2 - 2 \times 0.5 = 5.$$

【例 4-23】 设 X，Y 和 Z 为三个相互独立的随机变量，$E(X)=1$，$E(Y)=E(Z)=0$，且 $E(X^2)=E(Y^2)=E(Z^2)=2$，求 $E[3X(Y-2Z)^2]$.

解 由于 X，Y 和 Z 相互独立，故 $3X$ 和 $(Y-2Z)^2$ 相互独立. 根据数学期望的性质，可得

$$
\begin{aligned}
E[3X(Y-2Z)^2] &= E(3X)E[(Y-2Z)^2] \\
&= 3E(Y^2+4Z^2-4YZ) \\
&= 3E(Y^2)+3E(4Z^2)-3E(4YZ) \\
&= 3E(Y^2)+12E(Z^2)-12E(YZ) \\
&= 3\times2+12\times2-12E(Y)E(Z) \\
&= 30.
\end{aligned}
$$

基础练习 4-2

1. 设随机变量 X 的分布律为

X	-2	0	1	3
p	0.1	a	0.2	0.4

则 $a=$ _____，$E(X)=$ _____，$E(2X-3)=$ _____，$E(2X^2+1)=$ _____.

2. 设随机变量 X 的概率密度为

$$
f(x)=\begin{cases} 0.4+bx, & 0<x<1, \\ 0, & \text{其他}, \end{cases}
$$

则 $b=$ _____，$E(2X^3-1)=$ _____.

3. 设随机变量 X 的概率密度为

$$
f(x)=\begin{cases} x, & 0<x<1, \\ 2-x, & 1\leqslant x<2, \\ 0, & \text{其他}. \end{cases}
$$

求 $E(3X-2)$.

4. 设二维离散型随机变量 (X,Y) 的分布律为

X	\multicolumn{3}{c}{Y}		
	-2	1	4
-2	0.2	a	0.2
3	0.1	0.1	0.3

则 $E(X)=$ _____，$E(Y)=$ _____，$E(XY)=$ _____，$E(X^2+2Y)=$ _____.

5. 设二维连续型随机变量 (X, Y) 的概率密度为

$$f(x, y) = \begin{cases} ax + y, & 0 < x < 1, \ 0 < y < 1, \\ 0, & \text{其他}. \end{cases}$$

求 $E(X)$，$E(XY)$.

6. 设随机变量 $X \sim N(1, 4)$，$Y \sim e(0.5)$.

(1) 若 $Z = 3X - 2Y + 1$，则 $E(Z) = $ _____；

(2) 若 X 和 Y 相互独立，$Z = 2XY + 3$，则 $E(Z) = $ _____.

第三节　方差

随机变量的数学期望反映了其取值的平均水平，但数学期望并没有传达更多关于分布的信息. 例如，若随机变量 X 和随机变量 Y 的期望都是 3，即 $E(X) = E(Y) = 3$，但 $P\{X = 3\} \neq 1$，$P\{Y = 3\} = 1$. 显然，X 和 Y 具有不同的分布. 为了区分这两个分布，我们不妨考虑 X 和 Y 取值的分散程度，即二者取值偏离各自期望值的程度. 而方差就是度量随机变量取值偏离期望值程度的工具. 本节主要围绕方差的定义和性质进行展开.

一、方差的定义

定义 4-3 设随机变量 X 的数学期望 $E(X)$ 存在. 若 $E\{[X - E(X)]^2\}$ 存在，则称 $E\{[X - E(X)]^2\}$ 为 X 的**方差** (variance)，记为 $D(X)$ 或 $\mathrm{Var}(X)$，即

$$D(X) = \mathrm{Var}(X) = E\{[X - E(X)]^2\}.$$

此外，称 $X - E(X)$ 为随机变量 X 的偏差；称 $\sqrt{D(X)}$ 为 X 的**标准差** (standard deviation) 或均方差，记为 $\sigma(X)$.

注解 4-6 (1) 方差 $D(X)$ 刻画了随机变量 X 取值偏离数学期望 $E(X)$ 的程度，或 X 取值的分散程度. 显然，$D(X)$ 越大，反映 X 的取值越分散；而 $D(X)$ 越小，则反映 X 的取值越集中.

(2) 事实上，$E[|X - E(X)|]$ 也可以度量随机变量 X 取值偏离数学期望 $E(X)$ 的程度，但有绝对值运算不方便，所以通常采用平方取代绝对值来进行描述.

(3) 由定义 4-3 可以看出，方差 $D(X)$ 本质上是随机变量函数 $g(X) = [X - E(X)]^2$ 的数学期望，且是一个确定的非负常数.

因此，计算方差实质是计算随机变量函数 $[X - E(X)]^2$ 的数学期望. 下面给出计算方差的两种基本方法.

(1) 根据定义计算 $D(X) = E\{[X - E(X)]^2\}$；

(2) 根据公式计算 $D(X) = E(X^2) - [E(X)]^2$.

事实上，根据数学期望的性质可得

$$
\begin{aligned}
D(X) &= E\{[X - E(X)]^2\} \\
&= E\{X^2 - 2XE(X) + [E(X)]^2\} \\
&= E(X^2) - 2[E(X)]^2 + [E(X)]^2 \\
&= E(X^2) - [E(X)]^2.
\end{aligned}
$$

二、 离散型随机变量的方差

设离散型随机变量 X 的分布律为

$$
p_k = P\{X = x_k\}, \quad k = 1, \ 2, \ \cdots,
$$

则 $D(X)$ 具体计算如下：

(1) 根据定义计算，可得

$$
D(X) = E\{[X - E(X)]^2\} = \sum_{k=1}^{\infty} [x_k - E(X)]^2 p_k;
$$

(2) 根据公式计算，可得

$$
D(X) = E(X^2) - [E(X)]^2 = \sum_{k=1}^{\infty} x_k^2 p_k - [E(X)]^2.
$$

【例 4-24】 设随机变量 X 的分布律为

X	-2	0	1	3
p	0.1	0.3	0.2	0.4

求 $D(X)$.

解 依题意知

$$
E(X) = -2 \times 0.1 + 1 \times 0.2 + 3 \times 0.4 = 1.2.
$$

根据 X 的分布律，可得

p	0.1	0.3	0.2	0.4
X	-2	0	1	3
X^2	$(-2)^2$	0	1	3^2
$[X - E(X)]^2$	$(-2 - 1.2)^2$	$(0 - 1.2)^2$	$(1 - 1.2)^2$	$(3 - 1.2)^2$

下面按两种方法计算 $D(X)$：

(1) 根据定义计算，可得

$$
\begin{aligned}
D(X) =& E\{[X - E(X)]^2\} \\
=& (-2 - 1.2)^2 \times 0.1 + (0 - 1.2)^2 \times 0.3 + (1 - 1.2)^2 \times 0.2 + \\
& (3 - 1.2)^2 \times 0.4 \\
=&\ 2.76.
\end{aligned}
$$

(2) 由于

$$
E(X^2) = (-2)^2 \times 0.1 + 1^2 \times 0.2 + 3^2 \times 0.4 = 4.2,
$$

根据公式计算，可得

$$
D(X) = E(X^2) - [E(X)]^2 = 4.2 - 1.2^2 = 2.76.
$$

【例 4-25】 设随机变量 X 服从参数为 p 的 (0–1) 分布，求 $D(X)$.

解 X 的分布律为

$$
P\{X = k\} = p^k q^{1-k}, \quad k = 0,\ 1, \quad q = 1 - p,
$$

且 $E(X) = p$. 由于

$$
E(X^2) = 0^2 \times q + 1^2 \times p = p,
$$

故

$$
D(X) = E(X^2) - [E(X)]^2 = p - p^2 = p(1 - p) = pq.
$$

【例 4-26】 设随机变量 $X \sim B(n,\ p)$，求 $D(X)$.

解 X 的分布律为

$$
p_k = P\{X = k\} = \mathrm{C}_n^k p^k q^{n-k}, \quad k = 0,\ 1,\ 2,\ \cdots,\ n; \quad q = 1 - p,
$$

且 $E(X) = np$. 由于

$$
\begin{aligned}
E(X^2) &= \sum_{k=0}^{n} k^2 p_k = \sum_{k=0}^{n} k^2 \mathrm{C}_n^k p^k q^{n-k} = \sum_{k=1}^{n} k^2 \frac{n!}{k!(n-k)!} p^k q^{n-k} \\
&= \sum_{k=1}^{n} [(k-1) + 1] \frac{n!}{(k-1)!(n-k)!} p^k q^{n-k} \\
&= \sum_{k=1}^{n} \frac{(k-1)n!}{(k-1)!(n-k)!} p^k q^{n-k} + \sum_{k=1}^{n} \frac{n!}{(k-1)!(n-k)!} p^k q^{n-k} \\
&= \sum_{k=2}^{n} \frac{n(n-1)p^2(n-2)!}{(k-2)!(n-k)!} p^{k-2} q^{n-k} + \sum_{k=1}^{n} \frac{np(n-1)!}{(k-1)!(n-k)!} p^{k-1} q^{n-k}
\end{aligned}
$$

$$=n(n-1)p^2\sum_{k=2}^{n}\mathrm{C}_{n-2}^{k-2}p^{k-2}q^{n-k}+np\sum_{k=1}^{n}\mathrm{C}_{n-1}^{k-1}p^{k-1}q^{n-k}$$

$$=n(n-1)p^2+np,$$

故

$$D(X)=E(X^2)-[E(X)]^2=n(n-1)p^2+np-(np)^2=npq.$$

【例 4-27】 设随机变量 $X\sim P(\lambda)$，求 $D(X)$.

解　X 的分布律为

$$p_k=P\{X=k\}=\frac{\lambda^k}{k!}\mathrm{e}^{-\lambda},\quad k=0,\ 1,\ 2,\ \cdots,\quad \lambda>0,$$

且 $E(X)=\lambda$. 由于

$$\begin{aligned}
E(X^2)&=E[X(X-1)+X]=E[X(X-1)]+E(X)\\
&=\sum_{k=0}^{\infty}k(k-1)p_k+\lambda=\sum_{k=0}^{\infty}k(k-1)\frac{\lambda^k}{k!}\mathrm{e}^{-\lambda}+\lambda\\
&=\lambda^2\mathrm{e}^{-\lambda}\sum_{k=2}^{\infty}\frac{\lambda^{k-2}}{(k-2)!}+\lambda=\lambda^2\mathrm{e}^{-\lambda}\mathrm{e}^{\lambda}+\lambda\\
&=\lambda^2+\lambda,
\end{aligned}$$

故

$$D(X)=E(X^2)-[E(X)]^2=\lambda.$$

三、连续型随机变量的方差

设连续型随机变量 X 的概率密度为 $f(x)$，则 $D(X)$ 的具体计算如下：

(1) 根据定义计算，可得

$$D(X)=E\{[X-E(X)]^2\}=\int_{-\infty}^{+\infty}[x-E(X)]^2f(x)\mathrm{d}x;$$

(2) 根据公式计算，可得

$$D(X)=E(X^2)-[E(X)]^2=\int_{-\infty}^{+\infty}x^2f(x)\mathrm{d}x-[E(X)]^2.$$

【例 4-28】 设随机变量 X 的概率密度为

$$f(x)=\begin{cases}a-x,&-1\leqslant x<0,\\b-x,&0\leqslant x<1,\\0,&\text{其他},\end{cases}$$

且 $E(X) = -\dfrac{1}{6}$, 求 $D(X)$.

解 由概率密度的性质和数学期望的定义，可知

$$1 = \int_{-\infty}^{+\infty} f(x)\mathrm{d}x = \int_{-1}^{0} (a-x)\mathrm{d}x + \int_{0}^{1} (b-x)\mathrm{d}x = a+b,$$

$$-\frac{1}{6} = E(X) = \int_{-\infty}^{+\infty} xf(x)\mathrm{d}x$$

$$= \int_{-1}^{0} x(a-x)\mathrm{d}x + \int_{0}^{1} x(b-x)\mathrm{d}x$$

$$= \frac{1}{2}(b-a) - \frac{2}{3}.$$

于是，解方程组

$$\begin{cases} a+b=1, \\ \dfrac{1}{2}(b-a) - \dfrac{2}{3} = -\dfrac{1}{6}, \end{cases}$$

可得 $a=0$, $b=1$. 故随机变量 X 的概率密度为

$$f(x) = \begin{cases} -x, & -1 \leqslant x < 0, \\ 1-x, & 0 \leqslant x < 1, \\ 0, & \text{其他}. \end{cases}$$

下面按两种方法分别计算 $D(X)$:

(1) 根据定义计算，可得

$$D(X) = E\left[\left(X + \frac{1}{6}\right)^2\right]$$

$$= \int_{-\infty}^{+\infty} \left(x + \frac{1}{6}\right)^2 f(x)\mathrm{d}x$$

$$= \int_{-1}^{0} \left(x + \frac{1}{6}\right)^2 (-x)\mathrm{d}x + \int_{0}^{1} \left(x + \frac{1}{6}\right)^2 (1-x)\mathrm{d}x$$

$$= \frac{11}{36}.$$

(2) 根据公式计算，可得

$$
\begin{aligned}
D(X) &= E(X^2) - [E(X)]^2 \\
&= \int_{-\infty}^{+\infty} x^2 f(x)\mathrm{d}x - \left(-\frac{1}{6}\right)^2 \\
&= -\int_{-1}^{0} x^3 \mathrm{d}x + \int_{0}^{1} x^2(1-x)\mathrm{d}x - \left(\frac{1}{6}\right)^2 \\
&= \frac{11}{36}.
\end{aligned}
$$

【例 4-29】 设随机变量 $X \sim U(a,\ b)$，求 $D(X)$.

解 X 的概率密度为

$$
f(x) = \begin{cases} \dfrac{1}{b-a}, & a < x < b, \\ 0, & \text{其他}, \end{cases}
$$

且 $E(X) = \dfrac{a+b}{2}$. 故

$$
D(X) = E(X^2) - [E(X)]^2 = \int_{a}^{b} x^2 \cdot \frac{1}{b-a}\mathrm{d}x - \left(\frac{a+b}{2}\right)^2 = \frac{(b-a)^2}{12}.
$$

【例 4-30】 设随机变量 $X \sim e(\lambda)$，求 $D(X)$.

解 X 的概率密度为

$$
f(x) = \begin{cases} \lambda \mathrm{e}^{-\lambda x}, & x > 0, \\ 0, & x \leqslant 0, \end{cases}
$$

且 $E(X) = \dfrac{1}{\lambda}$. 由于

$$
\begin{aligned}
E(X^2) &= \int_{-\infty}^{+\infty} x^2 f(x)\mathrm{d}x = \int_{0}^{+\infty} \lambda x^2 \mathrm{e}^{-\lambda x}\mathrm{d}x \\
&= -x^2 \mathrm{e}^{-\lambda x}\Big|_{0}^{+\infty} + 2\int_{0}^{+\infty} x\mathrm{e}^{-\lambda x}\mathrm{d}x = \frac{2}{\lambda^2},
\end{aligned}
$$

故

$$
D(X) = E(X^2) - [E(X)]^2 = \frac{2}{\lambda^2} - \left(\frac{1}{\lambda}\right)^2 = \frac{1}{\lambda^2}.
$$

【例 4-31】 设随机变量 $X \sim N(\mu,\ \sigma^2)$，求 $D(X)$.

解　X 的概率密度为

$$f(x) = \frac{1}{\sqrt{2\pi}\sigma}\mathrm{e}^{-\frac{(x-\mu)^2}{2\sigma^2}}, \quad -\infty < x < +\infty,$$

且 $E(X) = \mu$. 从而可得

$$D(X) = E\{[X - E(X)]^2\} = \int_{-\infty}^{+\infty}(x-\mu)^2 f(x)\mathrm{d}x = \int_{-\infty}^{+\infty}\frac{(x-\mu)^2}{\sqrt{2\pi}\sigma}\mathrm{e}^{-\frac{(x-\mu)^2}{2\sigma^2}}\mathrm{d}x.$$

令

$$y = \frac{x-\mu}{\sigma},$$

于是

$$D(X) = \int_{-\infty}^{+\infty}\frac{\sigma^2}{\sqrt{2\pi}}y^2\mathrm{e}^{-\frac{y^2}{2}}\mathrm{d}y = -\sigma^2\int_{-\infty}^{+\infty}\frac{y}{\sqrt{2\pi}}\mathrm{d}(\mathrm{e}^{-\frac{y^2}{2}})$$

$$= -\frac{\sigma^2}{\sqrt{2\pi}}y\mathrm{e}^{-\frac{y^2}{2}}\Big|_{-\infty}^{+\infty} + \sigma^2\int_{-\infty}^{+\infty}\frac{1}{\sqrt{2\pi}}\mathrm{e}^{-\frac{y^2}{2}}\mathrm{d}y = \sigma^2.$$

【例 4-32】　设随机变量 $X \sim Ga(\alpha, \lambda)$, 求 $D(X)$.

解　X 的概率密度为

$$f(x) = \begin{cases} \dfrac{\lambda^\alpha}{\Gamma(\alpha)}x^{\alpha-1}\mathrm{e}^{-\lambda x}, & x > 0, \\ 0, & \text{其他}. \end{cases}$$

于是

$$E(X^2) = \int_0^\infty x^2 \cdot \frac{\lambda^\alpha}{\Gamma(\alpha)}x^{\alpha-1}\mathrm{e}^{-\lambda x}\mathrm{d}x$$

$$= \frac{1}{\lambda\Gamma(\alpha)}\int_0^\infty (\lambda x)^{(\alpha+1)}\mathrm{e}^{-\lambda x}\mathrm{d}x$$

$$= \frac{1}{\lambda^2\Gamma(\alpha)}\int_0^\infty (\lambda x)^{(\alpha+1)}\mathrm{e}^{-\lambda x}\mathrm{d}(\lambda x)$$

$$= \frac{\Gamma(\alpha+2)}{\lambda^2\Gamma(\alpha)} = \frac{\alpha(\alpha+1)}{\lambda^2}.$$

又因 $E(X) = \dfrac{\alpha}{\lambda}$, 故

$$D(X) = E(X^2) - E(X)^2 = \frac{\alpha(\alpha+1)}{\lambda^2} - \left(\frac{\alpha}{\lambda}\right)^2 = \frac{\alpha}{\lambda^2}.$$

下面汇总了七种常见分布的数学期望和方差, 见表 4-3.

表 4-3

分布名称	数学期望	方差
(0−1) 分布 $B(1, p)$	p	pq
二项分布 $B(n, p)$	np	npq
泊松分布 $P(\lambda)$	λ	λ
均匀分布 $U(a, b)$	$\dfrac{a+b}{2}$	$\dfrac{(b-a)^2}{12}$
指数分布 $e(\lambda)$	$\dfrac{1}{\lambda}$	$\dfrac{1}{\lambda^2}$
正态分布 $N(\mu, \sigma^2)$	μ	σ^2
伽马分布 $Ga(\alpha, \lambda)$	$\dfrac{\alpha}{\lambda}$	$\dfrac{\alpha}{\lambda^2}$

注: 表中 $q = 1 - p$.

四、 方差的性质

为了便于复杂函数方差的计算，下面给出方差的几个重要性质，并假设性质中所涉及的数学期望与方差均存在.

(1) 设 X，Y 为两个随机变量，$Y = aX + b$，其中 a 和 b 均为常数，则

$$D(Y) = D(aX + b) = a^2 D(X).$$

特别地，当 $a = 0$ 时，$D(b) = 0$.

证明 根据数学期望的性质，可得

$$
\begin{aligned}
D(aX + b) &= E\{[(aX + b) - E(aX + b)]^2\} \\
&= E\{[(aX + b) - aE(X) - b]^2\} \\
&= E\{[aX - aE(X)]^2\} \\
&= E\{a^2[X - E(X)]^2\} = a^2 D(X).
\end{aligned}
$$

(2) 设 X，Y 为两个随机变量，则有

$$D(X + Y) = D(X) + D(Y) + 2E\{[X - E(X)][Y - E(Y)]\}, \tag{4-5a}$$

$$D(X - Y) = D(X) + D(Y) - 2E\{[X - E(X)][Y - E(Y)]\}, \tag{4-5b}$$

简记为

$$D(X \pm Y) = D(X) + D(Y) \pm 2E\{[X - E(X)][Y - E(Y)]\}.$$

证明 根据方差的定义，可知

$$
\begin{aligned}
&D(X + Y) \\
&= E\{[(X + Y) - E(X + Y)]^2\} = E\{[X - E(X)] + [Y - E(Y)]\}^2 \\
&= E\{[X - E(X)]^2\} + E\{[Y - E(Y)]^2\} + 2E\{[X - E(X)][Y - E(Y)]\} \\
&= D(X) + D(Y) + 2E\{[X - E(X)][Y - E(Y)]\},
\end{aligned}
$$

$$D(X-Y)$$

$$=E\{[(X-Y)-E(X-Y)]^2\}=E\{[X-E(X)]-[Y-E(Y)]\}^2$$

$$=E\{[X-E(X)]^2\}+E\{[Y-E(Y)]^2\}-2E\{[X-E(X)][Y-E(Y)]\}$$

$$=D(X)+D(Y)-2E\{[X-E(X)][Y-E(Y)]\}.$$

(3) 设 X 和 Y 为两个相互独立的随机变量, 则有

$$D(X\pm Y)=D(X)+D(Y).$$

证明 由性质 (2) 可知

$$D(X\pm Y)=D(X)+D(Y)\pm 2E\{[X-E(X)][Y-E(Y)]\}.$$

因 X 和 Y 相互独立, 故 $X-E(X)$ 和 $Y-E(Y)$ 相互独立. 根据数学期望的性质 (3), 可得

$$E\{[X-E(X)][Y-E(Y)]\}=E[X-E(X)]E[Y-E(Y)]=0.$$

因此

$$D(X\pm Y)=D(X)+D(Y).$$

(4) 设 X 为一个随机变量, a 为常数, 则

$$D(X)=E\{[X-E(X)]^2\}\leqslant E[(X-a)^2].$$

证明 根据方差的定义可知

$$E[(X-a)^2]-D(X)=E(X^2)-2aE(X)+a^2-E(X^2)+[E(X)]^2$$

$$=[E(X)]^2-2aE(X)+a^2=[E(X)-a]^2\geqslant 0,$$

故结论成立.

(5) 设 X 为随机变量, 则 $D(X)=0$ 的充分必要条件为 $P\{X=E(X)\}=1$.

证明 充分性: 由题意知 X 的分布律为

X	$E(X)$
p	1

于是

$$D(X)=E(X^2)-[E(X)]^2=[E(X)]^2\times 1-[E(X)]^2=0.$$

必要性: 显然 $[X-E(X)]^2\geqslant 0$, 因而 $P\{[X-E(X)]^2\geqslant 0\}=1$. 令 $Y=[X-E(X)]^2$, 则 $P\{Y\geqslant 0\}=1$. 又因 $D(X)=E\{[X-E(X)]^2\}=0$, 即 $E(Y)=0$, 故根据数学期望的性质 (4), 可得

$$P\{Y=0\}=1,$$

即 $P\{[X-E(X)]^2=0\}=1$. 这表明 $P\{X=E(X)\}=1$.

注解 4-7 (1) 设 X_1, X_2, $\cdots$, X_n 为 n 个相互独立的随机变量, 则有

$$D\left(\sum_{i=1}^{n} a_i X_i\right) = \sum_{i=1}^{n} a_i^2 D(X_i),$$

其中 a_1, a_2, $\cdots$, a_n 为 n 个常数. 特别地,

$$D\left(\sum_{i=1}^{n} X_i\right) = \sum_{i=1}^{n} D(X_i), \ D\left(\sum_{i=1}^{n} \frac{1}{n} X_i\right) = \frac{1}{n^2} \sum_{i=1}^{n} D(X_i).$$

(2) $D(X \pm Y) = D(X) + D(Y)$ 不能推出 X 和 Y 相互独立. 事实上, 由例 4-21 可知 $E(Y) = 0$, $E(XY) = 0$. 于是, 有

$$E\{[X - E(X)][Y - E(Y)]\} = E\{[X - E(X)]Y\}$$
$$= E[XY - E(X)Y]$$
$$= E(XY) - E(X)E(Y) = 0.$$

从而可得

$$D(X \pm Y) = D(X) + D(Y) \pm 2E\{[X - E(X)][Y - E(Y)]\} = D(X) + D(Y),$$

但该例中 X 和 Y 并不相互独立.

【例 4-33】 设随机变量 $X \sim P(2)$, $Y \sim N(1, 2)$, X 和 Y 相互独立. 令 $Z = 3X - 2Y + 1$, 求 $E(Z)$ 和 $D(Z)$.

解 由题意知

$$E(X) = D(X) = 2, \ E(Y) = 1, \ D(Y) = 2.$$

由于 X 和 Y 相互独立, 故

$$E(Z) = E(3X - 2Y + 1) = 3E(X) - 2E(Y) + 1 = 3 \times 2 - 2 \times 1 + 1 = 5,$$

$$D(Z) = D(3X - 2Y + 1) = 9D(X) + 4D(Y) = 9 \times 2 + 4 \times 2 = 26.$$

【例 4-34】 设 X 为一个随机变量, $E(X) = \mu$, 且 $D(X) = \sigma^2$, 求 $E[(X - 2)^2]$.

解 由于 $E(X^2) = D(X) + [E(X)]^2$, 因此

$$E[(X - 2)^2] = D(X - 2) + [E(X - 2)]^2$$
$$= D(X) + [E(X) - 2]^2$$
$$= \sigma^2 + (\mu - 2)^2.$$

【例 4-35】 设 X_1, X_2, $\cdots$, X_n 为 n 个相互独立的随机变量, 且其均服从参数为 p 的 (0-1) 分布, 令 $X = X_1 + X_2 + \cdots + X_n$.

(1) 求证: $X \sim B(n,\ p)$;

(2) 根据 (0-1) 分布的期望和方差, 求证 $E(X) = np$, $D(X) = np(1-p)$.

证明 (1) 由题意知 X 的所有可能取值为 0, 1, $\cdots$, n. $X = k$ 表示 n 个随机变量 X_1, X_2, $\cdots$, X_n 中有 k 个随机变量取值为 1, 且有 $n - k$ 个随机变量取值为 0. 而这样的取值方式共有 C_n^k 种, 于是

$$P\{X = k\} = \mathrm{C}_n^k p^k (1-p)^{n-k},\ k = 0,\ 1,\ \cdots,\ n.$$

故 $X \sim B(n,\ p)$.

(2) 由题意知 $X_i\ (i = 1,\ 2,\ \cdots,\ n)$ 服从 (0-1) 分布, 因而

$$E(X_i) = p,\ D(X_i) = p(1-p),\ i = 1,\ 2,\ \cdots,\ n.$$

又因这 n 个随机变量相互独立, 故根据数学期望和方差的性质, 可得

$$E(X) = E(X_1) + E(X_2) + \cdots + E(X_n) = np,$$

$$D(X) = D(X_1) + D(X_2) + \cdots + D(X_n) = np(1-p).$$

相比之前二项分布期望和方差的求解, 例 4-35 巧妙利用了数学期望和方差的性质进行求解, 简化了求解过程.

基础练习 4-3

1. 设随机变量 X 的分布律为

X	-3	0	2	3
p	0.3	0.2	0.3	0.2

则 $E(X) =$ _____, $D(X) =$ _____.

2. 设随机变量 X 的概率密度为

$$f(x) = \begin{cases} 1 + x, & -1 \leqslant x < 0, \\ 1 - x, & 0 \leqslant x < 1, \\ 0, & \text{其他}. \end{cases}$$

求 $E(X)$ 和 $D(X)$.

3. 设随机变量 $X \sim U(1,\ 3)$, 则 $E(X) =$ _____, $D(X) =$ _____, $E(X^2) =$ _____.

4. 设随机变量 $X \sim B(n,\ p)$, $E(X) = 4$, $D(X) = 2.4$, 则 $n =$ _____, $p =$ _____.

5. 设随机变量 $X \sim N(1, 2)$，$Y \sim N(0, 1)$，且 X 和 Y 相互独立. 令 $Z = 2X - Y + 4$，求 $E(Z)$ 和 $D(Z)$.

6. 设随机变量 $X \sim N(1, 3)$，$Y \sim P(2)$，且 X 和 Y 相互独立，则 $D(X) = \underline{\hspace{1.5cm}}$，$D(Y) = \underline{\hspace{1.5cm}}$，$E(X^2) = \underline{\hspace{1.5cm}}$，$E(Y^2) = \underline{\hspace{1.5cm}}$，$D(XY) = \underline{\hspace{1.5cm}}$.

第四节　协方差与相关系数

由前面的讨论可知，二维随机变量 (X, Y) 的联合分布一方面提供了关于 X 与 Y 的边缘分布的信息，另一方面提供了关于两个随机变量相互关联的信息. 相应地，我们除了讨论关于随机变量 X 与 Y 的数学期望和方差外，还需讨论关于两个随机变量相互关联信息的数字特征 ——协方差和相关系数.

一、协方差与相关系数的定义

定义 4-4　设 (X, Y) 为二维随机变量，若数学期望

$$E\{[X - E(X)][Y - E(Y)]\}$$

存在，则称其为随机变量 X 与 Y 的**协方差** (covariance)，记为 $\mathrm{Cov}(X, Y)$，即

$$\mathrm{Cov}(X, Y) = E\{[X - E(X)][Y - E(Y)]\}.$$

注解 4-8　(1) 若 X 和 Y 相互独立，则根据数学期望的性质可知

$$\mathrm{Cov}(X, Y) = E\{[X - E(X)][Y - E(Y)]\} = 0.$$

这就意味着，当 $\mathrm{Cov}(X, Y) \neq 0$ 时，X 和 Y 一定不相互独立，而是相互关联. 故协方差反映了随机变量 X 与 Y 的相关程度.

(2) 当 $X = Y$ 时，可得

$$\mathrm{Cov}(X, X) = E\{[X - E(X)][X - E(X)]\} = D(X).$$

可见方差是协方差的一种特殊情形.

(3) 由定义可知，协方差可理解为 X 的偏差 "$X - E(X)$" 与 Y 的偏差 "$Y - E(Y)$" 乘积的数学期望. 由于偏差或正、或负、或为零，故协方差或正、或负、或为零：

当 $\mathrm{Cov}(X, Y) > 0$ 时，可发现当 X 的偏差有增大倾向时，Y 的偏差也会随之有增大倾向；反之，当 X 的偏差有减小倾向时，Y 的偏差也会随之有减小倾向. 由于 $E(X)$ 与 $E(Y)$ 均为常数，故 X 与 Y 有同时增大或同时减小的倾向. 这表明 X 与 Y 正相关.

当 $\mathrm{Cov}(X, Y) < 0$ 时，可发现当 X 有增大倾向时，Y 会随之有减小倾向；当 X 有减小倾向时，Y 会随之有增大倾向. 这表明 X 与 Y 负相关.

当 $\mathrm{Cov}(X, Y) = 0$ 时，这表明 X 与 Y 既不是正相关，也不是负相关，此时称 X 与 Y 不相关. 但注意 X 与 Y 之间可能存在其他关系.

由定义 4-4 知，协方差 $\text{Cov}(X，Y)$ 实际上为二维随机变量函数

$$g(X，Y) = [X - E(X)][Y - E(Y)]$$

的数学期望. 下面给出计算协方差的两种基本方法:

(1) 利用定义计算 $\text{Cov}(X，Y) = E\{[X - E(X)][Y - E(Y)]\} = E[g(X，Y)]$;

(2) 利用公式计算 $\text{Cov}(X，Y) = E(XY) - E(X)E(Y)$.

事实上，将协方差的定义式展开，可得

$$\begin{aligned}
\text{Cov}(X，Y) &= E\{[X - E(X)][Y - E(Y)]\} \\
&= E[XY - XE(Y) - YE(X) + E(X)E(Y)] \\
&= E(XY) - E(X)E(Y) - E(X)E(Y) + E(X)E(Y) \\
&= E(XY) - E(X)E(Y).
\end{aligned}$$

虽然协方差在一定程度上反映了 X 和 Y 的相互关系，但它是具有量纲的量，且该量纲在实际应用中会带来诸多不便. 例如，给定随机变量 X 和 Y，若 X 的单位为 s (秒)，Y 的单位是 kg (千克)，则相应协方差的量纲为 s $\cdot$ kg；若 X 的单位为 ns (纳秒)，Y 的单位是 g (克)，则相应协方差的量纲为 ns $\cdot$ g. 一般情形下，协方差的量纲一旦不同，相应的协方差大小也会不同，这会给研究和应用带来不便.

为了消除量纲的影响，下面引入一个无量纲的量 —— 相关系数，它的定义如下:

> **定义 4-5** 设随机变量 X, Y 的方差、协方差均存在，称
>
> $$\rho_{XY} = \frac{\text{Cov}(X，Y)}{\sqrt{D(X)}\sqrt{D(Y)}}$$
>
> 为随机变量 X 与 Y 的相关系数(correlation coefficient)，其中 $D(X) > 0$, $D(Y) > 0$.

由定义 4-5 知，相关系数 ρ_{XY} 与协方差 $\text{Cov}(X，Y)$ 或同为正，或同为负，或同为零.

当 $\rho_{XY} > 0$ 时，称 X 与 Y 正相关；

当 $\rho_{XY} < 0$ 时，称 X 与 Y 负相关；

当 $\rho_{XY} = 0$ 时，称 X 与 Y 不相关.

注解 4-9 (1) 由于 X 与 Y 的协方差 $\text{Cov}(X，Y)$ 的量纲与 $\sqrt{D(X)}\sqrt{D(Y)}$ 的量纲相同，故二者相除，会消除量纲，从而相关系数 ρ_{XY} 是一个无量纲的量.

(2) 相关系数可用来度量随机变量 X 与 Y 之间的线性相关的程度，故也称为线性相关系数 (见后面相关系数的性质).

(3) X 与 Y 的相关系数实际上为其标准化变量的协方差. 事实上，

$$\rho_{XY} = \frac{\text{Cov}(X,\ Y)}{\sqrt{D(X)}\sqrt{D(Y)}}$$

$$= \frac{E\{[X-E(X)][Y-E(Y)]\}}{\sqrt{D(X)}\sqrt{D(Y)}}$$

$$= E\left\{\left[\frac{X-E(X)}{\sqrt{D(X)}}\right] \cdot \left[\frac{Y-E(Y)}{\sqrt{D(Y)}}\right]\right\}$$

$$= \text{Cov}\left(\frac{X-E(X)}{\sqrt{D(X)}},\ \frac{Y-E(Y)}{\sqrt{D(Y)}}\right).$$

二、 二维离散型随机变量的协方差与相关系数

设二维离散型随机变量 $(X,\ Y)$ 的分布律为

$$p_{ij} = P\{X=x_i,\ Y=y_j\}, \quad i,\ j=1,\ 2,\ \cdots,$$

则根据定理 4-2 知，$\text{Cov}(X,\ Y)$ 的具体计算方法如下：

(1) 根据定义计算，可得

$$\text{Cov}(X,\ Y) = E\{[X-E(X)][Y-E(Y)]\}$$

$$= \sum_{i=1}^{\infty}\sum_{j=1}^{\infty}[x_i-E(X)][y_j-E(Y)]p_{ij};$$

(2) 根据公式计算，可得

$$\text{Cov}(X,\ Y) = E(XY) - E(X)E(Y)$$

$$= \sum_{i=1}^{\infty}\sum_{j=1}^{\infty}x_i y_j p_{ij} - E(X)E(Y).$$

【例 4-36】 设二维随机变量 $(X,\ Y)$ 的分布律为

X	Y		
	-3	0	3
-2	0.1	0	0.1
2	0.3	0.2	0.3

(1) 求 $\text{Cov}(X,\ Y)$；

(2) 求 ρ_{XY}，并判断 X 和 Y 是否相互独立.

解　关于 X 与关于 Y 的边缘分布律分别为

X	-2	2
p	0.2	0.8

Y	-3	0	3
p	0.4	0.2	0.4

易得 $E(X) = 1.2$，$E(Y) = 0$.

此外，根据 (X, Y) 的分布律可知

p_{ij}	0.1	0	0.1	0.3	0.2	0.3
(X, Y)	$(-2, -3)$	$(-2, 0)$	$(-2, 3)$	$(2, -3)$	$(2, 0)$	$(2, 3)$
XY	6	0	-6	-6	0	6
$[X - E(X)][Y - E(Y)]$	9.6	0	-9.6	-2.4	0	2.4

(1) 按两种方法计算协方差：

根据定义计算，可得

$$\text{Cov}(X, Y) = E\{[X - E(X)][Y - E(Y)]\}$$
$$= 9.6 \times 0.1 - 9.6 \times 0.1 - 2.4 \times 0.3 + 2.4 \times 0.3$$
$$= 0;$$

根据公式计算，可得

$$\text{Cov}(X, Y) = E(XY) - E(X)E(Y)$$
$$= E(XY) - 1.2 \times 0$$
$$= 6 \times 0.1 - 6 \times 0.1 - 6 \times 0.3 + 6 \times 0.3$$
$$= 0.$$

(2) 根据相关系数的定义，可得

$$\rho_{XY} = \frac{\text{Cov}(X, Y)}{\sqrt{D(X)}\sqrt{D(Y)}} = 0,$$

因而 X 与 Y 是不相关的. 又因

$$P\{X = -2\}P\{Y = -3\} = 0.2 \times 0.4 = 0.08, \quad P\{X = -2, Y = -3\} = 0.1,$$

故

$$P\{X = -2\}P\{Y = -3\} \neq P\{X = -2, Y = -3\},$$

这说明 X 和 Y 不相互独立.

从该例可以看出，虽然 X 与 Y 不相关，但是二者并不是相互独立的. 更多的关于"独立与不相关"的关系，详见注解 4-10.

【例 4-37】 设二维随机变量 (X, Y) 的分布律为

X	Y		
	-1	0	1
-1	0	$\dfrac{1}{8}$	$\dfrac{1}{8}$
0	$\dfrac{1}{6}$	0	$\dfrac{1}{8}$
1	$\dfrac{1}{12}$	$\dfrac{1}{4}$	$\dfrac{1}{8}$

求 ρ_{XY}.

解　依题意知

p_{ij}	0	$\frac{1}{8}$	$\frac{1}{8}$	$\frac{1}{6}$	0	$\frac{1}{8}$	$\frac{1}{12}$	$\frac{1}{4}$	$\frac{1}{8}$
(X, Y)	$(-1, -1)$	$(-1, 0)$	$(-1, 1)$	$(0, -1)$	$(0, 0)$	$(0, 1)$	$(1, -1)$	$(1, 0)$	$(1, 1)$
X	-1	-1	-1	0	0	0	1	1	1
Y	-1	0	1	-1	0	1	-1	0	1
XY	1	0	-1	0	0	0	-1	0	1
X^2	1	1	1	0	0	0	1	1	1
Y^2	1	0	1	1	0	1	1	0	1

根据数学期望计算公式，可得

$$E(X) = -\frac{1}{8} - \frac{1}{8} + \frac{1}{12} + \frac{1}{4} + \frac{1}{8} = \frac{5}{24},$$

$$E(Y) = \frac{1}{8} - \frac{1}{6} + \frac{1}{8} - \frac{1}{12} + \frac{1}{8} = \frac{1}{8},$$

$$E(X^2) = \frac{1}{8} + \frac{1}{8} + \frac{1}{12} + \frac{1}{4} + \frac{1}{8} = \frac{17}{24},$$

$$E(Y^2) = \frac{1}{8} + \frac{1}{6} + \frac{1}{8} + \frac{1}{12} + \frac{1}{8} = \frac{5}{8},$$

$$E(XY) = -\frac{1}{8} - \frac{1}{12} + \frac{1}{8} = -\frac{1}{12}.$$

因此，有

$$D(X) = E(X^2) - [E(X)]^2 = \frac{17}{24} - \left(\frac{5}{24}\right)^2 = \frac{383}{576},$$

$$D(Y) = E(Y^2) - [E(Y)]^2 = \frac{5}{8} - \left(\frac{1}{8}\right)^2 = \frac{39}{64},$$

$$\text{Cov}(X, Y) = E(XY) - E(X)E(Y) = -\frac{1}{12} - \frac{5}{24} \times \frac{1}{8} = -\frac{21}{192},$$

$$\rho_{XY} = \frac{\text{Cov}(X, Y)}{\sqrt{D(X)}\sqrt{D(Y)}} = \frac{-\dfrac{21}{192}}{\sqrt{\dfrac{383}{576}}\sqrt{\dfrac{39}{64}}} = -0.1718.$$

三、 二维连续型随机变量的协方差与相关系数

设二维连续型随机变量 $(X，Y)$ 的概率密度为 $f(x，y)$，则 $\mathrm{Cov}(X，Y)$ 的具体计算如下：

(1) 根据定义计算，可得

$$\begin{aligned} \mathrm{Cov}(X，Y) =& E\{[X-E(X)][Y-E(Y)]\} \\ =& \int_{-\infty}^{+\infty}\int_{-\infty}^{+\infty}[x-E(X)][y-E(Y)]f(x，y)\mathrm{d}x\mathrm{d}y; \end{aligned}$$

(2) 根据公式计算，可得

$$\begin{aligned} \mathrm{Cov}(X，Y) =& E(XY)-E(X)E(Y) \\ =& \int_{-\infty}^{+\infty}\int_{-\infty}^{+\infty}xyf(x，y)\mathrm{d}x\mathrm{d}y-E(X)E(Y). \end{aligned}$$

【例 4-38】 设二维随机变量 $(X，Y)$ 的概率密度为

$$f(x，y)=\begin{cases} 2xy+\dfrac{1}{2}， & 0\leqslant x\leqslant 1，0\leqslant y\leqslant 1， \\ 0， & 其他， \end{cases}$$

求 $\mathrm{Cov}(X，Y)$.

解 依题意知

$$\begin{aligned} E(X) =& \int_{-\infty}^{+\infty}\int_{-\infty}^{+\infty}xf(x，y)\mathrm{d}x\mathrm{d}y=\int_0^1\int_0^1\left(2x^2y+\frac{x}{2}\right)\mathrm{d}y\mathrm{d}x \\ =& \int_0^1\left(x^2+\frac{x}{2}\right)\mathrm{d}x=\frac{7}{12}， \\ E(Y) =& \int_{-\infty}^{+\infty}\int_{-\infty}^{+\infty}yf(x，y)\mathrm{d}x\mathrm{d}y=\int_0^1\int_0^1\left(2xy^2+\frac{y}{2}\right)\mathrm{d}y\mathrm{d}x \\ =& \int_0^1\left(\frac{2x}{3}+\frac{1}{4}\right)\mathrm{d}x=\frac{7}{12}. \end{aligned}$$

下面按两种方法计算协方差：

(1) 根据定义计算，可得

$$\begin{aligned} \mathrm{Cov}(X，Y) =& E\{[X-E(X)][Y-E(Y)]\} \\ =& \int_{-\infty}^{+\infty}\int_{-\infty}^{+\infty}\left(x-\frac{7}{12}\right)\left(y-\frac{7}{12}\right)f(x，y)\mathrm{d}x\mathrm{d}y \\ =& \int_0^1\int_0^1\left(x-\frac{7}{12}\right)\left(y-\frac{7}{12}\right)\left(2xy+\frac{1}{2}\right)\mathrm{d}y\mathrm{d}x \\ =& \frac{1}{144}; \end{aligned}$$

(2) 根据公式计算，可得

$$
\begin{aligned}
\operatorname{Cov}(X,\ Y) &= E(XY) - E(X)E(Y) \\
&= \int_{-\infty}^{+\infty} \int_{-\infty}^{+\infty} xy f(x,\ y)\mathrm{d}x\mathrm{d}y - E(X)E(Y) \\
&= \int_{0}^{1} \int_{0}^{1} \left(2x^2y^2 + \frac{xy}{2}\right)\mathrm{d}y\mathrm{d}x - \left(\frac{7}{12}\right)^2 \\
&= \frac{25}{72} - \frac{49}{144} = \frac{1}{144}.
\end{aligned}
$$

【例 4-39】　设 G 是以坐标原点为中心、半径为 2 的圆的内部区域，二维随机变量 $(X,\ Y)$ 在 G 上服从均匀分布. 求 ρ_{XY}，并判断 X 和 Y 是否相互独立.

解　$(X,\ Y)$ 的概率密度为

$$
f(x,\ y) = \begin{cases} \dfrac{1}{4\pi}, & x^2 + y^2 \leqslant 4, \\ 0, & \text{其他.} \end{cases}
$$

可得

$$
E(X) = \int_{-\infty}^{+\infty} \int_{-\infty}^{+\infty} x f(x,\ y)\mathrm{d}x\mathrm{d}y = \int_{-2}^{2} \int_{-\sqrt{4-y^2}}^{\sqrt{4-y^2}} \frac{x}{4\pi}\mathrm{d}x\mathrm{d}y = 0,
$$

$$
E(Y) = \int_{-\infty}^{+\infty} \int_{-\infty}^{+\infty} y f(x,\ y)\mathrm{d}x\mathrm{d}y = \int_{-2}^{2} \int_{-\sqrt{4-x^2}}^{\sqrt{4-x^2}} \frac{y}{4\pi}\mathrm{d}y\mathrm{d}x = 0,
$$

$$
E(XY) = \int_{-\infty}^{+\infty} \int_{-\infty}^{+\infty} xy f(x,\ y)\mathrm{d}x\mathrm{d}y = \int_{-2}^{2} \int_{-\sqrt{4-x^2}}^{\sqrt{4-x^2}} \frac{xy}{4\pi}\mathrm{d}y\mathrm{d}x = 0.
$$

因此

$$
\operatorname{Cov}(X,\ Y) = E(XY) - E(X)E(Y) = 0.
$$

故相关系数为

$$
\rho_{XY} = \frac{\operatorname{Cov}(X,\ Y)}{\sqrt{D(X)}\sqrt{D(Y)}} = 0.
$$

又由于

$$
f_X(x) = \int_{-\infty}^{+\infty} f(x,\ y)\mathrm{d}y = \begin{cases} \dfrac{\sqrt{4-x^2}}{2\pi}, & -2 \leqslant x \leqslant 2, \\ 0, & \text{其他,} \end{cases}
$$

$$
f_Y(y) = \int_{-\infty}^{+\infty} f(x,\ y)\mathrm{d}x = \begin{cases} \dfrac{\sqrt{4-y^2}}{2\pi}, & -2 \leqslant y \leqslant 2, \\ 0, & \text{其他,} \end{cases}
$$

故当 $(X,\ Y) \in G$ 时，$f(x,\ y) \neq f_X(x)f_Y(y)$，这说明 X 和 Y 不相互独立.

四、 协方差与相关系数的性质

下面分别讨论协方差与相关系数的性质，并假设性质中所涉及的数学期望、方差与协方差均存在.

1. 协方差的性质

设 X，Y，Z 为三个随机变量，a 和 b 均为常数，则协方差具有以下性质.

(1) $\mathrm{Cov}(aX, bY) = ab\mathrm{Cov}(X, Y) = ab\mathrm{Cov}(Y, X)$.

证明 根据协方差的定义，可知

$$
\begin{aligned}
\mathrm{Cov}(aX, bY) &= E\{[aX - E(aX)][bY - E(bY)]\} \\
&= abE\{[X - E(X)][Y - E(Y)]\} \\
&= ab\mathrm{Cov}(X, Y) \\
&= ab\mathrm{Cov}(Y, X).
\end{aligned}
$$

(2) $\mathrm{Cov}(X, b) = 0$.

证明 根据协方差的定义，可知

$$
\begin{aligned}
\mathrm{Cov}(X, b) &= E\{[X - E(X)][b - E(b)]\} \\
&= E\{[X - E(X)](b - b)\} \\
&= 0.
\end{aligned}
$$

(3) $\mathrm{Cov}(X + Y, Z) = \mathrm{Cov}(X, Z) + \mathrm{Cov}(Y, Z)$.

证明 根据协方差的定义，可知

$$
\begin{aligned}
\mathrm{Cov}(X + Y, Z) &= E\{[(X + Y) - E(X + Y)][Z - E(Z)]\} \\
&= E\{[X - E(X) + Y - E(Y)][Z - E(Z)]\} \\
&= E\{[X - E(X)][Z - E(Z)] + [Y - E(Y)][Z - E(Z)]\} \\
&= E\{[X - E(X)][Z - E(Z)]\} + E\{[Y - E(Y)][Z - E(Z)]\} \\
&= \mathrm{Cov}(X, Z) + \mathrm{Cov}(Y, Z).
\end{aligned}
$$

(4) $D(X \pm Y) = D(X) + D(Y) \pm 2\mathrm{Cov}(X, Y)$. 特别地，当 X 和 Y 相互独立时，有

$$
\mathrm{Cov}(X, Y) = 0
$$

以及

$$
D(X \pm Y) = D(X) + D(Y).
$$

证明 该性质由方差的性质 (2) 和性质 (3) 直接可得.

(5) $\mathrm{Cov}^2(X,\ Y) \leqslant D(X)D(Y)$.

证明 由于方差非负，故对任意实数 k，恒有

$$D(Y - kX) = D(Y) + k^2D(X) - 2k\mathrm{Cov}(X,\ Y) \geqslant 0.$$

显然，这是一个关于 k 的二次函数，从而有

$$\Delta = [-2\mathrm{Cov}(X,\ Y)]^2 - 4D(X)D(Y) = 4\mathrm{Cov}^2(X,\ Y) - 4D(X)D(Y) \leqslant 0,$$

即

$$\mathrm{Cov}^2(X,\ Y) \leqslant D(X)D(Y).$$

【例 4-40】 设 X 与 Y 为两个随机变量，已知 $D(X) = 9$，$D(Y) = 4$ 且 $\rho_{XY} = -\dfrac{1}{6}$，求 $D(2X - 3Y + 8)$.

解 由题意知

$$-\frac{1}{6} = \rho_{XY} = \frac{\mathrm{Cov}(X,\ Y)}{\sqrt{D(X)}\sqrt{D(Y)}},$$

于是

$$\mathrm{Cov}(X,\ Y) = -\frac{1}{6}\sqrt{D(X)}\sqrt{D(Y)} = -\frac{1}{6} \times \sqrt{9} \times \sqrt{4} = -1.$$

根据协方差与方差的性质，可得

$$\begin{aligned}
D(2X - 3Y + 8) &= D(2X - 3Y) \\
&= 4D(X) + 9D(Y) - 12\mathrm{Cov}(X,\ Y) \\
&= 4 \times 9 + 9 \times 4 + 12 \\
&= 84.
\end{aligned}$$

2. 相关系数的性质

设 X，Y 为两个随机变量，则相关系数具有以下性质.

(1) $|\rho_{XY}| \leqslant 1$.

证明 由协方差的性质 (5) 可知 $\mathrm{Cov}^2(X,\ Y) \leqslant D(X)D(Y)$. 因而根据相关系数的定义可得 $|\rho_{XY}| \leqslant 1$.

(2) $|\rho_{XY}| = 1$ 当且仅当存在常数 a，b $(a \neq 0)$，使得 $P\{Y = aX + b\} = 1$.

证明 充分性：若存在常数 a，b，使得 $P\{Y = aX + b\} = 1$，即 $P\{aX + b - Y = 0\} = 1$，则 $D(aX + b - Y) = 0$，即

$$a^2D(X) - 2a\mathrm{Cov}(X,\ Y) + D(Y) = 0.$$

由此可知，a 是关于 t 的二次方程

$$t^2D(X) - 2t\mathrm{Cov}(X,\ Y) + D(Y) = 0$$

的解，所以判别式

$$\Delta = \mathrm{Cov}^2(X, Y) - D(X)D(Y) \geqslant 0,$$

即

$$|\rho_{XY}|^2 = \frac{\mathrm{Cov}^2(X, Y)}{D(X)D(Y)} \geqslant 1,$$

于是 $|\rho_{XY}| \geqslant 1$. 又 $|\rho_{XY}| \leqslant 1$，故 $|\rho_{XY}| = 1$.

必要性：给定关于 t 的二次方程

$$t^2 D(X) - 2t\mathrm{Cov}(X, Y) + D(Y) = 0. \tag{4-6}$$

由于 $|\rho_{XY}| = 1$，故

$$\mathrm{Cov}^2(X, Y) - D(X)D(Y) = 0.$$

由此可知方程 (4-6) 的判别式为 0，这说明该方程只有一个实根，不妨记为 $t = a$，即

$$a^2 D(X) - 2a\mathrm{Cov}(X, Y) + D(Y) = D(Y - aX) = 0.$$

令 $b = E(Y - aX)$，则根据方差的性质 (5) 知

$$P\{Y - aX = b\} = 1,$$

故结论成立.

注解 4-10 (1) 由相关系数的性质可知，$|\rho_{XY}|$ 的大小反映了 X 与 Y 线性相关的程度：$|\rho_{XY}|$ 的值越接近 1，则 X 与 Y 的线性相关的程度越大；$|\rho_{XY}|$ 的值越接近 0，则 X 与 Y 线性相关的程度越小；$\rho_{XY} = 0$，则 X 与 Y 不相关，即它们没有线性关系.

(2) 当 X 和 Y 相互独立时，有 $\mathrm{Cov}(X, Y) = 0$，于是 $\rho_{XY} = 0$；反之，由例 4-36 和例 4-39 可知，当 $\rho_{XY} = 0$ 时，X 和 Y 并不一定相互独立，即 X 与 Y 有除线性关系之外的其他关系.

(3) 若 $Y = aX + b$ $(a \neq 0)$，则当 $a > 0$ 时，$\rho_{XY} = 1$；当 $a < 0$ 时，$\rho_{XY} = -1$.

事实上，由协方差与方差的性质可知

$$\mathrm{Cov}(X, Y) = \mathrm{Cov}(X, aX + b) = a\mathrm{Cov}(X, X) = aD(X),$$

$$D(Y) = D(aX + b) = a^2 D(X).$$

于是，由相关系数定义可得

$$\rho_{XY} = \frac{\mathrm{Cov}(X, Y)}{\sqrt{D(X)}\sqrt{D(Y)}} = \frac{aD(X)}{|a|D(X)} = \frac{a}{|a|} = \begin{cases} 1, & a > 0, \\ -1, & a < 0. \end{cases}$$

定理 4-3 设二维随机变量 $(X, Y) \sim N(\mu_1, \mu_2, \sigma_1^2, \sigma_2^2, \rho)$，则

(1) $\rho_{XY} = \rho$；

(2) X 和 Y 相互独立的充分必要条件为 X 与 Y 不相关.

证明　(1)(X, Y) 的概率密度为

$$f(x, y) = \frac{1}{2\pi\sigma_1\sigma_2\sqrt{1-\rho^2}} \exp\left\{-\frac{1}{2(1-\rho^2)}\left[\frac{(x-\mu_1)^2}{\sigma_1^2} - 2\rho\frac{(x-\mu_1)(y-\mu_2)}{\sigma_1\sigma_2} + \frac{(y-\mu_2)^2}{\sigma_2^2}\right]\right\}.$$

由第三章第二节可知，二维正态分布的边缘分布为一维正态分布，即 $X \sim N(\mu_1, \sigma_1^2)$，$Y \sim N(\mu_2, \sigma_2^2)$，故

$$E(X) = \mu_1, \; E(Y) = \mu_2, \; D(X) = \sigma_1^2, \; D(Y) = \sigma_2^2.$$

根据协方差定义，可得

$$\begin{aligned}
\text{Cov}(X, Y) &= \int_{-\infty}^{+\infty}\int_{-\infty}^{+\infty} (x-\mu_1)(y-\mu_2)f(x, y)\mathrm{d}x\mathrm{d}y \\
&= \frac{1}{2\pi\sigma_1\sigma_2\sqrt{1-\rho^2}} \int_{-\infty}^{+\infty}\int_{-\infty}^{+\infty} (x-\mu_1)(y-\mu_2) \times \\
&\quad \exp\left[\frac{-1}{2(1-\rho^2)}\left(\frac{y-\mu_2}{\sigma_2} - \rho\frac{x-\mu_1}{\sigma_1}\right)^2 - \frac{(x-\mu_1)^2}{2\sigma_1^2}\right]\mathrm{d}x\mathrm{d}y.
\end{aligned}$$

令

$$t = \frac{1}{\sqrt{1-\rho^2}}\left(\frac{y-\mu_2}{\sigma_2} - \rho\frac{x-\mu_1}{\sigma_1}\right), \; u = \frac{x-\mu_1}{\sigma_1},$$

则

$$\begin{aligned}
\text{Cov}(X, Y) &= \frac{1}{2\pi}\int_{-\infty}^{+\infty}\int_{-\infty}^{+\infty} (\rho\sigma_1\sigma_2 u^2 + \sigma_1\sigma_2 tu\sqrt{1-\rho^2})\mathrm{e}^{-\frac{u^2+t^2}{2}}\mathrm{d}t\mathrm{d}u \\
&= \frac{\rho\sigma_1\sigma_2}{2\pi}\left(\int_{-\infty}^{+\infty} u^2\mathrm{e}^{-\frac{u^2}{2}}\mathrm{d}u\right)\left(\int_{-\infty}^{+\infty} \mathrm{e}^{-\frac{t^2}{2}}\mathrm{d}t\right) + \\
&\quad \frac{\sigma_1\sigma_2\sqrt{1-\rho^2}}{2\pi}\left(\int_{-\infty}^{+\infty} u\mathrm{e}^{-\frac{u^2}{2}}\mathrm{d}u\right)\left(\int_{-\infty}^{+\infty} t\mathrm{e}^{-\frac{t^2}{2}}\mathrm{d}t\right) \\
&= \frac{\rho\sigma_1\sigma_2}{2\pi}\sqrt{2\pi} \times \sqrt{2\pi} = \rho\sigma_1\sigma_2.
\end{aligned}$$

于是

$$\rho_{XY} = \frac{\text{Cov}(X, Y)}{\sqrt{D(X)}\sqrt{D(Y)}} = \rho.$$

(2) 由第三章第三节可知，若 (X, Y) 服从二维正态分布，则 X 和 Y 相互独立的充分必要条件为 $\rho = 0$. 再由 (1) 可知 $\rho_{XY} = \rho$，于是得 $\rho_{XY} = 0$，这说明 X 与 Y 不相关. 因此 X 和 Y 相互独立的充分必要条件为 X 与 Y 不相关.

【例 4-41】　设 X, Y 为两个随机变量，$D(X) = \dfrac{1}{4}$，且 $Y = 3 - 4X$，求 X 与 Y 的协方差 $\text{Cov}(X, Y)$.

解　由题意知 $\rho_{XY} = -1$，且

$$D(Y) = D(3 - 4X) = 16D(X) = 16 \times \frac{1}{4} = 4,$$

故 X 与 Y 的协方差为

$$\text{Cov}(X，Y) = \rho_{XY}\sqrt{D(X)}\sqrt{D(Y)} = -\sqrt{\frac{1}{4}} \times \sqrt{4} = -1.$$

【例 4-42】　设二维随机变量 $(X，Y) \sim N(1，0，4，9，-0.5)$．令 $Z = 3X + 2Y$，求 X 与 Z 的相关系数 ρ_{XZ}．

解　由题意知 $D(X) = 4$，$D(Y) = 9$，$\rho_{XY} = -0.5$．根据相关系数的定义，可得

$$\text{Cov}(X，Y) = \rho_{XY}\sqrt{D(X)}\sqrt{D(Y)} = -0.5 \times 2 \times 3 = -3.$$

又因

$$D(Z) = D(3X + 2Y) = 9D(X) + 4D(Y) + 12\text{Cov}(X，Y) = 36,$$

$$\text{Cov}(X，Z) = \text{Cov}(X，3X + 2Y)$$

$$= \text{Cov}(X，3X) + \text{Cov}(X，2Y)$$

$$= 3D(X) + 2\text{Cov}(X，Y) = 6,$$

故

$$\rho_{XZ} = \frac{\text{Cov}(X，Z)}{\sqrt{D(X)}\sqrt{D(Z)}} = \frac{6}{\sqrt{4} \times \sqrt{36}} = 0.5.$$

五、　协方差矩阵与相关矩阵 *

定义 4-6　设 n 维随机向量 $(X_1，X_2，\cdots，X_n)$ 中任意两个分量 X_i 与 X_j 的协方差 $\text{Cov}(X_i，X_j)$ $(i，j = 1，2，\cdots，n)$ 均存在，则称

$$C = \begin{pmatrix} c_{11} & c_{12} & \cdots & c_{1n} \\ c_{21} & c_{22} & \cdots & c_{2n} \\ \vdots & \vdots & & \vdots \\ c_{n1} & c_{n2} & \cdots & c_{nn} \end{pmatrix}$$

为 n 维随机向量 $(X_1，X_2，\cdots，X_n)$ 的**协方差矩阵** (covariance matrix)，记为 $C = (c_{ij})_{n \times n}$，其中 $c_{ij} = \text{Cov}(X_i，X_j)$．

由协方差性质可知

$$c_{ii} = D(X_i)，\quad c_{ij} = c_{ji}，\quad i，j = 1，2，\cdots，n.$$

故协方差矩阵 C 是一个对称矩阵，且根据代数的知识可知该矩阵是非负定的.

定义 4-7 设 n 维随机向量 $(X_1,\ X_2,\ \cdots,\ X_n)$ 中任意两个分量 X_i 与 X_j 的相关系数 $\rho_{ij}\ (i,\ j=1,\ 2,\ \cdots,\ n)$ 均存在，则称

$$R = \begin{pmatrix} \rho_{11} & \rho_{12} & \cdots & \rho_{1n} \\ \rho_{21} & \rho_{22} & \cdots & \rho_{2n} \\ \vdots & \vdots & & \vdots \\ \rho_{n1} & \rho_{n2} & \cdots & \rho_{nn} \end{pmatrix}$$

为 n 维随机向量 $(X_1,\ X_2,\ \cdots,\ X_n)$ 的相关矩阵 (correlation matrix).

由相关系数的定义可知

$$\rho_{ii} = \frac{\mathrm{Cov}(X_i,\ X_i)}{\sqrt{D(X_i)}\sqrt{D(X_i)}} = \frac{D(X_i)}{D(X_i)} = 1,$$

$$\rho_{ji} = \frac{\mathrm{Cov}(X_i,\ X_j)}{\sqrt{D(X_i)}\sqrt{D(X_j)}} = \rho_{ij}, \quad i,\ j=1,\ 2,\ \cdots,\ n.$$

故相关矩阵 R 是一个主对角线元素为 1 的对称矩阵，且根据代数的知识可知该矩阵是非负定的.

【例 4-43】 设随机向量 $(X,\ Y) \sim N(\mu_1,\ \mu_2,\ \sigma_1^2,\ \sigma_2^2,\ \rho)$，求 $(X,\ Y)$ 的协方差矩阵和相关矩阵.

解 依题意知 $E(X)=\mu_1$, $D(X)=\sigma_1^2$, $E(Y)=\mu_2$, $D(Y)=\sigma_2^2$, $\rho_{XY}=\rho$，故可得

$$\mathrm{Cov}(X,\ Y) = \rho_{XY}\sqrt{D(X)}\sqrt{D(Y)} = \rho\sigma_1\sigma_2.$$

从而 $(X,\ Y)$ 的协方差矩阵 C 和相关矩阵 R 分别为

$$C = \begin{pmatrix} \sigma_1^2 & \rho\sigma_1\sigma_2 \\ \rho\sigma_1\sigma_2 & \sigma_2^2 \end{pmatrix}, \quad R = \begin{pmatrix} 1 & \rho \\ \rho & 1 \end{pmatrix}.$$

协方差矩阵简化了随机变量之间关系的表达形式. 常见情形，我们可采用协方差矩阵来表达 n 维正态随机变量的概率密度.

定义 4-8 设 $(X_1,\ X_2,\ \cdots,\ X_n)$ 为 n 维随机向量，$x_1,\ x_2,\ \cdots,\ x_n$ 为任意 n 个实数，若 $(X_1,\ X_2,\ \cdots,\ X_n)$ 的概率密度为

$$f(x_1,\ x_2,\ \cdots,\ x_n) = \frac{1}{(2\pi)^{n/2}(\det C)^{1/2}} \exp\left\{ -\frac{1}{2}(X-U)^{\mathrm{T}}C^{-1}(X-U) \right\},$$

则称 $(X_1,\ X_2,\ \cdots,\ X_n)$ 服从 n 维正态分布. 其中 C 为 $(X_1,\ X_2,\ \cdots,\ X_n)$ 的协

方差矩阵，$\det C$ 为 C 的行列式，且

$$\boldsymbol{X} = \begin{pmatrix} x_1 \\ x_2 \\ \vdots \\ x_n \end{pmatrix}, \quad \boldsymbol{U} = \begin{pmatrix} E(X_1) \\ E(X_2) \\ \vdots \\ E(X_n) \end{pmatrix}.$$

注解 4-11　定理 4-3 可推广到 n 维随机向量 $(X_1, X_2, \cdots, X_n)$ 的情形：设 $(X_1, X_2, \cdots, X_n)$ 服从 n 维正态分布，则 $X_1, X_2, \cdots, X_n$ 相互独立的充分必要条件是 $X_1, X_2, \cdots, X_n$ 两两不相关.

事实上，关于 n 维正态分布，以下性质也成立 (证明略)：

(1) 若 $(X_1, X_2, \cdots, X_n)$ 服从 n 维正态分布，则其边缘分布也是一维正态分布；反之，若 n 个随机变量 $X_1, X_2, \cdots, X_n$ 均服从正态分布且相互独立，则 $(X_1, X_2, \cdots, X_n)$ 服从 n 维正态分布.

(2) $(X_1, X_2, \cdots, X_n)$ 服从 n 维正态分布的充要条件是 $X_1, X_2, \cdots, X_n$ 的任意线性组合

$$a_1 X_1 + a_2 X_2 + \cdots + a_n X_n$$

服从一维正态分布，其中 $a_1, a_2, \cdots, a_n$ 为不全为 0 的常数.

(3) 若 $(X_1, X_2, \cdots, X_n)$ 服从 n 维正态分布，$Y_j(j = 1, 2, \cdots, k)$ 是 $X_1, X_2, \cdots, X_n$ 的线性组合，则 $(Y_1, Y_2, \cdots, Y_k)$ 也服从多维正态分布.

基础练习 4-4

1. 设二维随机变量 (X, Y) 的分布律为

X	Y	
	0	1
0	0.3	0.3
1	0.3	0.1

则 $\mathrm{Cov}(X, Y) = $_____，$\rho_{XY} = $_____.

2. 设随机变量 X 与 Y 的联合概率密度为

$$f(x, y) = \begin{cases} \dfrac{3xy}{16}, & 0 \leqslant x \leqslant 2, \ 0 \leqslant y \leqslant x^2, \\ 0, & \text{其他}, \end{cases}$$

求 $\mathrm{Cov}(X, Y)$ 和 ρ_{XY}.

3. 设 X 和 Y 为两个随机变量，且 $D(X) = 9$，$D(Y) = 4$，$\rho_{XY} = 0.4$，则 $D(X+Y) = $_____，$D(X-Y) = $_____.

4. 设随机变量 $X \sim P(2)$，$Y = 2X - 1$，则 $\mathrm{Cov}(X, Y) = $_____，$\rho_{XY} = $_____.

5. 设 X 为随机变量，且 $E(X) = \mu$，$D(X) = \sigma^2$. 令 $Y = 3 - 4X$，求 (X, Y) 的协方差矩阵 C 和相关矩阵 R.

第五节　原点矩与中心矩

本节主要介绍随机变量的原点矩与中心矩，这是除数学期望和方差外的重要的数字特征.

> **定义 4-9**　设 X，Y 为两个随机变量，k，l 为正整数.
> (1) 若 $E(X^k)$ 存在，则称
>
> $$\nu_k = E(X^k), \quad k = 1, 2, \cdots$$
>
> 为随机变量 X 的 k 阶原点矩 (origin moment).
> (2) 若 $E\{[X - E(X)]^k\}$ 存在，则称
>
> $$\mu_k = E\{[X - E(X)]^k\}, \quad k = 1, 2, \cdots$$
>
> 为随机变量 X 的 k 阶中心矩 (central moment).
> (3) 若 $E(X^k Y^l)$ 存在，则称
>
> $$\nu_{kl} = E(X^k Y^l), \quad k, l = 1, 2, \cdots$$
>
> 为随机变量 X 和 Y 的 $k+l$ 阶混合原点矩 (mixed origin moment).
> (4) 若 $E\{[X - E(X)]^k [Y - E(Y)]^l\}$ 存在，则称
>
> $$\mu_{kl} = E\{[X - E(X)]^k [Y - E(Y)]^l\}, \quad k, l = 1, 2, \cdots$$
>
> 为随机变量 X 和 Y 的 $k+l$ 阶混合中心矩 (mixed central moment).

注解 4-12　根据定义 4-9 可知，X 的一阶原点矩为 $\nu_1 = E(X)$；X 的一阶中心矩为 $\mu_1 = E[X - E(X)] = 0$；X 的二阶中心矩为 $\mu_2 = D(X)$；X 和 Y 的 $1+1$ 阶混合中心矩为 $\mu_{11} = \mathrm{Cov}(X, Y)$.

【例 4-44】　设随机变量 X 的分布律为

X	-2	0	1	5
p	0.1	0.3	0.2	0.4

求 X 的 k 阶原点矩 ν_k 和 X 的 3 阶中心矩 μ_3.

解　依题意知

$$E(X) = -2 \times 0.1 + 1 \times 0.2 + 5 \times 0.4 = 2.$$

根据 X 的分布律可得

p	0.1	0.3	0.2	0.4
X	-2	0	1	5
X^k	$(-2)^k$	0	1	5^k
$[X - E(X)]^3$	$(-4)^3$	$(-2)^3$	$(-1)^3$	3^3

所以 X 的 k 阶原点矩为

$$\nu_k = E(X^k) = (-2)^k \times 0.1 + 1 \times 0.2 + 5^k \times 0.4,$$

X 的 3 阶中心矩为

$$\mu_3 = E\{[X - E(X)]^3\}$$
$$= (-4)^3 \times 0.1 + (-2)^3 \times 0.3 + (-1)^3 \times 0.2 + 3^3 \times 0.4$$
$$= 1.8.$$

【例 4-45】 设二维随机变量 (X, Y) 的概率密度为

$$f(x, y) = \begin{cases} \dfrac{1}{4}, & 0 \leqslant x \leqslant 2,\ 0 \leqslant y \leqslant 2, \\ 0, & \text{其他}. \end{cases}$$

(1) 求 X 和 Y 的 $3+2$ 阶混合原点矩 ν_{32}；
(2) 求 X 和 Y 的 $1+2$ 阶混合中心矩 μ_{12}.

解 依题意知

$$E(X) = \int_{-\infty}^{+\infty} \int_{-\infty}^{+\infty} x f(x, y) \mathrm{d}x \mathrm{d}y = \int_0^2 \int_0^2 \frac{x}{4} \mathrm{d}x \mathrm{d}y = 1,$$

$$E(Y) = \int_{-\infty}^{+\infty} \int_{-\infty}^{+\infty} y f(x, y) \mathrm{d}x \mathrm{d}y = \int_0^2 \int_0^2 \frac{y}{4} \mathrm{d}x \mathrm{d}y = 1.$$

(1) 所求混合原点矩为

$$\nu_{32} = E(X^3 Y^2) = \int_{-\infty}^{+\infty} \int_{-\infty}^{+\infty} x^3 y^2 f(x, y) \mathrm{d}x \mathrm{d}y = \int_0^2 \int_0^2 \frac{x^3 y^2}{4} \mathrm{d}x \mathrm{d}y = \frac{8}{3},$$

(2) 所求混合中心矩为

$$\mu_{12} = E[(X - 1)(Y - 1)^2] = \int_{-\infty}^{+\infty} \int_{-\infty}^{+\infty} (x - 1)(y - 1)^2 f(x, y) \mathrm{d}x \mathrm{d}y$$

$$= \int_0^2 \int_0^2 \frac{(x - 1)(y - 1)^2}{4} \mathrm{d}x \mathrm{d}y = 0.$$

基础练习 4-5

1. 设随机变量 X 的分布律为

X	0	3	6
p	$\frac{1}{2}$	$\frac{1}{3}$	$\frac{1}{6}$

则 X 的 4 阶原点矩 $\nu_4 =$ _____, X 的 3 阶中心矩 $\mu_3 =$ _____.

2. 设随机变量 $X \sim U(a, b)$，求 X 的 3 阶原点矩 ν_3 和 X 的 3 阶中心矩 μ_3.

3. 设二维随机变量 (X, Y) 的分布律为

X	Y 1	2
0	$\frac{1}{4}$	$\frac{3}{8}$
1	$\frac{3}{8}$	0

(1) 求 X 和 Y 的 $1+2$ 阶混合原点矩 ν_{12};

(2) 求 X 和 Y 的 $1+1$ 阶混合中心矩 μ_{11}.

第六节　条件数学期望 *

随机变量的分布决定了它的数学期望，相应地随机变量的条件分布决定了它的条件数学期望. 本节围绕条件数学期望，讨论其定义、性质和相关的计算.

一、 二维离散型随机变量的条件数学期望

设 (X, Y) 为二维离散型随机变量，其分布律为

$$p_{ij} = P\{X = x_i, Y = y_j\}, \ i, \ j = 1, \ 2, \ \cdots,$$

(X, Y) 关于 X 和关于 Y 的边缘分布律分别为

$$p_{i \cdot} = P\{X = x_i\}, \ i = 1, \ 2, \ \cdots,$$

$$p_{\cdot j} = P\{Y = y_j\}, \ j = 1, \ 2, \ \cdots.$$

(1) 若 $P\{Y = y_j\} > 0$，则在 $Y = y_j$ 条件下 X 的条件分布律为

$$P\{X = x_i \mid Y = y_j\} = \frac{P\{X = x_i, \ Y = y_j\}}{P\{Y = y_j\}} = \frac{p_{ij}}{p_{\cdot j}}, \ i = 1, \ 2, \ \cdots.$$

(2) 若 $P\{X = x_i\} > 0$，则在 $X = x_i$ 条件下 Y 的条件分布律为

$$P\{Y = y_j \mid X = x_i\} = \frac{P\{X = x_i, \ Y = y_j\}}{P\{X = x_i\}} = \frac{p_{ij}}{p_{i \cdot}}, \ j = 1, \ 2, \ \cdots.$$

定义 4-10　设二维随机变量 (X, Y) 的分布律为

$$p_{ij} = P\{X = x_i, Y = y_j\}, \ i, \ j = 1, \ 2, \ \cdots,$$

若级数

$$\sum_{i=1}^{\infty} x_i P\{X = x_i \mid Y = y_j\} = \sum_{i=1}^{\infty} x_i \frac{p_{ij}}{p_{\cdot j}}$$

绝对收敛，则称该级数的和为在 $Y = y_j$ 条件下，随机变量 X 的 条件数学期望 (conditional mathematical expectation)，简称条件期望或条件均值，记为 $E(X \mid Y = y_j)$，即

$$E(X \mid Y = y_j) = \sum_{i=1}^{\infty} x_i P\{X = x_i \mid Y = y_j\} = \sum_{i=1}^{\infty} x_i \frac{p_{ij}}{p_{\cdot j}}. \tag{4-7}$$

类似地，在 $X = x_i$ 条件下，随机变量 Y 的条件数学期望为

$$E(Y \mid X = x_i) = \sum_{j=1}^{\infty} y_j P\{Y = y_j \mid X = x_i\} = \sum_{j=1}^{\infty} y_j \frac{p_{ij}}{p_{i\cdot}}.$$

注解 4-13　由于当 X 和 Y 相互独立时，$p_{ij} = p_{i\cdot} p_{\cdot j}$，故

$$E(X \mid Y = y_j) = \sum_{i=1}^{\infty} x_i \frac{p_{ij}}{p_{\cdot j}} = \sum_{i=1}^{\infty} x_i p_{i\cdot} = E(X),$$

$$E(Y \mid X = x_i) = \sum_{j=1}^{\infty} y_j \frac{p_{ij}}{p_{i\cdot}} = \sum_{j=1}^{\infty} y_j p_{\cdot j} = E(Y).$$

【例 4-46】　设二维随机变量 (X, Y) 的分布律为

X	Y		
	-1	0	3
-1	0.1	0	0.1
2	0.3	0.2	0.3

求所有的条件数学期望.

解　依题意知，(X, Y) 关于 X 和关于 Y 的边缘分布律分别为

X	-1	2
$p_{i\cdot}$	0.2	0.8

Y	-1	0	3
$p_{\cdot j}$	0.4	0.2	0.4

先求 X 的条件数学期望.

由条件概率公式可知，在 $Y = -1$，$Y = 0$ 与 $Y = 3$ 条件下，X 的条件分布律分别为

$X = x_i$	-1	2
$P\{X = x_i \mid Y = -1\}$	$\dfrac{1}{4}$	$\dfrac{3}{4}$
$P\{X = x_i \mid Y = 0\}$	0	1
$P\{X = x_i \mid Y = 3\}$	$\dfrac{1}{4}$	$\dfrac{3}{4}$

根据数学期望公式可得，在 $Y = -1$，$Y = 0$ 与 $Y = 3$ 条件下，X 的条件数学期望分别为

$$E(X \mid Y = -1) = -1 \times \frac{1}{4} + 2 \times \frac{3}{4} = \frac{5}{4},$$

$$E(X \mid Y = 0) = -1 \times 0 + 2 \times 1 = 2,$$

$$E(X \mid Y = 3) = -1 \times \frac{1}{4} + 2 \times \frac{3}{4} = \frac{5}{4}.$$

下面求 Y 的条件数学期望.

由条件概率公式可知，在 $X = -1$ 与 $X = 2$ 条件下，Y 的条件分布律分别为

$Y = y_j$	-1	0	3
$P\{Y = y_j \mid X = -1\}$	$\dfrac{1}{2}$	0	$\dfrac{1}{2}$
$P\{Y = y_j \mid X = 2\}$	$\dfrac{3}{8}$	$\dfrac{1}{4}$	$\dfrac{3}{8}$

根据数学期望公式可得，在 $X = -1$ 与 $X = 2$ 条件下，Y 的条件数学期望分别为

$$E(Y \mid X = -1) = -1 \times \frac{1}{2} + 3 \times \frac{1}{2} = 1,$$

$$E(Y \mid X = 2) = -1 \times \frac{3}{8} + 3 \times \frac{3}{8} = \frac{3}{4}.$$

二、 二维连续型随机变量的条件数学期望

设 $(X，Y)$ 为二维连续型随机变量，其概率密度为 $f(x，y)$，$(X，Y)$ 关于 X 和关于 Y 的边缘概率密度分别为 $f_X(x)$ 和 $f_Y(y)$.

(1) 对于给定的 y，若 $f_Y(y) > 0$，则在 $Y = y$ 的条件下 X 的条件概率密度为

$$f_{X|Y}(x \mid y) = \frac{f(x，y)}{f_Y(y)}.$$

(2) 对于给定的 x，若 $f_X(x) > 0$，则在 $X = x$ 条件下 Y 的条件概率密度为

$$f_{Y|X}(y \mid x) = \frac{f(x，y)}{f_X(x)}.$$

定义 4-11　设二维随机变量 (X, Y) 的概率密度为 $f(x, y)$，若积分

$$\int_{-\infty}^{+\infty} x f_{X|Y}(x \mid y)\mathrm{d}x = \frac{1}{f_Y(y)} \int_{-\infty}^{+\infty} x f(x, y)\mathrm{d}x$$

绝对收敛，则称该积分值为在 $Y = y$ 条件下，随机变量 X 的条件数学期望，简称条件期望或条件均值，记为 $E(X \mid Y = y)$，即

$$E(X \mid Y = y) = \int_{-\infty}^{+\infty} x f_{X|Y}(x \mid y)\mathrm{d}x = \frac{1}{f_Y(y)} \int_{-\infty}^{+\infty} x f(x, y)\mathrm{d}x.$$

类似地，在 $X = x$ 条件下，随机变量 Y 的条件数学期望为

$$E(Y \mid X = x) = \int_{-\infty}^{+\infty} y f_{Y|X}(y \mid x)\mathrm{d}y = \frac{1}{f_X(x)} \int_{-\infty}^{+\infty} y f(x, y)\mathrm{d}y.$$

注解 4-14　由于当 X 和 Y 相互独立时，$f(x, y) = f_X(x)f_Y(y)$，故

$$E(X \mid Y = y) = \int_{-\infty}^{+\infty} x \frac{f(x, y)}{f_Y(y)}\mathrm{d}x = \int_{-\infty}^{+\infty} x f_X(x)\mathrm{d}x = E(X),$$

$$E(Y \mid X = x) = \int_{-\infty}^{+\infty} y \frac{f(x, y)}{f_X(x)}\mathrm{d}y = \int_{-\infty}^{+\infty} y f_Y(y)\mathrm{d}y = E(Y).$$

【例 4-47】　设区域 $D = \{(x, y) \mid x^2 + y^2 \leqslant 1\}$，二维随机变量 (X, Y) 在 D 上服从均匀分布，求条件数学期望 $E(X \mid Y = y)$.

解　由题意知，(X, Y) 的概率密度为

$$f(x, y) = \begin{cases} \dfrac{1}{\pi}, & x^2 + y^2 \leqslant 1, \\ 0, & \text{其他.} \end{cases}$$

(X, Y) 关于 Y 的边缘概率密度为

$$f_Y(y) = \begin{cases} \dfrac{2}{\pi}\sqrt{1 - y^2}, & |y| \leqslant 1, \\ 0, & \text{其他.} \end{cases}$$

所以，当 $|y| < 1$ 时，

$$E(X \mid Y = y) = \frac{1}{f_Y(y)} \int_{-\infty}^{+\infty} x f(x, y)\mathrm{d}x = \frac{1}{f_Y(y)} \int_{-\sqrt{1-y^2}}^{\sqrt{1-y^2}} \frac{x}{\pi}\mathrm{d}x = 0.$$

三、 条件数学期望的性质

由前面的讨论可知, 在 $Y = y$ 条件下 X 的条件数学期望为

$$E(X \mid Y = y) = \begin{cases} \sum_{i=1}^{\infty} x_i P\{X = x_i \mid Y = y\}, & (X, Y) \text{ 为离散型随机向量,} \\[2mm] \int_{-\infty}^{+\infty} x f_{X \mid Y}(x \mid y) \mathrm{d}x, & (X, Y) \text{ 为连续型随机向量;} \end{cases}$$

在 $X = x$ 条件下 Y 的条件数学期望为

$$E(Y \mid X = x) = \begin{cases} \sum_{j=1}^{\infty} y_j P\{Y = y_j \mid X = x\}, & (X, Y) \text{ 为离散型随机向量,} \\[2mm] \int_{-\infty}^{+\infty} y f_{Y \mid X}(y \mid x) \mathrm{d}y, & (X, Y) \text{ 为连续型随机向量.} \end{cases}$$

令 $g(y) = E(X \mid Y = y)$, 则 $g(y)$ 是一个关于 y 的函数. 可见 $g(Y) = E(X \mid Y)$ 是一个随机变量, $E(X \mid Y = y)$ 实际上为当 $Y = y$ 时随机变量 $g(Y) = E(X \mid Y)$ 的取值, 即

$$E(X \mid Y = y) = g(Y) \mid_{Y=y} = E(X \mid Y) \mid_{Y=y}.$$

类似地, 令 $h(x) = E(Y \mid X = x)$, 则 $h(x)$ 是一个关于 x 的函数. 由此可得 $h(X) = E(Y \mid X)$ 是一个随机变量, 且

$$E(Y \mid X = x) = h(X) \mid_{X=x} = E(Y \mid X) \mid_{X=x}.$$

【例 4-48】 设二维随机变量 (X, Y) 的概率密度为

$$f(x, y) = \begin{cases} 6, & x^2 \leqslant y \leqslant x, \\ 0, & \text{其他.} \end{cases}$$

求条件数学期望 $E(Y \mid X)$.

解 根据题意可知, (X, Y) 关于 X 的边缘概率密度为

$$f_X(x) = \int_{-\infty}^{+\infty} f(x, y) \mathrm{d}y = \begin{cases} \int_{x^2}^{x} 6 \mathrm{d}y = 6(x - x^2), & 0 \leqslant x \leqslant 1, \\ 0, & \text{其他.} \end{cases}$$

当 $0 < x < 1$ 时, 所求条件数学期望为

$$\begin{aligned} E(Y \mid X = x) &= \frac{1}{f_X(x)} \int_{-\infty}^{+\infty} y f(x, y) \mathrm{d}y \\ &= \frac{1}{6(x - x^2)} \int_{x^2}^{x} 6y \mathrm{d}y \\ &= \frac{1}{2}(x + x^2). \end{aligned}$$

从而可得 $E(Y \mid X) = \dfrac{1}{2}(X + X^2)$.

注解 4-15 随机变量函数的数学期望理论也可以推广到条件数学期望中去. 设 $g(x)$ 和 $h(y)$ 均为连续函数, 所求条件数学期望存在, 则

(1) 在 $Y = y$ 条件下, $g(X)$ 的条件数学期望为

$$E[g(X) \mid Y = y] = \begin{cases} \displaystyle\sum_{i=1}^{\infty} g(x_i)P\{X = x_i \mid Y = y\}, & (X,\, Y) \text{ 为离散型随机向量}, \\[2mm] \displaystyle\int_{-\infty}^{+\infty} g(x)f_{X|Y}(x \mid y)\mathrm{d}x, & (X,\, Y) \text{ 为连续型随机向量}. \end{cases}$$

(2) 在 $X = x$ 条件下, $h(Y)$ 的条件数学期望为

$$E[h(Y) \mid X = x] = \begin{cases} \displaystyle\sum_{j=1}^{\infty} h(y_j)P\{Y = y_j \mid X = x\}, & (X,\, Y) \text{ 为离散型随机向量}, \\[2mm] \displaystyle\int_{-\infty}^{+\infty} h(y)f_{Y|X}(y \mid x)\mathrm{d}y, & (X,\, Y) \text{ 为连续型随机向量}. \end{cases}$$

类似于讨论数学期望的性质, 这里讨论常见的条件数学期望的性质.

设 X, Y 和 Z 为三个随机变量, $g(X)$ 和 $h(Y)$ 均为随机变量的函数, a 和 b 均为常数. 此外, 假设以下性质中所涉及的条件数学期望存在.

(1) 若 X 和 Y 相互独立, 则 $E[g(X)|Y] = E[g(X)]$. 特别地, 当 $g(X) = X$ 时, $E(X \mid Y) = E(X)$.

证明 这里只对连续型随机变量的情形加以证明, 离散型随机变量的情形可类似证明 (过程略).

设 $(X,\, Y)$ 为二维连续型随机变量, 其概率密度为 $f(x,\, y)$. 由于 X 和 Y 相互独立, 则 $f_{X|Y}(x \mid y) = f_X(x)$. 于是根据条件数学期望的定义, 可得

$$E[g(X) \mid Y = y] = \int_{-\infty}^{+\infty} g(x)f_{X|Y}(x \mid y)\mathrm{d}x = \int_{-\infty}^{+\infty} g(x)f_X(x)\mathrm{d}x = E[g(X)].$$

(2) $E(aX + bY \mid Z) = aE(X \mid Z) + bE(Y \mid Z)$.

证明 此性质的证明类似于数学期望性质 (1) 和性质 (2) 的证明.

(3) $E[g(X)h(Y)|Y] = h(Y)E[g(X)|Y]$.

特别地, 当 $g(X) = X$ 时, $E[Xh(Y) \mid Y] = h(Y)E(X \mid Y)$.

证明 由于

$$E[g(X)h(Y) \mid Y = y] = E[g(X)h(y) \mid Y = y] = h(y)E[g(X) \mid Y = y],$$

故 $E[g(X)h(Y) \mid Y] = h(Y)E[g(X) \mid Y]$.

(4) $E\{E[g(X)\mid Y]\} = E[g(X)]$. 特别地，当 $g(X) = X$ 时，$E[E(X\mid Y)] = E(X)$，即

$$E(X) = \begin{cases} \sum_{j=1}^{\infty} E(X\mid Y = y_j)P\{Y = y_j\}, & (X，Y) \text{ 为离散型随机向量，} \\ \int_{-\infty}^{+\infty} E(X\mid Y = y)f_Y(y)\mathrm{d}y, & (X，Y) \text{ 为连续型随机向量.} \end{cases}$$

此公式称为全期望公式.

证明　这里只对连续型随机变量的情形加以证明，离散型随机变量的情形可类似证明 (过程略).

设 $(X，Y)$ 为二维连续型随机变量，其概率密度为 $f(x，y)$，则

$$\begin{aligned} E\{E[g(X)\mid Y]\} &= \int_{-\infty}^{+\infty} E[g(X)\mid Y = y]f_Y(y)\mathrm{d}y \\ &= \int_{-\infty}^{+\infty}\int_{-\infty}^{+\infty} g(x)f_{X\mid Y}(x\mid y)f_Y(y)\mathrm{d}x\mathrm{d}y \\ &= \int_{-\infty}^{+\infty}\int_{-\infty}^{+\infty} g(x)f(x，y)\mathrm{d}x\mathrm{d}y \\ &= E[g(X)]. \end{aligned}$$

【例 4-49】　设随机变量 $X_1 \sim U[0，2]$，$X_i \sim U[X_{i-1}，X_{i-1}+2]$，$i = 2，3，\cdots，n$. 求 $E(X_n)$.

解　由题意知 $X_n \sim U[X_{n-1}，X_{n-1}+2]$，则有

$$E(X_n\mid X_{n-1} = x) = \frac{x + x + 2}{2} = x + 1,$$

即 $E(X_n\mid X_{n-1}) = X_{n-1} + 1$. 根据全期望公式，可得

$$E(X_n) = E[E(X_n\mid X_{n-1})] = E(X_{n-1} + 1) = E(X_{n-1}) + 1.$$

显然，$\{E(X_n)\}$ 可理解为一个首项为 $E(X_1) = 1$、公差为 1 的等差数列，故

$$E(X_n) = (n - 1) + 1 = n.$$

【例 4-50】　设一名探险队员在一个峡谷迷路. 已知该探险队员所在的位置有三条小径，若选择第一条小径，只需走 3h 就走出峡谷；若选择第二条小径，步行 2h 后会返回原地；若选择第三条小径，步行 5h 后也会返回原地. 求该探险队员走出峡谷所需的平均时间.

解 设 X 为该探险队员走出峡谷所需的时间 (单位：h)，设 Y 表示该探险队员所选择的路径. $\{Y = i\}$ 表示选择第 i 条路径，$i = 1, 2, 3$. 于是根据全期望公式，有

$$E(X) = E[E(X \mid Y)]$$

$$= E(X \mid Y = 1)P\{Y = 1\} + E(X \mid Y = 2)P\{Y = 2\} + E(X \mid Y = 3)P\{Y = 3\}$$

$$= \frac{1}{3}[3 + 2 + E(X) + 5 + E(X)],$$

求解可得 $E(X) = 10$ (h).

基础练习 4-6

1. 设二维随机变量 (X, Y) 的分布律为

X	Y		
	0	1	2
0	0	$\frac{2}{15}$	$\frac{1}{5}$
1	$\frac{1}{15}$	$\frac{2}{5}$	$\frac{1}{5}$

(1) 分别在 $X = 0$ 和 $X = 1$ 时，求 Y 的条件数学期望；

(2) 根据 Y 的条件数学期望，求全期望 $E(Y)$.

2. 设二维随机变量 (X, Y) 的概率密度为

$$f(x, y) = \begin{cases} 24(1-x)y, & 0 < y < x < 1, \\ 0, & \text{其他}. \end{cases}$$

(1) 求条件数学期望 $E(Y \mid X = x)$，$E(Y \mid X = 0.5)$；

(2) 根据 Y 的条件数学期望，求全期望 $E(Y)$.

总习题四

1. 某公司有一笔资金，可投入互联网服务、文化娱乐和智能家居这 3 个项目，其收益和市场情况有关. 若把未来市场划分为 3 个等级：好、一般、差，其发生的概率分别为 0.2，0.7，0.1. 经过市场调研，可得各种投资在不同等级状态下的年收益 (单位：万元)，具体如下表所示.

市场	好 (概率 0.2)	一般 (概率 0.7)	差 (概率 0.1)
互联网服务 (X)	11	3	-3
文化娱乐 (Y)	6	4	-4
智能家居 (Z)	10	2	-2

试分析投资哪个项目可使该公司的平均收益最大？

2. 已知 100 个零件中有 10 个次品，现任意抽取 5 个零件，求所抽取零件的次品数的期望值.

3. 设随机变量 X 的概率密度为

$$f(x) = \begin{cases} \dfrac{2x}{\pi^2}, & 0 < x < a, \\ 0, & 其他. \end{cases}$$

(1) 求 a 和分布函数 $F(x)$;

(2) 求 $E(X)$ 和 $D(X)$.

4. 设 X 为离散型随机变量,它的所有可能取值为 -1,0,1,且 $E(X) = 0.1$,$D(X) = 0.89$,求 X 的分布律.

5. 设随机变量 X 的分布律为

X	-1	0	$\dfrac{1}{2}$	1	2
p	$\dfrac{1}{3}$	$\dfrac{1}{6}$	$\dfrac{1}{6}$	$\dfrac{1}{12}$	$\dfrac{1}{4}$

$Y = -X + 1$,$Z = X^2$,求 Y 和 Z 的数学期望和方差.

6. 设随机变量 X 的概率密度为

$$f(x) = \begin{cases} \mathrm{e}^{-x}, & x > 0, \\ 0, & 其他, \end{cases}$$

且 $Y = \mathrm{e}^{-2X}$,求 $E(Y)$ 和 $D(Y)$.

7. 设随机变量 X 的概率密度为

$$f(x) = \begin{cases} \cos x, & 0 \leqslant x \leqslant \dfrac{\pi}{2}, \\ 0, & 其他, \end{cases}$$

且 $Y = X^2$,求 $D(Y)$.

8. 设从城市 A 到城市 B 可搭乘城际列车,列车于每个整点的第 5 分钟、第 25 分钟和第 55 分钟从城市 A 发车. 现有一名旅客从上午 10 点的 X 分钟到达城市 A 的候车点开始等候,且 $X \sim U[0, 60]$,求该名旅客在候车点的平均等候时间.

9. 设二维随机变量 (X, Y) 的分布律为

X	Y		
	-1	0	1
-2	0.1	0.2	0.1
-1	0.1	0	0.2
1	0.1	0.1	0.1

求 $E(2X + 1)$,$E(3X^2)$,$E(XY)$,$E[(X - Y)^2]$.

10. 设二维随机变量 (X, Y) 的概率密度为

$$f(x, y) = \begin{cases} \dfrac{3}{2x^3 y^2}, & \dfrac{1}{x} < y < x, \ x > 1, \\ 0, & 其他, \end{cases}$$

求 $E(Y)$, $E\left(\dfrac{1}{XY}\right)$.

11. 设随机变量 X 和 Y 的概率密度分别为

$$f(x) = \begin{cases} 2x, & 0 \leqslant x \leqslant 1, \\ 0, & \text{其他}, \end{cases}$$

$$f(y) = \begin{cases} \dfrac{y^2}{9}, & 0 \leqslant y \leqslant 3, \\ 0, & \text{其他}, \end{cases}$$

已知 X 和 Y 相互独立, 求 $E(XY)$.

12. 将一颗骰子独立地抛掷 4 次, 求抛出骰子的点数之和的数学期望.

13. 设二维随机变量 (X, Y) 在区域 D 上服从均匀分布, 其中 D 是以点 $(0, 1)$, $(1, 0)$, $(1, 1)$ 为顶点的三角形区域. 求 $\text{Cov}(X, Y)$ 以及随机变量 $Z = X + Y$ 的方差.

14. 设二维随机变量 (X, Y) 的分布律为

X	Y	
	-1	1
-1	$\dfrac{1}{4}$	$\dfrac{1}{2}$
1	0	$\dfrac{1}{4}$

求 ρ_{XY} 和协方差矩阵.

15. 设二维随机变量 (X, Y) 的概率密度为

$$f(x, y) = \begin{cases} \dfrac{3xy}{16}, & 0 \leqslant x \leqslant 2,\ 0 \leqslant y \leqslant x^2, \\ 0, & \text{其他}. \end{cases}$$

(1) 求 $E(X)$, $E(Y)$, $D(X)$, $D(Y)$;

(2) 求 $\text{Cov}(X, Y)$, ρ_{XY} 和协方差矩阵.

16. 设二维随机变量 (X, Y) 的分布律为

X	Y		
	-1	0	1
-1	0	0.25	0
0	0.25	0	0.25
1	0	0.25	0

判断 X 与 Y 是否相关以及 X 和 Y 是否相互独立.

17. 设二维随机变量 (X, Y) 的概率密度为

$$f(x, y) = \begin{cases} 1, & 0 < x < 1,\ -x < y < x, \\ 0, & \text{其他}, \end{cases}$$

判断 X 与 Y 是否相关以及 X 和 Y 是否相互独立.

18. 设随机变量 X 与 Y 的协方差矩阵为 $C = \begin{pmatrix} 4 & -3 \\ -3 & 9 \end{pmatrix}$，求 ρ_{XY}.

19. 设随机变量 $X \sim P(\lambda)$，$Y \sim P(\lambda)$，X 和 Y 相互独立. 令 $U = 2X + Y$，$V = 2X - Y$，求 ρ_{UV}.

20. 设随机变量 $X \sim N(1, 9)$，$Y \sim N(1, 16)$，$\rho_{XY} = -\dfrac{1}{2}$. 令 $Z = \dfrac{X}{3} + \dfrac{Y}{2}$，求 $E(Z)$，$D(Z)$，ρ_{XZ}.

自测题四

一. 选择题 (每小题 2 分)

1. 设随机变量 $X \sim N(0, 4)$，则 X 的二阶中心矩为 (　　)
A. 2；　　　　　　　　B. -1；　　　　　　　　C. 0；　　　　　　　　D. 4.

2. 设 X 和 Y 为两个随机变量，且 $\rho_{XY} = 0$，则下列结论正确的是 (　　)
A. $P\{X = Y\} = 1$；　　　　　　　　B. X 与 Y 不相关；
C. X 和 Y 相互独立；　　　　　　　　D. X 和 Y 不相互独立.

3. 给定随机变量 X 与 Y，则下列叙述正确的是 (　　)
A. $E(X + Y) = E(X) + E(Y)$；
B. $D(X + Y) = D(X) + D(Y)$；
C. 当 $E(XY) = E(X)E(Y)$，X 和 Y 一定相互独立；
D. 当 X 与 Y 不相关时，X 和 Y 一定相互独立.

4. 已知 X 和 Y 为两个随机变量，且 $D(X) = D(Y) \neq 0$，则 $\rho_{XY} = 1$ 的充分必要条件为 (　　)
A. $\mathrm{Cov}(X + Y, X) = 0$；　　　　　　　　B. $\mathrm{Cov}(X + Y, Y) = 0$；
C. $\mathrm{Cov}(X + Y, X - Y) = 0$；　　　　　　　　D. $\mathrm{Cov}(X - Y, X) = 0$.

5. 设随机变量 X 的概率密度为

$$f(x) = \begin{cases} 0.5\mathrm{e}^{-0.5x}, & x > 0, \\ 0, & x \leqslant 0, \end{cases}$$

则 $Y = 2X$ 的数学期望和方差分别为 (　　)
A. 1，2；　　　　　　B. 4，16；　　　　　　C. 4，8；　　　　　　D. 8，16.

6. 独立地抛掷一枚硬币 10 次，X 和 Y 分别表示 10 次抛掷中正面和反面出现的次数，则 $\rho_{XY} = (　　)$
A. 1；　　　　　　　　B. -1；　　　　　　　　C. 0；　　　　　　　　D. 不确定.

7. 已知 X 和 Y 为两个随机变量，且 $D(X) = 25$，$D(Y) = 1$，$\rho_{XY} = 0.4$，则 $D(X - Y) = (　　)$
A. 20；　　　　　　　　B. 22；　　　　　　　　C. 30；　　　　　　　　D. 46.

8. 设 (X, Y) 为二维随机变量，则 X 与 Y 不相关的充分必要条件是 (　　)
A. X 和 Y 相互独立；　　　　　　　　B. $E(X + Y) = E(X) + E(Y)$；
C. $E(XY) = E(X)E(Y)$；　　　　　　　　D. $(X, Y) \sim N(\mu_1, \mu_2, \sigma_1^2, \sigma_2^2, \rho)$.

9. 设 (X, Y) 为二维随机变量，且 $(X, Y) \sim N(0, 0, 1, 1, 0)$，则下列叙述错误的是 (　　)
A. $X \sim N(0, 1)$，$Y \sim N(0, 1)$；　　　　　　　　B. X 和 Y 相互独立；
C. $\mathrm{Cov}(X, Y) = 1$；　　　　　　　　D. X 与 Y 不相关.

10. 已知随机变量 X 的分布函数为

$$F(x) = \begin{cases} 0, & x < 0, \\ \dfrac{x}{4}, & 0 \leqslant x < 4, \\ 1, & x \geqslant 4, \end{cases}$$

则 $E(X) = ($ $)$

    A. 0;   B. 1;   C. 2;   D. 4.

二、填空题 (每小题 2 分)

1. 设随机变量 $X \sim e(\lambda)$，$E(X) = 40$，则 $P\{X > 10\} = $ _____.

2. 设二维随机变量 $(X, Y) \sim N(1, -1, 4, 9, 0.5)$，则 X 与 Y 的协方差矩阵为_____.

3. 设随机变量 X，Y，Z 相互独立，$X \sim N(5, 1)$，$Y \sim U(10, 12)$，$Z \sim P(8)$，则 $E(YZ - 4X) = $ _____.

4. 设随机变量 $X \sim B(8, 0.5)$，则 $E(2X^2) = $ _____.

5. 设随机变量 X 和 Y 相互独立，$X \sim B(16, 0.5)$，$Y \sim P(9)$，则 $D(X - 2Y + 3) = $ _____.

三、解答题 (共 70 分)

1. (8 分) 设有 10 张奖券，其中 8 张 2 元的，2 张 5 元的. 今从中随机无放回地抽取 3 张，求所抽得奖金的数学期望.

2. (12 分) 设随机变量 X 的概率密度为

$$f(x) = \begin{cases} x, & 0 \leqslant x \leqslant 1, \\ a - x, & 1 < x \leqslant 2, \\ 0, & \text{其他.} \end{cases}$$

(1) 求 a 和 $E(X)$；

(2) 求 $E(2X + 1)$ 和 $D(X)$.

3. (15 分) 设二维随机变量 (X, Y) 的分布律为

Y	X		
	1	2	3
-1	0.2	0.1	0
0	0.1	0	0.3
1	0.1	0.1	0.1

(1) 求 $E(X)$，$E(Y)$，$D(X)$ 和 $D(Y)$；

(2) 求 $\text{Cov}(X, Y)$ 和 ρ_{XY}；

(3) 令 $Z = \dfrac{Y}{X}$，求 $E(Z)$.

4. (13 分) 设二维随机变量 (X, Y) 的概率密度为

$$f(x, y) = \begin{cases} cy(2 - x), & 0 \leqslant x \leqslant 1, \ 0 \leqslant y \leqslant x, \\ 0, & \text{其他.} \end{cases}$$

求:

(1) 常数 c；

(2) $E(2X)$，$E(Y)$ 和 $E(XY)$.

5. (10 分) 设二维随机变量 (X, Y) 的分布律为

Y	X		
	-1	0	1
0	$\dfrac{1}{9}$	$\dfrac{1}{9}$	$\dfrac{1}{9}$
1	$\dfrac{2}{9}$	$\dfrac{2}{9}$	$\dfrac{2}{9}$

分析 X 与 Y 的相关性和独立性.

6. (12 分) 设二维随机变量 (X, Y) 的概率密度为

$$f(x, y) = \begin{cases} 8xy, & 0 \leqslant x \leqslant y \leqslant 1, \\ 0, & \text{其他}. \end{cases}$$

求 $\mathrm{Cov}(X, Y)$, ρ_{XY} 和 $D(X + Y)$.

第五章　大数定律与中心极限定理

极限定理是概率论与数理统计的基本理论之一. 大数定律与中心极限定理是其中最重要的两类极限理论, 它们在概率论的发展史上具有不可替代的地位, 是概率论成为一门成熟数学学科的标志之一, 至今仍是现代概率论的重要研究方向. 极限思想是近代数学的一个重要思想, 其蕴含了丰富的辩证法观点, 是唯物辩证法的对立统一规律在数学领域的应用. 大数定律与中心极限定理所体现的极限思想有利于我们形成良好的思维品质和树立正确的价值观. 其中, 大数定律是用来阐明频率的稳定性和大量观测值平均结果的稳定性的数学定律; 而中心极限定理则是论证 "在一定条件下大量独立随机变量和的极限分布是正态分布" 的一系列定理的总称.

本章只介绍极限定理的一些经典结果, 包括伯努利大数定律、泊松大数定律、切比雪夫大数定律、辛钦大数定律、棣莫弗–拉普拉斯中心极限定理以及勒维–林德伯格中心极限定理.

第一节　大数定律

在相同条件下, 抛掷一枚质地均匀的硬币 n 次, 观察 "正面朝上" 出现的频率. 进行的试验次数 n 不同, 则 "正面朝上" 出现的频率会有所不同. 但随着试验次数 n 的增大, "正面朝上" 出现的频率逐渐接近于 0.5. 又如, 用一合格的天平称某一物体 n 次, 由于随机因素的影响, 可能会得到不同的重量值. 但随着称量次数 n 的增加, 它们的算术平均值会逐渐稳定于物体的真实重量. 由此可以看到, n 次试验中事件发生的频率或测量的平均结果是不定的, 但在相同条件下进行大量重复试验时, 它们却趋近于某一稳定数值 (这一性质简称为稳定性). 大数定律以严格的数学极限形式证明了频率的稳定性和平均结果的稳定性, 从理论上给出了用频率代替概率, 用算术平均值代替均值的合理性.

一、 切比雪夫不等式

方差刻画了一个随机变量取值偏离期望的离散程度. 下面介绍的切比雪夫不等式 (chebyshev inequality) 则体现了偏差和方差之间的关系.

定理 5-1　设 X 为随机变量, 且 $E(X) = \mu$, $D(X) = \sigma^2$, 则对任意给定的 $\varepsilon > 0$, 有

$$P\{|X - \mu| \geqslant \varepsilon\} \leqslant \frac{\sigma^2}{\varepsilon^2}.$$

证明　若 X 为离散型随机变量, 其分布律为

$$p_k = P\{X = x_k\}, \quad k = 1, 2, \cdots,$$

则有

$$P\{|X - \mu| \geqslant \varepsilon\} = \sum_{|x_k - \mu| \geqslant \varepsilon} P\{X = x_k\} \leqslant \sum_{|x_k - \mu| \geqslant \varepsilon} \frac{(x_k - \mu)^2}{\varepsilon^2} p_k$$

$$\leqslant \sum_k \frac{(x_k - \mu)^2}{\varepsilon^2} p_k = \frac{D(X)}{\varepsilon^2} = \frac{\sigma^2}{\varepsilon^2}.$$

若 X 为连续型随机变量, 其概率密度为 $f(x)$, 则有

$$P\{|X - \mu| \geqslant \varepsilon\} = \int_{|x - \mu| \geqslant \varepsilon} f(x)\mathrm{d}x \leqslant \int_{|x - \mu| \geqslant \varepsilon} \frac{(x - \mu)^2}{\varepsilon^2} f(x)\mathrm{d}x$$

$$\leqslant \frac{1}{\varepsilon^2} \int_{-\infty}^{+\infty} (x - \mu)^2 f(x)\mathrm{d}x = \frac{D(X)}{\varepsilon^2} = \frac{\sigma^2}{\varepsilon^2}.$$

切比雪夫不等式有下面的等价形式:

$$P\{|X - \mu| < \varepsilon\} \geqslant 1 - \frac{\sigma^2}{\varepsilon^2}.$$

由此可见, 对于任意给定的 $\varepsilon > 0$, 方差 σ^2 越小, 事件 $\{|X - \mu| < \varepsilon\}$ 发生的概率越大, 即 X 的取值就越集中. 于是切比雪夫不等式进一步说明了方差的概率意义.

利用切比雪夫不等式可以估计 $P\{|X - \mu| \geqslant \varepsilon\}$ 的界限. 若取 $\varepsilon = 2\sigma$, 则有

$$P\{|X - \mu| \geqslant 2\sigma\} \leqslant \frac{\sigma^2}{4\sigma^2} = 0.25.$$

此式表明, 只要方差存在, 则 X 取值偏离 μ 超过 2σ 的概率不会超过 0.25.

【例 5-1】 设某班的概率统计课程考试成绩的平均分为 80 分, 标准差为 11 分. 若采用的是百分制, 试估计及格率至少为多少?

解 设该班的考试成绩为随机变量 X, 由题意知 $E(X) = 80$, $D(X) = 121$. 由定理 5-1 可得

$$P\{60 \leqslant X \leqslant 100\} \geqslant P\{60 < X < 100\} = P\{|X - 80| < 20\}$$

$$\geqslant 1 - \frac{121}{20^2} = 0.6975 = 69.75\%,$$

因此, 及格率至少为 69.75%.

二、 依概率收敛

依概率收敛在大数定律中起着重要的作用. 下面给出随机变量序列依概率收敛的定义.

定义 5-1 设 X_1, X_2, $\cdots$, X_n, $\cdots$ 为定义在概率空间 $(\Omega, \mathscr{F}, P)$ 上的随机变量序列 (记为 $\{X_n\}$), a 为一个常数, 若对任意给定的 $\varepsilon > 0$, 有

$$\lim_{n \to \infty} P\{|X_n - a| < \varepsilon\} = 1,$$

或等价地

$$\lim_{n \to \infty} P\{|X_n - a| \geqslant \varepsilon\} = 0,$$

则称随机变量序列 X_1, X_2, $\cdots$, X_n, $\cdots$ 依概率收敛于 a, 简记为

$$X_n \xrightarrow{P} a \quad (n \to \infty).$$

注解 5-1 随机变量序列 $\{X_n\}$ 依概率收敛与高等数学中的序列收敛不同. 事实上, 设 $\{X_n\}$ 为概率空间 $(\Omega, \mathscr{F}, P)$ 上的一个随机变量序列, $\{X_n\}$ 依概率收敛于 a, 是指对任意 $\varepsilon > 0$, 当 n 无限增大时, 事件 $\{|X_n - a| < \varepsilon\}$ 发生的概率无限接近于 1. 而序列 $\left\{\dfrac{n}{n+1}\right\}$ 收敛于 1, 是指当 n 无限增大时, $\dfrac{n}{n+1}$ 无限接近于 1.

此外, 随机变量序列 $\{X_n\}$ 依概率收敛与函数序列收敛也不一样, 读者可自行分析.

依概率收敛有以下重要结论.

定理 5-2 设 $\{X_n\}$, $\{Y_n\}$ 为两个随机变量序列, 且

$$X_n \xrightarrow{P} a \quad (n \to \infty), \qquad Y_n \xrightarrow{P} b \quad (n \to \infty).$$

若函数 $g(x, y)$ 在点 (a, b) 处连续, 则有

$$g(X_n, Y_n) \xrightarrow{P} g(a, b) \quad (n \to \infty).$$

该定理的证明超出了本书范围, 我们略去证明.

三、 几个常用的大数定律

定理 5-3 (伯努利大数定律) 设在 n 重伯努利试验中事件 A 发生的频数为 n_A, 且事件 A 在每次试验中发生的概率为 $p\,(0 < p < 1)$, 则对任意给定的 $\varepsilon > 0$, 有

$$\lim_{n \to \infty} P\left\{\left|\frac{n_A}{n} - p\right| \geqslant \varepsilon\right\} = 0.$$

证明 因为 $n_A \sim B(n, p)$, 故 $E(n_A) = np$, $D(n_A) = np(1-p)$, 从而有

$$E\left(\frac{n_A}{n}\right) = p, \qquad D\left(\frac{n_A}{n}\right) = \frac{p(1-p)}{n}.$$

根据切比雪夫不等式, 对任意的 $\varepsilon > 0$, 有

$$0 \leqslant P\left\{\left|\frac{n_A}{n} - p\right| \geqslant \varepsilon\right\} \leqslant \frac{D\left(\dfrac{n_A}{n}\right)}{\varepsilon^2} = \frac{p(1-p)}{n\varepsilon^2},$$

因此

$$\lim_{n \to \infty} P \left\{ \left| \frac{n_A}{n} - p \right| \geqslant \varepsilon \right\} = 0.$$

伯努利大数定律是由瑞士数学家雅各布·伯努利在其著作《猜度术》中建立的，是概率论发展史上的第一个大数定律. 它说明：当试验条件相同时，随着试验次数 n 的无限增大，事件 A 发生的频率 $\frac{n_A}{n}$ 与其概率 p 的偏差 $\left| \frac{n_A}{n} - p \right|$ 大于等于预先给定的精度 ε 的概率越来越小，小到可以忽略不计，这就是频率稳定于概率的含义. 伯努利大数定律以严格的数学形式表达并证明了频率具有稳定性，为我们在实际应用中用频率估计概率 $\left(p \approx \frac{n_A}{n} \right)$ 提供了理论保证. 它还提供了通过试验来确定概率的方法，可以通过做试验来确定某个事件发生的频率并把此频率作为相应概率的估计值. 事实上，频率是概率的外在表现，是具体的、偶然的，具有随机性；概率是频率的内在本质，是抽象的、必然的，具有客观性. 频率与概率的关系体现了现象与本质、偶然与必然的对立统一的辩证关系. 我们要透过频率这一表象去认识概率这一本质，注重培养自己的唯物辩证思想.

定理 5-4（泊松大数定律） 设 $X_1, X_2, \cdots, X_n, \cdots$ 为相互独立的随机变量序列，且

$$P\{X_n = 1\} = p_n, \quad P\{X_n = 0\} = q_n, \quad n = 1, 2, \cdots,$$

其中 $q_n = 1 - p_n$，则对任意给定的 $\varepsilon > 0$，有

$$\lim_{n \to \infty} P \left\{ \left| \frac{1}{n} \sum_{i=1}^{n} X_i - \frac{1}{n} \sum_{i=1}^{n} E(X_i) \right| \geqslant \varepsilon \right\} = 0.$$

证明 由于 $X_1, X_2, \cdots, X_n, \cdots$ 相互独立，从而

$$0 \leqslant D \left(\frac{1}{n} \sum_{i=1}^{n} X_i \right) = \frac{1}{n^2} \sum_{i=1}^{n} D(X_i) = \frac{1}{n^2} \sum_{i=1}^{n} p_i q_i.$$

因为 $p_i^2 + q_i^2 \geqslant 2p_i q_i$，故

$$1 = (p_i + q_i)^2 = p_i^2 + q_i^2 + 2p_i q_i \geqslant 4p_i q_i,$$

可得

$$p_i q_i \leqslant \frac{1}{4}.$$

因此

$$D \left(\frac{1}{n} \sum_{i=1}^{n} X_i \right) = \frac{1}{n^2} \sum_{i=1}^{n} p_i q_i \leqslant \frac{1}{4n}.$$

根据切比雪夫不等式，对任意给定的 $\varepsilon > 0$，有

$$0 \leqslant P \left\{ \left| \frac{1}{n} \sum_{i=1}^{n} X_i - \frac{1}{n} \sum_{i=1}^{n} E(X_i) \right| \geqslant \varepsilon \right\} \leqslant \frac{D \left(\dfrac{1}{n} \sum\limits_{i=1}^{n} X_i \right)}{\varepsilon^2} \leqslant \frac{1}{4n\varepsilon^2},$$

因此

$$\lim_{n \to \infty} P \left\{ \left| \frac{1}{n} \sum_{i=1}^{n} X_i - \frac{1}{n} \sum_{i=1}^{n} E(X_i) \right| \geqslant \varepsilon \right\} = 0.$$

根据泊松大数定律的假设条件可以得到

$$D \left(\frac{1}{n} \sum_{i=1}^{n} X_i \right) \leqslant \frac{1}{4n}.$$

因此，当 n 足够大时，$D \left(\dfrac{1}{n} \sum_{i=1}^{n} X_i \right)$ 就可以充分地小. 也就是说，当 n 足够大时，事件

$$\left\{ \left| \frac{1}{n} \sum_{i=1}^{n} X_i - \frac{1}{n} \sum_{i=1}^{n} E(X_i) \right| \geqslant \varepsilon \right\}$$

发生的概率就可以充分地小. 故只要 n 足够大，$\dfrac{1}{n} \sum_{i=1}^{n} X_i$ 就能在概率意义下接近其数学期望 $E \left(\dfrac{1}{n} \sum_{i=1}^{n} X_i \right)$. 下面的切比雪夫大数定律说明了这一点.

定理 5-5（切比雪夫大数定律）　设 X_1，X_2，$\cdots$，X_n，$\cdots$ 为相互独立的随机变量序列，每个随机变量的期望 $E(X_n)$ 都存在且方差

$$D(X_n) \leqslant C, \quad n = 1, 2, \cdots,$$

其中常数 $C > 0$，则对任意给定的 $\varepsilon > 0$，有

$$\lim_{n \to \infty} P \left\{ \left| \frac{1}{n} \sum_{i=1}^{n} X_i - \frac{1}{n} \sum_{i=1}^{n} E(X_i) \right| \geqslant \varepsilon \right\} = 0.$$

证明　因为 X_1，X_2，$\cdots$，X_n，$\cdots$ 相互独立，从而

$$0 \leqslant D \left(\frac{1}{n} \sum_{i=1}^{n} X_i \right) = \frac{1}{n^2} \sum_{i=1}^{n} D(X_i) \leqslant \frac{C}{n}.$$

由切比雪夫不等式，对任意给定的 $\varepsilon > 0$，有

$$0 \leqslant P \left\{ \left| \frac{1}{n} \sum_{i=1}^{n} X_i - \frac{1}{n} \sum_{i=1}^{n} E(X_i) \right| \geqslant \varepsilon \right\} \leqslant \frac{D \left(\dfrac{1}{n} \sum_{i=1}^{n} X_i \right)}{\varepsilon^2} \leqslant \frac{C}{n \varepsilon^2},$$

因此

$$\lim_{n \to \infty} P\left\{\left|\frac{1}{n}\sum_{i=1}^{n} X_i - \frac{1}{n}\sum_{i=1}^{n} E(X_i)\right| \geqslant \varepsilon\right\} = 0.$$

上述大数定律都要求每个随机变量的方差 $D(X_n)$ $(n = 1, 2, \cdots)$ 存在,但在许多应用中这一要求往往不能满足. 为了解决这一问题,辛钦 (Khinchin) 建立了辛钦大数定律,它不要求随机变量的方差存在.

定理 5-6(辛钦大数定律) 设 X_1, X_2, $\cdots$, X_n, $\cdots$ 为独立同分布的随机变量序列,若 X_n 有有穷数学期望 μ,即 $E(X_n) = \mu$ $(n = 1, 2, \cdots)$,则对任意给定的 $\varepsilon > 0$,有

$$\lim_{n \to \infty} P\left\{\left|\frac{1}{n}\sum_{i=1}^{n} X_i - \mu\right| \geqslant \varepsilon\right\} = 0.$$

该定理的证明需要更深的数学知识,我们略去证明.

辛钦大数定律表明,当 n 充分大时,相互独立的随机变量 X_1, X_2, $\cdots$, X_n 的算术平均值 $\overline{X} = \frac{1}{n}\sum_{i=1}^{n} X_i$ 在概率意义下接近其数学期望 μ. 它为人们在实际应用中用算术平均值 $\overline{X}$ 作为均值 (即期望) μ 的近似值提供了理论依据. 例如,用观察到的某地区 5000 人的平均寿命作为该地区的人均寿命的近似值是合理的,这种做法的依据就是辛钦大数定律.

通过学习大数定律,我们知道频率稳定于概率、算术平均值稳定于均值都是在 $n \longrightarrow \infty$ 时所得到的完美结果. 由此我们明白随机现象的"统计规律性"是在当试验次数 n 无限增大时,试验的结果所呈现出来的某种规律性. 这种"统计规律性"是人们在长期的实践中学习、研究、总结和归纳而得到的. 实践出真知,因此我们既要注重实践,也要注重在实践中培养尊重客观统计规律性的科学精神.

基础练习 5-1

1. 设 X_1, X_2, $\cdots$, X_n, $\cdots$ 为随机变量序列,a 为常数,若 _____,则称随机变量序列 $\{X_n\}$ 依概率收敛于 a.

2. 设 X 为随机变量,且 $E(X) = \mu$,$D(X) = \sigma^2$,利用切比雪夫不等式估计 $P\{|X - \mu| < 4\sigma\}$ 的值.

3. 设随机变量 X 的期望 $E(X) = 100$,方差 $D(X) = 10$,试估计 $P\{80 < X < 120\}$ 的值.

4. 设 X_1, X_2, $\cdots$, X_n, $\cdots$ 为独立同分布的随机变量序列,其共同的分布为

$$P\left\{X_n = \frac{2^k}{k^2}\right\} = \frac{1}{2^k}, \quad k = 1, 2, \cdots,$$

则 $\{X_n\}$ 是否服从辛钦大数定律?

第二节 中心极限定理

在实际问题中，有些随机变量是由大量相互独立的随机因素综合影响所形成的，且其中的每个因素在总的影响中作用都很微小. 比如，一位技工加工机械轴并使其直径符合标准，但加工后的机械轴与标准总有一定的误差. 误差的产生由大量微小的相互独立的随机因素叠加而成. 这是因为技工在加工时受到了很多随机因素的影响，如机床振动和转速、刀具装配和磨损、材料成分和产地、车间温度和湿度、测量工具和技术、技工当天的情绪和注意力集中程度等. 这些随机出现的影响因素很多，且每个因素对加工精度的影响都很小. 但所有因素的综合影响最后导致每个机械轴的直径产生了误差. 若将这个误差记为 Y_n，则 Y_n 是随机变量，且 Y_n 可看作很多微小的随机波动 X_1，X_2，$\cdots$，X_n 的和，即

$$Y_n = X_1 + X_2 + \cdots + X_n.$$

那么当 $n \longrightarrow \infty$ 时，Y_n 服从什么分布呢？

中心极限定理 (central limit theorem) 很好地回答了这一问题，它从数学上研究了相互独立随机变量和的极限分布是正态分布的问题. 本节我们仅介绍两个最基本的定理，其中一个是棣莫弗 (De Moivre) –拉普拉斯 (Laplace) 中心极限定理，另一个是勒维 (Levy) –林德伯格 (Lindeberg) 中心极限定理.

定理 5-7（棣莫弗–拉普拉斯中心极限定理） 设随机变量 $Y_n \sim B(n, p)$，则对任意的实数 x，有

$$\lim_{n \to \infty} P\left\{\frac{Y_n - np}{\sqrt{npq}} \leqslant x\right\} = \int_{-\infty}^{x} \frac{1}{\sqrt{2\pi}} \mathrm{e}^{-\frac{t^2}{2}} \mathrm{d}t = \Phi(x),$$

其中 $q = 1 - p$.

该定理表明：在一定条件下，二项分布的极限分布是正态分布. 我们知道正态分布是连续型分布，而二项分布是离散型分布，可见定理体现了连续与离散的辩证统一关系.

棣莫弗–拉普拉斯中心极限定理是概率论发展史上的第一个中心极限定理. 它说明：当 n 充分大时，

$$\frac{Y_n - np}{\sqrt{npq}} \overset{\text{近似}}{\sim} N(0, 1),$$

于是

$$Y_n \overset{\text{近似}}{\sim} N(np, npq).$$

即可用正态分布作为二项分布的近似分布来计算概率，比如

$$P\{a < Y_n \leqslant b\} \approx \Phi\left(\frac{b - np}{\sqrt{npq}}\right) - \Phi\left(\frac{a - np}{\sqrt{npq}}\right).$$

【例 5-2】 某药品公司生产了一种药品，声称对某种疾病的治愈率为 85%. 为了检验此治愈率，医院随机选取了 100 名患有该疾病的人进行试验，如果至少有 80 人治愈，则此药品通过检验.

(1) 若此药品的实际治愈率为 85%，则药品通过检验的概率是多少？

(2) 若此药品的实际治愈率为 75%，则药品通过检验的概率是多少？

解　设 Y 表示 100 名患有该疾病的人中被治愈的人数.

(1) 由题意知，$Y \sim B(100, 0.85)$，且

$$np = 100 \times 0.85 = 85, \quad npq = 100 \times 0.85 \times 0.15 = 12.75.$$

则药品通过检验的概率为

$$P\{Y \geqslant 80\} \approx 1 - \varPhi\left(\frac{80 - 85}{\sqrt{12.75}}\right) = 1 - \varPhi(-1.4) = \varPhi(1.4) = 0.9192.$$

由此可知，此药品通过检验的概率较大.

(2) 由题意知，$Y \sim B(100, 0.75)$，且

$$np = 100 \times 0.75 = 75, \quad npq = 100 \times 0.75 \times 0.25 = 18.75.$$

则药品通过检验的概率为

$$P\{Y \geqslant 80\} \approx 1 - \varPhi\left(\frac{80 - 75}{\sqrt{18.75}}\right) = 1 - \varPhi(1.155) = 1 - 0.876 = 0.124.$$

由此可知，此药品通过检验的概率较小.

定理 5-8（勒维–林德伯格中心极限定理）　设 X_1，X_2，$\cdots$，X_n，$\cdots$ 为独立同分布的随机变量序列，$E(X_n) = \mu$，$D(X_n) = \sigma^2 > 0$ $(n = 1, 2, \cdots)$，则对任意的实数 x，有

$$\lim_{n \to \infty} P\left\{\frac{\sum\limits_{i=1}^{n} X_i - n\mu}{\sqrt{n}\sigma} \leqslant x\right\} = \int_{-\infty}^{x} \frac{1}{\sqrt{2\pi}} \mathrm{e}^{-\frac{t^2}{2}} \mathrm{d}t = \varPhi(x).$$

该定理说明，独立同分布的随机变量 X_1，X_2，$\cdots$，X_n，只要它们的方差大于零，则当 n 充分大时，有

$$\frac{\sum\limits_{i=1}^{n} X_i - n\mu}{\sqrt{n}\sigma} \overset{\text{近似}}{\sim} N(0, 1) \quad \text{或} \quad \frac{\dfrac{1}{n}\sum\limits_{i=1}^{n} X_i - \mu}{\dfrac{\sigma}{\sqrt{n}}} \overset{\text{近似}}{\sim} N(0, 1),$$

于是

$$\sum_{i=1}^{n} X_i \overset{\text{近似}}{\sim} N(n\mu, n\sigma^2) \quad \text{或} \quad \frac{1}{n}\sum_{i=1}^{n} X_i \overset{\text{近似}}{\sim} N(\mu, \frac{\sigma^2}{n}).$$

即无论 X_1，X_2，$\cdots$，X_n 服从什么分布，当 n 充分大时，它们的和 $\sum\limits_{i=1}^{n} X_i$ 近似服从正态分布. 这体现了哲学中的由量变到质变的转化规律，也为我们找到了产生服从正态分布随机变量的方法.

【例 5-3】　设某饭店每天有 400 位顾客光临，已知每位顾客的消费额 (单位: 元) 为随机变量，且在区间 $[20, 100]$ 上服从均匀分布. 假设顾客的消费额是相互独立的，求该饭店每天的营业额 (单位: 元) 在 23000 至 25000 之间的概率.

解　设 $X_k\,(k=1, 2, \cdots, 400)$ 表示第 k 位顾客的消费额,则 $E(X_k)=60$, $D(X_k)=533.333$. 记

$$X = \sum_{k=1}^{400} X_k,$$

则 X 表示这 400 位顾客消费额之和 (即饭店的营业额). 根据勒维–林德伯格中心极限定理，所求概率为

$$P\{23000 < X < 25000\}$$

$$= P\left\{\frac{23000 - 400 \times 60}{\sqrt{400 \times 533.333}} < \frac{X - 400 \times 60}{\sqrt{400 \times 533.333}} < \frac{25000 - 400 \times 60}{\sqrt{400 \times 533.333}}\right\}$$

$$\approx \Phi(2.165) - \Phi(-2.165) = 2\Phi(2.165) - 1 = 0.9696.$$

【例 5-4】　设一小区有 200 户住户，一户住户拥有的汽车数是一个随机变量，且一户住户无汽车、拥有 1 辆汽车、拥有 2 辆汽车的概率依次为 0.1, 0.6, 0.3. 假设各住户拥有的汽车数是相互独立的，且服从同一分布. 求:

(1) 住户拥有的汽车总数 X 超过 250 的概率;

(2) 拥有 1 辆汽车的住户数不多于 135 的概率.

解　(1) 设 $X_k\,(k=1, 2, \cdots, 200)$ 表示第 k 户住户拥有的汽车数，则 X_k 的分布律为

X_k	0	1	2
p	0.1	0.6	0.3

易知 $E(X_k) = 1.2$, $D(X_k) = 0.36$, $k = 1, 2, \cdots, 200$, 且

$$X = \sum_{k=1}^{200} X_k.$$

根据勒维–林德伯格中心极限定理，可得

$$P\{X > 250\} = P\left\{\frac{X - 200 \times 1.2}{\sqrt{200 \times 0.36}} > \frac{250 - 200 \times 1.2}{\sqrt{200 \times 0.36}}\right\}$$

$$\approx 1 - \Phi(1.179) = 1 - 0.8810 = 0.119.$$

(2) 设 Y 表示拥有 1 辆汽车的住户数，则 $Y \sim B(200, 0.6)$. 根据棣莫弗–拉普拉斯中心极限定理，可得

$$P\{Y \leqslant 135\} = P\left\{\frac{Y - 200 \times 0.6}{\sqrt{200 \times 0.6 \times 0.4}} \leqslant \frac{135 - 200 \times 0.6}{\sqrt{200 \times 0.6 \times 0.4}}\right\} \approx \Phi(2.165) = 0.9848.$$

基础练习 5-2

1. 某工厂生产的产品废品率为 0.005，则任意抽取的 10000 件产品中废品数不多于 70 件的概率 $p =$ ＿＿＿＿＿＿.

2. 一个复杂系统由 100 个部件组成，已知每个部件正常工作的概率均为 0.9，且它们的工作相互独立. 若至少有 85 个部件正常工作时系统才能工作正常，求系统工作正常的概率.

3. 对某防御领域进行 100 次射击，每次射击时命中目标的炮弹数为一个随机变量，其数学期望为 2，标准差为 1.5，求在 100 次射击中命中目标的炮弹数在 180 至 220 之间的概率.

总习题五

1. 设某区域有 10000 盏电灯，到了晚上每一盏电灯开灯的概率均为 0.7. 假定各电灯开、关互不影响. 用切比雪夫不等式估计晚上同时开着的电灯数在 6800 至 7200 之间的概率.

2. 已知每毫升正常男性成人血液中白细胞数为随机变量 X，且 X 的数学期望为 7300，标准差是 700. 利用切比雪夫不等式估计每毫升血液中白细胞数在 5200 至 9400 之间的概率.

3. 设某学校有 200 名学生参加某种等级考试. 历史资料表明，该考试通过率为 0.8. 求这 200 名学生中至少有 150 人通过考试的概率.

4. 设某一加法器同时收到相互独立的 20 个噪声电压 V_k，且 $V_k \sim U(0, 10)$ ($k = 1, 2, \cdots, 20$). 记

$$V = \sum_{k=1}^{20} V_k,$$

求 $P\{V > 105\}$ 的近似值.

5. 统计资料表明，某种元件的使用寿命 (单位：h) 服从参数 $\lambda = 0.01$ 的指数分布，现随机地取 25 只，设它们的寿命是相互独立的. 求这 25 只元件的寿命总和大于 2800 h 的概率.

6. 某车间有 200 台机床，它们的工作状态相互独立，开工率均为 0.6，开工时耗电均为 1 kW. 供电所至少要供这个车间多少电力才能以 99.9% 的概率保证这个车间不会因供电不足而影响生产?

7. 设平安保险公司有 3000 个同龄人参加了某种保险，这些参保人在一年中死亡的概率为 0.1%. 参保人在一年中的第一天交付 10 元保险费，死亡时家属可从保险公司领取 2000 元. 求一年中保险公司在这 3000 人的保险中至少获利 10000 元的概率.

8. 某计算机主机有 100 个终端，每个终端有 80% 的时间被使用. 已知各个终端是否被使用互不影响，求终端空闲的个数不少于 15 的概率.

9. 设有一批零件，其中每个零件的重量为随机变量，这些随机变量独立同分布，且数学期望均为 0.5 kg，标准差均为 0.1 kg，求 5000 个零件的重量之和超过 2510 kg 的概率.

10. 计算器在进行加法运算时，将每个加数舍入最靠近它的整数，设所有舍入误差相互独立且在区间 $[-0.5, 0.5]$ 上服从均匀分布. 若将 1500 个数相加，求误差总和的绝对值超过 15 的概率.

11. 某工厂的液晶片车间生产的液晶片合格率为 80%，已知该厂每月生产 10000 台液晶投影仪，问液晶片车间每月至少生产多少液晶片，才能有 99.7% 的把握保证出厂的液晶投影仪能装上合格的液晶片?

自测题五

一、填空题 (每空 3 分)

1. 设 $\{X_n\}$ 为定义在概率空间 $(\Omega, \mathscr{F}, P)$ 上的随机变量序列，a 为常数，则 $\{X_n\}$ 依概率收敛于

a 是指 _____.

2. 调查资料表明，同性双胞胎占双胞胎总数的 36%，设 X 为 1000 例双胞胎中同性双胞胎的例数，则 $P\{200 \leqslant X \leqslant 500\} =$ _____.

二、选择题 (每小题 2 分)

1. 频率依概率收敛于概率，这是 ( ) 的本质.

    A. 切比雪夫大数定律；   B. 泊松大数定律；

    C. 辛钦大数定律；   D. 伯努利大数定律.

2. 将一颗骰子连续抛掷 100 次，则出现的点数之和不少于 500 的概率约为 ( )

    A. 0；   B. 0.5；   C. 1；   D. 0.25.

三、计算题 (共 60 分)

1. (10 分) 一批水稻种子中，优良品种所占的比例为 $\dfrac{1}{6}$，用切比雪夫不等式估计需要取出多少颗种子，才能有 95% 以上的把握保证出现优良品种的频率与 $\dfrac{1}{6}$ 误差的绝对值小于 $\dfrac{1}{60}$？

2. (10 分) 设有 160 名学生平均分为两组，两组的学生分别在两个实验室里测量某种化合物的 pH 值. 各人测量的结果是相互独立的随机变量，它们服从同一分布，数学期望为 5，方差为 0.3，用 $\overline{X}$，$\overline{Y}$ 分别表示第一组和第二组测量结果的算术平均值，求 $P\{4.9 < \overline{X} < 5.1\}$ 和 $P\{-0.1 < \overline{X} - \overline{Y} < 0.1\}$.

3. (15 分) 根据调查资料知，某年龄段内的人群患某种重大疾病的概率为 0.2%. 人寿保险公司针对该年龄段的人群设置了一款险种：每个参保人交 120 元，在三年内若得此重病，保险公司支付保险金 n 元. 若有 2500 人参加该项保险.

(1) 确定 n 以使保险公司期望盈利；

(2) 确定 n 以使保险公司期望盈利 10 万元；

(3) 确定 n 以使保险公司至少盈利 10 万元的概率不低于 99%.

4. (10 分) 设某车间有 400 台同种型号的机器，各台机器的工作相互独立，且它们发生故障的概率均为 0.02. 试分别用泊松分布和正态分布近似计算机器发生故障的台数不小于 2 的概率.

5. (15 分) 对一个物理量独立地测量 n 次，每次测量产生的随机误差都在区间 $[-1, 1]$ 上服从均匀分布.

(1) 如果取 n 次测量的算术平均值作为测量结果，求它与真值的差小于指定的正数 ε 的概率；

(2) 计算当 $n = 27$，$\varepsilon = 0.2$ 时，第 (1) 问中所求概率的近似值；

(3) 若 $\varepsilon = 0.2$，要使第 (1) 问中所求概率不小于 0.95，应进行多少次测量？

四、证明题 (每小题 15 分)

1. 设 X_1，X_2，$\cdots$，X_n，$\cdots$ 为一个随机变量序列，X_n $(n = 1, 2, \cdots)$ 的概率密度为

$$f_n(x) = \frac{n}{\pi(1 + n^2 x^2)}, \quad -\infty < x < +\infty,$$

证明：$X_n \xrightarrow{P} 0$ $(n \to \infty)$.

2. 设 X_1，X_2，$\cdots$，X_n，$\cdots$ 为一个独立同分布的随机变量序列，已知 $E(X_n^4) < +\infty$，若令 $E(X_n) = \mu$，$D(X_n) = \sigma^2$，$n = 1, 2, \cdots$，证明：对任意的 $\varepsilon > 0$，有

$$\lim_{n \to \infty} P\left\{ \left| \frac{1}{n} \sum_{i=1}^{n} (X_i - \mu)^2 - \sigma^2 \right| \geqslant \varepsilon \right\} = 0.$$

第六章　样本及抽样分布

前五章的内容属于概率论的范畴. 我们已经看到在概率论部分, 其研究内容都是围绕随机变量进行的, 而且随机变量的分布通常假定是已知的, 一切计算及推理均基于这个已知的分布进行. 随机变量及其分布能够全面地描述随机现象的统计规律性. 然而在实际问题中, 随机现象虽然可以用随机变量来描述, 但该随机变量的分布可能完全未知, 或者只知道其分布类型而不知道其中的某些参数. 怎样确定一个随机变量的分布或者分布中未知的参数, 是数理统计学所要解决的问题.

数理统计是以概率论为基础的应用性很强的一门学科. 在西方, "数理统计学" 一词专指统计方法的数学基础理论部分. 而在我国数理统计学则有较广的含义, 内容包括对数据资料进行收集、整理和分析, 以及估计或推断总体的某些性质或数字特征. 在科学研究中, 数理统计已成为近代数学的一个重要分支, 被广泛应用于物理、化学、生物、医学、经济和管理等各个领域.

在概率论和数理统计学科中第一个具有国际声望的中国数学家 —— 许宝騄先生, 是我国概率统计领域中最主要的奠基人之一, 他在参数估计理论、多元统计分析和极限理论等方面取得了卓越成就. 1940 年, 在英国留学后他毅然放弃国外优越的条件, 决心回国报效祖国. 1956 年, 在概率统计被列为数学学科的重点发展方向后, 他从北京大学、南开大学等院校抽调了 50 多名学生在北京大学集中学习概率统计, 为我国概率统计学科培养了一批优秀的教学科研骨干. 许宝騄先生回国不仅带来了现代概率论和数理统计, 而且带来了对祖国的热爱之情, 是成千上万海归学者的榜样. 许宝騄先生的爱国精神永远鼓舞着每一位中国人, 我们应当向他学习, 做个有家国情怀的现代公民.

本书只介绍数理统计学中的基本概念, 统计推断方法中的参数估计、假设检验和回归分析的部分内容. 本章首先介绍基本概念, 包括总体、样本、统计量等, 然后介绍几个常用统计量、三大抽样分布及基于正态分布的重要抽样分布定理.

第一节　总体与样本

一、总体与个体

在数理统计中, 我们将研究问题所涉及的研究对象的全体称为总体(population); 组成总体的每个研究对象称为个体 (individual).

【例 6-1】　考察山区某小学学生的身体情况, 则该小学的全部学生构成一个总体, 该小学的每一名学生是一个个体.

【例 6-2】　研究某班学生的学习情况, 则该班全体学生构成一个总体, 每一名学生是一个个体.

【例 6-3】 研究一批灯泡的性能, 则该批灯泡构成一个总体, 每一只灯泡是一个个体.

在实际研究中, 我们关注的往往不是总体或个体本身, 而是它们的某一项或几项数量指标. 例如,

例 6-1 关注学生的身高和体重;

例 6-2 关注该班学生的概率论成绩;

例 6-3 关注灯泡的寿命.

这样一来, 总体就可以看成是一堆数, 这堆数有大有小, 有的出现机会多, 有的出现机会少, 因此用一个概率分布去描述和归纳总体是恰当的. 从这个意义上看, 总体就是一个分布, 而其数量指标就是服从这个分布的随机变量. 研究总体的问题, 实质是研究与其相关的随机数量指标 X 的问题, 从而研究总体的分布, 实质是研究 X 的分布. 为方便起见, 在本书中我们将总体记为 X, 总体的分布即为 X 的分布.

例 6-1 研究的总体实际上分别为学生的身高和体重, 记为 X_1 和 X_2;

例 6-2 研究的总体实际上为该班学生的概率论成绩, 记为 Y;

例 6-3 研究的总体实际上为该批灯泡的寿命, 记为 Z.

总体中所含个体的数目称为总体的容量(size). 容量有限的总体称为有限总体(finite population); 容量无限的总体称为无限总体(infinite population). 通常, 若有限总体容量比较大时, 我们可将其近似地视为无限总体.

二、 样本

在对总体进行研究时, 最可靠的方法显然是对它包含的所有个体逐一进行考察, 从而找出其规律性, 但这是不现实的. 因此大多数情况下, 人们从总体中抽取一部分个体进行观察 (或试验), 进而运用概率论知识和统计推断原理, 依据观察 (或试验) 的结果对总体做出推断. 这里, 被抽取出的部分个体称为总体的一个样本 (sample), 样本中所含个体的数目称为样本容量 (sample size). 从总体中抽取样本的过程, 称为抽样 (sampling). 这里我们需要指出, 对任何一个个体进行观察 (或试验) 之前, 并不知道会出现什么结果, 因此, 观察 (或试验) 的结果是一个随机变量. 从总体中随机抽取 n 个个体, 将其观测结果按顺序依次记为 X_1, X_2, $\cdots$, X_n, 我们称 X_1, X_2, $\cdots$, X_n 为总体 X 的一个样本. 当 n 次观测完成之后, 就得到样本的 n 个观测值 x_1, x_2, $\cdots$, x_n, 我们称 x_1, x_2, $\cdots$, x_n 为样本观测值 (sample value).

抽样的目的是为了有效地利用样本去推断总体. 为了能由样本对总体做出比较可靠的推断, 希望样本能很好地代表总体, 这就需要对抽样方法提出一些要求, 最常见的两个要求如下:

(1) 代表性 即样本 X_1, X_2, $\cdots$, X_n 在一定程度上能代表总体 X, 这就要求总体中每个个体都有同等机会被选入样本, 意味着 X_1, X_2, $\cdots$, X_n 与总体 X 具有相同的分布;

(2) 独立性 即要求每次抽样的结果彼此互不影响, 这就意味着 X_1, X_2, $\cdots$, X_n 是相互独立的随机变量.

满足上述两个要求的抽样方法称为简单随机抽样 (simple random sampling). 用简单随机抽样得到的样本, 称为简单随机样本, 简称样本.

简单随机抽样的方式通常可分为两种 ——有放回抽样和不放回抽样, 具体操作如下: 对于有限总体, 一般采用有放回抽样 [若抽取的个体数目 n 相比总体的容量 N 很小 (通常要求 $\frac{n}{N} \leqslant 0.1$), 可采用不放回抽样]; 对于无限总体, 由于抽取一个个体对总体的分布影响甚微, 一般采用不放回抽样.

综上所述, 我们把对总体、样本的讨论以定义的形式给出.

定义 6-1 设随机变量 X 的分布函数为 $F(x)$, 若 X_1, X_2, $\cdots$, X_n 相互独立且都与 X 具有相同的分布, 则称 X 为**总体**; 称 X_1, X_2, $\cdots$, X_n 为来自总体 X 的**容量为 n 的简单随机样本**, 简称**样本**, 它们的观测值 x_1, x_2, $\cdots$, x_n 称为**样本值**.

本书所涉及的样本均指简单随机样本, 即 X_1, X_2, $\cdots$, X_n 相互独立且都是与 X 具有相同分布的随机变量.

每一个样本可以视为一个随机向量, 记为 $(X_1$, X_2, $\cdots$, $X_n)$, 其相应的样本值记为 $(x_1$, x_2, $\cdots$, $x_n)$. 设总体 X 的分布函数为 $F(x)$, 若 X_1, X_2, $\cdots$, X_n 为来自总体 X 的一个样本, 则 $(X_1$, X_2, $\cdots$, $X_n)$ 的分布函数为

$$F(x_1, x_2, \cdots, x_n) = \prod_{i=1}^{n} F(x_i).$$

特别地, 若总体 X 为离散型随机变量, 其分布律为

$$P\{X = x_i\} \triangleq p(x_i), \ i = 1, 2, \cdots,$$

则 $(X_1$, X_2, $\cdots$, $X_n)$ 的分布律为

$$p(x_1, x_2, \cdots, x_n) = P\{X_1 = x_1, X_2 = x_2, \cdots, X_n = x_n\}$$

$$= \prod_{i=1}^{n} P\{X_i = x_i\} = \prod_{i=1}^{n} p(x_i).$$

若总体 X 为连续型随机变量, 其概率密度为 $f(x)$, 则 $(X_1$, X_2, $\cdots$, $X_n)$ 的概率密度为

$$f(x_1, x_2, \cdots, x_n) = \prod_{i=1}^{n} f(x_i).$$

【例 6-4】 设某商场顾客的消费金额 X 服从正态分布 $N(\mu, \sigma^2)$, 现考察 100 名顾客的消费情况, 得到容量为 100 的样本 X_1, X_2, $\cdots$, X_{100}, 求该样本的联合概率密度.

解 由于 X_1, X_2, $\cdots$, X_{100} 为来自总体 X 的样本, 故 X_i $(i = 1, 2, \cdots, 100)$ 的概率密度为

$$f(x_i) = \frac{1}{\sqrt{2\pi}\sigma} \mathrm{e}^{-\frac{(x_i - \mu)^2}{2\sigma^2}}.$$

因此 X_1, X_2, $\cdots$, X_{100} 的联合概率密度为

$$f(x_1, x_2, \cdots, x_{100}) = \prod_{i=1}^{100} f(x_i)$$

$$= \prod_{i=1}^{100} \frac{1}{\sqrt{2\pi}\sigma} \mathrm{e}^{-\frac{(x_i-\mu)^2}{2\sigma^2}}$$

$$= (2\pi\sigma^2)^{-50} \mathrm{e}^{-\frac{1}{2\sigma^2}\sum\limits_{i=1}^{100}(x_i-\mu)^2},$$

其中 x_1, x_2, $\cdots$, $x_{100} > 0$.

基础练习 6-1

1. 设 X_1, X_2, $\cdots$, X_n 为来自总体 X 的容量为 n 的样本，在 X 分别服从 $e(\lambda)$ 和 $B(n, p)$ 情况下，求 $Y = \dfrac{1}{n}\sum\limits_{i=1}^{n} X_i$ 的数学期望和方差.

2. 设总体 $X \sim P(\lambda)$, X_1, X_2, X_3, X_4, X_5 为来自总体 X 的一个样本，试写出 $(X_1, X_2, X_3, X_4, X_5)$ 的分布律.

3. 设总体 X 的概率密度为

$$f(x) = \begin{cases} \theta x^{\theta-1}, & 0 < x < 1, \\ 0, & \text{其他}, \end{cases}$$

X_1, X_2, $\cdots$, X_n 为来自总体 X 的一个样本，求 $(X_1, X_2, \cdots, X_n)$ 的概率密度.

第二节 统计量的概念及常用统计量

样本是总体的代表和反映，但只用样本一般不能直接对总体进行推断，需要对样本所含的信息进行加工处理，把我们所关心的信息提炼出来，然后再对总体进行合理的推断. 这种加工通常的做法是针对不同的问题构造出一个合适的样本函数，不同的样本函数反映总体的不同特征，这种满足一定条件的样本函数在数理统计中被称为统计量 (statistic).

一、 统计量的概念

> **定义 6-2** 设 X_1, X_2, $\cdots$, X_n 为来自总体 X 的一个样本，若样本函数 $g(X_1, X_2, \cdots, X_n)$ 不含任何未知参数，则称 $g(X_1, X_2, \cdots, X_n)$ 是一个统计量.

当 x_1, x_2, $\cdots$, x_n 为一组样本值时，我们称 $g(x_1, x_2, \cdots, x_n)$ 为统计量 $g(X_1, X_2, \cdots, X_n)$ 的一个观测值.

一方面，统计量是样本的函数，完全由样本确定，因此也是随机变量. 另一方面，统计量不能含有任何未知的参数. 例如，设 X_1, X_2, $\cdots$, X_n 为来自总体 $X \sim N(\mu, \sigma^2)$ 的一个样本，其中参数 μ 已知，σ^2 未知，则

$$\sum_{i=1}^{n} X_i, \qquad \frac{1}{n}\sum_{i=1}^{n}(X_i-\mu)^2$$

均为统计量，但

$$\frac{n-1}{\sigma^2} \sum_{i=1}^{n} X_i^2$$

不是统计量.

二、常用统计量

下面给出几个常用的统计量及其观测值. 设 X_1, X_2, $\cdots$, X_n 为来自总体 X 的一个样本，其样本值为 x_1, x_2, $\cdots$, x_n.

样本均值 (sample mean)

$$\overline{X} = \frac{1}{n} \sum_{i=1}^{n} X_i.$$

样本方差 (sample variance)

$$S^2 = \frac{1}{n-1} \sum_{i=1}^{n} (X_i - \overline{X})^2 = \frac{1}{n-1} \left(\sum_{i=1}^{n} X_i^2 - n\overline{X}^2 \right).$$

样本标准差 (sample standard deviation)

$$S = \sqrt{S^2} = \sqrt{\frac{1}{n-1} \sum_{i=1}^{n} (X_i - \overline{X})^2}.$$

样本 k 阶原点矩 (sample k-th origin moment)

$$A_k = \frac{1}{n} \sum_{i=1}^{n} X_i^k, \quad k = 1, 2, \cdots.$$

样本 k 阶中心矩 (sample k-th central moment)

$$B_k = \frac{1}{n} \sum_{i=1}^{n} (X_i - \overline{X})^k, \quad k = 2, 3, \cdots.$$

上述统计量的观测值分别为

样本均值观测值 $\overline{x} = \dfrac{1}{n} \sum_{i=1}^{n} x_i$;

样本方差观测值 $s^2 = \dfrac{1}{n-1} \sum_{i=1}^{n} (x_i - \overline{x})^2 = \dfrac{1}{n-1} \left(\sum_{i=1}^{n} x_i^2 - n\overline{x}^2 \right)$;

样本标准差观测值 $s = \sqrt{s^2} = \sqrt{\dfrac{1}{n-1} \sum_{i=1}^{n} (x_i - \overline{x})^2}$;

样本 k 阶原点矩观测值 $a_k = \dfrac{1}{n} \sum_{i=1}^{n} x_i^k$, $k = 1, 2, \cdots$;

样本 k 阶中心矩观测值 $b_k = \dfrac{1}{n} \sum_{i=1}^{n} (x_i - \overline{x})^k$, $k = 2, 3, \cdots.$

由上述统计量可知，样本均值即为样本一阶原点矩，即 $\overline{X} = A_1$；样本方差与样本二阶中心矩相差一个常数倍，即 $S^2 = \dfrac{n}{n-1} B_2$. 但当 $n \to \infty$ 时，$S^2 \to B_2$，换句话说，当 n 很大时，二者差别很小.

定理 6-1　设总体 X 的数学期望和方差均存在，且 $E(X) = \mu$，$D(X) = \sigma^2$. 若 X_1，X_2，$\cdots$，X_n 为来自总体 X 的一个样本，则有

$$E(\overline{X}) = \mu, \quad D(\overline{X}) = \frac{\sigma^2}{n}, \quad E(S^2) = \sigma^2.$$

证明　因为 X_1，X_2，$\cdots$，X_n 为来自总体 X 的一个样本，故 X_1，X_2，$\cdots$，X_n 相互独立且与 X 具有相同的分布，因此

$$E(X_i) = E(X) = \mu, \quad D(X_i) = D(X) = \sigma^2, \quad i = 1, 2, \cdots, n.$$

由此可得

$$E(\overline{X}) = E\left(\frac{1}{n} \sum_{i=1}^{n} X_i \right) = \frac{1}{n} \sum_{i=1}^{n} E(X_i) = \frac{1}{n} n\mu = \mu,$$

$$D(\overline{X}) = D\left(\frac{1}{n} \sum_{i=1}^{n} X_i \right) = \frac{1}{n^2} \sum_{i=1}^{n} D(X_i) = \frac{1}{n^2} n\sigma^2 = \frac{\sigma^2}{n},$$

$$E(S^2) = E\left[\frac{1}{n-1} \left(\sum_{i=1}^{n} X_i^2 - n\overline{X}^2 \right) \right]$$

$$= \frac{1}{n-1} \left[\sum_{i=1}^{n} E(X_i^2) - nE(\overline{X}^2) \right]$$

$$= \frac{1}{n-1} \left[nE(X^2) - nE(\overline{X}^2) \right]$$

$$= \frac{n}{n-1} E(X^2) - \frac{n}{n-1} E(\overline{X}^2)$$

$$= \frac{n}{n-1} \left\{ D(X) + [E(X)]^2 \right\} - \frac{n}{n-1} \left\{ D(\overline{X}) + [E(\overline{X})]^2 \right\}$$

$$= \frac{n}{n-1} [\sigma^2 + \mu^2] - \frac{n}{n-1} \left[\frac{\sigma^2}{n} + \mu^2 \right]$$

$$= \sigma^2.$$

注解 6-1　在定理 6-1中，对总体的分布没有要求，只需要其数学期望和方差存在即可. 也就是说无论总体服从什么分布，总有样本均值的期望是总体的期望，样本方差的期望是总体的方差.

三、经验分布函数

设 X_1，X_2，$\cdots$，X_n 为来自总体 X 的一个样本，若将样本的观测值由小到大进行排序，记为 $X_{(1)}$，$X_{(2)}$，$\cdots$，$X_{(n)}$，则称 $X_{(1)}$，$X_{(2)}$，$\cdots$，$X_{(n)}$ 为有序样本，用有序样

本定义下列函数

$$F_n(x) = \begin{cases} 0, & \text{当 } x < X_{(1)}, \\ \vdots \\ \dfrac{k}{n}, & \text{当 } X_{(k)} \leqslant x < X_{(k+1)},\ k = 1,\ 2,\ \cdots,\ n-1, \\ \vdots \\ 1, & \text{当 } x \geqslant X_{(n)}, \end{cases}$$

则 $F_n(x)$ 是一个非减右连续函数, 且满足

$$F_n(-\infty) = 0,\ F_n(+\infty) = 1.$$

由此可见, $F_n(x)$ 是一个分布函数, 称 $F_n(x)$ 为该样本的经验分布函数.

【例 6-5】　某食品厂生产瓶装汽水, 现从生产线上随机选取 5 瓶, 称得其净重 (单位: g) 分别为

$$305 \quad 311 \quad 307 \quad 312 \quad 309.$$

这是一个容量为 5 的样本, 经排序得有序样本

$$X_{(1)} = 305,\ X_{(2)} = 307,\ X_{(3)} = 309,\ X_{(4)} = 311,\ X_{(5)} = 312,$$

其经验分布函数为

$$F_5(x) = \begin{cases} 0, & x < 305, \\ 0.2, & 305 \leqslant x < 307, \\ 0.4, & 307 \leqslant x < 309, \\ 0.6, & 309 \leqslant x < 311, \\ 0.8, & 311 \leqslant x < 312, \\ 1, & x \geqslant 312. \end{cases}$$

由伯努利大数定律可知, 当 $n \to +\infty$ 时, $F_n(x)$ 依概率收敛于总体的分布函数 $F(x)$. 更深刻的结果也是存在的, 那就是格里文科定理, 该定理表明, 当 n 相当大时, 经验分布函数 $F_n(x)$ 是总体分布函数 $F(x)$ 的一个良好的近似. 经典统计学中一切推断都以样本为依据, 其理由就在于此.

基础练习 6-2

1. 设 X_1, X_2, $\cdots$, X_{10} 为来自总体 X 的一个样本, $X \sim B(10,\ p)$, 其中 p 未知. 指出下列样本函数中哪些是统计量?

$$X_1 + X_3, \quad \min\{X_1,\ X_2,\ \cdots,\ X_{10}\}, \quad X_5 + p, \quad (X_1 - X_{10})^p.$$

2. 设 X_1，X_2，X_3，X_4，X_5 为来自总体 X 的一个样本，其一组样本值为 3，5，7，4，6，则该样本的样本均值、样本方差和样本标准差的观测值分别是多少？

3. 设 X_1，X_2，$\cdots$，X_{10} 为来自总体 X 的一个样本，分别按总体服从下列指定分布，求 $E(\overline{X})$，$D(\overline{X})$ 和 $E(S^2)$.

(1) $X \sim P(4)$；(2) $X \sim e(5)$；(3) $X \sim B(10,\ 0.2)$.

4. 若 X_1，X_2，$\cdots$，X_n 为来自总体 X 的一个样本，A_1，A_2，B_2 分别是样本的 1 阶原点矩，2 阶原点矩和 2 阶中心矩，证明 $B_2 = A_2 - A_1^2$.

第三节 统计量的抽样分布

上一节我们指出，统计量是样本的函数，仍然是随机变量，因此它也有对应的概率分布，我们称之为统计量的抽样分布. 在使用统计量进行统计推断时常常需要知道它的分布. 当总体的分布函数已知时，求出统计量的精确分布，对数理统计中的所谓小样本问题 (即在样本容量较小的情况下所讨论的各种统计问题) 的研究很有用处. 一般情况下，确定统计量的抽样分布是非常困难的. 但当总体是正态总体时，一些常用统计量的精确分布是比较容易得到的. 这些精确分布涉及以标准正态分布为基石构造的三大分布，即 χ^2 分布、t 分布和 F 分布. 本节先介绍这三大分布，然后介绍基于正态总体的几个抽样分布定理.

一、 χ^2 分布

定义 6-3 设随机变量 X_1，X_2，$\cdots$，X_n 相互独立，且都服从 $N(0,\ 1)$，则称随机变量

$$\chi^2 = X_1^2 + X_2^2 + \cdots + X_n^2 \tag{6-1}$$

服从自由度为 n 的 χ^2 分布，记为 $\chi^2 \sim \chi^2(n)$.

$\chi^2(n)$ 分布的概率密度为

$$f(x) = \begin{cases} \dfrac{1}{2^{\frac{n}{2}}\Gamma\left(\frac{n}{2}\right)} x^{\frac{n}{2}-1} \mathrm{e}^{-\frac{x}{2}}, & x > 0, \\ 0, & x \leqslant 0, \end{cases}$$

其中伽马函数

$$\Gamma(\alpha) = \int_0^{+\infty} x^{\alpha-1} \mathrm{e}^{-x} \mathrm{d}x,$$

且 $\alpha > 0$. 当 $n = 1$，4，6，10，20 时，$f(x)$ 的图形如图 6-1 所示.

关于 χ^2 分布的几点说明：

(1) χ^2 分布的自由度：自由度 n 表示式 (6-1) 中的随机变量 χ^2 涉及 n 个相互独立的随机变量.

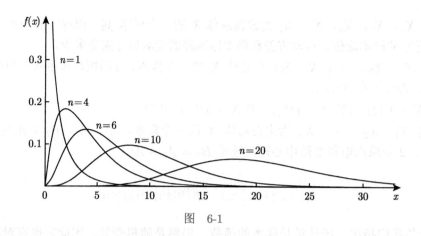

图　6-1

(2) χ^2 分布的可加性：若 $X \sim \chi^2(n_1)$，$Y \sim \chi^2(n_2)$，且 X 与 Y 相互独立，则 $X+Y \sim \chi^2(n_1 + n_2)$.

事实上，因 $X \sim \chi^2(n_1)$，故存在 n_1 个相互独立的随机变量 X_1，X_2，$\cdots$，X_{n_1}，满足 $X_i \sim N(0,\ 1)\ (i = 1,\ 2,\ \cdots,\ n_1)$，使得 $X = X_1^2 + X_2^2 + \cdots + X_{n_1}^2$；同理，$Y \sim \chi^2(n_2)$，故存在 n_2 个相互独立的随机变量 Y_1，Y_2，$\cdots$，Y_{n_2}，满足 $Y_j \sim N(0,\ 1)\ (j = 1,\ 2,\ \cdots,\ n_2)$，使得 $Y = Y_1^2 + Y_2^2 + \cdots + Y_{n_2}^2$. 又因为 X 和 Y 相互独立，故 X_1，X_2，$\cdots$，X_{n_1}，Y_1，Y_2，$\cdots$，Y_{n_2} 相互独立. 从而由定义 6-3 可得

$$X + Y = X_1^2 + X_2^2 + \cdots + X_{n_1}^2 + Y_1^2 + Y_2^2 + \cdots + Y_{n_2}^2 \sim \chi^2(n_1 + n_2).$$

该性质可推广到多个随机变量的情形：若 $X_i \sim \chi^2(n_i)$，$i = 1,\ 2,\ \cdots,\ k$，且此 k 个随机变量相互独立，则

$$X_1 + X_2 + \cdots + X_k \sim \chi^2(n_1 + n_2 + \cdots + n_k).$$

(3) χ^2 分布的数学期望和方差：若 $\chi^2 \sim \chi^2(n)$，则 $E(\chi^2) = n$，$D(\chi^2) = 2n$.

由第二章伽马分布的特例可知，若 $\chi^2 \sim \chi^2(n)$，则 $\chi^2 \sim Ga\left(\dfrac{n}{2},\ \dfrac{1}{2}\right)$，再由第四章伽马分布的数学期望和方差可知，$E(\chi^2) = n$，$D(\chi^2) = 2n$.

【例 6-6】 若 X_1，X_2，$\cdots$，X_8 为来自总体 $X \sim N(0,\ 4)$ 的一个样本，$Y = (X_1 + X_3 + X_5 + X_7)^2 + (X_2 + X_4 + X_6 + X_8)^2$. 试确定 C，使得 CY 服从 χ^2 分布.

解　因为 X_1，X_2，$\cdots$，X_8 为来自总体 $X \sim N(0,\ 4)$ 的一个样本，所以

$$X_1 + X_3 + X_5 + X_7 \sim N(0,\ 16),\quad X_2 + X_4 + X_6 + X_8 \sim N(0,\ 16),$$

标准化后

$$\frac{X_1 + X_3 + X_5 + X_7}{4} \sim N(0,\ 1),\quad \frac{X_2 + X_4 + X_6 + X_8}{4} \sim N(0,\ 1),$$

且 $\dfrac{X_1 + X_3 + X_5 + X_7}{4}$ 与 $\dfrac{X_2 + X_4 + X_6 + X_8}{4}$ 相互独立，由 χ^2 分布的定义可知，

$$\left(\frac{X_1+X_3+X_5+X_7}{4}\right)^2+\left(\frac{X_2+X_4+X_6+X_8}{4}\right)^2=\frac{1}{16}Y\sim\chi^2(2),$$

故当 $C=\dfrac{1}{16}$ 时，CY 服从自由度为2 的 χ^2 分布.

定义 6-4 设 $\chi^2\sim\chi^2(n)$，给定实数 $\alpha\,(0<\alpha<1)$，称满足条件

$$P\{\chi^2>\chi^2_\alpha(n)\}=\int_{\chi^2_\alpha(n)}^{+\infty}f(x)\mathrm{d}x=\alpha \tag{6-2}$$

的点 $\chi^2_\alpha(n)$ 为 $\chi^2(n)$ 分布的上 α 分位点，如图 6-2所示.

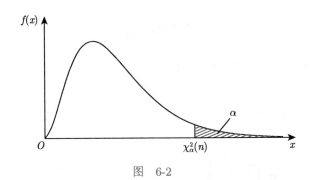

图 6-2

对于不同的 α 和 n，附表 5 给出了部分 $\chi^2(n)$ 分布的上 α 分位点 $\chi^2_\alpha(n)$ 值. 例如，当 $\alpha=0.01$，$n=20$ 时，查表可得 $\chi^2_{0.01}(20)=37.566$.

【例 6-7】 设随机变量 $\chi^2\sim\chi^2(10)$，$P\{\chi^2<c\}=0.95$，求 c.

解 根据定义 6-4可知，c 值不能直接获得. 但

$$0.95=P\{\chi^2<c\}=1-P\{\chi^2\geqslant c\},$$

可得 $P\{\chi^2\geqslant c\}=0.05$. 因此，查表可得 $c=\chi^2_{0.05}(10)=18.307$.

注解 6-2 设随机变量 $\chi^2\sim\chi^2(n)$，当 $n\leqslant 45$ 时，$\chi^2_\alpha(n)$ 可通过查附表 5 得到；但当 $n>45$ 时，此值无法通过查附表 5 得到. 这时可通过

$$\chi^2_\alpha(n)\approx\frac{1}{2}(z_\alpha+\sqrt{2n-1})^2 \tag{6-3}$$

近似得到，其中 z_α 为标准正态分布的上 α 分位点，并可通过查附表 2 得到.

事实上，费希尔 (Fisher) 指出当 n 足够大时，随机变量 $\sqrt{2\chi^2}$ 近似服从正态分布 $N(\sqrt{2n-1},\ 1)$，即 $\sqrt{2\chi^2}-\sqrt{2n-1}$ 近似服从标准正态分布 $N(0,\ 1)$. 由

$$\alpha=P\{\chi^2>\chi^2_\alpha(n)\}$$
$$=P\left\{\sqrt{2\chi^2}>\sqrt{2\chi^2_\alpha(n)}\right\}$$
$$=P\left\{\sqrt{2\chi^2}-\sqrt{2n-1}>\sqrt{2\chi^2_\alpha(n)}-\sqrt{2n-1}\right\},$$

可知

$$z_\alpha \approx \sqrt{2\chi_\alpha^2(n)} - \sqrt{2n-1}.$$

于是得

$$\chi_\alpha^2(n) \approx \frac{1}{2}(z_\alpha + \sqrt{2n-1})^2.$$

例如，$\chi_{0.025}^2(85) \approx \frac{1}{2}(z_{0.025} + \sqrt{169})^2 = \frac{1}{2}(1.96 + 13)^2 \approx 111.901.$

二、t 分布

定义 6-5 设随机变量 $X \sim N(0,\ 1)$，$Y \sim \chi^2(n)$，且 X 和 Y 相互独立，则称随机变量

$$t = \frac{X}{\sqrt{Y/n}} \tag{6-4}$$

服从自由度为 n 的 t 分布，记为 $t \sim t(n)$.

$t(n)$ 分布的概率密度为

$$f(t) = \frac{\Gamma[(n+1)/2]}{\sqrt{n\pi}\,\Gamma(n/2)}\left(1 + \frac{t^2}{n}\right)^{-(n+1)/2}, \quad -\infty < t < +\infty.$$

由于 $f(t)$ 是偶函数，所以 t 分布是对称分布，当 $n = 1,\ 4,\ 15,\ \infty$ 时，$f(t)$ 的图形如图 6-3 所示.

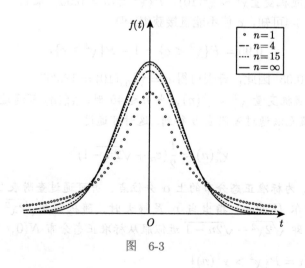

图 6-3

关于 t 分布的几点说明：

(1) $t(n)$ 分布的数学期望和方差：设 $t \sim t(n)$，当 $n = 1$ 时，$t(1)$ 分布即为柯西分布，$E(t)$ 不存在；当 $n > 1$ 时，$E(t) = 0$；当 $n > 2$ 时，$D(t) = \dfrac{n}{n-2}.$

(2) $t(n)$ 分布与正态分布的关系：$t(n)$ 分布的概率密度曲线是关于纵轴对称的，其形状与自由度 n 直接相关. 随着自由度 n 的逐步增大，$t(n)$ 分布的概率密度曲线逐步趋近于标准正态分布的概率密度曲线. 事实上，由 $t(n)$ 分布的概率密度 $f(t)$ 可知

$$\lim_{n \to +\infty} f(t) = \frac{1}{\sqrt{2\pi}} \mathrm{e}^{-\frac{t^2}{2}} = \varphi(t).$$

故当自由度 n 较大 (如 $n \geqslant 30$) 时，$t(n)$ 分布可近似视为标准正态分布，如图 6-3 所示. 但对于较小的 n，$t(n)$ 分布与标准正态分布相差较大.

【例 6-8】 若 X_1，X_2，$\cdots$，X_8 为来自总体 $X \sim N(0, \sigma^2)$ 的一个样本，求统计量

$$Y = \frac{X_1 + X_3 + X_5 + X_7}{\sqrt{X_2^2 + X_4^2 + X_6^2 + X_8^2}}$$

的分布.

解 因为 X_1，X_2，$\cdots$，X_8 为来自总体 $X \sim N(0, \sigma^2)$ 的一个样本，所以 X_1，X_3，X_5，X_7 相互独立且均服从 $N(0, \sigma^2)$，故 $X_1 + X_3 + X_5 + X_7 \sim N(0, 4\sigma^2)$，标准化后

$$\frac{X_1 + X_3 + X_5 + X_7}{2\sigma} \sim N(0, 1).$$

X_2，X_4，X_6，X_8 相互独立且均服从 $N(0, \sigma^2)$，标准化后 $\dfrac{X_i}{\sigma} \sim N(0, 1)$，$i = 2, 4, 6, 8$，由 χ^2 分布的定义可知，

$$\frac{X_2^2 + X_4^2 + X_6^2 + X_8^2}{\sigma^2} \sim \chi^2(4),$$

且 $\dfrac{X_1 + X_3 + X_5 + X_7}{2\sigma}$ 与 $\dfrac{X_2^2 + X_4^2 + X_6^2 + X_8^2}{\sigma^2}$ 相互独立，由 t 分布的定义可知

$$Y = \frac{X_1 + X_3 + X_5 + X_7}{\sqrt{X_2^2 + X_4^2 + X_6^2 + X_8^2}} = \frac{\dfrac{X_1 + X_3 + X_5 + X_7}{2\sigma}}{\sqrt{\dfrac{X_2^2 + X_4^2 + X_6^2 + X_8^2}{4\sigma^2}}} \sim t(4).$$

定义 6-6 设随机变量 $t \sim t(n)$，给定实数 α $(0 < \alpha < 1)$，称满足条件

$$P\{t > t_\alpha(n)\} = \int_{t_\alpha(n)}^{+\infty} f(t)\mathrm{d}t = \alpha \tag{6-5}$$

的点 $t_\alpha(n)$ 为 $t(n)$ 分布的上 α 分位点，如图 6-4 所示.

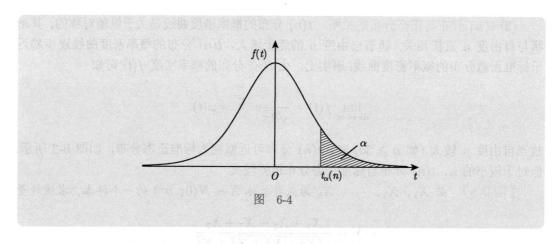

图 6-4

注解 6-3　(1) 由于 $t(n)$ 分布的概率密度曲线关于纵轴对称，故根据定义 6-6 可知

$$t_{1-\alpha}(n) = -t_\alpha(n).$$

(2) $t_\alpha(n)$ 一般很难直接计算得到. 当 n 不是很大时，$t_\alpha(n)$ 可通过查 t 分布表 (附表 4) 得到；当 n 较大时，根据 $t_\alpha(n) \approx z_\alpha$，可通过查标准正态分布表 (附表 2) 得到.

例如，$t_{0.15}(10) = 1.093$，$t_{0.15}(50) \approx z_{0.15} = 1.04$.

三、F 分布

定义 6-7　设随机变量 $X \sim \chi^2(n_1)$，$Y \sim \chi^2(n_2)$，且 X 和 Y 相互独立，则称随机变量

$$F = \frac{X/n_1}{Y/n_2} \tag{6-6}$$

服从自由度为 (n_1, n_2) 的 F 分布，记为 $F \sim F(n_1, n_2)$，其中 n_1，n_2 分别称为 F 分布的第一自由度和第二自由度.

$F(n_1, n_2)$ 分布的概率密度为

$$f(x) = \begin{cases} \dfrac{\Gamma[(n_1+n_2)/2](n_1/n_2)^{n_1/2} x^{(n_1/2)-1}}{\Gamma(n_1/2)\Gamma(n_2/2)[1+(n_1 x/n_2)]^{(n_1+n_2)/2}}, & x > 0, \\ 0, & x \leqslant 0. \end{cases}$$

当 $n_1 = 1$, 2, 4, 10, ∞, $n_2 = 10$ 时，$f(x)$ 的图形如图 6-5 所示；当 $n_1 = 10$, $n_2 = 1$, 2, 4, 10, ∞ 时，$f(x)$ 的图形如图 6-6 所示.

关于 $F(n_1, n_2)$ 分布的几点说明：

(1) 由图 6-5 和图 6-6 可知，$F(n_1, n_2)$ 分布是一种非对称分布，并且第一自由度与第二自由度不能互相交换. 例如，$F(1, 10)$ 和 $F(10, 1)$ 的概率密度曲线相差很大.

(2) 设 $F \sim F(n_1, n_2)$，则

$$\frac{1}{F} \sim F(n_2, n_1).$$

该性质可直接根据定义 6-7 得到.

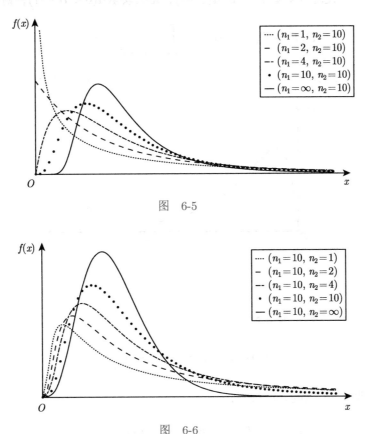

图 6-5

图 6-6

【例 6-9】 若 X_1, X_2, $\cdots$, X_8 为来自总体 $X \sim N(0, \sigma^2)$ 的一个样本,求统计量

$$F = \frac{X_1^2 + X_2^2 + X_3^2 + X_4^2}{X_5^2 + X_6^2 + X_7^2 + X_8^2}$$

的分布.

解 因为 X_1, X_2, $\cdots$, X_8 为来自总体 $X \sim N(0, \sigma^2)$ 的一个样本,从而知 X_1, X_2, $\cdots$, X_8 相互独立且均服从正态分布 $N(0, \sigma^2)$,故 $\dfrac{X_i}{\sigma} \sim N(0, 1)$, $i = 1, 2, \cdots$, 8. 由 χ^2 分布的定义可知

$$\chi_1^2 = \frac{X_1^2 + X_2^2 + X_3^2 + X_4^2}{\sigma^2} \sim \chi^2(4),$$

$$\chi_2^2 = \frac{X_5^2 + X_6^2 + X_7^2 + X_8^2}{\sigma^2} \sim \chi^2(4),$$

且 χ_1^2 与 χ_2^2 相互独立,由 F 分布的定义可得

$$F = \frac{\chi_1^2/4}{\chi_2^2/4} = \frac{X_1^2 + X_2^2 + X_3^2 + X_4^2}{X_5^2 + X_6^2 + X_7^2 + X_8^2} \sim F(4, 4).$$

定义 6-8　设随机变量 $F \sim F(n_1, n_2)$，给定实数 $\alpha(0 < \alpha < 1)$，则称满足

$$P\{F > F_\alpha(n_1, n_2)\} = \int_{F_\alpha(n_1, n_2)}^{+\infty} f(x)\mathrm{d}x = \alpha \tag{6-7}$$

的点 $F_\alpha(n_1, n_2)$ 为 $F(n_1, n_2)$ 分布的上 α 分位点，如图 6-7所示.

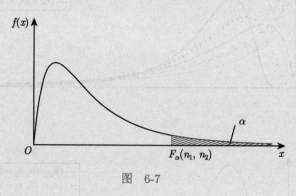

图　6-7

注解 6-4　(1) 根据定义 6-8 可知

$$F_\alpha(n_1, n_2) = \frac{1}{F_{1-\alpha}(n_2, n_1)}.$$

事实上，设 $F \sim F(n_2, n_1)$，则

$$1 - \alpha = P\{F > F_{1-\alpha}(n_2, n_1)\}$$

$$= P\left\{\frac{1}{F} < \frac{1}{F_{1-\alpha}(n_2, n_1)}\right\}$$

$$= 1 - P\left\{\frac{1}{F} \geqslant \frac{1}{F_{1-\alpha}(n_2, n_1)}\right\},$$

即

$$P\left\{\frac{1}{F} \geqslant \frac{1}{F_{1-\alpha}(n_2, n_1)}\right\} = \alpha.$$

又因 $\dfrac{1}{F} \sim F(n_1, n_2)$，故

$$F_\alpha(n_1, n_2) = \frac{1}{F_{1-\alpha}(n_2, n_1)}.$$

(2) $F_\alpha(n_1, n_2)$ 一般很难直接计算得到，而是通过查表 (见附表 6) 得到.
例如，$F_{0.025}(7, 10) = 3.95$，$F_{0.025}(10, 7) = 4.76$，

$$F_{0.975}(10, 7) = \frac{1}{F_{0.025}(7, 10)} = \frac{1}{3.95} = 0.2532.$$

四、基于正态总体的抽样分布定理

下面讨论两个重要的抽样分布定理，它们都是在总体服从正态分布的基本假定下给出的，在估计理论、假设检验及回归分析等统计学基本内容中起着重要的作用. 三大抽样分布有用的重要原因也在于此.

1. 基于单个正态总体的抽样分布定理

设 X_1, X_2, $\cdots$, X_n 为来自总体 $X \sim N(\mu, \sigma^2)$ 的一个样本，样本均值与样本方差分别为

$$\overline{X} = \frac{1}{n}\sum_{i=1}^{n} X_i, \ S^2 = \frac{1}{n-1}\sum_{i=1}^{n}(X_i - \overline{X})^2,$$

则由定理 6-1 可知，$E(\overline{X}) = \mu$, $D(\overline{X}) = \dfrac{\sigma^2}{n}$, $E(S^2) = \sigma^2$.

定理 6-2　设总体 $X \sim N(\mu, \sigma^2)$, X_1, X_2, $\cdots$, X_n 为来自总体 X 的一个样本，则

(1) $\overline{X} \sim N\left(\mu, \dfrac{\sigma^2}{n}\right)$;

(2) $U = \dfrac{\overline{X} - \mu}{\sigma/\sqrt{n}} \sim N(0, 1)$;

(3) $\sum\limits_{i=1}^{n} \dfrac{(X_i - \mu)^2}{\sigma^2} \sim \chi^2(n)$;

(4) $\sum\limits_{i=1}^{n} \dfrac{(X_i - \overline{X})^2}{\sigma^2} = \dfrac{(n-1)S^2}{\sigma^2} \sim \chi^2(n-1)$;

(5) 样本均值 $\overline{X}$ 与样本方差 S^2 相互独立;

(6) $t = \dfrac{\overline{X} - \mu}{S/\sqrt{n}} \sim t(n-1)$.

证明　(1) 因为 X_1, X_2, $\cdots$, X_n 为来自总体 $X \sim N(\mu, \sigma^2)$ 的一个样本，所以 X_1, X_2, $\cdots$, X_n 相互独立且均服从正态分布 $N(\mu, \sigma^2)$. 因此，由正态分布的性质可得

$$\overline{X} = \frac{1}{n}\sum_{i=1}^{n} X_i \sim N\left(\mu, \frac{\sigma^2}{n}\right).$$

(2) 由 (1) 及正态分布的标准化可得

$$\frac{\overline{X} - \mu}{\sigma/\sqrt{n}} \sim N(0, 1).$$

(3) 因为 X_1, X_2, $\cdots$, X_n 为来自总体 $X \sim N(\mu, \sigma^2)$ 的一个样本，所以 X_1, X_2, $\cdots$, X_n 相互独立且均服从正态分布 $N(\mu, \sigma^2)$，因此

$$\frac{X_i - \mu}{\sigma} \sim N(0, 1), \ i = 1, 2, \cdots, n,$$

且它们相互独立. 由 $\chi^2(n)$ 分布的定义可知

$$\sum_{i=1}^{n} \frac{(X_i - \mu)^2}{\sigma^2} \sim \chi^2(n).$$

(4) 和 (5) 的证明超出本书范围, 略.

(6) 由 (2), (4) 和 (5) 知, $\dfrac{\overline{X} - \mu}{\sigma/\sqrt{n}} \sim N(0,\ 1)$, $\dfrac{(n-1)S^2}{\sigma^2} \sim \chi^2(n-1)$, 且两者相互独立, 由 t 分布的定义可知

$$\frac{\overline{X} - \mu}{\sigma/\sqrt{n}} \bigg/ \sqrt{\frac{(n-1)S^2}{\sigma^2(n-1)}} = \frac{\overline{X} - \mu}{S/\sqrt{n}} \sim t(n-1).$$

【例 6-10】 设总体 $X \sim N(\mu,\ 4)$, 若要以至少 95% 的概率保证 $\overline{X}$ 与总体期望 μ 偏差的绝对值小于 0.1, 问样本容量 n 取多大?

解　因为 $X \sim N(\mu,\ 4)$, 由定理 6-2 可知, $\dfrac{\overline{X} - \mu}{2/\sqrt{n}} \sim N(0,\ 1)$. 从而

$$P\{|\overline{X} - \mu| < 0.1\} = P\left\{\frac{-0.1}{2/\sqrt{n}} < \frac{\overline{X} - \mu}{2/\sqrt{n}} < \frac{0.1}{2/\sqrt{n}}\right\} = 2\Phi\left(\frac{0.1}{2/\sqrt{n}}\right) - 1 \geqslant 0.95,$$

即 $\Phi(0.05\sqrt{n}) \geqslant 0.975$, 查表得 $0.05\sqrt{n} \geqslant 1.96$, 所以 $n \geqslant 1536.64$, 即应取样本容量 $n = 1537$.

【例 6-11】 设 $X_1,\ X_2,\ \cdots,\ X_{10}$ 为来自总体 $X \sim N(\mu,\ \sigma^2)$ 的一个样本, 求:

(1) $P\left\{0.25\sigma^2 \leqslant \dfrac{1}{10}\sum_{i=1}^{10}(X_i - \mu)^2 \leqslant 2.3\sigma^2\right\}$;

(2) $P\left\{0.25\sigma^2 \leqslant \dfrac{1}{10}\sum_{i=1}^{10}(X_i - \overline{X})^2 \leqslant 2.3\sigma^2\right\}$.

解　(1) 由定理 6-2 知, $\displaystyle\sum_{i=1}^{10} \frac{(X_i - \mu)^2}{\sigma^2} \sim \chi^2(10)$, 因此

$$P\left\{0.25\sigma^2 \leqslant \frac{1}{10}\sum_{i=1}^{10}(X_i - \mu)^2 \leqslant 2.3\sigma^2\right\}$$

$$= P\left\{2.5 \leqslant \sum_{i=1}^{10} \frac{(X_i - \mu)^2}{\sigma^2} \leqslant 23\right\}$$

$$= P\left\{\sum_{i=1}^{10} \frac{(X_i - \mu)^2}{\sigma^2} \geqslant 2.5\right\} - P\left\{\sum_{i=1}^{10} \frac{(X_i - \mu)^2}{\sigma^2} > 23\right\}$$

$$\approx 0.99 - 0.01 = 0.98.$$

(2) 由定理 6-2 知，$\displaystyle\sum_{i=1}^{10}\frac{(X_i-\overline{X})^2}{\sigma^2}\sim\chi^2(9)$，因此

$$P\left\{0.25\sigma^2\leqslant\frac{1}{10}\sum_{i=1}^{10}(X_i-\overline{X})^2\leqslant 2.3\sigma^2\right\}$$

$$=P\left\{2.5\leqslant\sum_{i=1}^{10}\frac{(X_i-\overline{X})^2}{\sigma^2}\leqslant 23\right\}$$

$$=P\left\{\sum_{i=1}^{10}\frac{(X_i-\overline{X})^2}{\sigma^2}\geqslant 2.5\right\}-P\left\{\sum_{i=1}^{10}\frac{(X_i-\overline{X})^2}{\sigma^2}>23\right\}$$

$$\approx 0.975-0.005=0.97.$$

2. 基于两个正态总体的抽样分布定理

设 $X_1,\ X_2,\ \cdots,\ X_{n_1}$ 为来自正态总体 X 的一个样本，样本均值和样本方差分别为

$$\overline{X}=\frac{1}{n_1}\sum_{i=1}^{n_1}X_i,\quad S_1^2=\frac{1}{n_1-1}\sum_{i=1}^{n_1}(X_i-\overline{X})^2.$$

设 $Y_1,\ Y_2,\ \cdots,\ Y_{n_2}$ 为来自正态总体 Y 的一个样本，样本均值和样本方差分别为

$$\overline{Y}=\frac{1}{n_2}\sum_{j=1}^{n_2}Y_j,\quad S_2^2=\frac{1}{n_2-1}\sum_{j=1}^{n_2}(Y_j-\overline{Y})^2.$$

记

$$S_w^2=\frac{(n_1-1)S_1^2+(n_2-1)S_2^2}{n_1+n_2-2}.$$

定理 6-3 设总体 $X\sim N(\mu_1,\ \sigma_1^2)$，$X_1,\ X_2,\ \cdots,\ X_{n_1}$ 为来自总体 X 的一个样本；总体 $Y\sim N(\mu_2,\ \sigma_2^2)$，$Y_1,\ Y_2,\ \cdots,\ Y_{n_2}$ 为来自总体 Y 的一个样本；且 X 和 Y 相互独立，则

(1) $(\overline{X}-\overline{Y})\sim N\left(\mu_1-\mu_2,\ \dfrac{\sigma_1^2}{n_1}+\dfrac{\sigma_2^2}{n_2}\right)$；

(2) $\dfrac{(\overline{X}-\overline{Y})-(\mu_1-\mu_2)}{\sqrt{\dfrac{\sigma_1^2}{n_1}+\dfrac{\sigma_2^2}{n_2}}}\sim N(0,\ 1)$，特别地，若 $\sigma_1^2=\sigma_2^2=\sigma^2$，则

$$\frac{(\overline{X}-\overline{Y})-(\mu_1-\mu_2)}{\sigma\sqrt{\dfrac{1}{n_1}+\dfrac{1}{n_2}}}\sim N(0,\ 1);$$

(3) 若 $\sigma_1^2 = \sigma_2^2 = \sigma^2$, 则

$$\frac{(\overline{X} - \overline{Y}) - (\mu_1 - \mu_2)}{S_w \sqrt{\dfrac{1}{n_1} + \dfrac{1}{n_2}}} \sim t(n_1 + n_2 - 2),$$

其中

$$S_w = \sqrt{\frac{(n_1 - 1)S_1^2 + (n_2 - 1)S_2^2}{n_1 + n_2 - 2}};$$

(4) $\dfrac{\sum\limits_{i=1}^{n_1}(X_i - \mu_1)^2/n_1\sigma_1^2}{\sum\limits_{j=1}^{n_2}(Y_j - \mu_2)^2/n_2\sigma_2^2} \sim F(n_1,\ n_2)$;

(5) $\dfrac{S_1^2/S_2^2}{\sigma_1^2/\sigma_2^2} \sim F(n_1 - 1,\ n_2 - 1)$.

证明 根据正态分布的性质、三大抽样分布的定义和定理 6-2 等知识点容易证得该定理的所有结论, 我们略去证明过程.

基础练习 6-3

1. 设随机变量 $X \sim N(0,\ 4)$, $Y \sim N(0,\ 8)$, 且 X 和 Y 相互独立, 则 $\dfrac{1}{4}X^2 + \dfrac{1}{8}Y^2 \sim$ _____.

2. 设总体 $X \sim N(2,\ 1)$, $Y \sim N(0,\ 4)$, Y_1, Y_2, Y_3, Y_4 为来自总体 Y 的一个样本, 且 X 和 Y 相互独立, 则 $T = \dfrac{4(X - 2)}{\sqrt{\sum\limits_{i=1}^{4} Y_i^2}} \sim$ _____.

3. 设随机变量 $X \sim N(0,\ 1)$, $Y \sim N(0,\ 1)$, X 和 Y 相互独立, 则 $\dfrac{X^2}{Y^2} \sim$ _____.

4. 查表写出下列值:

(1) $\chi_{0.05}^2(13)$, $\chi_{0.025}^2(8)$; (2) $t_{0.05}(6)$, $t_{0.1}(10)$; (3) $F_{0.05}(5,\ 10)$, $F_{0.9}(28,\ 2)$.

5. 设总体 $X \sim N(0,\ 2^2)$, X_1, X_2, $\cdots$, X_{16} 为来自总体 X 的一个样本, 求 $P\left\{\sum\limits_{i=1}^{16} X_i^2 > 128\right\}$.

6. 设 X_1, X_2, $\cdots$, X_{10} 和 Y_1, Y_2, $\cdots$, Y_{15} 均为来自总体 $X \sim N(20,\ 3)$ 的样本, 且两个样本相互独立, 求 $P\left\{|\overline{X} - \overline{Y}| > 0.3\right\}$.

总习题六

1. 设总体 $X \sim U(a,\ b)$, 其中 a 已知, b 未知, X_1, X_2, X_3, X_4, X_5 为来自总体 X 的一个样本, 指出下列样本函数中, 哪些是统计量, 哪些不是统计量.

(1) $\dfrac{1}{5}\sum\limits_{i=1}^{5} X_i$; (2) $(X_1 + 5b)^2$; (3) $(X_5 - X_1)^2$; (4) $\sum\limits_{i=1}^{5}\left(X_i - \dfrac{a+b}{2}\right)^2$;

(5) $\min\limits_{1\leqslant i\leqslant 5}(X_i - a)$.

2. 从一批钢筋中随机抽取 10 条，测得其直径 (单位：mm) 为

$$24.2 \quad 25.4 \quad 24 \quad 24 \quad 25 \quad 25 \quad 24.4 \quad 24.6 \quad 25.2 \quad 25.2.$$

分别给出样本均值和样本方差的观测值 (保留两位小数).

3. 设总体 $X \sim N(12, 4)$, X_1, X_2, X_3, X_4, X_5 为来自总体 X 的一个样本，求:

(1) 样本均值与总体均值之差的绝对值大于 1 的概率;

(2) $P\{\max\{X_1, X_2, X_3, X_4, X_5\} > 15\}$;

(3) $P\{\min\{X_1, X_2, X_3, X_4, X_5\} < 10\}$.

4. 设 X_1, X_2, $\cdots$, X_n, X_{n+1} 为来自标准正态总体 X 的一个样本，证明

$$\dfrac{X_{n+1}}{\sqrt{\sum\limits_{i=1}^{n} X_i^2 \Big/ n}}$$

服从自由度为 n 的 t 分布.

5. 设随机变量 $X \sim t(n)$, $Y = \dfrac{1}{X^2}$, 证明：$Y \sim F(n, 1)$.

6. 设 X_1, X_2, $\cdots$, X_{n_1} 和 Y_1, Y_2, $\cdots$, Y_{n_2} 均为来自标准正态总体 X 的样本，证明

$$F = \dfrac{\sum\limits_{i=1}^{n_1} X_i^2 \Big/ n_1}{\sum\limits_{j=1}^{n_2} Y_j^2 \Big/ n_2}$$

服从自由度为 (n_1, n_2) 的 F 分布.

7. 设随机变量 $\chi^2 \sim \chi^2(6)$, 求常数 λ_1, λ_2, 使得

$$P\{\chi^2 \leqslant \lambda_1\} = P\{\chi^2 \geqslant \lambda_2\} = 0.025.$$

8. 设随机变量 $t \sim t(12)$, 求常数 λ_1, λ_2, 使得

$$P\{t < \lambda_1\} = 0.99, \quad P\{t > \lambda_2\} = 0.99.$$

9. 设随机变量 $F \sim F(8, 10)$, 求常数 λ_1, λ_2, 使得

$$P\{F \leqslant \lambda_1\} = P\{F \geqslant \lambda_2\} = 0.05.$$

10. 设 X_1, X_2, $\cdots$, X_{10} 为来自总体 X 的一个样本，$\overline{X}$ 是样本均值，S^2 是样本方差.

(1) 当 X 服从二项分布 $B(10, 0.4)$ 时，求 $E(\overline{X})$, $D(\overline{X})$, $E(S^2)$;

(2) 当 X 服从指数分布 $e(8)$ 时，求 $E(\overline{X})$, $D(\overline{X})$, $E(S^2)$.

11. 设 X_1, X_2, $\cdots$, X_{2n} $(n \geqslant 2)$ 为来自总体 $X \sim N(\mu, \sigma^2)$ 的一个样本，其样本均值 $\overline{X} = \dfrac{1}{2n}\sum\limits_{i=1}^{2n} X_i$, 求统计量 $Y = \sum\limits_{i=1}^{n}(X_i + X_{n+i} - 2\overline{X})^2$ 的数学期望 $E(Y)$.

12. 设随机变量 $X \sim F(n, n)$, 证明 $P\{X < 1\} = 0.5$.

13. 从两个正态总体中分别抽取容量为 25 和 20 的两个独立样本，算得样本方差依次为 $s_1^2 = 62.7$ 和 $s_2^2 = 25.6$, 若两总体方差相等，求随机抽样的样本方差比 $\dfrac{s_1^2}{s_2^2}$ 大于 $\dfrac{62.7}{25.6}$ 的概率.

自测题六

一、选择题 (每小题 3 分)

1. 设 X_1, X_2, X_3, X_4, X_5 为来自总体 $X \sim N(\mu,\ \sigma^2)$ 的一个样本, 其中 μ 已知, σ^2 未知, 则下列样本函数中不是统计量的是 (　　)

A. $\dfrac{\max\limits_{1 \leqslant i \leqslant 5} X_i - \min\limits_{1 \leqslant i \leqslant 5} X_i}{5}$;

B. $\sum\limits_{i=1}^{5} \dfrac{X_i^2}{\sigma^2}$;

C. $\dfrac{1}{3} \sum\limits_{i=1}^{5} X_i^2 - \dfrac{1}{12} \left(\sum\limits_{i=1}^{5} X_i \right)^3$;

D. $\dfrac{1}{5} \sum\limits_{i=1}^{5} (X_i - \mu)$.

2. 设 X_1, X_2, $\cdots$, X_n 为来自总体 $X \sim N(\mu,\ \sigma^2)$ 的一个样本, $\overline{X}$ 是样本均值, S^2 是样本方差, 则下列统计量服从的分布正确的是 (　　)

A. $\sum\limits_{i=1}^{n} \dfrac{(X_i - \overline{X})^2}{\sigma^2} \sim \chi^2(n)$;

B. $\sum\limits_{i=1}^{n} \dfrac{(X_i - \mu)^2}{\sigma^2} \sim \chi^2(n-1)$;

C. $\dfrac{\overline{X} - \mu}{\sigma / \sqrt{n}} \sim N(0,\ 1)$;

D. $\dfrac{X_i - \mu}{S / \sqrt{n}} \sim t(n)$.

3. 设 X_1, X_2, $\cdots$, X_n 为来自总体 $X \sim N(\mu,\ \sigma^2)$ 的一个样本, $\overline{X}$ 是样本均值, 记 $S_1^2 = \dfrac{1}{n} \sum\limits_{i=1}^{n} (X_i - \overline{X})^2$, $S_2^2 = \dfrac{1}{n-1} \sum\limits_{i=1}^{n} (X_i - \overline{X})^2$, $S_3^2 = \dfrac{1}{n} \sum\limits_{i=1}^{n} (X_i - \mu)^2$, $S_4^2 = \dfrac{1}{n-1} \sum\limits_{i=1}^{n} (X_i - \mu)^2$, 则服从自由度为 $n-1$ 的 t 分布的随机变量是 (　　)

A. $\dfrac{\overline{X} - \mu}{S_1 / \sqrt{n-1}}$;

B. $\dfrac{\overline{X} - \mu}{S_2 / \sqrt{n}}$;

C. $\dfrac{\overline{X} - \mu}{S_3 / \sqrt{n-1}}$;

D. $\dfrac{\overline{X} - \mu}{S_4 / \sqrt{n}}$.

4. 设随机变量 $T \sim t(n)$, 对给定的 α $(0 < \alpha < 1)$, 数 $t_\alpha(n)$ 满足 $P\{T > t_\alpha(n)\} = \alpha$. 若 $P\{|T| < x\} = \alpha$, 则 x 等于 (　　)

A. $t_{\frac{\alpha}{2}}(n)$;　　　　B. $t_{1-\frac{\alpha}{2}}(n)$;　　　　C. $t_{\frac{1-\alpha}{2}}(n)$;　　　　D. $t_{1-\alpha}(n)$.

5. 设随机变量 X 与 Y 都服从正态分布 $N(0,\ 2)$, 则 (　　)

A. $X + Y \sim N(0,\ 4)$;

B. $\dfrac{X^2 + Y^2}{2}$ 服从 χ^2 分布;

C. $\dfrac{X^2}{2}$ 和 $\dfrac{Y^2}{2}$ 均服从 χ^2 分布;

D. $\dfrac{X^2}{Y^2}$ 服从 t 分布.

二、填空题 (每空 2 分)

1. 若 X_1, X_2, $\cdots$, X_n 为来自总体 X 的一个样本, 则 X_1, X_2, $\cdots$, X_n 满足: _____, _____.

2. _____ 称为抽样分布.

3. 设随机变量 $X \sim N(\mu,\ 1)$, $Y \sim \chi^2(n)$, X 和 Y 相互独立, 则 $\dfrac{X - \mu}{\sqrt{Y}} \sqrt{n} \sim$ _____.

4. 设随机变量 $X \sim N(0,\ 5)$, $Y \sim N(0,\ 5)$, X 和 Y 相互独立, 则 $\dfrac{X^2}{Y^2} \sim$ _____.

5. 设总体 $X \sim N(\mu, \sigma^2)$, X_1, X_2, $\cdots$, X_n 为来自总体 X 的一个样本, 则 $\sum_{i=1}^{n} \left(\dfrac{X_i - \overline{X}}{\sigma} \right)^2 \sim$

_____.

三、解答题 (共 73 分)

1. (12 分) 设总体 X 的概率密度为

$$f(x) = \begin{cases} \dfrac{1}{2}x, & 0 < x < 2, \\ 0, & \text{其他}. \end{cases}$$

X_1, X_2 为来自总体 X 的一个样本, 求 $P\left\{ \dfrac{X_1}{X_2} \leqslant 1 \right\}$.

2. (36 分) 设 X_1, X_2, $\cdots$, X_9 为来自正态总体 $X \sim N(0, \sigma^2)$ 的一个样本.

(1) 已知 $Y = (X_1 + X_2 + X_3)^2 + (X_4 + X_5 + X_6)^2 + (X_7 + X_8 + X_9)^2$, 试给出常数 a, 使得 aY 服从 χ^2 分布, 并指出自由度;

(2) 已知 $T = \dfrac{X_1 + X_3 + X_5}{\sqrt{X_2^2 + X_4^2 + X_6^2 + X_8^2 + X_9^2}}$, 试给出常数 b, 使得 bT 服从 t 分布, 并指出自由度;

(3) 已知 $F = \dfrac{(X_1 + X_2 + X_3 + X_4)^2}{X_5^2 + X_6^2 + X_7^2 + X_8^2 + X_9^2}$, 试给出常数 c, 使得 cF 服从 F 分布, 并指出自由度.

3. (13 分) 设 X_1, X_2 为来自正态总体 $N(0, \sigma^2)$ 的一个样本.

(1) 证明 $X_1 + X_2$ 与 $X_1 - X_2$ 相互独立;

(2) 求 $\dfrac{(X_1 + X_2)^2}{(X_1 - X_2)^2}$ 所服从的分布.

4. (12 分) 设 X_1, X_2 为来自总体 $X \sim N(0, 1)$ 的一个样本, 求常数 k, 使得

$$P\left\{ \frac{(X_1 + X_2)^2}{(X_1 - X_2)^2 + (X_1 + X_2)^2} > k \right\} = 0.05.$$

第七章 参数估计

上一章我们主要讲述了统计量及其抽样分布等基本概念. 引入统计量的目的是进行统计推断. 统计推断的内容主要包括参数估计和假设检验两部分. 在实际问题中, 当所研究的总体分布类型已知, 但总体分布的某些参数是未知时, 如何通过样本来估计未知参数, 就是参数估计问题. 例如, 已知总体服从正态分布 $N(\mu, \sigma^2)$, 其中 μ 和 σ^2 都是未知的, 需要通过样本来估计 μ 和 σ^2. 又如, 已知某城市在单位时间内发生交通事故的次数服从泊松分布 $P(\lambda)$, 但是参数 λ 未知, 也需要通过样本来估计 λ. 本章主要介绍参数的点估计 (point estimation)、区间估计 (interval estimation) 以及评判估计量好坏的标准.

第一节 参数的点估计

设总体 X 的分布函数为 $F(x; \theta)$, θ 是一个未知参数或多个未知参数构成的向量. θ 的可能取值范围记为 Θ. X_1, X_2, $\cdots$, X_n 为来自总体 X 的一个样本, x_1, x_2, $\cdots$, x_n 为样本观测值. 参数的点估计就是构造一个适当的统计量 $\hat{\theta}(X_1, X_2, \cdots, X_n)$, 将其观测值 $\hat{\theta}(x_1, x_2, \cdots, x_n)$ 作为待估参数 θ 的近似值, 其中 $\hat{\theta}(X_1, X_2, \cdots, X_n)$ 称为 θ 的估计量(point estimator), $\hat{\theta}(x_1, x_2, \cdots, x_n)$ 称为 θ 的估计值(point estimate).

【例 7-1】 设 X_1, X_2, $\cdots$, X_6 为来自正态总体 $N(\mu, 25)$ 的一个样本, 我们可以构造许多估计量去估计总体的数学期望 μ. 例如:

$$\hat{\mu}_1 = X_1,$$

$$\hat{\mu}_2 = \frac{1}{6} \sum_{i=1}^{6} X_i,$$

$$\hat{\mu}_3 = \frac{1}{3} X_1 + \frac{1}{6} X_3 + \frac{1}{2} X_5$$

均可作为 μ 的估计量. 若抽取的一组样本值如下:

$$136 \quad 150 \quad 147 \quad 146 \quad 147 \quad 120,$$

则分别可以得到待估参数 μ 的估计值如下:

$$\hat{\mu}_1 = 136,$$

$$\hat{\mu}_2 = \frac{1}{6}(136 + 150 + 147 + 146 + 147 + 120) = 141,$$

$$\hat{\mu}_3 = \frac{1}{3} \times 136 + \frac{1}{6} \times 147 + \frac{1}{2} \times 147 \approx 143.3.$$

由例 7-1 可知，我们可以构造不同的统计量去估计待估参数的真值. 估计量可以通过不同的方法去构造. 本节介绍两种常用的构造估计量的方法：矩估计法和最大似然估计法，然后介绍评判估计量好坏的三个标准.

一、矩估计法

矩估计法是由英国统计学家皮尔逊 (Pearson) 提出的，是求估计量的最古老方法之一. 矩估计法的基本思想是用样本矩去替换总体矩，用样本矩的函数去替换总体矩的函数，其理论依据是若总体 X 的 k 阶原点矩 $\nu_k = E(X^k)$ 存在，X_1, X_2, $\cdots$, X_n 为来自总体 X 的一个样本，则由辛钦大数定律可知 X 的样本的 k 阶原点矩

$$A_k = \frac{1}{n} \sum_{i=1}^n X_i^k \xrightarrow{P} \nu_k \quad (n \to \infty), \quad k = 1, 2, \cdots.$$

根据依概率收敛的性质可得

$$g(A_1, A_2, \cdots, A_k) \xrightarrow{P} g(\nu_1, \nu_2 \cdots, \nu_k) \quad (n \to \infty),$$

其中 g 为连续函数.

上述思想表明当样本容量很大时，可以用样本原点矩去估计总体原点矩，用样本原点矩的连续函数去估计总体原点矩的连续函数. 这种估计的方法称为矩估计法.

设总体 X 的分布函数为 $F(x, \theta_1, \theta_2, \cdots, \theta_k)$，其中 θ_1, θ_2, $\cdots$, θ_k 为待估的参数，且总体 X 的前 k 阶原点矩存在，则对此 k 个未知参数进行估计的具体步骤如下：

第一步 求出总体 X 的前 k 阶原点矩，得方程组

$$\begin{cases} \nu_1 = E(X) = \nu_1(\theta_1, \theta_2, \cdots, \theta_k), \\ \nu_2 = E(X^2) = \nu_2(\theta_1, \theta_2, \cdots, \theta_k), \\ \vdots \\ \nu_k = E(X^k) = \nu_k(\theta_1, \theta_2, \cdots, \theta_k); \end{cases} \tag{7-1}$$

第二步 求解式 (7-1) 中关于 θ_1, θ_2, $\cdots$, θ_k 的方程组，可得

$$\begin{cases} \theta_1 = \theta_1(\nu_1, \nu_2, \cdots, \nu_k), \\ \theta_2 = \theta_2(\nu_1, \nu_2, \cdots, \nu_k), \\ \vdots \\ \theta_k = \theta_k(\nu_1, \nu_2, \cdots, \nu_k); \end{cases} \tag{7-2}$$

第三步 用样本原点矩 A_i 替换式 (7-2) 中的总体原点矩 ν_i $(i = 1, 2, \cdots, k)$，得 k 个未知参数的矩估计量为

$$
\begin{cases}
\hat{\theta}_1 = \theta_1(A_1,\ A_2,\ \cdots,\ A_k), \\
\hat{\theta}_2 = \theta_2(A_1,\ A_2,\ \cdots,\ A_k), \\
\quad \vdots \\
\hat{\theta}_k = \theta_k(A_1,\ A_2,\ \cdots,\ A_k).
\end{cases}
\tag{7-3}
$$

按上述三个步骤得到的估计量 $\hat{\theta}_i$ $(i = 1,\ 2,\ \cdots,\ k)$ 称为未知参数 θ_i 的矩估计量(moment estimator), 其观测值称为未知参数 θ_i 的矩估计值 (moment estimate). 在不引起混淆的情况下, 矩估计量和矩估计值均可简称为矩估计.

【例 7-2】 设总体 $X \sim B(8,\ p)$, 其中参数 p 未知, $X_1,\ X_2,\ \cdots,\ X_n$ 为来自总体 X 的一个样本, 其样本值为 $x_1,\ x_2,\ \cdots,\ x_n$. 求 p 的矩估计量与矩估计值.

解   由题意可知

$$
\nu_1 = E(X) = 8p,
$$

即 $p = \dfrac{\nu_1}{8}$. 由矩估计法, 用 $A_1 = \overline{X}$ 替换 ν_1, 得 p 的矩估计量为 $\hat{p} = \dfrac{\overline{X}}{8}$. 于是 p 的矩估计值为 $\dfrac{\overline{x}}{8}$.

【例 7-3】 设总体 $X \sim U(a,\ b)$, 参数 a 和 b 未知, $X_1,\ X_2,\ \cdots,\ X_n$ 为来自总体 X 的一个样本, 其样本值为 $x_1,\ x_2,\ \cdots,\ x_n$. 求 $a,\ b$ 的矩估计量与矩估计值.

解   由题意可知

$$
\begin{cases}
\nu_1 = E(X) = \dfrac{a+b}{2}, \\
\nu_2 = E(X^2) = [E(X)]^2 + D(X) = \dfrac{(a+b)^2}{4} + \dfrac{(b-a)^2}{12},
\end{cases}
$$

解此方程组得

$$
a = \nu_1 - \sqrt{3(\nu_2 - \nu_1^2)}, \qquad b = \nu_1 + \sqrt{3(\nu_2 - \nu_1^2)}\,.
$$

用样本原点矩 A_1, A_2 分别替换 ν_1, ν_2, 得 a 和 b 的矩估计量为

$$
\hat{a} = A_1 - \sqrt{3(A_2 - A_1^2)} = \overline{X} - \sqrt{\frac{3}{n}\sum_{i=1}^{n}(X_i - \overline{X})^2},
$$

$$
\hat{b} = A_1 + \sqrt{3(A_2 - A_1^2)} = \overline{X} + \sqrt{\frac{3}{n}\sum_{i=1}^{n}(X_i - \overline{X})^2}.
$$

于是 a 和 b 的矩估计值为

$$
\hat{a} = \overline{x} - \sqrt{\frac{3}{n}\sum_{i=1}^{n}(x_i - \overline{x})^2}, \qquad \hat{b} = \overline{x} + \sqrt{\frac{3}{n}\sum_{i=1}^{n}(x_i - \overline{x})^2}.
$$

【例 7-4】 设总体 $X \sim N(\mu, \sigma^2)$, 参数 μ 和 σ^2 未知, $X_1, X_2, \cdots, X_n$ 为来自总体 X 的一个样本, 其样本值为 $x_1, x_2, \cdots, x_n$. 求 μ, σ^2 的矩估计量与矩估计值.

解 由题意可知

$$\begin{cases} \nu_1 = E(X) = \mu, \\ \nu_2 = E(X^2) = [E(X)]^2 + D(X) = \mu^2 + \sigma^2, \end{cases}$$

解此方程组得

$$\mu = \nu_1, \qquad \sigma^2 = \nu_2 - \nu_1^2.$$

用样本原点矩 A_1, A_2 分别替换 ν_1, ν_2, 得 μ 和 σ^2 的矩估计量为

$$\hat{\mu} = A_1 = \overline{X}, \qquad \hat{\sigma}^2 = A_2 - A_1^2 = \frac{1}{n}\sum_{i=1}^{n} X_i^2 - \overline{X}^2 = \frac{1}{n}\sum_{i=1}^{n}(X_i - \overline{X})^2.$$

于是 μ 和 σ^2 的矩估计值为

$$\hat{\mu} = \overline{x}, \qquad \hat{\sigma}^2 = \frac{1}{n}\sum_{i=1}^{n}(x_i - \overline{x})^2.$$

矩估计法有其自身的优缺点. 优点是比较直观, 计算简单, 并不一定要知道总体分布的具体形式, 使用起来非常方便. 矩估计法的不足之处也很明显. 首先它总是要求总体存在所需的矩; 其次, 一般情况下矩估计量不唯一, 这在于建立方程组的过程中, 选取哪些总体矩并用相应的样本矩代替具有一定的随意性; 最后, 在总体分布类型已知的情况下, 矩估计法不能充分利用总体分布所提供的信息, 因此可能导致它的精度比别的估计法低.

二、 最大似然估计法

最大似然估计法是由德国数学家高斯 (Gauss) 于 1821 年首次提出的, 但因为费希尔在 1922 年再次提出了这种方法并证明了它的一些性质而使得最大似然估计法得到了广泛的应用, 因此一般将之归功于费希尔.

最大似然估计的直观思想是: 一个试验的所有可能结果为 A, B, C, $\cdots$, 在一次试验中若结果 A 出现了, 则认为在所有可能结果中 A 出现的概率最大. 这种推测的理论依据为最大似然原理, 即 "概率最大的事件, 在一次试验中最有可能发生". 我们看下面的例子.

【例 7-5】 甲、乙两个箱子中放着白球和黑球, 甲箱中有 98 个白球和 2 个黑球, 乙箱中有 2 个白球和 98 个黑球. 现随机抽取一箱, 然后再从中抽取一球, 结果发现是白球. 猜测该球是从哪一个箱子中取出的?

解 甲箱中抽得白球的概率为 0.98, 乙箱中抽得白球的概率为 0.02, 由此看到, 这个白球从甲箱取出的概率要比从乙箱取出的概率大得多. 因此, 我们很自然地认为结论 "这

个球取自甲箱”比结论“这个球取自乙箱”要合理得多，从而可以推断这个球是从甲箱中取出的.

下面分别就离散型总体和连续型总体做具体讨论.

(1) 离散型总体的情形：设总体 X 的分布律为

$$P\{X = x\} = p(x;\ \theta),$$

其中 $\theta \in \Theta$ 为未知参数，Θ 是 θ 的取值范围. X_1，X_2，$\cdots$，X_n 为来自总体 X 的一个样本，已知在一次试验中取到了样本值 x_1，x_2，$\cdots$，x_n，即事件 $\{X_1 = x_1,\ X_2 = x_2,\ \cdots,\ X_n = x_n\}$ 发生了，并且此事件发生的概率为

$$P\{X_1 = x_1,\ X_2 = x_2,\ \cdots,\ X_n = x_n\} = \prod_{i=1}^{n} p(x_i;\ \theta). \tag{7-4}$$

由于 x_1，x_2，$\cdots$，x_n 是取到的一组样本值，即为固定的一组数，而 θ 是未知参数，故式 (7-4) 是 θ 的函数，记为

$$L(\theta) = L(x_1,\ x_2,\ \cdots,\ x_n;\ \theta) = \prod_{i=1}^{n} p(x_i;\ \theta), \tag{7-5}$$

称之为样本的似然函数 (likelyhood function).

对取定的样本值 x_1，x_2，$\cdots$，x_n 来说，似然函数 $L(x_1,\ x_2,\ \cdots,\ x_n;\ \theta)$ 的值随 θ 的变化而变化，而 $L(x_1,\ x_2,\ \cdots,\ x_n;\ \theta)$ 取值的变大意味着样本 X_1，X_2，$\cdots$，X_n 取到样本值 x_1，x_2，$\cdots$，x_n 的概率变大. 从而，根据最大似然原理，让 θ 的估计值的选取使此样本值被取到的概率最大是合理的，即使似然函数 $L(x_1,\ x_2,\ \cdots,\ x_n;\ \theta)$ 的取值达到最大是合理的. 不妨设当 θ 取 $\hat{\theta}$ 时，似然函数值 $L(x_1,\ x_2,\ \cdots,\ x_n;\ \hat{\theta})$ 达到最大，此时

$$L(x_1,\ x_2,\ \cdots,\ x_n;\ \hat{\theta}) = \max_{\theta \in \Theta} L(x_1,\ x_2,\ \cdots,\ x_n;\ \theta), \tag{7-6}$$

则称 $\hat{\theta}$ 为待估参数 θ 的最大似然估计值 (maximum likelyhood estimate)，通常记为 $\hat{\theta}(x_1,\ x_2,\ \cdots,\ x_n)$；称 $\hat{\theta}(X_1,\ X_2,\ \cdots,\ X_n)$ 为待估参数 θ 的最大似然估计量 (maximum likelyhood estimator).

(2) 连续型总体的情形：设总体 X 的概率密度为 $f(x;\ \theta)$，其中 $\theta \in \Theta$ 为未知参数，Θ 是 θ 的取值范围. X_1，X_2，$\cdots$，X_n 为总体 X 的一个样本. 已知在一次试验中取到了样本值 x_1，x_2，$\cdots$，x_n，则随机点 $(X_1,\ X_2,\ \cdots,\ X_n)$ 落在点 $(x_1,\ x_2,\ \cdots,\ x_n)$ 的 n 维邻域 (边长分别为 $\mathrm{d}x_1$，$\mathrm{d}x_2$，$\cdots$，$\mathrm{d}x_n$) 内的概率近似地为

$$\prod_{i=1}^{n} f(x_i;\ \theta)\mathrm{d}x_i = \left(\prod_{i=1}^{n} f(x_i;\ \theta)\right)\left(\prod_{i=1}^{n} \mathrm{d}x_i\right). \tag{7-7}$$

类似于离散型总体的情形，根据最大似然原理，对于上述取到的样本值 x_1，x_2，$\cdots$，x_n，选取使得概率 $\prod_{i=1}^{n} f(x_i;\ \theta)\mathrm{d}x_i$ 达到最大的 $\hat{\theta}$ 作为 θ 的估计值. 鉴于 $\prod_{i=1}^{n} \mathrm{d}x_i$ 不含参数

θ，所以影响概率 $\prod\limits_{i=1}^{n} f(x_i;\ \theta)\mathrm{d}x_i$ 取值变化的仅是 $\prod\limits_{i=1}^{n} f(x_i;\ \theta)$. 故令

$$L(\theta) = L(x_1,\ x_2,\ \cdots,\ x_n;\ \theta) = \prod_{i=1}^{n} f(x_i;\ \theta),\qquad(7\text{-}8)$$

则由上面的分析可知，选取使得函数 $L(x_1,\ x_2,\ \cdots,\ x_n;\ \theta)$ 达到最大的 $\hat{\theta}$ 作为 θ 的估计值，即

$$L(x_1,\ x_2,\ \cdots,\ x_n;\ \hat{\theta}) = \max_{\theta\in\boldsymbol{\Theta}} L(x_1,\ x_2,\ \cdots,\ x_n;\ \theta).\qquad(7\text{-}9)$$

这里称 $L(x_1,\ x_2,\ \cdots,\ x_n;\ \theta)$ 为样本的**似然函数**；称 $\hat{\theta}(x_1,\ x_2,\ \cdots,\ x_n)$ 为待估参数 θ 的**最大似然估计值**；称 $\hat{\theta}(X_1,\ X_2,\ \cdots,\ X_n)$ 为待估参数 θ 的**最大似然估计量**.

　　另外，若分布中的待估参数不止一个，设有 k 个待估参数并分别记为 $\theta_1,\ \theta_2,\ \cdots,\ \theta_k$，这时似然函数可记为 $L(x_1,\ x_2,\ \cdots,\ x_n;\ \theta_1,\ \theta_2,\ \cdots,\ \theta_k)$，简记为 $L(\theta_1,\ \theta_2,\ \cdots,\ \theta_k)$.

　　由上面的分析可知，无论是离散型总体还是连续型总体，最大似然估计值的求解问题实质为似然函数的最大值求解问题. 根据微积分知识可知，似然函数 $L(\theta_1,\ \theta_2,\ \cdots,\ \theta_k)$ 和其对数似然函数 $\ln L(\theta_1,\ \theta_2,\ \cdots,\ \theta_k)$ 可以在同一点取到极大值，因而似然函数的极值点求解可等价地转换为其对数似然函数的极值点求解. 假设对数似然函数关于待估参数可微，下面给出最大似然估计法的具体步骤：

　　第一步　写出似然函数

$$L(\theta_1,\ \theta_2,\ \cdots,\ \theta_k) = L(x_1,\ x_2,\ \cdots,\ x_n;\ \theta_1,\ \theta_2,\ \cdots,\ \theta_k);$$

　　第二步　取似然函数的对数 $\ln L(\theta_1,\ \theta_2,\ \cdots,\ \theta_k)$；

　　第三步　求对数似然函数关于待估参数的导数 (或偏导数)，并令所得导数 (或偏导数) 为 0：

　　(1) 若待估参数只有一个 (即 $k=1$)，将其记为 θ，则求关于该待估参数的导数，并令导数为 0，即

$$\frac{\mathrm{d}\ln L(\theta)}{\mathrm{d}\theta} = 0,\qquad(7\text{-}10)$$

　　(2) 若待估参数不止一个，则求关于每一个待估参数的偏导数，并令偏导数为 0，可得对数似然方程组

$$\begin{cases} \dfrac{\partial \ln L(\theta_1,\ \theta_2,\ \cdots,\ \theta_k)}{\partial \theta_1} = 0, \\[2mm] \dfrac{\partial \ln L(\theta_1,\ \theta_2,\ \cdots,\ \theta_k)}{\partial \theta_2} = 0, \\[2mm] \qquad\qquad\vdots \\[2mm] \dfrac{\partial \ln L(\theta_1,\ \theta_2,\ \cdots,\ \theta_k)}{\partial \theta_k} = 0; \end{cases}\qquad(7\text{-}11)$$

　　第四步　求解式 (7-10)，得最大似然估计值 $\hat{\theta}$；或求解式 (7-11)，得最大似然估计值 $\hat{\theta}_1,\ \hat{\theta}_2,\ \cdots,\ \hat{\theta}_k$.

【例 7-6】 设总体 $X \sim B(10, p)$，p 为未知参数，X_1，X_2，$\cdots$，X_n 为来自总体 X 的一个样本，其样本值为 x_1，x_2，$\cdots$，x_n. 求 p 的最大似然估计值和最大似然估计量.

解　由于 $X \sim B(10, p)$，故 X 的分布律为

$$P\{X = x\} = p(x;\ p) = \mathrm{C}_{10}^x p^x (1 - p)^{10 - x},$$

其中 $x = 0$，1，2，$\cdots$，10，$0 < p < 1$. 从而似然函数为

$$L(p) = \prod_{i=1}^n \mathrm{C}_{10}^{x_i} p^{x_i} (1 - p)^{10 - x_i} = p^{\sum\limits_{i=1}^n x_i} (1 - p)^{10n - \sum\limits_{i=1}^n x_i} \prod_{i=1}^n \mathrm{C}_{10}^{x_i}.$$

取对数得

$$\ln L(p) = \left(\sum_{i=1}^n x_i \right) \ln p + \left(10n - \sum_{i=1}^n x_i \right) \ln(1 - p) + \sum_{i=1}^n \ln \mathrm{C}_{10}^{x_i}.$$

令

$$\frac{\mathrm{d} \ln L(p)}{\mathrm{d} p} = \frac{\sum\limits_{i=1}^n x_i}{p} - \frac{10n - \sum\limits_{i=1}^n x_i}{1 - p} = 0,$$

解此方程得 p 的最大似然估计值为

$$\hat{p} = \frac{1}{10n} \sum_{i=1}^n x_i = \frac{1}{10} \overline{x}.$$

因而 p 的最大似然估计量为

$$\hat{p} = \frac{1}{10} \overline{X}.$$

【例 7-7】 设总体 $X \sim N(\mu, \sigma^2)$，μ，σ^2 未知，X_1，X_2，$\cdots$，X_n 为来自总体 X 的一个样本，其样本值为 x_1，x_2，$\cdots$，x_n. 求 μ，σ^2 的最大似然估计值和最大似然估计量.

解　由于 $X \sim N(\mu, \sigma^2)$，故 X 的概率密度为

$$f(x;\ \mu,\ \sigma^2) = \frac{1}{\sqrt{2\pi}\sigma} \mathrm{e}^{-\frac{1}{2\sigma^2}(x - \mu)^2}.$$

从而似然函数为

$$L(\mu,\ \sigma^2) = \prod_{i=1}^n \frac{1}{\sqrt{2\pi}\sigma} \mathrm{e}^{-\frac{1}{2\sigma^2}(x_i - \mu)^2}$$

$$= (2\pi)^{-\frac{n}{2}} (\sigma^2)^{-\frac{n}{2}} \mathrm{e}^{-\frac{1}{2\sigma^2} \sum\limits_{i=1}^n (x_i - \mu)^2}.$$

取对数得

$$\ln L(\mu,\ \sigma^2) = -\frac{n}{2} \ln(2\pi) - \frac{n}{2} \ln(\sigma^2) - \frac{1}{2\sigma^2} \sum_{i=1}^n (x_i - \mu)^2.$$

令

$$\begin{cases} \dfrac{\partial \ln L(\mu,\ \sigma^2)}{\partial \mu} = \dfrac{1}{\sigma^2}\left(\sum_{i=1}^{n} x_i - n\mu\right) = 0, \\ \dfrac{\partial \ln L(\mu,\ \sigma^2)}{\partial \sigma^2} = -\dfrac{n}{2\sigma^2} + \dfrac{1}{2(\sigma^2)^2}\sum_{i=1}^{n}(x_i - \mu)^2 = 0, \end{cases}$$

解此方程组得 μ, σ^2 的最大似然估计值为

$$\hat{\mu} = \frac{1}{n}\sum_{i=1}^{n} x_i = \overline{x}, \qquad \hat{\sigma}^2 = \frac{1}{n}\sum_{i=1}^{n}(x_i - \overline{x})^2.$$

从而 μ, σ^2 的最大似然估计量为

$$\hat{\mu} = \frac{1}{n}\sum_{i=1}^{n} X_i = \overline{X}, \qquad \hat{\sigma}^2 = \frac{1}{n}\sum_{i=1}^{n}(X_i - \overline{X})^2.$$

注解 7-1 如果似然函数或对数似然函数关于待估参数不可微,或者关于待估参数的导数 (或偏导数) 恒不为零,那么上述步骤不再适用,需根据式 (7-6) 或式 (7-9) 的含义去求解.

【例 7-8】 设总体 $X \sim U[0,\ \theta]$,其中 $\theta > 0$ 未知,X_1, X_2, $\cdots$, X_n 为来自总体 X 的一个样本,其样本值为 x_1, x_2, $\cdots$, x_n. 求 θ 的最大似然估计值和最大似然估计量.

解 由于 $X \sim U[0,\ \theta]$,故 X 的概率密度为

$$f(x;\ \theta) = \begin{cases} \dfrac{1}{\theta}, & 0 \leqslant x \leqslant \theta, \\ 0, & \text{其他}. \end{cases}$$

似然函数为

$$L(\theta) = \begin{cases} \dfrac{1}{\theta^n}, & 0 \leqslant x_1,\ x_2,\ \cdots,\ x_n \leqslant \theta, \\ 0, & \text{其他}. \end{cases}$$

注意到似然方程

$$\frac{\mathrm{d}\ln L(\theta)}{\mathrm{d}\theta} = -\frac{n}{\theta} = 0$$

无解. 考虑边界上的点,因为 $0 \leqslant x_1$, x_2, $\cdots$, $x_n \leqslant \theta$,因此有

$$\max\{x_1,\ x_2,\ \cdots,\ x_n\} \leqslant \theta,$$

θ 越小,$L(\theta)$ 越大,所以当 $\theta = \max\{x_1,\ x_2,\ \cdots,\ x_n\}$ 时,$L(\theta)$ 取到最大值,因此

$$\hat{\theta} = \max\{x_1,\ x_2,\ \cdots,\ x_n\}$$

为 θ 的最大似然估计值.

$$\hat{\theta} = \max\{X_1,\ X_2,\ \cdots,\ X_n\}$$

为 θ 的最大似然估计量.

注解 7-2 设 $\hat{\theta}$ 是 θ 的最大似然估计值, 函数 $u(\theta)$ $(\theta \in \Theta)$ 具有单值反函数, 则 $u(\hat{\theta})$ 是 $u(\theta)$ 的最大似然估计值. 此性质称为最大似然估计的不变性.

事实上, 由于 $\hat{\theta}$ 是 θ 的最大似然估计值, 则 $L(\theta)$ 在点 $\hat{\theta}$ 处取得最大值. 又因为 $u(\theta)$ 具有单值反函数, 则 $L(u(\theta))$ 在点 $u(\hat{\theta})$ 处也会取得最大值.

例如, 在例 7-7 中, σ^2 的最大似然估计值为

$$\hat{\sigma}^2 = \frac{1}{n} \sum_{i=1}^{n} (x_i - \overline{x})^2.$$

令 $u = \sqrt{z}$, $z \geqslant 0$, 显然此函数具有单值反函数 $z = u^2$, $u \geqslant 0$. 取 $z = \sigma^2$, 则 $u = \sqrt{\sigma^2} = \sigma$. 根据最大似然估计的不变性可知, 标准差 σ 的最大似然估计值为

$$\hat{\sigma} = \sqrt{\hat{\sigma}^2} = \sqrt{\frac{1}{n} \sum_{i=1}^{n} (x_i - \overline{x})^2}.$$

三、 估计量的评价标准

由矩估计和最大似然估计我们可以看到, 对于总体分布中的同一个未知参数, 采用不同的估计方法, 可能得到不同的估计量. 事实上, 有很多统计量都可以作为总体参数的估计量, 但这些估计量并非都是合适的. 一个自然的问题就是当总体的同一个未知参数存在不同的估计量时, 采用哪一个估计量更好? 如何评价这些估计量? 这就涉及评价估计量好坏的标准问题. 下面我们给出三个常用的评判估计量好坏的标准: 无偏性 (unbiasedness)、有效性 (efficiency) 和相合性 (consistency).

在参数估计中, 由样本值所得到的估计值通常并不是总体中待估参数 θ 的真值, 而是有一定的偏差. 我们知道, 待估参数 θ 的估计量 $\hat{\theta}(X_1, X_2, \cdots, X_n)$ 是不带任何未知参数的统计量, 是一个随机变量, 而它的分布与总体分布有关, 即与未知参数 θ 有关. 如果 $E(\hat{\theta})$ 等于或渐近于待估参数 θ, $D(\hat{\theta})$ 很小或渐近于 0, 那么由样本观测值 $x_1, x_2, \cdots, x_n$ 计算得到的估计值 $\hat{\theta}(x_1, x_2, \cdots, x_n)$ 虽然不能都等于 θ 的真值, 但能保证其平均值等于或渐近于 θ, 而且离散程度很小, 这时用 $\hat{\theta}(X_1, X_2, \cdots, X_n)$ 作为未知参数 θ 的估计自然是合理的. 下面我们从估计量 $\hat{\theta}(X_1, X_2, \cdots, X_n)$ 的数学期望和方差这两个重要的数字特征出发, 引入无偏性和有效性的概念.

1. 无偏性

定义 7-1 若 $\hat{\theta}(X_1, X_2, \cdots, X_n)$ 为参数 θ 的估计量, $E(\hat{\theta})$ 存在且满足

$$E(\hat{\theta}) = \theta,$$

则称 $\hat{\theta}$ 为 θ 的无偏估计量(unbiased estimator), 否则称 $\hat{\theta}$ 为 θ 的有偏估计量.

根据定理 6-1可知, 无论总体 X 服从什么分布, 若它的期望与方差均存在, 记为

$E(X) = \mu$，$D(X) = \sigma^2$；且 $\overline{X}$ 是样本均值，S^2 是样本方差，则有

$$E(\overline{X}) = E(X) = \mu, \quad E(S^2) = D(X) = \sigma^2.$$

这表明 $\overline{X}$ 是总体均值 μ 的无偏估计量，S^2 是总体方差 σ^2 的无偏估计量. 值得注意的是，样本二阶中心矩 $B_2 = \dfrac{1}{n}\sum\limits_{i=1}^{n}(X_i - \overline{X})^2$ 并不是 σ^2 的无偏估计量. 事实上，$B_2 = \dfrac{n-1}{n}S^2$，从而

$$E(B_2) = \frac{n-1}{n}E(S^2) = \frac{n-1}{n}\sigma^2 \neq \sigma^2.$$

但当样本容量 n 趋于无穷时，有 $E(B_2) \to \sigma^2$. 我们称 B_2 为 σ^2 的渐近无偏估计量. 这表明当样本容量较大时，B_2 可近似看作 σ^2 的无偏估计. 在小样本情况下一般使用 S^2 估计 σ^2.

【例 7-9】 设 X_1，X_2，$\cdots$，X_n 为来自总体 X 的一个样本，且总体 X 的 k 阶原点矩 $\nu_k = E(X^k)$ 存在，$k = 1, 2, \cdots$. 求证：样本 k 阶原点矩 $A_k = \dfrac{1}{n}\sum\limits_{i=1}^{n}X_i^k$ 是 ν_k 的无偏估计量.

证明 由于 $E(X_i^k) = E(X^k) = \nu_k$，$i = 1, 2, \cdots, n$，故

$$E(A_k) = E\left(\frac{1}{n}\sum_{i=1}^{n}X_i^k\right) = \frac{1}{n}\sum_{i=1}^{n}E(X_i^k) = \nu_k,$$

即 A_k 是 ν_k 的无偏估计量.

【例 7-10】 设 X_1，X_2，$\cdots$，X_n 为来自总体 X 的一个样本，令

$$T = a_1 X_1 + a_2 X_2 + \cdots + a_n X_n,$$

其中 $\sum\limits_{i=1}^{n} a_i = 1$，则 T 是总体均值 $E(X)$ 的无偏估计量.

解 由于 X_1，X_2，$\cdots$，X_n 为来自总体 X 的样本，所以 $E(X_i) = E(X)$，$i = 1, 2, \cdots, n$. 因此

$$E(T) = E(a_1 X_1 + a_2 X_2 + \cdots + a_n X_n) = (a_1 + a_2 + \cdots + a_n)E(X) = E(X).$$

故 T 是 $E(X)$ 的无偏估计量.

由例 7-10 可知，待估参数的无偏估计量可能不止一个，那么如何在无偏估计中进行选择？在实际问题中，我们自然希望估计量的取值更集中于待估参数真值的附近，即选择方差更小的无偏估计量.

2. 有效性

> **定义 7-2** 设 $\hat{\theta}_1 = \hat{\theta}_1(X_1, X_2, \cdots, X_n)$，$\hat{\theta}_2 = \hat{\theta}_2(X_1, X_2, \cdots, X_n)$ 均为待估参数 θ 的无偏估计量. 若
> $$D(\hat{\theta}_1) < D(\hat{\theta}_2),$$

则称 $\hat{\theta}_1$ 比 $\hat{\theta}_2$ 更有效.

在 θ 的所有无偏估计量中,若 $\hat{\theta}$ 的方差最小,则称 $\hat{\theta}$ 为 θ 的最小方差无偏估计量.

【例7-11】 设 X_1,X_2,$\cdots$,X_n 为来自总体 X 的一个样本,$E(X) = \mu$,$D(X) = \sigma^2$. $\hat{\mu}_1 = X_1$,$\hat{\mu}_2 = \dfrac{1}{m}\sum_{i=1}^{m} X_i\ (1 < m < n)$ 和 $\hat{\mu}_3 = \overline{X}$ 都是 μ 的无偏估计量. 证明: 当 $1 < m < n$ 时,$\hat{\mu}_3$ 最有效.

证明 由于 X_1,X_2,$\cdots$,X_n 为来自总体 X 的一个样本,故 $D(X_i) = D(X)$,$i = 1, 2, \cdots, n$,且 X_1,X_2,$\cdots$,X_n 相互独立. 因此

$$D(\hat{\mu}_1) = D(X_1) = \sigma^2,$$

$$D(\hat{\mu}_2) = D\left(\frac{1}{m}\sum_{i=1}^{m} X_i\right) = \frac{\sigma^2}{m},$$

$$D(\hat{\mu}_3) = D(\overline{X}) = \frac{\sigma^2}{n}.$$

显然,当 $1 < m < n$ 时,$\hat{\mu}_3$ 最有效.

注解 7-3 (1) 例 7-11表明,用全部数据的平均值估计总体均值要比只用部分数据更有效. 更一般地,若 X_1,X_2,$\cdots$,X_n 和 X_1,X_2,$\cdots$,X_m 为来自总体 X 的两个样本,且 $n > m$,样本均值分别为 $\overline{X'}$ 和 $\overline{X''}$,则 $\overline{X'}$ 比 $\overline{X''}$ 更有效,即样本容量大的样本均值比样本容量小的样本均值更有效.

(2) 满足例 7-10 条件的总体均值的所有无偏估计量中,$\overline{X}$ 最有效.

3. 相合性

无偏性和有效性都是在样本容量固定的条件下提出来的. 但是注意到 $\hat{\theta}(X_1$,X_2,$\cdots$,$X_n)$ 作为待估参数 θ 的估计量,还依赖于样本容量 n. 样本容量越大,包含总体的信息越多,估计的值越精确,我们希望其估计值能逼近待估参数的真值,这就是相合性. 下面我们引入相合性的概念.

定义 7-3 设 $\{\hat{\theta}_n(X_1$,X_2,$\cdots$,$X_n)\}$ (简记为 $\{\hat{\theta}_n\}$) 为待估参数 θ 的估计量序列. 若当 $n \to \infty$ 时,$\hat{\theta}_n$ 依概率收敛于 θ,即对于任意给定的 $\varepsilon > 0$,有

$$\lim_{n\to\infty} P\{|\hat{\theta}_n - \theta| < \varepsilon\} = 1,$$

则称 $\hat{\theta}_n$ 是待估参数 θ 的相合 (或一致) 估计量.

注解 7-4 由大数定律可知,样本 k 阶原点矩 A_k 依概率收敛于总体的 k 阶原点矩 ν_k,故 A_k 是 ν_k 的相合估计量,即

$$\hat{\nu}_k = A_k, \qquad k = 1, 2, \cdots.$$

由此可得, $g(A_1, A_2, \cdots, A_n)$ 是 $g(\nu_1, \nu_2, \cdots, \nu_n)$ 的相合估计量, 即

$$g(\hat{\nu_1}, \hat{\nu_2}, \cdots, \hat{\nu_n}) = g(A_1, A_2, \cdots, A_n),$$

其中 g 为连续函数.

相合性是评判估计量好坏的一个基本标准. 若某一个估计量不能满足相合性, 则无论样本容量 n 取值是多少, 该估计量都不能准确地估计待估参数, 因此该估计量是不可取的.

基础练习 7-1

1. 设总体 $X \sim B(1, p)$, 且 $0, 1, 0, 1, 1$ 为来自总体 X 的一组样本值, 则 p 的矩估计值为_____.

2. 最大似然估计的基本思想为_____.

3. 评判估计量好坏的三个标准为_____、_____、_____.

4. 设总体 X 的数学期望和方差均存在, 并设 $E(X) = \mu, D(X) = \sigma^2$. 若 $X_1, X_2, \cdots, X_n$ 为来自总体 X 的一个样本, $\overline{X}$ 为样本均值, S^2 为样本方差, 则下列叙述正确的是（   ）

  A. S 是 σ 的无偏估计量;   B. S^2 是 σ^2 的无偏估计量;

  C. $\overline{X}^2$ 是 μ^2 的无偏估计量;   D. $\dfrac{1}{n-1} \sum\limits_{i=1}^{n} X_i^2$ 是 $E(X^2)$ 的无偏估计量.

5. 设总体 $X \sim B(n, p)$, $X_1, X_2, \cdots, X_n$ 为来自总体 X 的一个样本, 求 p 的矩估计量和最大似然估计量.

6. 设总体 $X \sim e(\lambda)$, $X_1, X_2, \cdots, X_n$ 为来自总体 X 的一个样本, 求 λ 的矩估计量和最大似然估计量.

7. 设总体 X 的概率密度为

$$f(x) = \begin{cases} (1+\theta)x^\theta, & 0 < x < 1, \\ 0, & 其他, \end{cases}$$

其中 $\theta > -1$ 是未知参数, $X_1, X_2, \cdots, X_n$ 为来自总体 X 的一个样本, 求 θ 的矩估计量和最大似然估计量.

8. 已知 X_1, X_2, X_3, X_4, X_5 为来自总体 X 的一个样本, $\overline{X}$ 为样本均值, 判别下列统计量是否为总体数学期望 $E(X)$ 的无偏估计量, 且在无偏估计量中哪个最有效?

  (1) $X_1 + X_3 - X_5$;   (2) $2X_2 - X_4$;   (3) $\dfrac{1}{3}X_1 + \dfrac{2}{3}\overline{X}$;

  (4) $\dfrac{2}{3}\overline{X} + \dfrac{1}{2}X_5$; (5) $\dfrac{2}{3}X_2 + \dfrac{1}{6}X_4 + \dfrac{1}{6}X_5$; (6) $\overline{X}$.

9. 设 $X_1, X_2, \cdots, X_n$ 为来自总体 X 的一个样本, $E(X) = \mu$, 证明: 样本均值 $\overline{X}$ 是 μ 的相合估计量.

第二节　区间估计

点估计法直观简单，如果 $\hat{\theta}(X_1,\ X_2,\ \cdots,\ X_n)$ 是待估参数 θ 的一个点估计量，一旦给定样本观测值 $x_1,\ x_2,\ \cdots,\ x_n$，估计值就是一个明确的数值，这是很有用的. 但是点估计值只是待估参数的一种近似值，估计值本身既没有反映这种近似的精度，也没有给出误差范围. 这在实际工作中可能会带来不便. 为了弥补这种不足，1934 年，统计学家奈曼 (Neyman) 提出了区间估计的方法. 此方法给出一个随机区间，使得该区间以指定的概率包含待估参数 θ. 本节先给出置信区间的概念，然后讨论正态总体未知参数的区间估计问题.

一、置信区间及枢轴量法

假设总体 X 的分布函数 $F(x;\theta)$ 的形式已知，θ 是待估参数，$X_1,\ X_2,\ \cdots,\ X_n$ 为来自总体 X 的一个样本，其样本值为 $x_1,\ x_2,\ \cdots,\ x_n$，其中 $\theta \in \boldsymbol{\Theta}$，$\boldsymbol{\Theta}$ 是 θ 的取值范围.

> **定义 7-4**　对于给定的 $\alpha\,(0 < \alpha < 1)$，若存在统计量 $\hat{\theta}_1(X_1,\ X_2,\ \cdots,\ X_n)$ 和 $\hat{\theta}_2(X_1,\ X_2,\ \cdots,\ X_n)$，$\hat{\theta}_1(X_1,\ X_2,\ \cdots,\ X_n) < \hat{\theta}_2(X_1,\ X_2,\ \cdots,\ X_n)$，使得
>
> $$P\{\hat{\theta}_1(X_1,\ X_2,\ \cdots,\ X_n) < \theta < \hat{\theta}_2(X_1,\ X_2,\ \cdots,\ X_n)\} = 1 - \alpha, \qquad (7\text{-}12)$$
>
> 则称随机区间 $(\hat{\theta}_1(X_1,\ X_2,\ \cdots,\ X_n),\ \hat{\theta}_2(X_1,\ X_2,\ \cdots,\ X_n))$ (简记为 $(\hat{\theta}_1,\ \hat{\theta}_2)$) 为待估参数 θ 的置信水平为 $1 - \alpha$ 的双侧置信区间 (two-sided confidence interval)；称 $1 - \alpha$ 为置信水平(confidence level)，$\hat{\theta}_1(X_1,\ X_2,\ \cdots,\ X_n)$ (简记为 $\hat{\theta}_1$) 为置信下限，$\hat{\theta}_2(X_1,\ X_2,\ \cdots,\ X_n)$(简记为 $\hat{\theta}_2$) 为置信上限.

注解 7-5　(1) 待估参数 θ 的真值是客观存在的确定值，不具有任何随机性，而区间 $(\hat{\theta}_1(X_1,\ X_2,\ \cdots,\ X_n),\ \hat{\theta}_2(X_1,\ X_2,\ \cdots,\ X_n))$ 是一个随机区间，随着样本值的变化，会相应得到不同的区间，式 (7-12) 的含义在于：若反复抽取多次 (样本容量均为 n)，得到 $X_1,\ X_2,\ \cdots,\ X_n$ 的多组样本值 $x_1,\ x_2,\ \cdots,\ x_n$，相应的每组样本值确定了一个置信区间

$$(\hat{\theta}_1(x_1,\ x_2,\ \cdots,\ x_n),\ \hat{\theta}_2(x_1,\ x_2,\ \cdots,\ x_n)).$$

每个这样的区间要么包含 θ 的真值，要么不包含 θ 的真值. 置信水平 $1 - \alpha$ 给出了区间 $(\hat{\theta}_1,\ \hat{\theta}_2)$ 包含 θ 的真值的可靠程度. 例如，若 $\alpha = 0.05$，即置信水平为 $1 - \alpha = 0.95$，若反复抽取 100 次，则在得到的 100 个置信区间中，有 95 个包含 θ 的真值，有 5 个不包含 θ 的真值.

(2) 评价一个置信区间的好坏有两个要素：一个要素是其精确度，通常以区间的长度来衡量，长度越长，精确度越低；另一个要素是可靠性，常用置信水平 $1 - \alpha$ 来衡量，置信水平越大，可靠性越高. 在样本容量 n 一定的情况下，当置信水平 $1 - \alpha$ 变大时，置信区间的长度也变长，也就是说，置信区间的可靠性越高，则精确度越低；反之，精确度越高，则可靠性越低. 在区间估计中，可靠性和精确度是一对不可调和的矛盾体. 一般地，

若样本容量 n 不变, 往往选择一个定值 α, 即事先确定可靠性, 然后尽可能地去提高精确度, 即选择长度尽可能小的置信区间.

(3) 若 X 是连续型随机变量, 则根据式 (7-12), 可直接求出双侧置信区间; 若 X 是离散型随机变量, 则往往不易找到随机区间 $(\hat{\theta}_1, \hat{\theta}_2)$, 使得 $P\{\hat{\theta}_1 < \theta < \hat{\theta}_2\}$ 恰为 $1-\alpha$. 此时, 我们通常选择随机区间 $(\hat{\theta}_1, \hat{\theta}_2)$, 使得

$$P\{\hat{\theta}_1 < \theta < \hat{\theta}_2\} \geqslant 1-\alpha,$$

并且尽可能地接近 $1-\alpha$.

那么置信水平 $1-\alpha$ 一旦给定, 如何构造置信区间呢? 构造置信区间的最常用方法是枢轴量法. 下面我们给出具体步骤:

第一步 构造一个关于样本 $X_1, X_2, \cdots, X_n$ 和待估参数 θ 的函数

$$T = T(X_1, X_2, \cdots, X_n; \theta),$$

函数 T 的分布已知, 且该分布并不依赖于待估参数 θ 和其他未知参数, 这里称函数 T 为枢轴量;

第二步 对于给定的置信水平 $1-\alpha$, 根据 T 的分布确定常数 a 和 b, 使得

$$P\{a < T(X_1, X_2, \cdots, X_n; \theta) < b\} = 1-\alpha;$$

第三步 对 $a < T(X_1, X_2, \cdots, X_n; \theta) < b$ 进行等价变形, 化为

$$\hat{\theta}_1(X_1, X_2, \cdots, X_n) < \theta < \hat{\theta}_2(X_1, X_2, \cdots, X_n)$$

的形式, 从而

$$P\{\hat{\theta}_1(X_1, X_2, \cdots, X_n) < \theta < \hat{\theta}_2(X_1, X_2, \cdots, X_n)\} = 1-\alpha,$$

于是 θ 的置信水平为 $1-\alpha$ 的置信区间为 $(\hat{\theta}_1, \hat{\theta}_2)$.

注解 7-6 (1) 上述构造置信区间的关键在于构造枢轴量 T, 故把这种方法称为枢轴量法. 枢轴量的寻找一般从待估参数 θ 的点估计出发.

(2) 上述第二步中 a, b 的选择可以有多种, 在置信水平给定的情况下, 显然希望精确度越高越好, 即置信区间的长度越短越好. 假如能找到这样的 a, b 使区间长度最短当然好, 不过在不少场合很难做到这一点, 故常选择 a 和 b, 使得两个尾部概率各为 $\dfrac{\alpha}{2}$, 即

$$P\{T(X_1, X_2, \cdots, X_n; \theta) < a\} = P\{T(X_1, X_2, \cdots, X_n; \theta) > b\} = \frac{\alpha}{2}.$$

这样得到的置信区间称为等尾置信区间. 实用的置信区间大都是等尾置信区间. 例如, 在给定置信水平 $1-\alpha$ 的情况下, 若 T 服从正态分布 (或 $t(n)$ 分布), 则一般取 $a = -z_{\alpha/2}$, $b = z_{\alpha/2}$ (或 $a = -t_{\alpha/2}(n)$, $b = t_{\alpha/2}(n)$). 这时所得置信区间的长度最短. 若 T 服从 $\chi^2(n)$ 分布 (或 $F(n_1, n_2)$ 分布), 则一般取 $a = \chi^2_{1-\alpha/2}(n)$, $b = \chi^2_{\alpha/2}(n)$ (或 $a = F_{1-\alpha/2}(n_1, n_2)$, $b = F_{\alpha/2}(n_1, n_2)$).

【例 7-12】 设某零件的高度 X 服从正态分布 $N(\mu,\ 0.4^2)$，现从中随机地抽取 20 个零件，测得其平均高度 $\overline{X} = 32.3\ \text{mm}$，求该零件平均高度的置信水平为 0.95 的置信区间.

解 已知 $\overline{X}$ 是 μ 的无偏估计，$\sigma = 0.4$，由此构造一个样本的函数

$$Z = \frac{\overline{X} - \mu}{\sigma/\sqrt{n}},$$

它含有未知参数 μ，但其分布 $N(0,\ 1)$ 不含任何未知参数，因此可取 Z 作为枢轴量. 按照标准正态分布的分位点，有

$$P\{|Z| < z_{\alpha/2}\} = P\left\{\left|\frac{\overline{X} - \mu}{\sigma/\sqrt{n}}\right| < z_{\alpha/2}\right\} = 1 - \alpha,$$

于是

$$P\left\{\overline{X} - \frac{\sigma}{\sqrt{n}}z_{\alpha/2} < \mu < \overline{X} + \frac{\sigma}{\sqrt{n}}z_{\alpha/2}\right\} = 1 - \alpha,$$

得到 μ 的置信水平为 $1 - \alpha$ 的置信区间为

$$\left(\overline{X} - \frac{\sigma}{\sqrt{n}}z_{\alpha/2},\ \overline{X} + \frac{\sigma}{\sqrt{n}}z_{\alpha/2}\right).$$

$1 - \alpha = 0.95$，所以 $\alpha = 0.05$，查表得 $z_{0.025} = 1.96$，$\overline{X} = 32.3$，$\sigma = 0.4$，$n = 20$，代入上式得 μ 的置信水平为 0.95 的置信区间为 $(32.12,\ 32.48)$.

二、 单个正态总体均值与方差的区间估计

设总体 $X \sim N(\mu,\ \sigma^2)$，$X_1,\ X_2,\ \cdots,\ X_n$ 为来自总体 X 的一个样本，$\overline{X}$ 为样本均值，S^2 为样本方差，置信水平为 $1 - \alpha$.

1. 方差 σ^2 已知，均值 μ 的置信区间

(1) 确定枢轴量 $Z = \dfrac{\overline{X} - \mu}{\sigma/\sqrt{n}} \sim N(0,\ 1)$；

(2) 查标准正态分布表得 $z_{\alpha/2}$，使得 $P\{|Z| < z_{\alpha/2}\} = 1 - \alpha$（见图 7-1）；

(3) 由 $|Z| < z_{\alpha/2}$，即 $\left|\dfrac{\overline{X} - \mu}{\sigma/\sqrt{n}}\right| < z_{\alpha/2}$，进行等价变形得 $\overline{X} - \dfrac{\sigma}{\sqrt{n}}z_{\alpha/2} < \mu < \overline{X} + \dfrac{\sigma}{\sqrt{n}}z_{\alpha/2}$，从而 μ 的置信水平为 $1 - \alpha$ 的置信区间为

$$\left(\overline{X} - \frac{\sigma}{\sqrt{n}}z_{\alpha/2},\ \overline{X} + \frac{\sigma}{\sqrt{n}}z_{\alpha/2}\right), \tag{7-13}$$

简记为 $\left(\overline{X} \pm \dfrac{\sigma}{\sqrt{n}}z_{\alpha/2}\right)$.

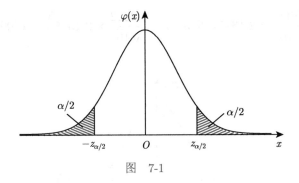

图　7-1

例 7-12 就是方差 σ^2 已知，均值 μ 的置信区间求解情况.

2. 方差 σ^2 未知，均值 μ 的置信区间

(1) 确定枢轴量 $t = \dfrac{\overline{X} - \mu}{S/\sqrt{n}} \sim t(n-1)$;

(2) 查 t 分布表得 $t_{\alpha/2}(n-1)$，使得 $P\{|t| < t_{\alpha/2}(n-1)\} = 1-\alpha$ （见图 7-2）;

(3) 由 $|t| < t_{\alpha/2}(n-1)$，即 $\left|\dfrac{\overline{X} - \mu}{S/\sqrt{n}}\right| < t_{\alpha/2}(n-1)$，　等价变形得

$$\overline{X} - \frac{S}{\sqrt{n}}t_{\alpha/2}(n-1) < \mu < \overline{X} + \frac{S}{\sqrt{n}}t_{\alpha/2}(n-1),$$

从而 μ 的置信水平为 $1-\alpha$ 的置信区间为

$$\left(\overline{X} - \frac{S}{\sqrt{n}}t_{\alpha/2}(n-1),\ \overline{X} + \frac{S}{\sqrt{n}}t_{\alpha/2}(n-1)\right), \tag{7-14}$$

简记为 $\left(\overline{X} \pm \dfrac{S}{\sqrt{n}}t_{\alpha/2}(n-1)\right)$.

【例 7-13】　有一批袋装糖果，现从中随机地抽取 16 袋，称得重量 (单位: g) 如下:

506　508　499　503　504　510　497　512　514　505　493　496　506　502　509　496.

设袋装糖果的重量服从正态分布 $N(\mu,\ \sigma^2)$，求 μ 的置信水平为 0.95 的置信区间.

　　解　由于 σ^2 未知，故根据式 (7-14) 可知，μ 的置信水平为 $1-\alpha$ 的置信区间为

$$\left(\overline{x} - \frac{s}{\sqrt{n}}t_{\alpha/2}(n-1),\ \overline{x} + \frac{s}{\sqrt{n}}t_{\alpha/2}(n-1)\right).$$

已知 $n = 16$，$\alpha = 0.05$，

$$\overline{x} = \frac{1}{16}\sum_{i=1}^{16}x_i = 503.75, \qquad s^2 = \frac{1}{15}\sum_{i=1}^{16}(x_i - \overline{x})^2 = 38.4667,$$

查表可得 $t_{0.025}(15) = 2.1315$，代入计算可得 μ 的置信水平为 0.95 的置信区间为

$$\left(503.75 - \frac{6.2022}{\sqrt{16}} \times 2.1315, \ 503.75 + \frac{6.2022}{\sqrt{16}} \times 2.1315\right) = (500.46, \ 507.05).$$

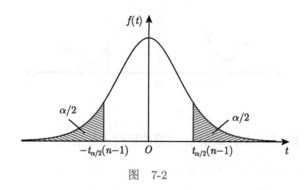

图 7-2

3. 均值 μ 已知，方差 σ^2 的置信区间

(1) 确定枢轴量 $\chi_1^2 = \sum_{i=1}^{n} \left(\frac{X_i - \mu}{\sigma}\right)^2 \sim \chi^2(n)$;

(2) 查 χ^2 分布表得 $\chi_{\alpha/2}^2(n)$ 和 $\chi_{1-\alpha/2}^2(n)$，使得 $P\{\chi_{1-\alpha/2}^2(n) < \chi_1^2 < \chi_{\alpha/2}^2(n)\} = 1-\alpha$
(见图 7-3);

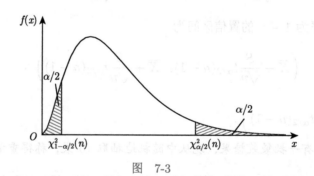

图 7-3

(3) 由 $\chi_{1-\alpha/2}^2(n) < \chi_1^2 < \chi_{\alpha/2}^2(n)$，即 $\chi_{1-\alpha/2}^2(n) < \sum_{i=1}^{n} \left(\frac{X_i - \mu}{\sigma}\right)^2 < \chi_{\alpha/2}^2(n)$，等价
变形得

$$\frac{\sum_{i=1}^{n}(X_i - \mu)^2}{\chi_{\alpha/2}^2(n)} < \sigma^2 < \frac{\sum_{i=1}^{n}(X_i - \mu)^2}{\chi_{1-\alpha/2}^2(n)},$$

从而 σ^2 的置信水平为 $1 - \alpha$ 的置信区间为

$$\left(\frac{\sum_{i=1}^{n}(X_i - \mu)^2}{\chi_{\alpha/2}^2(n)}, \ \frac{\sum_{i=1}^{n}(X_i - \mu)^2}{\chi_{1-\alpha/2}^2(n)}\right). \tag{7-15}$$

由此可得标准差 σ 的置信水平为 $1-\alpha$ 的置信区间为

$$\left(\sqrt{\frac{\sum\limits_{i=1}^{n}(X_i-\mu)^2}{\chi^2_{\alpha/2}(n)}}, \ \sqrt{\frac{\sum\limits_{i=1}^{n}(X_i-\mu)^2}{\chi^2_{1-\alpha/2}(n)}}\right).$$

4. 均值 μ 未知, 方差 σ^2 的置信区间

(1) 确定枢轴量 $\chi_2^2 = \dfrac{(n-1)S^2}{\sigma^2} \sim \chi^2(n-1)$;

(2) 查 χ^2 分布表得 $\chi^2_{\alpha/2}(n-1)$ 和 $\chi^2_{1-\alpha/2}(n-1)$, 使得 $P\{\chi^2_{1-\alpha/2}(n-1) < \chi_2^2 < \chi^2_{\alpha/2}(n-1)\} = 1-\alpha$;

(3) 由 $\chi^2_{1-\alpha/2}(n-1) < \chi_2^2 < \chi^2_{\alpha/2}(n-1)$, 即 $\chi^2_{1-\alpha/2}(n-1) < \dfrac{(n-1)S^2}{\sigma^2} < \chi^2_{\alpha/2}(n-1)$, 进行等价变形得

$$\frac{(n-1)S^2}{\chi^2_{\alpha/2}(n-1)} < \sigma^2 < \frac{(n-1)S^2}{\chi^2_{1-\alpha/2}(n-1)},$$

从而 σ^2 的置信水平为 $1-\alpha$ 的置信区间为

$$\left(\frac{(n-1)S^2}{\chi^2_{\alpha/2}(n-1)}, \ \frac{(n-1)S^2}{\chi^2_{1-\alpha/2}(n-1)}\right). \tag{7-16}$$

由此可得标准差 σ 的置信水平为 $1-\alpha$ 的置信区间为

$$\left(\sqrt{\frac{(n-1)S^2}{\chi^2_{\alpha/2}(n-1)}}, \ \sqrt{\frac{(n-1)S^2}{\chi^2_{1-\alpha/2}(n-1)}}\right). \tag{7-17}$$

【例 7-14】 已知某种电子元件的使用寿命服从正态分布 $N(\mu, \sigma^2)$, 在某天生产的该种电子元件中随机抽取 6 件, 测得其寿命 (单位: h) 如下:

$$1017 \ \ 959 \ \ 1006 \ \ 985 \ \ 1016 \ \ 996.$$

(1) 若 $\mu = 1000$, 求 σ^2 的置信水平为 0.95 的置信区间;

(2) 若 μ 未知, 求 σ^2 的置信水平为 0.95 的置信区间.

解 (1) 由于 μ 已知, 故根据式 (7-15) 可知, σ^2 的置信水平为 $1-\alpha$ 的置信区间为

$$\left(\frac{\sum\limits_{i=1}^{n}(x_i-\mu)^2}{\chi^2_{\alpha/2}(n)}, \ \frac{\sum\limits_{i=1}^{n}(x_i-\mu)^2}{\chi^2_{1-\alpha/2}(n)}\right).$$

根据题意知 $\mu = 1000$, $n = 6$, $1-\alpha = 0.95$, 且查表可得

$$\chi^2_{0.025}(6) = 14.440, \ \chi^2_{0.975}(6) = 1.237.$$

代入计算得所求置信区间为

$$\left(\frac{\sum\limits_{i=1}^{6}(x_i-1000)^2}{14.440},\ \frac{\sum\limits_{i=1}^{6}(x_i-1000)^2}{1.237}\right)=(173.34,\ 2023.44).$$

(2) 由于 μ 未知，故根据式 (7-16) 可知，σ^2 的置信水平为 $1-\alpha$ 的置信区间为

$$\left(\frac{(n-1)s^2}{\chi^2_{\alpha/2}(n-1)},\ \frac{(n-1)s^2}{\chi^2_{1-\alpha/2}(n-1)}\right).$$

根据题意知 $n=6$，$1-\alpha=0.95$，

$$s^2=\frac{\sum\limits_{i=1}^{6}(x_i-\overline{x})^2}{5}=485.9,$$

且查表可得 $\chi^2_{0.025}(5)=12.832$，$\chi^2_{0.975}(5)=0.831$. 代入计算得所求置信区间为

$$\left(\frac{5\times 485.9}{12.832},\ \frac{5\times 485.9}{0.831}\right)=(189.33,\ 2923.59).$$

三、 两个正态总体均值差与方差比的区间估计

设总体 $X\sim N(\mu_1,\ \sigma_1^2)$，$X_1$，$X_2$，$\cdots$，$X_{n_1}$ 为来自总体 X 的一个样本，样本均值和样本方差分别为 $\overline{X}$，S_1^2；设总体 $Y\sim N(\mu_2,\ \sigma_2^2)$，$Y_1$，$Y_2$，$\cdots$，$Y_{n_2}$ 为来自总体 Y 的一个样本，样本均值和样本方差分别为 $\overline{Y}$，S_2^2；X 和 Y 相互独立，置信水平为 $1-\alpha$.

1. σ_1^2，σ_2^2 已知，两个正态总体均值差 $\mu_1-\mu_2$ 的置信区间

(1) 由定理 6-3 可知

$$Z=\frac{(\overline{X}-\overline{Y})-(\mu_1-\mu_2)}{\sqrt{\dfrac{\sigma_1^2}{n_1}+\dfrac{\sigma_2^2}{n_2}}}\sim N(0,\ 1),$$

确定枢轴量

$$Z=\frac{(\overline{X}-\overline{Y})-(\mu_1-\mu_2)}{\sqrt{\dfrac{\sigma_1^2}{n_1}+\dfrac{\sigma_2^2}{n_2}}};$$

(2) 查标准正态分布表得 $z_{\alpha/2}$，使得 $P\{|Z|<z_{\alpha/2}\}=1-\alpha$；

(3) 由 $|Z| < z_{\alpha/2}$，即

$$\left| \frac{(\overline{X} - \overline{Y}) - (\mu_1 - \mu_2)}{\sqrt{\dfrac{\sigma_1^2}{n_1} + \dfrac{\sigma_2^2}{n_2}}} \right| < z_{\alpha/2},$$

进行等价变形得

$$(\overline{X} - \overline{Y}) - z_{\alpha/2}\sqrt{\frac{\sigma_1^2}{n_1} + \frac{\sigma_2^2}{n_2}} < \mu_1 - \mu_2 < (\overline{X} - \overline{Y}) + z_{\alpha/2}\sqrt{\frac{\sigma_1^2}{n_1} + \frac{\sigma_2^2}{n_2}},$$

从而 $\mu_1 - \mu_2$ 的置信水平为 $1 - \alpha$ 的置信区间为

$$\left((\overline{X} - \overline{Y}) - z_{\alpha/2}\sqrt{\frac{\sigma_1^2}{n_1} + \frac{\sigma_2^2}{n_2}}, \ (\overline{X} - \overline{Y}) + z_{\alpha/2}\sqrt{\frac{\sigma_1^2}{n_1} + \frac{\sigma_2^2}{n_2}} \right). \tag{7-18}$$

2. σ_1^2，σ_2^2 未知，但 $\sigma_1^2 = \sigma_2^2$，两个正态总体均值差 $\mu_1 - \mu_2$ 的置信区间

(1) 由定理 6-3 可知，若 σ_1^2，σ_2^2 未知，但知 $\sigma_1^2 = \sigma_2^2$，则

$$t = \frac{(\overline{X} - \overline{Y}) - (\mu_1 - \mu_2)}{S_w\sqrt{\dfrac{1}{n_1} + \dfrac{1}{n_2}}} \sim t(n_1 + n_2 - 2),$$

其中 $S_w^2 = \dfrac{(n_1 - 1)S_1^2 + (n_2 - 1)S_2^2}{n_1 + n_2 - 2}$，确定枢轴量

$$t = \frac{(\overline{X} - \overline{Y}) - (\mu_1 - \mu_2)}{S_w\sqrt{\dfrac{1}{n_1} + \dfrac{1}{n_2}}};$$

(2) 查 t 分布表得 $t_{\alpha/2}(n_1 + n_2 - 2)$，使得 $P\{|t| < t_{\alpha/2}(n_1 + n_2 - 2)\} = 1 - \alpha$；

(3) 由 $|t| < t_{\alpha/2}(n_1 + n_2 - 2)$，即

$$\left| \frac{(\overline{X} - \overline{Y}) - (\mu_1 - \mu_2)}{S_w\sqrt{\dfrac{1}{n_1} + \dfrac{1}{n_2}}} \right| < t_{\alpha/2}(n_1 + n_2 - 2),$$

进行等价变形可得 $\mu_1 - \mu_2$ 的置信水平为 $1 - \alpha$ 的置信区间为

$$\left((\overline{X} - \overline{Y}) - t_{\alpha/2}(n_1 + n_2 - 2)S_w\sqrt{\frac{1}{n_1} + \frac{1}{n_2}}, \right.$$

$$\left. (\overline{X} - \overline{Y}) + t_{\alpha/2}(n_1 + n_2 - 2)S_w\sqrt{\frac{1}{n_1} + \frac{1}{n_2}} \right). \tag{7-19}$$

【例 7-15】 为了估计磷肥对某种农作物的增产效果, 选择 20 块条件大致相同的土地进行种植试验, 其中 10 块不施磷肥, 另外 10 块施用磷肥, 得到不施磷肥亩产量 X(单位: 斤) 和施用磷肥亩产量 Y(单位: 斤$^{\ominus}$) 分别如下:

X	590	560	570	580	570	600	550	570	550	560
Y	620	570	650	600	630	580	570	600	580	600

由经验知, 两个总体 (亩产量)X 和 Y 相互独立, 且 $X \sim N(\mu_1, \sigma_1^2)$, $Y \sim N(\mu_2, \sigma_2^2)$.

(1) 若 $\sigma_1^2 = 100$, $\sigma_2^2 = 150$, 求均值差 $\mu_1 - \mu_2$ 的置信水平为 0.95 的置信区间;

(2) 若 σ_1^2, σ_2^2 未知, 但 $\sigma_1^2 = \sigma_2^2$, 求均值差 $\mu_1 - \mu_2$ 的置信水平为 0.95 的置信区间.

解 (1) 由于 σ_1^2, σ_2^2 已知, 根据式 (7-18) 可得 $\mu_1 - \mu_2$ 的置信水平为 $1 - \alpha$ 的置信区间为

$$\left((\overline{x} - \overline{y}) - z_{\alpha/2}\sqrt{\frac{\sigma_1^2}{n_1} + \frac{\sigma_2^2}{n_2}}, \ (\overline{x} - \overline{y}) + z_{\alpha/2}\sqrt{\frac{\sigma_1^2}{n_1} + \frac{\sigma_2^2}{n_2}} \right).$$

已知 $n_1 = 10$, $n_2 = 10$, $\overline{x} = 570$, $\overline{y} = 600$, $1 - \alpha = 0.95$, 且查表得 $z_{0.025} = 1.96$. 代入计算得所求置信区间为

$$\left((570 - 600) - 1.96\sqrt{\frac{100}{10} + \frac{150}{10}}, \ (570 - 600) + 1.96\sqrt{\frac{100}{10} + \frac{150}{10}} \right)$$

$$= (-39.80, \ -20.20).$$

(2) 由于 σ_1^2, σ_2^2 未知, 但 $\sigma_1^2 = \sigma_2^2$, 根据式 (7-19) 可得 $\mu_1 - \mu_2$ 的置信水平为 $1 - \alpha$ 的置信区间为

$$\left((\overline{x} - \overline{y}) - t_{\alpha/2}(n_1 + n_2 - 2)s_w\sqrt{\frac{1}{n_1} + \frac{1}{n_2}}, \quad (\overline{x} - \overline{y}) + t_{\alpha/2}(n_1 + n_2 - 2)s_w\sqrt{\frac{1}{n_1} + \frac{1}{n_2}} \right).$$

已知 $n_1 = 10$, $n_2 = 10$, $\overline{x} = 570$, $\overline{y} = 600$,

$$s_w^2 = \frac{(10-1)s_1^2 + (10-1)s_2^2}{10 + 10 - 2} = 488.889,$$

$1 - \alpha = 0.95$, 且查表得 $t_{0.025}(18) = 2.1009$. 代入计算得所求置信区间为

$$\left((570 - 600) - 2.1009 \times \sqrt{488.889} \times \sqrt{\frac{1}{10} + \frac{1}{10}}, \ (570 - 600) + 2.1009 \times \sqrt{488.889} \times \sqrt{\frac{1}{10} + \frac{1}{10}} \right)$$

$$= (-50.77, \ -9.23).$$

$\ominus$ 斤为非法定计量单位, 1 斤 = 500g(克). ——编辑注

3. μ_1，μ_2 已知，两个正态总体方差比 σ_1^2/σ_2^2 的置信区间

(1) 根据定理 6-3 中的结论可知

$$F = \frac{\sum\limits_{i=1}^{n_1}(X_i-\mu_1)^2 \big/ n_1\sigma_1^2}{\sum\limits_{j=1}^{n_2}(Y_j-\mu_2)^2 \big/ n_2\sigma_2^2} \sim F(n_1,\ n_2),$$

确定枢轴量

$$F = \frac{\sum\limits_{i=1}^{n_1}(X_i-\mu_1)^2 \big/ n_1\sigma_1^2}{\sum\limits_{j=1}^{n_2}(Y_j-\mu_2)^2 \big/ n_2\sigma_2^2};$$

(2) 查 F 分布表得 $F_{\alpha/2}(n_1,\ n_2)$ 和 $F_{1-\alpha/2}(n_1,\ n_2)$，使得

$$P\{F_{1-\alpha/2}(n_1,\ n_2) < F < F_{\alpha/2}(n_1,\ n_2)\} = 1-\alpha;$$

(3) 由 $F_{1-\alpha/2}(n_1,\ n_2) < F < F_{\alpha/2}(n_1,\ n_2)$，即

$$F_{1-\alpha/2}(n_1,\ n_2) < \frac{\sum\limits_{i=1}^{n_1}(X_i-\mu_1)^2 \big/ n_1\sigma_1^2}{\sum\limits_{j=1}^{n_2}(Y_j-\mu_2)^2 \big/ n_2\sigma_2^2} < F_{\alpha/2}(n_1,\ n_2),$$

进行等价变形可得 σ_1^2/σ_2^2 置信水平为 $1-\alpha$ 的置信区间为

$$\left(\frac{n_2\sum\limits_{i=1}^{n_1}(X_i-\mu_1)^2 \big/ n_1\sum\limits_{j=1}^{n_2}(Y_j-\mu_2)^2}{F_{\alpha/2}(n_1,\ n_2)},\ \frac{n_2\sum\limits_{i=1}^{n_1}(X_i-\mu_1)^2 \big/ n_1\sum\limits_{j=1}^{n_2}(Y_j-\mu_2)^2}{F_{1-\alpha/2}(n_1,\ n_2)} \right). \tag{7-20}$$

【例 7-16】 某商场购进甲、乙两个厂家生产的同种类型的电子元件，已知甲厂家生产的电子元件寿命 $X \sim N(40,\ \sigma_1^2)$，乙厂家生产的电子元件寿命 $Y \sim N(54,\ \sigma_2^2)$，且 X 和 Y 相互独立. 现随机抽测 12 件甲厂家生产的电子元件和 10 件乙厂家生产的电子元件，其寿命 (单位: h) 如下:

X	38	46	38	37	43	39	42	45	48	35	38	40
Y	56	59	55	52	51	66	58	46	50	51		

求方差比 σ_1^2/σ_2^2 的置信水平为 0.95 的置信区间.

解 因为 μ_1，μ_2 已知，根据式 (7-20) 得 σ_1^2/σ_2^2 的置信水平为 $1-\alpha$ 的置信区间为

$$\left(\frac{n_2\sum\limits_{i=1}^{n_1}(x_i-\mu_1)^2 \big/ n_1\sum\limits_{j=1}^{n_2}(y_j-\mu_2)^2}{F_{\alpha/2}(n_1,\ n_2)},\ \frac{n_2\sum\limits_{i=1}^{n_1}(x_i-\mu_1)^2 \big/ n_1\sum\limits_{j=1}^{n_2}(y_j-\mu_2)^2}{F_{1-\alpha/2}(n_1,\ n_2)} \right).$$

已知 $n_1 = 12$，$n_2 = 10$，$\mu_1 = 40$，$\mu_2 = 54, 1-\alpha = 0.95$，且查表得 $F_{0.025}(12,\ 10) = 3.62$，$F_{0.975}(12,\ 10) = 0.2967$. 代入计算得所求置信区间为

$$\left(\frac{10 \sum\limits_{i=1}^{12}(x_i - 40)^2 \Big/ 12 \sum\limits_{j=1}^{10}(y_j - 54)^2}{F_{0.025}(12,\ 10)},\ \frac{10 \sum\limits_{i=1}^{12}(x_i - 40)^2 \Big/ 12 \sum\limits_{j=1}^{10}(y_j - 54)^2}{F_{0.975}(12,\ 10)} \right)$$

$$= (0.15,\ 1.78).$$

4. μ_1，μ_2 未知，两个正态总体方差比 σ_1^2/σ_2^2 的置信区间

(1) 根据定理 6-3 中的结论可知

$$F = \frac{S_1^2/S_2^2}{\sigma_1^2/\sigma_2^2} \sim F(n_1 - 1,\ n_2 - 1),$$

确定枢轴量

$$F = \frac{S_1^2/S_2^2}{\sigma_1^2/\sigma_2^2};$$

(2) 查 F 分布表得 $F_{\alpha/2}(n_1 - 1,\ n_2 - 1)$ 和 $F_{1-\alpha/2}(n_1 - 1,\ n_2 - 1)$，使得

$$P\{F_{1-\alpha/2}(n_1 - 1,\ n_2 - 1) < F < F_{\alpha/2}(n_1 - 1,\ n_2 - 1)\} = 1 - \alpha;$$

(3) 由 $F_{1-\alpha/2}(n_1 - 1,\ n_2 - 1) < F < F_{\alpha/2}(n_1 - 1,\ n_2 - 1)$，即

$$F_{1-\alpha/2}(n_1 - 1,\ n_2 - 1) < \frac{S_1^2/S_2^2}{\sigma_1^2/\sigma_2^2} < F_{\alpha/2}(n_1 - 1,\ n_2 - 1),$$

进行等价变形可得 σ_1^2/σ_2^2 的置信水平为 $1 - \alpha$ 的置信区间为

$$\left(\frac{S_1^2}{S_2^2} \frac{1}{F_{\alpha/2}(n_1 - 1,\ n_2 - 1)},\ \frac{S_1^2}{S_2^2} \frac{1}{F_{1-\alpha/2}(n_1 - 1,\ n_2 - 1)} \right). \tag{7-21}$$

【例 7-17】　某自动机床加工同类型套筒，假设套筒直径（单位：cm）服从正态分布. 现从 A 和 B 两个不同班次的产品中各抽检 5 个套筒，分别测得直径如下：

A 班	2.066	2.063	2.068	2.060	2.067
B 班	2.058	2.057	2.063	2.059	2.060

设 A 和 B 两个班次套筒直径的方差分别为 σ_1^2 和 σ_2^2，求 σ_1^2/σ_2^2 的置信水平为 0.9 的置信区间.

解 由于 μ_1，μ_2 未知，根据式 (7-21) 可知，σ_1^2/σ_2^2 的置信水平为 $1-\alpha$ 的置信区间为

$$\left(\frac{s_1^2}{s_2^2}\frac{1}{F_{\alpha/2}(n_1-1,\ n_2-1)},\ \frac{s_1^2}{s_2^2}\frac{1}{F_{1-\alpha/2}(n_1-1,\ n_2-1)}\right).$$

由题意知 $n_1=5$，$n_2=5$，$s_1^2=0.0000107$，$s_2^2=0.0000053$，$1-\alpha=0.9$，查表得 $F_{0.05}(4,\ 4)=6.39$，$F_{0.95}(4,\ 4)=0.1565$. 代入计算得所求置信区间为

$$\left(\frac{0.0000107}{0.0000053}\times\frac{1}{6.39},\ \frac{0.0000107}{0.0000053}\times\frac{1}{0.1565}\right)=(0.316,\ 12.90).$$

通过对区间估计理论系统地学习，我们掌握了区间估计的基本原理和求解方法. 区间估计与生活、生产有着密切的联系. 比如，产品优次品的检验、销售业绩的评判、各类保险费用的评估等都能利用区间估计进行解答.

因此，我们要学好数理统计、学好区间估计，提高学好专业知识的责任感，并学以致用，为国家、为社会的发展和进步贡献自己的聪明和才智.

基础练习 7-2

1. 已知某加热炉正常工作时的炉内温度 X 服从正态分布 $N(\mu,\ 144)$，用一种仪器反复 5 次测量其温度 (单位：°C) 分别为

$$1250\quad 1265\quad 1245\quad 1260\quad 1275.$$

求加热炉正常工作时炉内平均温度 μ 的置信水平为 0.90 的置信区间.

2. 已知成年人每分钟脉搏次数 X 服从正态分布 $N(\mu,\ \sigma^2)$，从一群成年人中随机抽取 10 人，测量其脉搏次数分别为

$$68\quad 69\quad 72\quad 73\quad 66\quad 70\quad 69\quad 71\quad 74\quad 68.$$

求每分钟平均脉搏次数 μ 的置信水平为 0.95 的置信区间.

3. 设炮口速度服从正态分布 $N(\mu,\ \sigma^2)$，随机地取某种炮弹 9 发做试验，测得炮口速度的样本标准差为 10 (单位：m/s)，求这种炮弹的炮口速度方差 σ^2 的置信水平为 0.95 的置信区间.

4. 设灯泡寿命 X (单位：h) 服从正态分布 $N(\mu,\ \sigma^2)$，为了估计 μ 和 σ^2，测试 10 个灯泡，得 $\bar{x}=1500$，$s^2=20$，求：

(1) μ 的置信水平为 0.95 的置信区间；

(2) σ^2 的置信水平为 0.95 的置信区间.

5. 设甲、乙两种羊毛织物的拉应力分别为 $X\sim N(\mu_1,\ \sigma^2)$ 和 $Y\sim N(\mu_2,\ \sigma^2)$，现分别抽取甲、乙两种织物 4 件和 6 件，测试其拉应力 (单位：N/cm²) 如下：

甲	96.6	88.9	93.8	87.5		
乙	93.8	95.7	94.5	98.0	91.0	93.8

已知两个样本独立，求 $\mu_1 - \mu_2$ 的置信水平为 0.95 的置信区间.

6. 生产厂家和使用单位对某种染料的有效成分含量分别做 13 次和 10 次测定，测定值的样本方差分别为 0.7241 和 0.6872. 设生产厂家和使用单位的测定值都服从正态分布，其总体方差分别为 σ_1^2 和 σ_2^2，求方差比 σ_1^2/σ_2^2 的置信水平为 0.95 的置信区间.

第三节　单侧置信区间

第二节我们讨论的都是待估参数 θ 的双侧置信区间问题，在许多实际问题中，常会遇到只需要求单侧的置信上限或置信下限的情况. 比如，某品牌计算机在平均寿命越长越好的情况下，我们更关心这个品牌计算机的平均寿命最低可能是多少，即只关心平均寿命的下限. 再如，估计某一物体平均度量的误差，我们期望误差越小越佳，因而其"上限"也成为关注的重要指标. 这就需要我们对参数进行单侧区间估计. 只关心置信上限或置信下限的置信区间称为单侧置信区间. 下面主要讨论单个正态总体均值和方差的单侧置信区间.

设总体 $X \sim N(\mu,\ \sigma^2)$，$X_1,\ X_2,\ \cdots,\ X_n$ 为来自总体 X 的一个样本，$\overline{X}$ 为样本均值，S^2 为样本方差，置信水平为 $1-\alpha$.

> **定义 7-5**　对于给定的 $\alpha\,(0<\alpha<1)$，若存在统计量 $\hat{\theta}_1(X_1,\ X_2,\ \cdots,\ X_n)$（简记为 $\hat{\theta}_1$），使得
>
> $$P\{\theta > \hat{\theta}_1(X_1,\ X_1,\ \cdots,\ X_n)\} = 1-\alpha, \tag{7-22}$$
>
> 则称随机区间 $(\hat{\theta}_1,\ +\infty)$ 为待估参数 θ 的置信水平为 $1-\alpha$ 的单侧置信区间 (one-sided confidence interval)；称 $\hat{\theta}_1(X_1,\ X_2,\ \cdots,\ X_n)$ 为单侧置信下限.
>
> 若存在统计量 $\hat{\theta}_2(X_1,\ X_2,\ \cdots,\ X_n)$（简记为 $\hat{\theta}_2$），使得
>
> $$P\{\theta < \hat{\theta}_2(X_1,\ X_1,\ \cdots,\ X_n)\} = 1-\alpha, \tag{7-23}$$
>
> 则称随机区间 $(-\infty,\ \hat{\theta}_2)$ 为待估参数 θ 的置信水平为 $1-\alpha$ 的单侧置信区间 (one-sided confidence interval)；称 $\hat{\theta}_2(X_1,\ X_2,\ \cdots,\ X_n)$ 为单侧置信上限.

1. 方差 σ^2 已知，均值 μ 的单侧置信区间

(1) 确定枢轴量 $Z = \dfrac{\overline{X}-\mu}{\sigma/\sqrt{n}} \sim N(0,\ 1)$；

(2) 查标准正态分布表得 z_α，使得 $P\{Z < z_\alpha\} = 1-\alpha$（或 $P\{Z > -z_\alpha\} = 1-\alpha$），详见图 7-4（或图 7-5）；

(3) 由 $Z < z_\alpha$（或 $Z > -z_\alpha$），进行等价变形可得 μ 的置信水平为 $1-\alpha$ 的单侧置信区间为

$$\left(\overline{X} - \frac{\sigma}{\sqrt{n}}z_\alpha,\ +\infty\right)\quad\left(\text{或}\left(-\infty,\ \overline{X} + \frac{\sigma}{\sqrt{n}}z_\alpha\right)\right).$$

这里称

$$\hat{\mu}_1 = \overline{X} - \frac{\sigma}{\sqrt{n}}z_\alpha \tag{7-24}$$

为 μ 的置信水平为 $1 - \alpha$ 的单侧置信下限；称

$$\hat{\mu}_2 = \overline{X} + \frac{\sigma}{\sqrt{n}} z_\alpha \tag{7-25}$$

为 μ 的置信水平为 $1 - \alpha$ 的单侧置信上限.

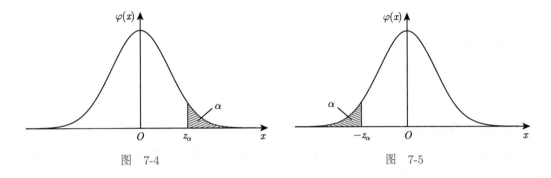

图 7-4　　　　　　　　　　图 7-5

2. 方差 σ^2 未知, 均值 μ 的单侧置信区间

(1) 确定枢轴量 $t = \dfrac{\overline{X} - \mu}{S/\sqrt{n}} \sim t(n-1)$;

(2) 查 t 分布表得 $t_\alpha(n-1)$, 使得 $P\{t < t_\alpha(n-1)\} = 1 - \alpha$ (或 $P\{t > -t_\alpha(n-1)\} = 1 - \alpha$), 详见图 7-6 (或图 7-7);

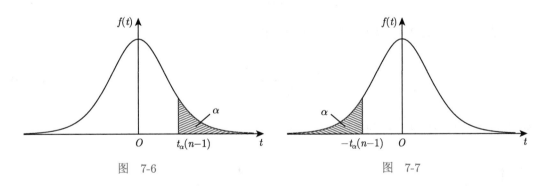

图 7-6　　　　　　　　　　图 7-7

(3) 由 $t < t_\alpha(n-1)$ (或 $t > -t_\alpha(n-1)$), 进行等价变形可得 μ 的置信水平为 $1 - \alpha$ 的单侧置信区间为

$$\left(\overline{X} - \frac{S}{\sqrt{n}} t_\alpha(n-1), \ +\infty\right) \quad \left(\text{或} \left(-\infty, \ \overline{X} + \frac{S}{\sqrt{n}} t_\alpha(n-1)\right)\right).$$

这里称

$$\hat{\mu}_1 = \overline{X} - \frac{S}{\sqrt{n}} t_\alpha(n-1) \tag{7-26}$$

为 μ 的置信水平为 $1-\alpha$ 的单侧置信下限；称

$$\hat{\mu}_2 = \overline{X} + \frac{S}{\sqrt{n}} t_\alpha(n-1) \tag{7-27}$$

为 μ 的置信水平为 $1-\alpha$ 的单侧置信上限.

3. 均值 μ 未知，方差 σ^2 的单侧置信区间

(1) 确定枢轴量 $\chi^2 = \dfrac{(n-1)S^2}{\sigma^2} \sim \chi^2(n-1)$；

(2) 查 χ^2 分布表得 $\chi_\alpha^2(n-1)$（或 $\chi_{1-\alpha}^2(n-1)$），使得

$$P\{\chi^2 < \chi_\alpha^2(n-1)\} = 1-\alpha \,（\text{或 } P\{\chi^2 > \chi_{1-\alpha}^2(n-1)\} = 1-\alpha），$$

详见图 7-8（或图 7-9 ）；

(3) 由 $\chi^2 < \chi_\alpha^2(n-1)$（或 $\chi^2 > \chi_{1-\alpha}^2(n-1)$），进行等价变形可得 σ^2 的置信水平为 $1-\alpha$ 的单侧置信区间为

$$\left(\frac{(n-1)S^2}{\chi_\alpha^2(n-1)},\ +\infty \right) \quad \left(\text{或} \left(0,\ \frac{(n-1)S^2}{\chi_{1-\alpha}^2(n-1)} \right) \right).$$

这里称

$$\hat{\chi}_1^2 = \frac{(n-1)S^2}{\chi_\alpha^2(n-1)} \tag{7-28}$$

为 σ^2 的置信水平为 $1-\alpha$ 的单侧置信下限；称

$$\hat{\chi}_2^2 = \frac{(n-1)S^2}{\chi_{1-\alpha}^2(n-1)} \tag{7-29}$$

为 σ^2 的置信水平为 $1-\alpha$ 的单侧置信上限.

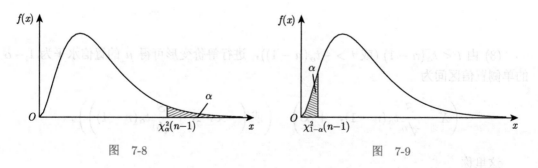

图 7-8   图 7-9

【例 7-18】 从一批电子产品中随机抽取 6 个测试其使用寿命（单位：kh）如下：

15.6   14.9   16.0   14.8   15.3   15.5.

设产品使用寿命服从正态分布 $N(\mu,\ \sigma^2)$，其中 μ，σ^2 均未知，试求：

(1) μ 的置信水平为 0.95 的单侧置信下限和单侧置信区间；

(2) σ^2 的置信水平为 0.9 的单侧置信上限和单侧置信区间.

解 (1) 由于 σ^2 未知，根据式 (7-26) 可知，μ 的单侧置信下限为

$$\hat{\mu}_1 = \overline{x} - \frac{s}{\sqrt{n}}t_\alpha(n-1).$$

由题意知 $n=6$，$\overline{x} = \dfrac{1}{6}\sum_{i=1}^{6} x_i = 15.35$，$s^2 = \dfrac{1}{5}\sum_{i=1}^{6}(x_i-\overline{x})^2 = 0.203$，$1-\alpha = 0.95$，$\alpha = 0.05$，查表可得 $t_{0.05}(5) = 2.015$，代入计算可得

$$\hat{\mu}_1 = 15.35 - \frac{\sqrt{0.203}}{\sqrt{6}} \times 2.015 = 14.98,$$

单侧置信区间为 $(14.98,\ +\infty)$.

(2) 由于 μ 未知，根据式 (7-29) 可知，σ^2 的单侧置信上限为

$$\hat{\chi}_2^2 = \frac{(n-1)s^2}{\chi_{1-\alpha}^2(n-1)}.$$

根据题意知 $n=6$，$s^2 = 0.203$，$1-\alpha = 0.9$，查表可得 $\chi_{0.9}^2(5) = 1.610$，代入计算可得

$$\hat{\chi}_2^2 = \frac{5 \times 0.203}{1.610} = 0.63,$$

单侧置信区间为 $(0,\ 0.63)$.

表 7-1 给出了正态总体均值、方差的置信区间与单侧置信限，供读者自行查用.

基础练习 7-3

1. 设某厂生产的袋装方便面的净重 (单位：g) X 服从正态分布 $N(\mu,\ \sigma^2)$. 随机抽测 10 袋方便面的净重，其数据具体如下：

  102.2   107.5   102.3   103.5   104.8   106.7   106.0   106.5   105.4   101.5.

(1) 若 $\sigma^2 = 4$，求 μ 的置信水平为 0.975 的单侧置信下限；

(2) 若 μ 未知，求 σ^2 的置信水平为 0.95 的单侧置信上限.

2. 随机地从一批钉子中抽取 10 颗，测得其长度 (单位：mm) 为

     11.5   12.0   11.6   11.8   10.4   10.8   12.2   11.9   12.4   12.6.

设钉子的长度服从正态分布 $N(\mu,\ \sigma^2)$. 试求 μ 的置信水平为 0.95 的单侧置信上限.

表 7-1

待估参数	其他参数	枢轴量的分布	置信区间	单侧置信限
一个正态总体 μ	σ^2 已知	$Z = \dfrac{\overline{X}-\mu}{\sigma/\sqrt{n}} \sim N(0,1)$	$\left(\overline{X} \pm \dfrac{\sigma}{\sqrt{n}} z_{\alpha/2}\right)$	$\hat{\mu}_2 = \overline{X} + \dfrac{\sigma}{\sqrt{n}} z_\alpha$ $\hat{\mu}_1 = \overline{X} - \dfrac{\sigma}{\sqrt{n}} z_\alpha$
μ	σ^2 未知	$t = \dfrac{\overline{X}-\mu}{S/\sqrt{n}} \sim t(n-1)$	$\left(\overline{X} \pm \dfrac{S}{\sqrt{n}} t_{\alpha/2}(n-1)\right)$	$\hat{\mu}_2 = \overline{X} + \dfrac{S}{\sqrt{n}} t_\alpha(n-1)$ $\hat{\mu}_1 = \overline{X} - \dfrac{S}{\sqrt{n}} t_\alpha(n-1)$
σ^2	μ 未知	$\chi^2 = \dfrac{(n-1)S^2}{\sigma^2} \sim \chi^2(n-1)$	$\left(\dfrac{(n-1)S^2}{\chi^2_{\alpha/2}(n-1)},\ \dfrac{(n-1)S^2}{\chi^2_{1-\alpha/2}(n-1)}\right)$	$\hat{\sigma}^2_2 = (n-1)S^2/\chi^2_{1-\alpha}(n-1)$ $\hat{\sigma}^2_1 = (n-1)S^2/\chi^2_{\alpha}(n-1)$
两个正态总体 $\mu_1-\mu_2$	$\sigma_1^2,\ \sigma_2^2$ 已知	$Z = \dfrac{\overline{X}-\overline{Y}-(\mu_1-\mu_2)}{\sqrt{\sigma_1^2/n_1+\sigma_2^2/n_2}} \sim N(0,1)$	$\left(\overline{X}-\overline{Y} \pm z_{\alpha/2}\sqrt{\dfrac{\sigma_1^2}{n_1}+\dfrac{\sigma_2^2}{n_2}}\right)$	$(\widetilde{\mu_1-\mu_2})_2 = \overline{X}-\overline{Y}+z_\alpha\sqrt{\sigma_1^2/n_1+\sigma_2^2/n_2}$ $(\widetilde{\mu_1-\mu_2})_1 = \overline{X}-\overline{Y}-z_\alpha\sqrt{\sigma_1^2/n_1+\sigma_2^2/n_2}$
$\mu_1-\mu_2$	$\sigma_1^2,\ \sigma_2^2$ 未知, 但 $\sigma_1^2=\sigma_2^2$	$t = \dfrac{\overline{X}-\overline{Y}-(\mu_1-\mu_2)}{S_w\sqrt{1/n_1+1/n_2}} \sim t(n_1+n_2-2)$ $S_w^2 = \dfrac{(n_1-1)S_1^2+(n_2-1)S_2^2}{n_1+n_2-2}$	$\Big(\overline{X}-\overline{Y} \pm t_{\alpha/2}(n_1+n_2-2)S_w\sqrt{1/n_1+1/n_2}\Big)$	$(\widetilde{\mu_1-\mu_2})_2 = \overline{X}-\overline{Y}+t_\alpha(n_1+n_2-2)S_w\sqrt{\dfrac{1}{n_1}+\dfrac{1}{n_2}}$ $(\widetilde{\mu_1-\mu_2})_1 = \overline{X}-\overline{Y}-t_\alpha(n_1+n_2-2)S_w\sqrt{\dfrac{1}{n_1}+\dfrac{1}{n_2}}$
σ_1^2/σ_2^2	$\mu_1,\ \mu_2$ 未知	$F = \dfrac{S_1^2/S_2^2}{\sigma_1^2/\sigma_2^2} \sim F(n_1-1,\ n_2-1)$	$\left(\dfrac{S_1^2}{S_2^2}\dfrac{1}{F_{\alpha/2}(n_1-1,\ n_2-1)},\ \dfrac{S_1^2}{S_2^2}\dfrac{1}{F_{1-\alpha/2}(n_1-1,\ n_2-1)}\right)$	$\left(\dfrac{\sigma_1^2}{\sigma_2^2}\right)_2 = \dfrac{S_1^2}{S_2^2}\dfrac{1}{F_{1-\alpha}(n_1-1,\ n_2-1)}$ $\left(\dfrac{\sigma_1^2}{\sigma_2^2}\right)_1 = \dfrac{S_1^2}{S_2^2}\dfrac{1}{F_{\alpha}(n_1-1,\ n_2-1)}$

注: 置信水平为 $1-\alpha$.

总习题七

1. 设 X_1, X_2, $\cdots$, X_n 为来自总体 X 的一个样本，求下述各总体的概率密度或分布律中的未知参数的矩估计量.

(1) $f(x; \theta) = \begin{cases} (\theta+1)x^\theta, & 0 < x < 1, \\ 0, & \text{其他,} \end{cases}$ 其中 $\theta > -1$ 是未知参数；

(2) $f(x; \theta) = \begin{cases} \sqrt{\theta}x^{\sqrt{\theta}-1}, & 0 \leqslant x \leqslant 1, \\ 0, & \text{其他,} \end{cases}$ 其中 $\theta > 0$ 是未知参数；

(3) $p(x; p) = p(1-p)^{x-1}$, $x = 1, 2, \cdots$，其中 $0 < p < 1$ 是未知参数；

(4) $f(x; \sigma) = \dfrac{1}{2\sigma}e^{-\frac{|x|}{\sigma}}$，其中 $\sigma > 0$ 是未知参数.

2. 求 1 题中各总体的未知参数的最大似然估计量.

3. 设总体 X 的期望 $E(X)$ 和方差 $D(X)$ 均存在，X_1, X_2, X_3 为来自总体 X 的一个样本，证明统计量

$$\hat{\mu}_1 = \frac{1}{2}X_1 + \frac{1}{3}X_2 + \frac{1}{6}X_3;$$

$$\hat{\mu}_2 = \frac{1}{3}X_1 + \frac{1}{3}X_2 + \frac{1}{3}X_3;$$

$$\hat{\mu}_3 = \frac{1}{3}X_1 + \frac{1}{4}X_2 + \frac{5}{12}X_3$$

都是总体 X 期望的无偏估计量，并说明哪个是更有效的估计量.

4. 设 X_1, X_2, $\cdots$, X_n 为来自正态总体 $N(\mu, \sigma^2)$ 的一个样本. 试适当选取 C，使 $C\sum\limits_{i=1}^{n-1}(X_{i+1} - X_i)^2$ 是 σ^2 的无偏估计量.

5. 设总体 $X \sim e(\lambda)$，X_1, X_2, $\cdots$, X_n 为来自总体 X 的一个样本. 求 $\theta = \dfrac{1}{\lambda}$ 的最大似然估计量.

6. 设 $\hat{\theta}_1$ 和 $\hat{\theta}_2$ 相互独立且均为未知参数 θ 的无偏估计量，并且 $\hat{\theta}_1$ 的方差是 $\hat{\theta}_2$ 方差的 2 倍，试求常数 a, b，使得 $a\hat{\theta}_1 + b\hat{\theta}_2$ 是 θ 的无偏估计量，并且该无偏估计量在所有这样的无偏估计量中方差最小.

7. 设某品牌洗衣机脱水时间 X 服从正态分布 $N(\mu, \sigma^2)$. 现选取这种洗衣机 9 台做样本，测得脱水时间 (单位：min) 如下：

$$6.0 \quad 5.7 \quad 5.8 \quad 6.5 \quad 7.0 \quad 6.3 \quad 5.1 \quad 6.1 \quad 5.0.$$

(1) 若 $\sigma = 0.5$，求 μ 的置信水平为 0.95 的置信区间；
(2) 若 σ^2 未知，求 μ 的置信水平为 0.95 的置信区间.

8. 设 $\hat{\theta}$ 是 θ 的无偏估计量，且 $D(\hat{\theta}) > 0$. 试证：$\hat{\theta}^2$ 不是 θ^2 的无偏估计量.

9. 某铜丝的折断力 X (单位：N) 服从正态分布 $N(\mu, \sigma^2)$，今从一批铜丝中随机抽取 10 根试验折断力，得数据如下：

$$578 \quad 572 \quad 570 \quad 568 \quad 572 \quad 570 \quad 570 \quad 596 \quad 584 \quad 582.$$

求标准差 σ 的置信水平为 0.95 的置信区间.

10. 某公司制造螺栓, 引进甲和乙两种不同型号的机器进行生产. 假设由甲型号机器生产的螺栓口径 (单位: cm) $X \sim N(\mu_1,\ \sigma_1^2)$; 由乙型号机器生产的螺栓口径 (单位: cm) $Y \sim N(\mu_2,\ \sigma_2^2)$. 随机抽取甲型号机器生产的螺栓 16 只, 测得 $\overline{x} = 7.1$, $s_1^2 = 0.03$; 随机抽取乙型号机器生产的螺栓 25 只, 测得 $\overline{y} = 7$, $s_2^2 = 0.02$.

(1) 若 $\sigma_1^2 = 0.03$, $\sigma_2^2 = 0.02$, 求均值差 $\mu_1 - \mu_2$ 的置信水平为 0.95 的置信区间;

(2) 若 σ_1^2, σ_2^2 未知, 但 $\sigma_1^2 = \sigma_2^2$, 求均值差 $\mu_1 - \mu_2$ 的置信水平为 0.95 的置信区间.

11. 设有机床 I 和机床 II 加工同种类型的套筒, 假设它们加工出来的套筒直径 (单位: cm) 均服从正态分布. 现从这两个机床加工好的套筒中各抽检 5 个, 测得它们的直径数据如下:

机床 I 加 I 的套筒直径	2.066	2.063	2.068	2.060	2.067
机床 II 加 I 的套筒直径	2.058	2.057	2.063	2.059	2.060

试求两个机床所加工的套筒直径的方差比 $\sigma_{\mathrm{I}}^2 / \sigma_{\mathrm{II}}^2$ 的置信水平为 0.9 的置信区间.

12. 随机从一批螺钉中抽取 16 个, 测得其内径长度 (单位: cm) 如下:

$$2.14 \quad 2.10 \quad 2.13 \quad 2.15 \quad 2.13 \quad 2.12 \quad 2.13 \quad 2.10$$

$$2.15 \quad 2.12 \quad 2.14 \quad 2.10 \quad 2.13 \quad 2.11 \quad 2.14 \quad 2.11.$$

设螺钉的内径长度服从正态分布 $N(\mu,\ 0.01^2)$, 求 μ 的置信水平为 0.9 的单侧置信下限.

13. 从一批灯泡中随机抽取 5 只做寿命试验, 测得其寿命值 (单位: h) 如下:

$$1050 \quad 1100 \quad 1120 \quad 1250 \quad 1280.$$

设灯泡的寿命 T 服从正态分布 $N(\mu,\ \sigma^2)$. 求 μ 的置信水平为 0.95 的单侧置信下限.

14. 设某工厂生产一批钉子, 钉子的长度 X 服从正态分布 $N(\mu,\ \sigma^2)$. 随机抽取此种钉子 6 件, 测得其长度 (单位: mm) 如下:

$$14.8 \quad 15.2 \quad 15.1 \quad 14.6 \quad 15.1 \quad 14.9.$$

求 σ^2 的置信水平为 0.95 的单侧置信下限.

自测题七

一、选择题 (每小题 3 分)

1. 设 X_1, X_2, $\cdots$, X_6 为来自总体 X 的一个样本, 则下列总体均值的无偏估计量中, 最有效的是 (　　)

A. $\dfrac{1}{4}X_1 + \dfrac{1}{2}X_2 + \dfrac{1}{4}X_3$;　　　　　　　　B. $\dfrac{1}{5}X_1 + \dfrac{2}{5}X_2 + \dfrac{1}{5}X_3 + \dfrac{1}{5}X_5$;

C. $\dfrac{1}{7}X_1 + \dfrac{2}{7}X_3 + \dfrac{4}{7}X_4$;　　　　　　　　D. $\dfrac{1}{4}X_1 + \dfrac{1}{4}X_2 + \dfrac{1}{4}X_4 + \dfrac{1}{4}X_6$.

2. 设 X_1, X_2, $\cdots$, X_n 为来自总体 $X \sim N(\mu,\ \sigma^2)$ 的一个样本, 则 σ^2 的矩估计量为 (　　)

A. $\dfrac{1}{n}\displaystyle\sum_{i=1}^{n}(X_i - \overline{X})^2$;　　　　　　　　B. $\dfrac{1}{n-1}\displaystyle\sum_{i=1}^{n}(X_i - \overline{X})^2$;

C. $\displaystyle\sum_{i=1}^{n} X_i^2 - n\overline{X}^2$; 　　　　　　　　　　D. $\displaystyle\frac{1}{n}\sum_{i=1}^{n} X_i^2$.

3. 设 X_1，X_2，$\cdots$，X_n 为来自总体 X 的一个样本，X 的分布函数为 $F(x, \theta)$，其中 θ 是未知参数，下列叙述正确的是 (　　)

　　A. 用矩估计法和最大似然估计法求出的 θ 估计量相同;

　　B. 用矩估计法和最大似然估计法求出的 θ 估计量不同;

　　C. 用矩估计法和最大似然估计法求出的 θ 估计量不一定相同;

　　D. 用最大似然估计法求出的 θ 估计量是唯一的.

4. 设总体 $X \sim N(\mu, \sigma^2)$，X_1，X_2，$\cdots$，X_n 为来自总体 X 的一个样本，在样本容量 n 不变的情况下，下列关于 μ 的置信区间长度 l 与置信水平 $1-\alpha$ 的关系正确的是 (　　)

　　A. 当 $1-\alpha$ 变小时，l 变短; 　　　　B. 当 $1-\alpha$ 变小时，l 变长;

　　C. 当 $1-\alpha$ 变小时，l 不变; 　　　　D. 不能确定.

5. 在区间估计中，$P\{\hat{\theta}_1 < \theta < \hat{\theta}_2\} = 1-\alpha$ 的正确含义是 (　　)

　　A. θ 以 $1-\alpha$ 的概率落在区间 $(\hat{\theta}_1, \hat{\theta}_2)$ 内;

　　B. θ 落在区间 $(\hat{\theta}_1, \hat{\theta}_2)$ 以外的概率为 α;

　　C. θ 不落在区间 $(\hat{\theta}_1, \hat{\theta}_2)$ 以外的概率为 α;

　　D. 随机区间 $(\hat{\theta}_1, \hat{\theta}_2)$ 包含 θ 的概率为 $1-\alpha$.

二、填空题 (每空 3 分)

1. 设 $\hat{\theta}_1$ 和 $\hat{\theta}_2$ 均为未知参数 θ 的无偏估计量，若满足：_____，则称 $\hat{\theta}_1$ 比 $\hat{\theta}_2$ 更有效.

2. 设 X_1，X_2，$\cdots$，X_n 为来自总体 X 的一个样本，则无论 σ^2 是否已知，μ 的双侧置信区间的中心均是_____.

3. 设总体 $X \sim N(\mu, 0.9^2)$，由容量为 9 的一个样本计算得样本均值的观测值为 $\overline{x} = 5$，则未知参数 μ 的置信水平为 0.95 的置信区间为_____.

4. 设总体 $X \sim N(\mu, \sigma^2)$，X_1，X_2，$\cdots$，X_{15} 为来自总体 X 的一个样本，样本方差的观测值 $s^2 = 71.8812$，则 σ^2 的置信水平为 0.95 的置信区间为_____.

5. 设随机变量 $X \sim F(m, n)$，$P\{X < \lambda\} = 1-\alpha$，则 λ 为_____.

三、解答题 (70 分)

1. (10 分) 设总体 X 的概率密度为

$$f(x; \theta) = \begin{cases} \dfrac{2}{\theta^2}(\theta - x), & 0 < x < \theta, \theta > 0, \\ 0, & \text{其他,} \end{cases}$$

其中 θ 未知，又设 X_1，X_2，$\cdots$，X_n 为来自总体 X 的一个样本，求 θ 的矩估计量.

2. (15 分) 设总体 X 的分布律为

X	0	1	2	3
p	θ^2	$2\theta(1-\theta)$	θ^2	$1-2\theta$

其中 θ $(0 < \theta < 0.5)$ 是未知参数，3，1，3，0，3，1，2，3 是来自总体 X 的一组样本值，求 θ 的矩估计值和最大似然估计值.

3. (15 分) 设 X_1，X_2，$\cdots$，X_n 为来自总体 X 的一个样本，$X \sim N(\mu, \sigma^2)$，$\sigma^2 > 0$，$\overline{X}$ 为样本均值，S^2 为样本方差.

(1) 求常数 a, 使得 $a \sum\limits_{i=1}^{n-1} (X_{i+1} - X_i)^2$ 为 σ^2 的无偏估计量;

(2) 求常数 c, 使得 $\overline{X}^2 - cS^2$ 为 μ^2 的无偏估计量.

4. (10 分) 设每袋食糖净重 X (单位: g) 服从正态分布 $N(\mu, 25^2)$. 今从一批食糖中随机抽取 9 袋, 测量其净重分别为

$$497 \quad 506 \quad 518 \quad 524 \quad 488 \quad 510 \quad 515 \quad 515 \quad 508.$$

试以 0.95 为置信水平, 求袋装食糖平均净重 μ 的置信区间.

5. (10 分) 设某投资公司每天的利润 (单位: 万元) X 服从正态分布 $N(\mu, \sigma^2)$. 随机抽查 16 天的投资利润, 计算得 $\overline{x} = 12.7$ 万元, $s^2 = 0.0025$ 万元. 一般情形下, 若 σ^2 不超过 0.008 万元, 可视为投资公司运营平稳. 请问若给定置信水平 0.95, 能否根据此次抽查结果判定该投资公司运营平稳?

6. (10 分) 设 $X_1, X_2, \cdots, X_n$ 为来自正态总体 $N(\mu, 16)$ 的一个样本, 为使得 μ 的置信水平为 $1 - \alpha$ 的置信区间的长度不大于给定的 L, 试问样本容量 n 至少为多少?

第八章 假设检验

假设检验和估计理论都是数理统计学的重要内容，在自然科学和社会科学中均有广泛的应用. 假设检验可分为参数假设检验 (parameter hypothesis testing) 和非参数假设检验 (non-parameter hypothesis testing). 参数假设检验是指在总体的分布函数形式已知但含有未知参数的情况下，根据理论分析或实践经验提出关于总体中未知参数的假设，然后借助于样本提供的信息对此假设做出接受或拒绝的判断. 例如，设总体 X 的分布函数 $F(x; \theta)$ 的形式已知，而参数 θ 未知，对未知参数 θ 提出假设"θ_0 为其真值"，并根据样本提供的信息来检验这个假设是否成立. 非参数假设检验是指参数假设检验之外的检验. 比如，若总体 X 的分布函数 $F(x)$ 的形式未知，对此分布函数的形式提出假设，然后借助于样本信息对此假设进行检验，这即为一种非参数假设检验. 本章主要讨论参数假设检验.

第一节 假设检验的概念

一、 假设检验的基本思想

从数理统计学的角度看，许多实际问题都可以作为假设检验问题来处理. 那么解决这类问题的思路和一般步骤是什么？为了回答这个问题，我们先给出假设检验的基本依据，即实际推断原理 (又称为小概率原理): 小概率事件在一次试验中几乎是不可能发生的.

实际推断原理在我们的工作和生活中处处存在，人们自觉或不自觉地利用着它. 例如，在全世界范围内飞机失事每年都发生多起，但乘飞机者还是大有人在，原因并不是乘客不怕死，而是因为飞机失事是小概率事件，据统计其发生的概率为几千万分之一，乘客有理由相信自己所乘的飞机"几乎不可能"失事，旅行是非常安全的. 下面我们再举一个例子来说明实际推断原理的应用.

【例 8-1】 假设有甲、乙两个外观完全相同的袋子，分别装有 10000 个乒乓球，甲袋中有 9999 个白色球，1 个橙色球；乙袋中有 1 个白色球，9999 个橙色球. 现随机地取到一个袋子，问这个袋子是甲袋还是乙袋？

解 为求解这个问题，不妨提出假设: "这个袋子是甲袋"，我们称之为原假设或零假设 (null hypothesis)，记为 H_0；与之对立的假设是: "这个袋子是乙袋"，我们称之为备择假设或对立假设 (alternative hypothesis)，记为 H_1. 为了检验原假设 H_0 是否成立，从该袋中随机地取出一球，发现是橙色球. 接着，我们做出如下推断: 假定原假设 H_0 成立. 但是从甲袋中取到橙色球的概率仅为 1/10000，是个小概率事件；而我们认为小概率事件在一次试验中几乎是不可能发生的，现在居然发生了！显然不合理. 究其原因是我们事先假定原假设 H_0 成立才导致了这一不合理现象，所以我们有理由做出拒绝原假设 H_0、接受对立假设 H_1 的判断，最后给出结论"这个袋子是乙袋".

假设检验用了反证法的思想，但它又不同于纯数学中的反证法，因为这里的不合理不是形式逻辑中的绝对矛盾，可以说它是带有"概率性质的反证法"。这种推理的过程我们总结如下：在假设检验中，先假定原假设 H_0 成立，然后通过构造某个统计量来确定一个小概率事件，并根据一次试验的样本值，判断小概率事件在这次试验中是否发生。由于小概率事件的发生与假定原假设 H_0 成立有关，因此，若小概率事件发生了，则依据实际推断原理，有理由认为原假设 H_0 不成立，即拒绝原假设 H_0。反之，若小概率事件没有发生，则没有足够的理由拒绝 H_0，于是我们接受原假设 H_0。这就是假设检验的基本思想。

下面通过一个例子，详细介绍假设检验基本思想的应用过程。

【例 8-2】　某工厂引进一台新型包装机包装食盐，已知该包装机正常工作时，包装的食盐净重服从正态分布 $N(0.5,\ 0.015^2)$，且标准差比较稳定。为验证包装机的性能，某天开工后，随机抽取 9 袋食盐，测得净重（单位：kg）如下：

$$0.497\quad 0.506\quad 0.518\quad 0.524\quad 0.506\quad 0.511\quad 0.510\quad 0.515\quad 0.512.$$

问这台包装机是否正常工作？

解　设这天包装机所包装的食盐净重为 X，且 $X \sim N(\mu,\ \sigma^2)$。由于标准差比较稳定，所以我们可以认为 $\sigma = 0.015$，即认为 $X \sim N(\mu,\ 0.015^2)$。因为额定标准为每袋食盐净重 0.5kg，所以要回答"这台包装机是否正常工作？"这个问题，实际上就转化为判断总体 X 的均值 μ 是否为 0.5，即判定 $E(X) = \mu = 0.5$ 是否成立。因此，上述问题转化为判定下面一对假设谁成立的问题：

$$H_0 : \mu = \mu_0 = 0.5,\ H_1 : \mu \ne \mu_0 = 0.5. \tag{8-1}$$

我们需借助样本信息来检验这两个假设中的其中之一成立：若 H_0 成立，则 H_1 不成立，这意味着接受原假设，拒绝备择假设；若 H_0 不成立，则 H_1 成立，这意味着拒绝原假设，接受备择假设。由假设检验的基本思想，我们先假定原假设 H_0 成立，即 $\mu = \mu_0 = 0.5$ 成立，因此 $X \sim N(\mu_0,\ 0.015^2)$。于是

$$Z = \frac{\overline{X} - \mu_0}{0.015/\sqrt{n}} = \frac{\overline{X} - 0.5}{0.015/\sqrt{n}} \sim N(0,\ 1).$$

根据统计量 Z 的分布，构造小概率事件如下：

由于样本均值 $\overline{X}$ 是总体均值 μ 的无偏估计量，故 $\overline{X}$ 的观测值 $\overline{x}$ 在一定程度上反映 μ 值的大小。若原假设 H_0 成立，则 $\overline{x}$ 与 μ_0 的偏差 $|\overline{x} - \mu_0|$ 一般不应太大，从而 $|z| = \left| \dfrac{\overline{X} - 0.5}{0.015/\sqrt{n}} \right|$ 也不应太大。若 $|z| = \left| \dfrac{\overline{X} - 0.5}{0.015/\sqrt{n}} \right|$ 太大，则怀疑 H_0 不成立。因此，我们可选取某一常数 $k > 0$，使得当 $|z| = \left| \dfrac{\overline{X} - 0.5}{0.015/\sqrt{n}} \right| \geqslant k$ 时拒绝 H_0，否则接受 H_0。令

$$P\left\{ \left| \frac{\overline{X} - 0.5}{0.015/\sqrt{n}} \right| \geqslant k \right\} = \alpha,$$

其中 α $(0 < \alpha < 1)$ 是根据实际问题的需要给定的小概率. 由于 $Z = \dfrac{\overline{X} - 0.5}{0.015/\sqrt{n}} \sim$ $N(0,1)$，故根据标准正态分布上分位点的定义，可得 $k = z_{\alpha/2}$. 于是构造的小概率事件为

$$\left\{ \left| \frac{\overline{X} - 0.5}{0.015/\sqrt{n}} \right| \geqslant z_{\alpha/2} \right\}.$$

因此在一次试验中，若统计量 Z 的观测值的绝对值 $|z|$ 大于等于 $z_{\alpha/2}$，即

$$|z| = \left| \frac{\overline{x} - 0.5}{0.015/\sqrt{n}} \right| \geqslant z_{\alpha/2},$$

则拒绝原假设 H_0；若统计量 Z 的观测值的绝对值 $|z|$ 小于 $z_{\alpha/2}$，即

$$|z| = \left| \frac{\overline{x} - 0.5}{0.015/\sqrt{n}} \right| < z_{\alpha/2},$$

则接受原假设 H_0.

假如取 $\alpha = 0.05$，则查标准正态分布表可得 $z_{\alpha/2} = z_{0.025} = 1.96$. 由样本值算得 $\overline{x} = 0.511$，又 $n = 9$，可得

$$|z| = \left| \frac{0.511 - 0.5}{0.015/\sqrt{9}} \right| = 2.2 > 1.96.$$

这就意味着小概率事件发生了，于是拒绝 H_0，即认为这台包装机工作不正常.

二、 假设检验的基本概念和基本步骤

在假设检验中，关于总体的两个两者必居其一的假设 H_0 和 H_1：要么 H_0 成立而 H_1 不成立，要么 H_1 成立而 H_0 不成立. 习惯上，把其中的一个称为原假设或零假设 (null hypothesis)，而把另一个称为备择假设或对立假设 (alternative hypothesis). 一般以 H_0 表示原假设，以 H_1 表示备择假设. 例如在例 8-2 中，原假设和备择假设分别为 $H_0 : \mu = \mu_0 = 0.5$ 和 $H_1 : \mu \neq \mu_0 = 0.5$. 关于原假设和备择假设的划分并不是绝对的，在处理具体问题时，通常把着重考察并且便于处理的假设作为原假设. 特别地，等号要放在原假设中.

在假设检验中，关于"小概率"的值并没有统一规定，因为这不是理论问题，而是实际问题. 通常根据实际问题的需要，规定一个界限 α $(0 < \alpha < 1)$，当一个事件发生的概率不大于 α 时，即认为该事件是小概率事件. 例如在例 8-2 中，取 $\alpha = 0.05$，在假设检验中称 α 为显著性水平 (significance level).

在假设检验中，构造的统计量称为检验统计量 (test statistics). 例如，例 8-2 中的检验统计量为

$$Z = \frac{\overline{X} - 0.5}{0.015/\sqrt{9}}.$$

拒绝原假设 H_0 的区域称为拒绝域 (region of rejection). 接受原假设 H_0 的区域称为接受域 (region of acception). 拒绝域与接受域的分界点的值称为临界值 (critical value).

例如在例 8-2 中，当 $\alpha = 0.05$ 时，拒绝域为 $(-\infty, -1.96] \bigcup [1.96, +\infty)$，接受域为 $(-1.96, 1.96)$，临界值为 ± 1.96.

　　参数假设检验分为双边 (或双侧) 假设检验和单边 (或单侧) 假设检验. 若拒绝域位于接受域的两侧，则相应的检验称为双边 (或双侧) 假设检验. 例 8-2 中的检验就是双边检验. 若拒绝域位于接受域的一侧，则相应的检验称为单边 (或单侧) 假设检验. 若例 8-2 的问题变为"问该包装机包装的食盐净重是否不大于额定标准重量？"则可做假设：$H_0 : \mu \leqslant \mu_0$，$H_1 : \mu > \mu_0$，这样的假设得到的拒绝域在接受域的右侧，称这类检验为右边 (或右侧) 检验. 若问题变为"问该包装机包装的食盐净重是否大于等于额定标准重量？"则可做假设：$H_0 : \mu \geqslant \mu_0$，$H_1 : \mu < \mu_0$，这样的假设得到的拒绝域在接受域的左侧，称这类检验为左边 (或左侧) 检验.

　　最后，我们将假设检验的一般步骤归纳如下：

　　第一步　提出原假设 H_0 和备择假设 H_1；

　　第二步　假定原假设 H_0 成立，选择检验统计量；

　　第三步　给定显著性水平 α，构造小概率事件，并确定拒绝域；

　　第四步　根据样本信息，计算检验统计量的观测值，然后判断此值是否落入拒绝域，即判断小概率事件是否发生；

　　第五步　依据实际推断原理做出决策：若检验统计量的观测值落入拒绝域 (即小概率事件发生)，则拒绝原假设 H_0；若没有落入拒绝域 (即小概率事件未发生)，则接受原假设 H_0.

三、 假设检验的两类错误

　　在假设检验中可能会犯两类错误. 一方面我们推断的依据是实际推断原理. 实际推断原理认为小概率事件在一次试验中不会发生，而实际上小概率事件虽然发生的概率很小但也有可能发生，所以我们有可能做出错误的判断. 另一方面我们推断的依据是样本. 样本是从总体中随机抽取的部分结果，即由部分个体推断总体，因而所作推断也可能出现错误. 假设检验中会犯的两类错误如下：

　　第一类错误　原假设 H_0 为真，却拒绝了 H_0，也称为弃真错误；

　　第二类错误　原假设 H_0 为假，却接受了 H_0，也称为纳伪错误.

　　针对第一类错误，由于无法排除犯此类错误的可能性，通常规定犯第一类错误的概率不超过 α ($0 < \alpha < 1$). 此外，记犯第二类错误的概率为 β. 为了降低假设检验犯错误的可能性，自然希望犯两类错误的概率 α 和 β 尽可能地小. 但当样本容量固定时，如果减小犯第一类错误的概率 α，则会增大犯第二类错误的概率 β；如果减小犯第二类错误的概率 β，则会增大犯第一类错误的概率 α. 若想同时减小犯两类错误的概率，可以通过增大样本容量来实现. 例如，考虑正态总体 $N(\mu, 0.015^2)$ 中 μ 的假设检验问题，令

$$H_0 : \mu = \mu_0, \quad H_1 : \mu \neq \mu_0.$$

假定原假设 H_0 成立，则 $\dfrac{\overline{X} - \mu_0}{\sigma / \sqrt{n}} \sim N(0, 1)$，且犯第一类错误的概率 α 如图 8-1 所示.

若原假设 H_0 不成立 (即备择假设 H_1 成立), 不妨假定 $\mu > \mu_0$, 则

$$\frac{\overline{X} - \mu_0}{\sigma/\sqrt{n}} \sim N\left(\frac{\mu - \mu_0}{\sigma/\sqrt{n}},\ 1\right).$$

相比标准正态分布的概率密度图形, $\dfrac{\overline{X} - \mu_0}{\sigma/\sqrt{n}}$ 的图形向右偏移了 $\dfrac{\mu - \mu_0}{\sigma/\sqrt{n}}$ 个单位. 此时犯第二类错误的概率 β 如图 8-1 所示, 且由此图可知:

(1) 若样本容量 n 固定, 则当 α 减小时, $z_{\alpha/2}$ 向右移动, 从而 β 变大; 反之, 当 α 增大时, $z_{\alpha/2}$ 向左移动, 从而 β 变小.

(2) 若样本容量 n 增大, 则 $\dfrac{\overline{X} - \mu_0}{\sigma/\sqrt{n}}$ 的图形向右所偏移的部分 $\dfrac{\mu - \mu_0}{\sigma/\sqrt{n}}$ 增大. 此时若 α 固定, 则临界值 $z_{\alpha/2}$ 保持不变, 故犯第二类错误的概率 β 变小; 若 α 减小, 则临界值 $z_{\alpha/2}$ 增大, 从而 β 也减小.

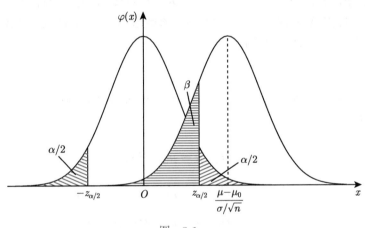

图　8-1

在假设检验中, 我们一般总是控制犯第一类错误的概率 α, 其中 α 的取值一般很小, 通常取 0.1, 0.05, 0.01, 0.005 等值. 这种只控制犯第一类错误的概率 α, 而不考虑犯第二类错误的概率 β 的检验, 称为显著性检验 (significance test). 本章所涉及的检验均为显著性检验.

通过对本节的学习, 我们掌握了假设检验的基本原理和基本步骤, 了解了假设检验会犯的两类错误. 假设检验是依据小概率思想借助反证法来推断的, 它从需要解决的问题的对立面间接地去判断该问题是否成立, 体现了"要肯定一种事物比较难, 但要否定一种事物会容易得多"的哲学思想. 再者, 假设检验一方面给出推断结论, 另一方面又称检验可能犯错误, 反映了矛盾普遍存在的哲学观点. 这就告诉我们, 世间万物都不是绝对化的, 我们要用辩证的观点看待世界, 要用联系、发展的思维考虑问题, 避免思想上僵化, 做到实事求是、与时俱进.

基础练习 8-1

1. 假设检验的基本依据为 _____.

2. 实际推断原理的内容为 _____.

3. 假设检验中第一类错误为 _____，第二类错误为 _____.

4. 设 α 为假设检验中给定的显著性水平，则 α 是 ( )

A. 犯第一类错误的概率；   B. 犯第一类错误的概率的上界；

C. 犯第二类错误的概率；   D. 犯第二类错误的概率的上界.

5. 给出参数假设检验的一般步骤.

第二节　单个正态总体参数的假设检验

在实际问题中，很多总体服从或近似服从正态分布，因此讨论正态总体参数的假设检验问题有重要意义. 本节我们讨论单个正态总体中未知参数的假设检验问题. 不失一般性，设总体 $X \sim N(\mu,\ \sigma^2)$，$X_1,\ X_2,\ \cdots,\ X_n$ 为来自总体 X 的一个样本，$\overline{X}$ 为样本均值，S^2 为样本方差. 总体 $X \sim N(\mu,\ \sigma^2)$ 含有两个参数 μ 和 σ^2，因此关于正态总体参数的假设检验就是对这两个参数进行检验.

一、 单个正态总体均值的假设检验

我们首先根据方差 σ^2 已知和未知两种情况对总体均值 μ 做假设检验. μ 的假设检验主要有以下三种情形：

$$双边检验：H_0 : \mu = \mu_0,\ H_1 : \mu \neq \mu_0;\qquad (8\text{-}2)$$

$$右边检验：H_0 : \mu \leqslant \mu_0,\ H_1 : \mu > \mu_0;\qquad (8\text{-}3)$$

$$左边检验：H_0 : \mu \geqslant \mu_0,\ H_1 : \mu < \mu_0.\qquad (8\text{-}4)$$

1. 方差 σ^2 已知，关于总体均值 μ 的假设检验

(1) $H_0 : \mu = \mu_0,\ H_1 : \mu \neq \mu_0$

在上一节例 8-2 中我们已经讨论过这种类型，假定原假设 H_0 成立，选择检验统计量

$$Z = \frac{\overline{X} - \mu_0}{\sigma/\sqrt{n}} \sim N(0,\ 1).$$

对于给定的显著性水平 α，查标准正态分布表得临界值 $z_{\alpha/2}$，满足

$$P\left\{ \left| \frac{\overline{X} - \mu_0}{\sigma/\sqrt{n}} \right| \geqslant z_{\alpha/2} \right\} = \alpha.$$

则该检验问题的拒绝域为

$$|z| = \left| \frac{\overline{x} - \mu_0}{\sigma/\sqrt{n}} \right| \geqslant z_{\alpha/2}.\qquad (8\text{-}5)$$

(2) $H_0 : \mu \leqslant \mu_0$, $H_1 : \mu > \mu_0$

选择检验统计量 $Z = \dfrac{\overline{X} - \mu_0}{\sigma / \sqrt{n}}$, 假定原假设 H_0 成立, 即不等式 $\mu \leqslant \mu_0$ 成立, 从而

$$\frac{\overline{X} - \mu_0}{\sigma / \sqrt{n}} \leqslant \frac{\overline{X} - \mu}{\sigma / \sqrt{n}}.$$

因此对任意实数 k,

$$\left\{ \frac{\overline{X} - \mu_0}{\sigma / \sqrt{n}} \geqslant k \right\} \subseteq \left\{ \frac{\overline{X} - \mu}{\sigma / \sqrt{n}} \geqslant k \right\}. \tag{8-6}$$

对于给定的显著性水平 α, 由于 $\overline{X}$ 的观测值 $\overline{x}$ 在一定程度上反映 μ 值的大小, 故根据假设可知, 当 H_0 成立时, $\overline{x}$ 往往偏小, 从而 $z = \dfrac{\overline{x} - \mu_0}{\sigma / \sqrt{n}}$ 也往往偏小. 若 $z = \dfrac{\overline{x} - \mu_0}{\sigma / \sqrt{n}}$ 偏大, 则怀疑 H_0 不成立. 因此, 可适当选取某一常数 k, 使得当 $z = \dfrac{\overline{x} - \mu_0}{\sigma / \sqrt{n}} \geqslant k$ 时拒绝 H_0, 否则接受 H_0. 令 $P\left\{ \dfrac{\overline{X} - \mu}{\sigma / \sqrt{n}} \geqslant k \right\} = \alpha$, 则根据式 (8-6) 可知

$$P\left\{ \frac{\overline{X} - \mu_0}{\sigma / \sqrt{n}} \geqslant k \right\} \leqslant P\left\{ \frac{\overline{X} - \mu}{\sigma / \sqrt{n}} \geqslant k \right\} = \alpha.$$

因为

$$\frac{\overline{X} - \mu}{\sigma / \sqrt{n}} \sim N(0, \ 1),$$

查标准正态分布表得临界值 $k = z_\alpha$, 满足

$$P\left\{ \frac{\overline{X} - \mu_0}{\sigma / \sqrt{n}} \geqslant z_\alpha \right\} \leqslant \alpha.$$

从而该检验问题的拒绝域为

$$z = \frac{\overline{x} - \mu_0}{\sigma / \sqrt{n}} \geqslant z_\alpha. \tag{8-7}$$

(3) $H_0 : \mu \geqslant \mu_0$, $H_1 : \mu < \mu_0$

对于左边检验, 仍选择检验统计量 $Z = \dfrac{\overline{X} - \mu_0}{\sigma / \sqrt{n}}$. 对于给定的显著性水平 α, 经过和右边检验类似的讨论, 可得该检验问题的拒绝域为

$$z = \frac{\overline{x} - \mu_0}{\sigma / \sqrt{n}} \leqslant -z_\alpha. \tag{8-8}$$

上述式 (8-5)、式 (8-7) 和式 (8-8) 中 $z = \dfrac{\overline{x} - \mu_0}{\sigma / \sqrt{n}}$ 均为检验统计量 Z 的观测值. 综上可知, 当方差已知时, 正态总体均值的检验采用的统计量为 $Z = \dfrac{\overline{X} - \mu_0}{\sigma / \sqrt{n}}$, 该检验方法称为 Z 检验法.

【例 8-3】 设某电子元件的寿命 X 服从正态分布 $N(\mu,\ 4^2)$，μ 未知. 现测得 16 个元件的寿命 (单位: h) 如下:

$$159 \quad 280 \quad 101 \quad 212 \quad 224 \quad 379 \quad 179 \quad 264$$

$$222 \quad 362 \quad 168 \quad 250 \quad 149 \quad 260 \quad 485 \quad 170.$$

在给定显著性水平 $\alpha = 0.05$ 的情况下, 问:

(1) 该元件的寿命是否大于 239 h?

(2) 该元件的寿命是否小于 244 h?

解 (1) 根据题意提出假设

$$H_0 : \mu \leqslant 239,\ H_1 : \mu > 239.$$

该检验是方差已知时, 关于 μ 的右边检验. 假定原假设 H_0 成立, 选择检验统计量 $Z = \dfrac{\overline{X} - 239}{\sigma/\sqrt{n}}$. 在给定显著性水平 $\alpha = 0.05$ 下, 查标准正态分布表得 $z_{0.05} = 1.645$, 得拒绝域

$$z = \frac{\overline{x} - 239}{\sigma/\sqrt{n}} \geqslant 1.645.$$

已知 $n = 16$, $\sigma = 4$, $\overline{x} = 241.5$, 代入计算得

$$z = \frac{241.5 - 239}{4/\sqrt{16}} = 2.5 > 1.645,$$

从而拒绝原假设 H_0, 即认为该元件的寿命大于 239 h.

(2) 根据题意提出假设

$$H_0 : \mu \geqslant 244,\ H_1 : \mu < 244.$$

该检验是方差已知时, 关于 μ 的左边检验. 假定原假设 H_0 成立, 选择检验统计量 $Z = \dfrac{\overline{X} - 244}{\sigma/\sqrt{n}}$. 在给定显著性水平 $\alpha = 0.05$ 下, 查标准正态分布表得 $z_{0.05} = 1.645$, 得拒绝域

$$z = \frac{\overline{x} - 244}{\sigma/\sqrt{n}} \leqslant -1.645.$$

已知 $n = 16$, $\sigma = 4$, $\overline{x} = 241.5$, 代入计算得

$$z = \frac{241.5 - 244}{4/\sqrt{16}} = -2.5 < -1.645,$$

从而拒绝原假设 H_0, 即认为该元件的寿命小于 244 h.

2. 方差 σ^2 未知，关于总体均值 μ 的假设检验

因为 σ^2 未知，所以不能再采用 Z 检验法，由前面知识已知样本方差 S^2 是总体方差 σ^2 的无偏估计量，所以我们用 S 代替 σ，采用检验统计量 $t = \dfrac{\overline{X} - \mu_0}{S/\sqrt{n}}$. 构造小概率事件的过程类似于 Z 检验法相应的构造过程，故下面将其省略.

(1) $H_0 : \mu = \mu_0$，$H_1 : \mu \neq \mu_0$

假定原假设 H_0 成立，选择检验统计量 $t = \dfrac{\overline{X} - \mu_0}{S/\sqrt{n}} \sim t(n-1)$. 对于给定的显著性水平 α，查 t 分布表得临界值 $t_{\alpha/2}(n-1)$，满足

$$P\left\{ \left| \frac{\overline{X} - \mu_0}{S\sqrt{n}} \right| \geqslant t_{\alpha/2}(n-1) \right\} = \alpha.$$

从而得该检验问题的拒绝域为

$$|t| = \left| \frac{\overline{x} - \mu_0}{s/\sqrt{n}} \right| \geqslant t_{\alpha/2}(n-1). \tag{8-9}$$

(2) $H_0 : \mu \leqslant \mu_0$，$H_1 : \mu > \mu_0$

假定原假设 H_0 成立，选择检验统计量 $t = \dfrac{\overline{X} - \mu_0}{S/\sqrt{n}}$. 对于给定的显著性水平 α，查 t 分布表得临界值 $t_{\alpha}(n-1)$，满足

$$P\left\{ \frac{\overline{X} - \mu_0}{S/\sqrt{n}} \geqslant t_{\alpha}(n-1) \right\} \leqslant \alpha.$$

从而该检验问题的拒绝域为

$$t = \frac{\overline{x} - \mu_0}{s/\sqrt{n}} \geqslant t_{\alpha}(n-1). \tag{8-10}$$

(3) $H_0 : \mu \geqslant \mu_0$，$H_1 : \mu < \mu_0$

对于左边检验，仍选择检验统计量 $t = \dfrac{\overline{X} - \mu_0}{S/\sqrt{n}}$. 对于给定的显著性水平 α，查 t 分布表得临界值 $-t_{\alpha}(n-1)$，可得该检验问题的拒绝域为

$$t = \frac{\overline{x} - \mu_0}{s/\sqrt{n}} \leqslant -t_{\alpha}(n-1). \tag{8-11}$$

上述式 (8-9)~ 式 (8-11) 中 $t = \dfrac{\overline{x} - \mu_0}{s/\sqrt{n}}$ 均为检验统计量 t 的观测值. 综上所述，当方差未知时，正态总体均值的检验采用的统计量为 $t = \dfrac{\overline{X} - \mu_0}{S/\sqrt{n}}$，该检验方法称为 t 检验法.

【例 8-4】 某省各高校数学专业联合进行概率论与数理统计竞赛，现随机抽取 36 名考生的成绩，算得平均分为 66.5 分，样本标准差为 15 分，假定考生成绩 X 服从正态分布 $N(\mu, \sigma^2)$，在给定显著性水平 $\alpha = 0.05$ 下，是否可以认为此次竞赛的平均成绩为 70 分？

解 根据题意提出假设

$$H_0 : \mu = 70, \ H_1 : \mu \neq 70.$$

若原假设 H_0 成立，由于 σ^2 未知，故采用检验统计量

$$t = \frac{\overline{X} - 70}{S/\sqrt{n}}.$$

对于给定的显著性水平 $\alpha = 0.05$，查 t 分布表得 $t_{0.025}(35) = 2.0301$，所以检验问题的拒绝域为

$$|t| = \left| \frac{\overline{x} - 70}{s/\sqrt{n}} \right| \geqslant 2.0301.$$

已知 $n = 36$，$\overline{x} = 66.5$，$s = 15$，代入计算得

$$|t| = \left| \frac{66.5 - 70}{15/\sqrt{36}} \right| = 1.4 < 2.0301,$$

不在拒绝域内，从而接受原假设 H_0，即有理由认为此次竞赛的平均成绩为 70 分.

【例 8-5】 设某种钢筋的抗拉强度 X 服从正态分布 $N(\mu, \sigma^2)$，μ 和 σ^2 均未知. 现从一批新生产的钢筋中随机抽出 10 条，测得样本均值 $\overline{x} = 225 \, \text{kg}$，样本标准差 $s = 30 \, \text{kg}$. 已知老产品的抗拉强度为 $200 \, \text{kg}$，在给定显著性水平 $\alpha = 0.05$ 下，问抽样结果是否说明新产品的抗拉强度比老产品有明显提高？

解 依据题意提出假设

$$H_0 : \mu \leqslant 200, \ H_1 : \mu > 200.$$

假定原假设 H_0 成立，由于 σ^2 未知，故选择检验统计量

$$t = \frac{\overline{X} - 200}{S/\sqrt{n}}.$$

查 t 分布表得临界值 $t_{0.05}(9) = 1.8331$，因此拒绝域为

$$t = \frac{\overline{x} - 200}{s/\sqrt{n}} \geqslant 1.8331.$$

已知 $n = 10$，$\overline{x} = 225$，$s = 30$，代入计算得

$$t = \frac{225 - 200}{30/\sqrt{10}} = 2.6352 > 1.8331,$$

落入拒绝域内，因此拒绝 H_0，也就是新产品的抗拉强度比老产品有明显的提高.

二、 单个正态总体方差的假设检验

单个正态总体方差 σ^2 的假设检验主要有以下三种情形：

$$双边检验：H_0 : \sigma^2 = \sigma_0^2, \quad H_1 : \sigma^2 \neq \sigma_0^2 ; \tag{8-12}$$

$$右边检验：H_0 : \sigma^2 \leqslant \sigma_0^2, \quad H_1 : \sigma^2 > \sigma_0^2 ; \tag{8-13}$$

$$左边检验：H_0 : \sigma^2 \geqslant \sigma_0^2, \quad H_1 : \sigma^2 < \sigma_0^2 . \tag{8-14}$$

本节我们仅讨论当 μ 未知时上述三种情形的假设检验.

(1) $H_0 : \sigma^2 = \sigma_0^2, \quad H_1 : \sigma^2 \neq \sigma_0^2$

由于样本方差 S^2 是总体方差 σ^2 的无偏估计量，所以若原假设 H_0 为真，则比值 $\dfrac{S^2}{\sigma_0^2}$ 应该在 1 附近波动，且

$$\chi^2 = \frac{(n-1)S^2}{\sigma_0^2} \sim \chi^2(n-1).$$

我们取 χ^2 作为检验统计量. 对于给定的显著性水平 α，构造小概率事件如下：

若原假设 H_0 为真，则 $\dfrac{s^2}{\sigma_0^2}$ 应该在 1 附近摆动，从而 $\dfrac{(n-1)s^2}{\sigma_0^2}$ 应该在 $n-1$ 附近摆动. 若 $\dfrac{(n-1)s^2}{\sigma_0^2}$ 过分小于 $n-1$ 或过分大于 $n-1$，则怀疑 H_0 不成立. 因此，可选取两个适当的正数 k_1，k_2 $(k_1 < k_2)$，使得当

$$\frac{(n-1)s^2}{\sigma_0^2} \leqslant k_1 \quad 或 \quad \frac{(n-1)s^2}{\sigma_0^2} \geqslant k_2$$

时拒绝 H_0，否则接受 H_0. 因此对于给定的显著性水平 α，构造小概率事件

$$P\left(\left\{\frac{(n-1)S^2}{\sigma_0^2} \leqslant k_1\right\} \bigcup \left\{\frac{(n-1)S^2}{\sigma_0^2} \geqslant k_2\right\}\right) = \alpha.$$

类似于等尾置信区间方法，一般选取 k_1 和 k_2 满足

$$P\left\{\frac{(n-1)S^2}{\sigma_0^2} \leqslant k_1\right\} = \frac{\alpha}{2}, \quad P\left\{\frac{(n-1)S^2}{\sigma_0^2} \geqslant k_2\right\} = \frac{\alpha}{2}.$$

由 χ^2 分布分位点定义可知 $k_1 = \chi_{1-\alpha/2}^2(n-1)$，$k_2 = \chi_{\alpha/2}^2(n-1)$. 从而该检验问题的拒绝域为

$$\frac{(n-1)s^2}{\sigma_0^2} \leqslant \chi_{1-\alpha/2}^2(n-1) \quad 或 \quad \frac{(n-1)s^2}{\sigma_0^2} \geqslant \chi_{\alpha/2}^2(n-1),$$

其中 $\dfrac{(n-1)s^2}{\sigma_0^2}$ 为检验统计量 χ^2 的观测值.

类似地，我们讨论右边检验和左边检验，在给定的显著性水平 α 下，右边检验和左边检验的拒绝域分别为

$$\frac{(n-1)s^2}{\sigma_0^2} \geqslant \chi_\alpha^2(n-1)$$

和

$$\frac{(n-1)s^2}{\sigma_0^2} \leqslant \chi_{1-\alpha}^2(n-1),$$

其中 $\frac{(n-1)s^2}{\sigma_0^2}$ 为检验统计量 χ^2 的观察值.

上述采用统计量 $\chi^2 = \frac{(n-1)S^2}{\sigma_0^2}$ 进行检验的方法称为 χ^2 检验法.

【例 8-6】 某工厂生产手机电池，其寿命 (单位: h) 长期以来服从方差为 5000 的正态分布. 近期生产了一批新电池，从它的生产情况看，寿命的波动性有所改变，现从这批新电池中随机抽取 26 个，测得其寿命的样本方差 $s^2 = 9200$，在给定显著性水平 $\alpha = 0.05$ 下，问根据这一数据能否推断这批电池寿命的波动性较以往有显著变化?

解　根据题意提出假设

$$H_0 : \sigma^2 = 5000, \ H_1 : \sigma^2 \neq 5000.$$

假定原假设 H_0 成立，由于 μ 未知，故选择检验统计量

$$\chi^2 = \frac{(n-1)S^2}{5000}.$$

在给定显著性水平 $\alpha = 0.05$ 下，查 χ^2 分布表得 $\chi_{0.025}^2(25) = 40.646$，$\chi_{0.975}^2(25) = 13.120$，因此拒绝域为

$$\frac{(n-1)s^2}{5000} \geqslant 40.646 \quad \text{或} \quad \frac{(n-1)s^2}{5000} \leqslant 13.120.$$

已知 $n = 26$，$s^2 = 9200$，代入计算得

$$\frac{25 \times 9200}{5000} = 46 \geqslant 40.646,$$

落入拒绝域，从而拒绝原假设 H_0，即认为这批电池的波动性较以往有显著变化.

三、 假设检验和区间估计之间的关系

在假设检验的过程中，我们会发现用到的检验统计量和区间估计中所用的枢轴量很相像，这不是偶然的，两者之间存在着非常密切的关系. 下面我们以正态总体 $N(\mu, \ \sigma^2)$ 的方差 σ^2 已知，关于均值 μ 的双边假设检验和区间估计为例来加以说明.

首先，通过考察双边检验问题来讨论两者之间的联系. 提出假设

$$H_0 : \mu = \mu_0, \ H_1 : \mu \neq \mu_0.$$

假定原假设 H_0 成立，那么在给定显著性水平 α 的情况下，检验问题的拒绝域为

$$|Z| = \left| \frac{\overline{X} - \mu_0}{\sigma/\sqrt{n}} \right| \geqslant z_{\alpha/2},$$

因此当 $Z \geqslant z_{\alpha/2}$ 或 $Z \leqslant -z_{\alpha/2}$ 时拒绝 H_0，当 $-z_{\alpha/2} < Z < z_{\alpha/2}$ 时，即当

$$\overline{X} - z_{\alpha/2}\frac{\sigma}{\sqrt{n}} < \mu_0 < \overline{X} + z_{\alpha/2}\frac{\sigma}{\sqrt{n}}$$

时接受 H_0. 这里面 μ_0 并无限制，若让 μ_0 在 $(-\infty, +\infty)$ 内取值，就可得到 μ 的置信水平为 $1-\alpha$ 的置信区间

$$\left(\overline{X} - z_{\alpha/2}\frac{\sigma}{\sqrt{n}}, \ \overline{X} + z_{\alpha/2}\frac{\sigma}{\sqrt{n}} \right). \tag{8-15}$$

其次，在正态总体 $N(\mu, \sigma^2)$ 的方差已知关于 μ 的区间估计中，若有一个形如式 (8-15) 的 $1-\alpha$ 置信区间，也可获得关于原假设 $H_0: \mu = \mu_0$ 和备择假设 $H_1: \mu \neq \mu_0$ 的显著性水平为 α 的显著性检验. 所以，正态总体在方差已知的情况下，"均值 μ 的置信水平为 $1-\alpha$ 的置信区间"与"关于原假设 $H_0: \mu = \mu_0$，备择假设 $H_1: \mu \neq \mu_0$ 的显著性水平为 α 的双边检验"是一一对应的关系. 在其他情况下，假设检验和区间估计也存在这种对应关系.

它们的区别首先是目的不同，区间估计的目的是对总体未知参数给出一个取值变化的范围，假设检验则是对总体未知参数所作出的某个论断做出接受还是拒绝的判断. 其次所使用的量的意义不同，在假设检验中，$Z = \dfrac{\overline{X} - \mu_0}{\sigma/\sqrt{n}}$ 是一个统计量；而在对应已知条件的区间估计中，我们使用的枢轴量 $Z = \dfrac{\overline{X} - \mu}{\sigma/\sqrt{n}}$ 虽然服从 $N(0,1)$，但由于期望 μ 未知，故此 Z 不是统计量.

基础练习 8-2

1. 已知滚珠的直径 X 服从正态分布 $N(\mu, 0.05^2)$，μ 未知. 现从新生产的一批滚珠中随机抽取 6 个，测得其直径 (单位：mm) 如下：

$$14.70 \quad 15.21 \quad 14.90 \quad 14.91 \quad 15.32 \quad 15.32.$$

(1) 在给定显著性水平 $\alpha = 0.05$ 下，问这一批滚珠的平均直径是否为 15.25 mm？

(2) 在给定显著性水平 $\alpha = 0.05$ 下，问这一批滚珠的平均直径是否小于等于 15.25mm？

2. 糖厂用自动打包机将糖装入袋中，额定标准为每袋净重 100 kg，已知该自动打包机正常工作时，包装的糖的净重服从正态分布 $N(\mu, \sigma^2)$. 为验证该打包机的性能，某天开工后，随机测得 9 包的重量，计算得 $\overline{x} = 99.8\,\text{kg}$，$s = 1.24\,\text{kg}$，问在显著性水平 $\alpha = 0.05$ 下，该打包机的性能是否良好？

3. 已知幼儿的身高在正常情况下服从正态分布 $N(\mu, \sigma^2)$，现从某幼儿园 5 岁至 6 岁的幼儿中随机抽查了 9 人，其身高 (单位：cm) 如下：

$$115 \quad 120 \quad 131 \quad 115 \quad 109 \quad 115 \quad 115 \quad 105 \quad 110.$$

(1) 在给定显著性水平 $\alpha = 0.05$ 下，问 5 岁至 6 岁幼儿身高的方差是否为 49？
(2) 在给定显著性水平 $\alpha = 0.05$ 下，问 5 岁至 6 岁幼儿身高的方差是否小于等于 49？

第三节　两个正态总体参数的假设检验

在实际应用中除了遇到单个正态总体的假设检验问题，还会遇到两个正态总体参数的假设检验问题. 本节我们讨论最常见的两个正态总体均值差和方差比的假设检验. 不失一般性，设总体 $X \sim N(\mu_1, \sigma_1^2)$，$X_1, X_2, \cdots, X_{n_1}$ 为来自总体 X 的一个样本，样本均值和样本方差分别为 $\overline{X}$ 和 S_1^2；设总体 $Y \sim N(\mu_2, \sigma_2^2)$，$Y_1, Y_2, \cdots, Y_{n_2}$ 为来自总体 Y 的一个样本，样本均值和样本方差分别为 $\overline{Y}$ 和 S_2^2；

$$S_w = \sqrt{\frac{(n_1 - 1)S_1^2 + (n_2 - 1)S_2^2}{n_1 + n_2 - 2}};$$

且 X 和 Y 相互独立.

一、两个正态总体均值差的假设检验

下面根据方差 σ_1^2、σ_2^2 已知或未知，分别讨论两个正态总体均值差 $\mu_1 - \mu_2$ 的假设检验问题. 检验过程涉及基于两个正态总体的 Z 检验法和 t 检验法，这两种检验法构造小概率事件的过程类似于单个正态总体的 Z 检验法和 t 检验法相应的构造过程，故下面将该过程省略.

两个正态总体均值差 $\mu_1 - \mu_2$ 的假设检验主要有以下三种情形：

$$\text{双边检验：} \quad H_0 : \mu_1 - \mu_2 = \delta_0, \quad H_1 : \mu_1 - \mu_2 \neq \delta_0; \tag{8-16}$$

$$\text{右边检验：} \quad H_0 : \mu_1 - \mu_2 \leqslant \delta_0, \quad H_1 : \mu_1 - \mu_2 > \delta_0; \tag{8-17}$$

$$\text{左边检验：} \quad H_0 : \mu_1 - \mu_2 \geqslant \delta_0, \quad H_1 : \mu_1 - \mu_2 < \delta_0, \tag{8-18}$$

其中 δ_0 为已知常数.

1. σ_1^2 和 σ_2^2 已知，关于均值差 $\mu_1 - \mu_2$ 的假设检验

(1) $H_0 : \mu_1 - \mu_2 = \delta_0$，$H_1 : \mu_1 - \mu_2 \neq \delta_0$

假定原假设 H_0 成立，由于 σ_1^2 和 σ_2^2 已知，故选择

$$Z = \frac{(\overline{X} - \overline{Y}) - \delta_0}{\sqrt{\sigma_1^2 / n_1 + \sigma_2^2 / n_2}}$$

作为检验统计量, 且 $Z \sim N(0, 1)$. 对于给定的显著性水平 α, 查标准正态分布表得临界值 $z_{\alpha/2}$, 满足

$$P\left\{\left|\frac{(\overline{X} - \overline{Y}) - \delta_0}{\sqrt{\sigma_1^2/n_1 + \sigma_2^2/n_2}}\right| \geqslant z_{\alpha/2}\right\} = \alpha.$$

从而该检验问题的拒绝域为

$$|z| = \left|\frac{(\overline{x} - \overline{y}) - \delta_0}{\sqrt{\sigma_1^2/n_1 + \sigma_2^2/n_2}}\right| \geqslant z_{\alpha/2}. \tag{8-19}$$

(2) $H_0 : \mu_1 - \mu_2 \leqslant \delta_0$, $H_1 : \mu_1 - \mu_2 > \delta_0$
假定原假设 H_0 成立, 仍选择

$$Z = \frac{(\overline{X} - \overline{Y}) - \delta_0}{\sqrt{\sigma_1^2/n_1 + \sigma_2^2/n_2}}$$

作为检验统计量. 对于给定的显著性水平 α, 查标准正态分布表得临界值 z_α, 满足

$$P\left\{\frac{(\overline{X} - \overline{Y}) - \delta_0}{\sqrt{\sigma_1^2/n_1 + \sigma_2^2/n_2}} \geqslant z_\alpha\right\} \leqslant \alpha.$$

从而该检验问题的拒绝域为

$$z = \frac{(\overline{x} - \overline{y}) - \delta_0}{\sqrt{\sigma_1^2/n_1 + \sigma_2^2/n_2}} \geqslant z_\alpha. \tag{8-20}$$

(3) $H_0 : \mu_1 - \mu_2 \geqslant \delta_0$, $H_1 : \mu_1 - \mu_2 < \delta_0$
对于左边检验, 仍选择

$$Z = \frac{(\overline{X} - \overline{Y}) - \delta_0}{\sqrt{\sigma_1^2/n_1 + \sigma_2^2/n_2}}$$

作为检验统计量. 对于给定的显著性水平 α, 查标准正态分布表得临界值 $-z_\alpha$, 可得该检验问题的拒绝域为

$$z = \frac{(\overline{x} - \overline{y}) - \delta_0}{\sqrt{\sigma_1^2/n_1 + \sigma_2^2/n_2}} \leqslant -z_\alpha. \tag{8-21}$$

式 (8-19) $\sim$ 式 (8-21) 中 $z = \dfrac{(\overline{x} - \overline{y}) - \delta_0}{\sqrt{\sigma_1^2/n_1 + \sigma_2^2/n_2}}$ 均为检验统计量 Z 的观测值. 上述采用统计量 $Z = \dfrac{(\overline{X} - \overline{Y}) - \delta_0}{\sqrt{\sigma_1^2/n_1 + \sigma_2^2/n_2}}$ 进行检验的方法也称为 Z 检验法.

【例 8-7】 从数学学院数学 1 班和数学 2 班各随机抽取 14 名学生, 他们的概率论考试成绩 (单位: 分) 如下:

1 班	91	80	76	98	95	92	90	91	80	92	100	92	98	98
2 班	90	91	80	92	92	94	96	93	95	69	90	92	94	96

假设数学 1 班和数学 2 班学生的考试成绩 X 和 Y 均服从正态分布，且考试成绩的方差分别为 57 分和 53 分，在给定显著性水平 $\alpha = 0.05$ 下，问这两个班的概率论平均成绩是否有显著差异？

解 根据题意，设数学 1 班学生的考试成绩 $X \sim N(\mu_1, 57)$，数学 2 班学生的考试成绩 $Y \sim N(\mu_2, 53)$，针对问题提出假设

$$H_0 : \mu_1 - \mu_2 = 0, \quad H_1 : \mu_1 - \mu_2 \neq 0.$$

假定原假设 H_0 成立，由于 σ_1^2 和 σ_2^2 已知，故检验统计量

$$Z = \frac{(\overline{X} - \overline{Y}) - (\mu_1 - \mu_2)}{\sqrt{\sigma_1^2/n_1 + \sigma_2^2/n_2}} = \frac{\overline{X} - \overline{Y}}{\sqrt{\sigma_1^2/n_1 + \sigma_2^2/n_2}} \sim N(0, 1).$$

该检验问题的拒绝域为

$$|z| = \left| \frac{\overline{x} - \overline{y}}{\sqrt{\sigma_1^2/n_1 + \sigma_2^2/n_2}} \right| \geqslant z_{\alpha/2}.$$

对于给定的显著性水平 $\alpha = 0.05$，查标准正态分布表得 $z_{0.025} = 1.96$，且已知 $n_1 = n_2 = 14$，$\overline{x} = 90.929$，$\overline{y} = 90.286$，$\sigma_1^2 = 57$，$\sigma_2^2 = 53$，代入计算得

$$|z| = \left| \frac{90.929 - 90.286}{\sqrt{57/14 + 53/14}} \right| = 0.229 < 1.96,$$

没有落入拒绝域，从而接受原假设 H_0，即认为两个班的概率论平均成绩无显著差异.

2. σ_1^2 和 σ_2^2 未知，但已知 $\sigma_1^2 = \sigma_2^2$ 时，关于均值差 $\mu_1 - \mu_2$ 的假设检验

(1) $H_0 : \mu_1 - \mu_2 = \delta_0$, $H_1 : \mu_1 - \mu_2 \neq \delta_0$

假定原假设 H_0 成立，由于 σ_1^2 和 σ_2^2 未知，根据第六章的定理 6-3 可知，统计量

$$t = \frac{(\overline{X} - \overline{Y}) - (\mu_1 - \mu_2)}{S_w \sqrt{1/n_1 + 1/n_2}} = \frac{(\overline{X} - \overline{Y}) - \delta_0}{S_w \sqrt{1/n_1 + 1/n_2}} \sim t(n_1 + n_2 - 2),$$

因此我们选择该统计量作为检验统计量. 对于给定的显著性水平 α，查 t 分布表得临界值 $t_{\alpha/2}(n_1 + n_2 - 2)$，满足

$$P\left\{ \left| \frac{(\overline{X} - \overline{Y}) - \delta_0}{S_w \sqrt{1/n_1 + 1/n_2}} \right| \geqslant t_{\alpha/2}(n_1 + n_2 - 2) \right\} = \alpha.$$

从而该检验问题的拒绝域为

$$|t| = \left| \frac{(\overline{x} - \overline{y}) - \delta_0}{s_w \sqrt{1/n_1 + 1/n_2}} \right| \geqslant t_{\alpha/2}(n_1 + n_2 - 2). \tag{8-22}$$

(2) $H_0: \mu_1 - \mu_2 \leqslant \delta_0$, $H_1: \mu_1 - \mu_2 > \delta_0$

假定原假设 H_0 成立, 仍选择检验统计量

$$t = \frac{(\overline{X} - \overline{Y}) - \delta_0}{S_w\sqrt{1/n_1 + 1/n_2}}.$$

对于给定的显著性水平 α, 查 t 分布表得临界值 $t_\alpha(n_1 + n_2 - 2)$, 满足

$$P\left\{\frac{(\overline{X} - \overline{Y}) - \delta_0}{S_w\sqrt{1/n_1 + 1/n_2}} \geqslant t_\alpha(n_1 + n_2 - 2)\right\} \leqslant \alpha.$$

从而该检验问题的拒绝域为

$$t = \frac{(\overline{x} - \overline{y}) - \delta_0}{s_w\sqrt{1/n_1 + 1/n_2}} \geqslant t_\alpha(n_1 + n_2 - 2). \tag{8-23}$$

(3) $H_0: \mu_1 - \mu_2 \geqslant \delta_0$, $H_1: \mu_1 - \mu_2 < \delta_0$

对于左边检验, 仍选择检验统计量

$$t = \frac{(\overline{X} - \overline{Y}) - \delta_0}{S_w\sqrt{1/n_1 + 1/n_2}}.$$

对于给定的显著性水平 α, 查 t 分布表得临界值 $-t_\alpha(n_1 + n_2 - 2)$, 可得该检验问题的拒绝域为

$$\frac{(\overline{x} - \overline{y}) - \delta_0}{s_w\sqrt{1/n_1 + 1/n_2}} \leqslant -t_\alpha(n_1 + n_2 - 2). \tag{8-24}$$

式 (8-22) ~ 式 (8-24) 中 $t = \dfrac{(\overline{x} - \overline{y}) - \delta_0}{s_w\sqrt{1/n_1 + 1/n_2}}$ 为检验统计量 t 的观测值. 上述采用统计量 $t = \dfrac{(\overline{X} - \overline{Y}) - \delta_0}{S_w\sqrt{1/n_1 + 1/n_2}}$ 进行检验的方法也称为 t 检验法.

【例 8-8】 为了研究一种化肥对种植的小麦产量的效用, 选用了 13 块条件、面积相同的土地进行试验, 得到各块土地小麦产量 (单位: kg) 如下:

施肥	34	35	30	33	34	32	
未施肥	29	27	32	28	32	31	31

假设施肥与未施肥时小麦产量均服从正态分布, 且方差相同, 在给定显著性水平 $\alpha = 0.05$ 下, 问这种化肥对小麦的产量有无显著影响?

解 分别用 X 和 Y 表示施肥和未施肥的小麦产量, 并设 $X \sim (\mu_1, \sigma_1^2)$, $Y \sim (\mu_2, \sigma_2^2)$. 则根据题意提出假设

$$H_0: \mu_1 - \mu_2 = 0, \quad H_1: \mu_1 - \mu_2 \neq 0.$$

假定原假设 H_0 成立, 由于 σ_1^2 和 σ_2^2 未知, 但知 $\sigma_1^2 = \sigma_2^2$, 故选择检验统计量

$$t = \frac{\overline{X} - \overline{Y}}{S_w\sqrt{1/n_1 + 1/n_2}}.$$

该检验问题的拒绝域为

$$|t| = \left|\frac{\overline{x} - \overline{y}}{s_w\sqrt{1/n_1 + 1/n_2}}\right| \geqslant t_{\alpha/2}(n_1 + n_2 - 2).$$

对于给定的显著性水平 $\alpha = 0.05$, 查表得临界值 $t_{0.025}(11) = 2.201$, 且 $n_1 = 6$, $n_2 = 7$, $\overline{x} = 33$, $\overline{y} = 30$, $s_1^2 = 3.2$, $s_2^2 = 4$, 代入上式得

$$|t| = \left|\frac{33 - 30}{\sqrt{\dfrac{5 \times 3.2 + 6 \times 4}{13 - 2}}\sqrt{1/6 + 1/7}}\right| = 2.828 > 2.201,$$

落入拒绝域, 从而拒绝原假设 H_0, 即认为这种化肥对小麦的产量有显著影响.

二、 均值未知, 关于总体方差比的假设检验

两个正态总体方差比 $\dfrac{\sigma_1^2}{\sigma_2^2}$ 的假设检验主要有以下三种情形:

$$\text{双边检验：} \quad H_0 : \frac{\sigma_1^2}{\sigma_2^2} = 1, \ H_1 : \frac{\sigma_1^2}{\sigma_2^2} \neq 1, \tag{8-25}$$

$$(\text{或 } H_0 : \sigma_1^2 = \sigma_2^2, \ H_1 : \sigma_1^2 \neq \sigma_2^2);$$

$$\text{右边检验：} \quad H_0 : \frac{\sigma_1^2}{\sigma_2^2} \leqslant 1, \ H_1 : \frac{\sigma_1^2}{\sigma_2^2} > 1, \tag{8-26}$$

$$(\text{或 } H_0 : \sigma_1^2 \leqslant \sigma_2^2, \ H_1 : \sigma_1^2 > \sigma_2^2);$$

$$\text{左边检验：} \quad H_0 : \frac{\sigma_1^2}{\sigma_2^2} \geqslant 1, \ H_1 : \frac{\sigma_1^2}{\sigma_2^2} < 1, \tag{8-27}$$

$$(\text{或 } H_0 : \sigma_1^2 \geqslant \sigma_2^2, \ H_1 : \sigma_1^2 < \sigma_2^2).$$

下面仅讨论当 μ_1 和 μ_2 未知时, 上述三种情形的假设检验.

(1) $H_0 : \dfrac{\sigma_1^2}{\sigma_2^2} = 1$, $H_1 : \dfrac{\sigma_1^2}{\sigma_2^2} \neq 1$

假定原假设 H_0 成立, 由于 S_1^2 和 S_2^2 分别是 σ_1^2 和 σ_2^2 的无偏估计量, 且根据第六章的定理 6-3 可知, 统计量

$$F = \frac{S_1^2/\sigma_1^2}{S_2^2/\sigma_2^2} = \frac{S_1^2}{S_2^2} \sim F(n_1 - 1, \ n_2 - 1),$$

因此选择该统计量作为检验统计量. 对于给定的显著性水平 α, 构造小概率事件如下:

若原假设 H_0 成立, 则 $\dfrac{\sigma_1^2}{\sigma_2^2} = 1$. 由于 S_1^2 和 S_2^2 分别是 σ_1^2 和 σ_2^2 的无偏估计量, 所以 S_1^2 和 S_2^2 的观测值 s_1^2 和 s_2^2 在一定程度上反映了 σ_1^2 和 σ_2^2 的大小. 于是 $\dfrac{s_1^2}{s_2^2}$ 的值应该在 1 附近摆动. 若 $\dfrac{s_1^2}{s_2^2}$ 过分小于 1 或过分大于 1, 则拒绝 H_0. 因此, 选取两个适当的正数 k_1, k_2 $(k_1 < k_2)$, 使得当

$$\frac{s_1^2}{s_2^2} \leqslant k_1 \quad \text{或} \quad \frac{s_1^2}{s_2^2} \geqslant k_2$$

时拒绝 H_0, 否则接受 H_0. 因此对于给定的显著性水平 α, 构造小概率事件

$$P\left(\left\{\frac{S_1^2}{S_2^2} \leqslant k_1\right\} \bigcup \left\{\frac{S_1^2}{S_2^2} \geqslant k_2\right\}\right) = \alpha.$$

类似于等尾置信区间方法, 一般选取 k_1 和 k_2 满足

$$P\left\{\frac{S_1^2}{S_2^2} \leqslant k_1\right\} = \frac{\alpha}{2}, \quad P\left\{\frac{S_1^2}{S_2^2} \geqslant k_2\right\} = \frac{\alpha}{2}.$$

由 F 分布分位点的定义, 可知 $k_1 = F_{1-\alpha/2}(n_1-1,\ n_2-1)$, $k_2 = F_{\alpha/2}(n_1-1,\ n_2-1)$. 从而, 该检验问题的拒绝域为

$$\frac{s_1^2}{s_2^2} \leqslant F_{1-\alpha/2}(n_1-1,\ n_2-1) \text{ 或 } \frac{s_1^2}{s_2^2} \geqslant F_{\alpha/2}(n_1-1,\ n_2-1).$$

类似地, 我们讨论右边检验和左边检验, 在给定的显著性水平 α 下, 右边检验和左边检验的拒绝域分别为

$$\frac{s_1^2}{s_2^2} \geqslant F_\alpha(n_1-1,\ n_2-1)$$

和

$$\frac{s_1^2}{s_2^2} \leqslant F_{1-\alpha}(n_1-1,\ n_2-1),$$

其中 $\dfrac{s_1^2}{s_2^2}$ 均为检验统计量 F 的观测值.

上述采用统计量 $F = \dfrac{S_1^2}{S_2^2}$ 进行检验的方法称为 F 检验法.

【例 8-9】　为了考察甲、乙两台机床生产的钢管内径 (单位: mm), 随机抽取甲生产的钢管 5 根和乙生产的钢管 4 根, 测得钢管内径数据如下:

甲机床	24.3	20.8	23.7	21.3	17.4
乙机床	18.2	16.9	20.2	16.7	

设甲、乙两台机床生产的钢管内径分别为 X 和 Y，且 $X \sim N(\mu_1, \sigma_1^2)$，$Y \sim N(\mu_2, \sigma_2^2)$，$X$ 和 Y 相互独立；其中 μ_1，μ_2，σ_1^2，σ_2^2 均未知. 在给定显著性水平 $\alpha = 0.05$ 情况下，试分析甲、乙两台机床生产的钢管内径有无显著差异？

解 根据题意，要分析甲、乙两台机床生产的钢管内径有无显著差异，即要检验 μ_1 和 μ_2 是否相等. 由于方差 σ_1^2，σ_2^2 未知，也不知道两方差是否相等，因此需要先对方差进行检验.

首先检验假设

$$H_0 : \frac{\sigma_1^2}{\sigma_2^2} = 1, \; H_1 : \frac{\sigma_1^2}{\sigma_2^2} \neq 1.$$

假定原假设 H_0 成立，检验统计量

$$F = \frac{S_1^2}{S_2^2} \sim F(n_1 - 1, \; n_2 - 1).$$

该检验问题的拒绝域为

$$\frac{s_1^2}{s_2^2} \geqslant F_{\alpha/2}(n_1 - 1, \; n_2 - 1) \text{ 或 } \frac{s_1^2}{s_2^2} \leqslant F_{1-\alpha/2}(n_1 - 1, \; n_2 - 1).$$

已知 $\alpha = 0.05$，$n_1 - 1 = 4$，$n_2 - 1 = 3$，则查表可得 $F_{0.975}(4, \; 3) = 0.1$，$F_{0.025}(4, \; 3) = 15.1$，且由样本数据得 $s_1^2 = 7.505$ 和 $s_2^2 = 2.593$，因此

$$\frac{s_1^2}{s_2^2} = \frac{7.505}{2.593} = 2.894.$$

不在拒绝域内，从而接受原假设 H_0，即认为甲、乙两机床生产的钢管内径的方差没有显著差异，也就是可以认为 $\sigma_1^2 = \sigma_2^2$.

再检验假设

$$H_0 : \mu_1 - \mu_2 = 0, \; H_1 : \mu_1 - \mu_2 \neq 0.$$

由于方差未知但相等，因此采用检验统计量

$$t = \frac{\overline{X} - \overline{Y}}{S_w \sqrt{1/n_1 + 1/n_2}}.$$

该检验问题的拒绝域为

$$|t| = \left| \frac{\overline{x} - \overline{y}}{s_w \sqrt{1/n_1 + 1/n_2}} \right| \geqslant t_{\alpha/2}(n_1 + n_2 - 2),$$

已知 $n_1 = 5$，$n_2 = 4$，对于给定的显著性水平 $\alpha = 0.05$，查表得临界值 $t_{0.025}(7) = 2.3646$，且由样本数据可得 $\overline{x} = 21.5$，$\overline{y} = 18$，$s_1^2 = 7.505$，$s_2^2 = 2.593$，代入上式计算得

$$|t| = \left| \frac{\overline{x} - \overline{y}}{s_w \sqrt{1/n_1 + 1/n_2}} \right| = 2.245 < 2.3646,$$

不在拒绝域内，从而接受原假设 H_0，即认为甲、乙两机床生产的钢管内径没有显著差异.

表 8-1 中给出了正态总体均值、方差各种情形假设检验问题的拒绝域，供读者自行查用.

表 8-1

情形	原假设 H_0	检验统计量	备择假设 H_1	拒绝域
1	①$\mu \leqslant \mu_0$ ②$\mu \geqslant \mu_0$ ③$\mu = \mu_0$ (σ^2 已知)	$Z = \dfrac{\overline{X} - \mu_0}{\sigma/\sqrt{n}}$	①$\mu > \mu_0$ ②$\mu < \mu_0$ ③$\mu \neq \mu_0$	①$z \geqslant z_\alpha$ ②$z \leqslant -z_\alpha$ ③$|z| \geqslant z_{\alpha/2}$
2	①$\mu \leqslant \mu_0$ ②$\mu \geqslant \mu_0$ ③$\mu = \mu_0$ (σ^2 未知)	$t = \dfrac{\overline{X} - \mu_0}{S/\sqrt{n}}$	①$\mu > \mu_0$ ②$\mu < \mu_0$ ③$\mu \neq \mu_0$	①$t \geqslant t_\alpha(n-1)$ ②$t \leqslant -t_\alpha(n-1)$ ③$|t| \geqslant t_{\alpha/2}(n-1)$
3	①$\mu_1 - \mu_2 \leqslant \delta$ ②$\mu_1 - \mu_2 \geqslant \delta$ ③$\mu_1 - \mu_2 = \delta$ (σ_1^2, σ_2^2 已知)	$Z = \dfrac{(\overline{X} - \overline{Y}) - \delta}{\sqrt{\dfrac{\sigma_1^2}{n_1} + \dfrac{\sigma_2^2}{n_2}}}$	①$\mu_1 - \mu_2 > \delta$ ②$\mu_1 - \mu_2 < \delta$ ③$\mu_1 - \mu_2 \neq \delta$	①$z \geqslant z_\alpha$ ②$z \leqslant -z_\alpha$ ③$|z| \geqslant z_{\alpha/2}$
4	①$\mu_1 - \mu_2 \leqslant \delta$ ②$\mu_1 - \mu_2 \geqslant \delta$ ③$\mu_1 - \mu_2 = \delta$ ($\sigma_1^2 = \sigma_2^2$ $= \sigma^2$ 未知)	$t = \dfrac{(\overline{X} - \overline{Y}) - \delta}{S_w\sqrt{\dfrac{1}{n_1} + \dfrac{1}{n_2}}}$ $S_w^2 = \dfrac{(n_1-1)S_1^2}{n_1+n_2-2} + \dfrac{(n_2-1)S_2^2}{n_1+n_2-2}$	①$\mu_1 - \mu_2 > \delta_0$ ②$\mu_1 - \mu_2 < \delta_0$ ③$\mu_1 - \mu_2 \neq \delta_0$	①$t \geqslant t_\alpha(n_1+n_2-2)$ ②$t \leqslant -t_\alpha(n_1+n_2-2)$ ③$|t| \geqslant t_{\alpha/2}(n_1+n_2-2)$
5	①$\sigma^2 \leqslant \sigma_0^2$ ②$\sigma^2 \geqslant \sigma_0^2$ ③$\sigma^2 = \sigma_0^2$ (μ 未知)	$\chi^2 = \dfrac{(n-1)S^2}{\sigma_0^2}$	①$\sigma^2 > \sigma_0^2$ ②$\sigma^2 < \sigma_0^2$ ③$\sigma^2 \neq \sigma_0^2$	①$\chi^2 \geqslant \chi_\alpha^2(n-1)$ ②$\chi^2 \leqslant \chi_{1-\alpha}^2(n-1)$ ③$\chi^2 \geqslant \chi_{\alpha/2}^2(n-1)$ 或 $\chi^2 \leqslant \chi_{1-\alpha/2}^2(n-1)$
6	①$\sigma_1^2 \leqslant \sigma_2^2$ ②$\sigma_1^2 \geqslant \sigma_2^2$ ③$\sigma_1^2 = \sigma_2^2$ (μ_1, μ_2 未知)	$F = \dfrac{S_1^2}{S_2^2}$	①$\sigma_1^2 > \sigma_2^2$ ②$\sigma_1^2 < \sigma_2^2$ ③$\sigma_1^2 \neq \sigma_2^2$	①$F \geqslant F_\alpha(n_1-1,\ n_2-1)$ ②$F \leqslant F_{1-\alpha}(n_1-1,\ n_2-1)$ ③$F \geqslant F_{\alpha/2}(n_1-1,\ n_2-1)$ 或 $F \leqslant F_{1-\alpha/2}(n_1-1,\ n_2-1)$

注: 显著性水平为 α.

基础练习 8-3

1. 设甲、乙两厂生产同样的灯泡，其寿命 X 和 Y 均服从正态分布，已知它们寿命的标准差分别为 84 h 和 96 h. 现从两厂生产的灯泡中各取 60 只，测得甲厂的平均寿命为 1295 h，乙厂的平均寿命为 1230 h，在给定显著性水平 $\alpha = 0.05$ 下，能否认为两厂生产的灯泡寿命无显著差异？

2. 某电子城从杭州和广州两个厂家购入相同的生产线生产的某型号的优盘若干个. 为了比较两种优盘的存储量 (单位：GB) 有无显著差异，现从杭州厂家的产品中随机抽取 7 个，测得样本均值 $\overline{x} = 125.9$ 和样本方差 $s_1^2 = 1.112$；从广州厂家的产品中随机抽取 8 个，测得样本均值 $\overline{y} = 125.0$ 和样本方差 $s_2^2 = 0.8552$. 杭州和广州两个厂家生产的优盘的存储量都服从正态分布且有相同的标准差.

(1) 在显著性水平 $\alpha = 0.05$ 情况下，试分析两个厂家生产的优盘平均存储量有无显著差异?

(2) 在显著性水平 $\alpha = 0.1$ 情况下，试分析两个厂家生产的优盘平均存储量有无显著差异?

3. 某厂生产的零件的椭圆度服从正态分布，改变工艺前抽取 16 件，测得样本均值 $\overline{x} = 0.081$ 和样本标准差 $s_1 = 0.025$；改变工艺后抽取 20 件，测得样本均值 $\overline{y} = 0.07$ 和样本标准差 $s_2 = 0.02$. 问在显著性水平 $\alpha = 0.05$ 情况下:

(1) 改变工艺前后，方差有无明显差异?

(2) 改变工艺前后，在 (1) 的结果下均值有无明显差异?

总习题八

1. 什么是假设检验的第一类错误? 什么是假设检验的第二类错误? 想要同时减小犯第一类错误和第二类错误的概率需要怎么做?

2. 什么是显著性检验? 若将显著性水平减小，对犯第二类错误的概率有什么影响? 请说明理由.

3. 什么是拒绝域? 什么是接受域? 双边检验和单边检验的拒绝域有什么区别?

4. 某包装机包装一种调料，其净重 (单位: g) $X \sim N(\mu, 15^2)$. 规定标准每袋净重 500 g. 现随机抽取 9 袋，测得重量如下:

$$497 \quad 506 \quad 518 \quad 511 \quad 524 \quad 510 \quad 488 \quad 515 \quad 512.$$

(1) 在给定显著性水平 $\alpha = 0.05$ 的情况下，检验该包装机的性能是否良好;

(2) 在给定显著性水平 $\alpha = 0.1$ 的情况下，检验该包装机的性能是否良好.

5. 某灯泡厂生产的灯泡寿命 (单位: h) 服从 $N(\mu, \sigma^2)$. 正常灯泡的平均寿命是 1120 h . 现从一批新生产的灯泡中随机抽取 8 个，测得其平均寿命 $\overline{x} = 1070$，样本方差 $s^2 = 109^2$，在显著性水平 $\alpha = 0.05$ 下，检验灯泡的平均寿命有无变化.

6. 已知某车间生产某型号铁钉的长度 (单位: cm) 服从正态分布 $N(\mu, 16)$. 为了检验生产质量，现从一批铁钉中随机抽取 8 个，测得样本方差为 11.7 cm^2. 在给定显著性水平 $\alpha = 0.01$ 下，检验这批铁钉长度的方差是否发生显著变化?

7. 某厂生产的缆绳的抗拉强度服从正态分布 $N(\mu_0, 90^2)$，其抗拉强度的均值为 10600 kg. 今改进工艺后，生产一批缆绳，从中随机抽取 9 根，测得其抗拉强度如下:

$$10533 \quad 10641 \quad 10688 \quad 10572 \quad 10793 \quad 10729 \quad 10600 \quad 10683 \quad 10721.$$

当显著性水平 $\alpha = 0.05$ 时，问新生产的缆绳的抗拉强度是否比过去生产的缆绳的抗拉强度要高?

8. 设裕华中学初二 (1) 班学生的数学成绩 (单位: 分) $X \sim N(\mu_1, 3^2)$，初二 (2) 班学生的数学成绩 $Y \sim N(\mu_2, 3^2)$. 某次期中考试过后，随机抽取两个班级各 9 位学生的数学成绩，具体数据如下:

初二 (1) 班	89	94	93	75	89	86	91	77	87
初二 (2) 班	92	90	85	78	83	68	96	87	88

试问在显著性水平 $\alpha = 0.05$ 下，可否认为初二 (1) 班学生的数学成绩和初二 (2) 班学生的数学成绩没有显著差异?

9. 从某锌矿的东、西两支矿脉中分别抽取容量为 9 和 8 的样本进行测试，测得样本含锌量相关信息如下:

$$东支: \overline{x} = 0.230, \ s_1^2 = 0.1337;$$
$$西支: \overline{y} = 0.269, \ s_2^2 = 0.1736.$$

若东、西两支矿脉的含锌量都服从正态分布且方差相同，给定显著性水平 $\alpha = 0.05$ 下，问东、西两支矿脉的含锌量的平均值是否可以看成一样？

10. 某品牌饮料改进工艺前，每 100 mL 饮料含糖量 (单位: g) X 服从正态分布 $N(\mu_1, \sigma_1^2)$. 改进工艺后，每 100 mL 饮料含糖量 Y 服从正态分布 $N(\mu_2, \sigma_2^2)$. 由于担心新工艺下的饮料不能迎合大众口味，故同时独立生产这两种工艺下的饮料. 现在随机检测 5 次旧工艺下 100 mL 饮料的含糖量以及 4 次新工艺下 100 mL 饮料的含糖量，具体数据如下：

旧工艺	17.4	21.3	23.7	20.8	24.3
新工艺	16.7	20.2	16.9	18.2	

给定显著性水平 $\alpha = 0.05$.

(1) 问新旧工艺下每 100 mL 饮料的含糖量的方差有无显著差异？

(2) 问新旧工艺下每 100 mL 饮料的平均含糖量有无显著差异？

11. 一中药厂独立地采用两种方法从某种药材中提取有效成分，采用第一种方法提取率 (%) X 服从正态分布 $N(\mu_1, \sigma_1^2)$；采用第二种方法提取率 (%) Y 服从正态分布 $N(\mu_2, \sigma_2^2)$. 采用第一种方法，随机进行了 9 次提炼，测得 $\bar{x} = 76.4$, $s_1^2 = 3.3$；采用第二种方法，随机进行了 9 次提炼，测得 $\bar{y} = 79.6$, $s_2^2 = 2.1375$. 已知两种提取方法相互独立，在给定显著性水平 $\alpha = 0.05$ 下，试问采用第二种方法提取率的方差是否低于采用第一种方法提取率的方差？

12. 甲、乙两台机器生产金属部件. 甲生产的部件重量 (单位: kg) $X \sim N(\mu_1, \sigma_1^2)$，乙生产的部件重量 $Y \sim N(\mu_2, \sigma_2^2)$，$\mu_1$, μ_2, σ_1^2, σ_2^2 均未知. 分别在两台机器所生产的部件中各取一个容量为 $n_1 = 61$，$n_2 = 41$ 的样本，测得部件重量的样本方差分别为 $s_1^2 = 15.46$, $s_2^2 = 9.66$. 试在显著性水平 $\alpha = 0.05$ 下检验假设

$$H_0 : \frac{\sigma_1^2}{\sigma_2^2} = 1, \quad H_1 : \frac{\sigma_1^2}{\sigma_2^2} \neq 1.$$

自测题八

一、选择题 (每小题 3 分)

1. 在假设检验中，显著性水平 α 表示 ( )

A. 原假设 H_0 为真，接受 H_0 的概率；

B. 原假设 H_0 为真，拒绝 H_0 的概率；

C. 原假设 H_0 为假，接受 H_0 的概率；

D. 原假设 H_0 的可信度.

2. 在显著性检验中，H_0 表示原假设，则犯第一类错误是指 ( )

A. H_0 为真，接受 H_0；　　　　　　　B. H_0 为真，拒绝 H_0；

C. H_0 为假，接受 H_0；　　　　　　　D. H_0 为假，拒绝 H_0.

3. 在显著性检验中，H_0 表示原假设，则犯第二类错误是指 ( ).

A. H_0 为真，接受 H_0；　　　　　　　B. H_0 为真，拒绝 H_0；

C. H_0 为假，接受 H_0；　　　　　　　D. H_0 为假，拒绝 H_0.

4. 设总体 $X \sim N(\mu, \sigma^2)$，$X_1, X_2, \cdots, X_n$ 为来自总体 X 的一个样本，检验假设 $H_0 : \mu = \mu_0$, $H_1 : \mu \neq \mu_0$. 若当显著性水平 $\alpha = 0.05$ 时，接受了原假设 H_0，则当显著性水平 $\alpha = 0.01$ 时，下列结论正确的是 ( )

A. 必拒绝 H_0；　　　　　　　　　　　B. 必接受 H_0；

C. 犯第一类错误的概率变大；　　　　　D. 不接受也不拒绝 H_0.

5. 设 X_1, X_2, $\cdots$, X_{10} 为来自总体 $X \sim N(\mu, \sigma^2)$ 的一个样本，参数 μ 和 σ^2 均未知，s^2 为样本方差，检验假设 $H_0: \sigma^2 \geqslant \sigma_0^2$, $H_1: \sigma^2 < \sigma_0^2$，则在显著性水平 $\alpha = 0.05$ 下，该检验的拒绝域为（　　）

A. $\left\{\dfrac{9s^2}{\sigma_0^2} \geqslant 19.02\right\}$;

B. $\left\{\dfrac{9s^2}{\sigma_0^2} \geqslant 16.92\right\}$;

C. $\left\{\dfrac{9s^2}{\sigma_0^2} \leqslant 2.7\right\} \bigcup \left\{\dfrac{9s^2}{\sigma_0^2} \geqslant 19.02\right\}$;

D. $\left\{\dfrac{9s^2}{\sigma_0^2} \leqslant 3.325\right\}$.

二、填空题 (每空 3 分)

1. 某家具城的日均销售额 X 服从正态分布 $N(\mu, 8^2)$，正常日均销售额为 52 万元. 2021 年该家具城改变了销售策略，为验证改变策略后销售额是否变好进行假设检验. 该检验问题的原假设 H_0:_____，备择假设 H_1:_____.

2. 在对总体参数的假设检验中，显著性水平是指_____；若给定显著性水平为 α，则犯第一类错误的最大概率是_____.

3. 在显著性检验中，如果样本容量固定，减小显著性水平 α 的值，则犯第二类错误的概率_____(填变大或变小)；若想犯两类错误的概率同时变小，只有增加_____.

4. 设单个正态总体 $X \sim N(\mu, \sigma^2)$，检验假设 $H_0: \mu = \mu_0$, $H_1: \mu \neq \mu_0$. 方差 $\sigma^2 = 4^2$ 时采用检验统计量为_____，方差未知时采用的检验统计量为_____.

5. 设总体 $X \sim N(\mu_1, \sigma_1^2)$, X_1, X_2, $\cdots$, X_{10} 为来自总体 X 的一个样本，$\overline{X}$ 为样本均值，S_1^2 为样本方差；总体 $Y \sim N(\mu_2, \sigma_2^2)$, Y_1, Y_2, $\cdots$, Y_{17} 为来自总体 Y 的一个样本，$\overline{Y}$ 为样本均值，S_2^2 为样本方差. 已知 X 和 Y 相互独立，则检验假设 $H_0: \sigma_1^2 = \sigma_2^2$, $H_1: \sigma_1^2 \neq \sigma_2^2$, , 应选取检验统计量为_____；对于给定的显著性水平 $\alpha = 0.01$，拒绝域为_____.

三、解答题 (共 55 分)

1. (20 分) 某厂生产的元件使用寿命要求不得低于 1000 h，今从一批这种元件中随机抽取 25 件，测得其寿命的平均值 $\overline{x} = 950$ h，样本标准差 $s = 6$ h，已知这种元件寿命 $X \sim N(\mu, \sigma^2)$，给定显著性水平 $\alpha = 0.05$.

(1) 若 $\sigma^2 = 100$，判断这批元件是否合格；

(2) 若 σ^2 未知，判断这批元件是否合格.

2. (10 分) 某食品厂用自动装罐机装罐头食品，规定标准差不超过 3 g 时机器算正常工作. 某天检查机器情况时，随机抽取了 16 罐罐头，测得样本标准差 $s = 4$ g，假定罐头重量服从正态分布，在显著性水平 $\alpha = 0.05$ 下，试问该机器工作是否正常？

3. (10 分) 在平炉上进行一项试验以确定改变操作方法的建议是否会增加钢的得率. 试验是在同一平炉上进行的，每炼一炉钢时除操作方法外其他条件都相同. 分别用标准方法和建议方法各炼一炉，然后交替进行，各炼 10 炉，标准方法的得率的样本均值 $\overline{x} = 76.23$，样本方差 $s_1^2 = 3.325$；建议方法的得率的样本均值 $\overline{y} = 79.43$，样本方差 $s_2^2 = 2.225$. 设两种方法钢的得率均服从正态分布且有相同的标准差. 在显著性水平 $\alpha = 0.05$ 情况下，问建议方法能否提高钢的得率？

4. (15 分) 某纺织厂生产纱线的强力 (单位：N) 服从正态分布，为比较甲和乙两地生产的棉花所纺纱线的强力，分别抽取 7 个和 8 个纱线进行测量，测得结果如下：

甲地	1.55	1.47	1.52	1.60	1.43	1.53	1.54	
乙地	1.42	1.49	1.46	1.34	1.38	1.54	1.38	1.51

在显著性水平 $\alpha = 0.05$ 下，问两地棉花所纺纱线的强力有无显著差异？

第九章　回归分析基础

回归分析方法用于研究多个变量之间的相互关系,是数理统计的一种广泛应用的方法.

在客观世界中, 变量之间的关系是普遍存在的, 一般可分为确定性的"函数关系"和不确定性的"相关关系". 函数关系反映了变量之间确定性的依存关系, 例如, 圆的周长 c 与圆的半径 r 之间存在确定的函数关系 $c = 2\pi r$. 然而, 相关关系反映了变量之间的不确定性依存关系, 例如, 人的年龄和血压之间存在着关系, 但相同年龄的人其血压往往不相同. 事实上, 这里的变量"血压"是一个随机变量. 变量"血压"和变量"年龄"是一种随机不确定性关系, 因而很难找到一个确定的函数表示二者之间的关系, 变量间的这种非确定关系称为相关关系.

尽管变量之间具有不确定的关系, 但通过大量的试验数据可知, 变量之间的关系具有一定的统计规律. 回归分析就是研究这些统计规律或变量之间相关关系的方法. 具体地, 研究两个变量之间相关关系的回归分析, 称之为一元线性回归; 研究两个以上变量之间相关关系的回归分析, 称之为多元线性回归. 本章重点讨论线性回归的基础知识.

第一节　一元线性回归

本节主要讨论一元线性回归的原理.

设 Y 为随机变量, x 为普通变量, Y 与 x 存在着相关关系. 由于 Y 为随机变量, 故对于每一个确定的 x 值, Y 都有它的分布, 其分布函数为 $F(Y|x)$. 值得注意的是, 直接通过 $F(Y|x)$ 去研究 Y 与 x 之间的相关关系往往比较复杂, 但由第四章的知识可知, $E[(Y - C)^2]$ 达到最小当且仅当 $C = E(Y)$. 于是在 x 不同的取值下, 选择 $E(Y)$ 作为 Y 的近似, 其均方误差 $E[(Y - E(Y))^2]$ 达到最小. 由于 $E(Y)$ 的取值随 x 的取值而定, 因此它是 x 的函数. 将这一函数记为 $\mu_{Y|x}$ 或 $\mu(x)$, 并称其为 Y 关于 x 的回归函数. 这样研究 Y 与 x 的相关关系转换为研究 $E(Y) = \mu(x)$ 与 x 的函数关系.

回归分析的任务是根据试验数据去估计回归函数. 首先, 根据 x 的取值确定 Y 的独立观察结果. 例如, 若 $x = x_1, x_2, \cdots, x_n$, 则可得 n 个 Y 的独立观察结果 $Y_1, Y_2, \cdots, Y_n$ (即 n 个相互独立的随机变量), 从而可得一个样本

$$(x_1, Y_1), (x_2, Y_2), \cdots, (x_n, Y_n),$$

相应的样本值为 $(x_1, y_1), (x_2, y_2), \cdots, (x_n, y_n)$. 其次, 采用图像法得到回归函数 $\mu(x)$, 具体步骤如下:

第一步　把 n 对观测值看成直角坐标平面上的 n 个点, 得到一个散点图;

第二步　根据这些点的分布情况, 初步确定 $\mu(x)$ 的类型;

第三步　再用分析法估计 $\mu(x)$ 中的未知参数.

【例 9-1】　已知当温度为 20 ℃ 时，钢线碳含量 x 影响电阻 Y，现通过检测得到以下数据：

碳含量x (%)	0.10	0.30	0.40	0.55	0.70	0.80	0.95
20℃ 时的电阻Y/Ω	15	18	19	21	22.6	23.8	26

这里 x 是自变量，Y 是随机变量. 在直角坐标平面上，得到散点图如图 9-1 所示.

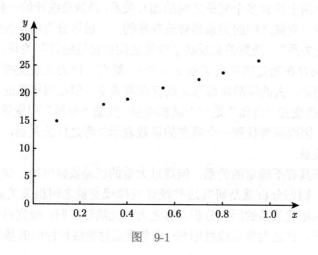

图 9-1

从图 9-1 可以看出，图上的点大致在某一条直线周围，这说明回归函数 $\mu(x)$ 可视为某一线性函数，即

$$\mu(x) = a + bx. \tag{9-1}$$

这里称用样本去估计 $\mu(x)$ 的问题为回归问题，又因式 (9-1) 是线性的，故称之为线性回归问题，其中 x 称为回归变量，a 和 b 称为回归系数.

事实上，对于 x 的每一个值，相应的 Y 值与 $\mu(x)$ 的值存在误差 ε. 我们常假设 ε 服从均值为 0、方差为 σ^2 的正态分布，即

$$Y = a + bx + \varepsilon, \quad \varepsilon \sim N(0, \sigma^2),$$
$$\text{或} \quad Y \sim N(a + bx, \sigma^2), \tag{9-2}$$

此时称式 (9-2) 为一元正态线性回归模型，参数 ε 为随机误差. 注意，这里参数 a，b 以及 σ^2 均不依赖于 x. 若 ε 不服从正态分布，或 Y 不服从正态分布，则称所讨论的是一元非正态线性回归模型.

一、回归模型的参数估计

本节主要讨论一元正态线性回归模型的参数估计. 给定一个样本

$$(x_1, Y_1), (x_2, Y_2), \cdots, (x_n, Y_n)$$

及其样本值 (x_1, y_1), (x_2, y_2), $\cdots$, (x_n, y_n). 由式 (9-2) 可知

$$Y_i = a + bx_i + \varepsilon_i, \quad \varepsilon_i \sim N(0, \sigma^2), \ i = 1, 2, \cdots, n, \tag{9-3}$$

或

$$Y_i \sim N(a + bx_i, \sigma^2), \ i = 1, 2, \cdots, n.$$

下面分别对未知参数 a, b 和 σ^2 进行估计.

1. 参数 a 和 b 的估计

我们选择最大似然估计法估计参数 a, b.

首先，根据 Y_i 的概率密度

$$f(y_i) = \frac{1}{\sigma\sqrt{2\pi}} \exp[-\frac{1}{2\sigma^2}(y_i - a - bx_i)^2], \ i = 1, 2, \cdots, n$$

以及 Y_1, Y_2, $\cdots$, Y_n 的独立性，可得样本的似然函数为

$$L(a, b) = \prod_{i=1}^{n} f(y_i) = \prod_{i=1}^{n} \frac{1}{\sigma\sqrt{2\pi}} \exp\left[-\frac{1}{2\sigma^2}(y_i - a - bx_i)^2\right]$$
$$= \left(\frac{1}{\sigma\sqrt{2\pi}}\right)^n \exp\left[-\frac{1}{2\sigma^2}\sum_{i=1}^{n}(y_i - a - bx_i)^2\right].$$

显然，该似然函数获得最大值当且仅当

$$Q(a,b) = \sum_{i=1}^{n}(y_i - a - bx_i)^2 \tag{9-4}$$

取到最小值，且由式 (9-4) 可知，$Q(a,b)$ 为全部随机误差的平方和，即

$$Q(a,b) = \sum_{i=1}^{n} \varepsilon_i^2.$$

注解 9-1 事实上，若所讨论的是一元非正态线性回归模型，也可直接根据式 (9-4) 估计 a 和 b，使得误差的平方和 $Q(a,b)$ 达到最小，此方法称为最小二乘法.

其次，根据多元函数求极值的方法估计参数: 分别求 $Q(a,b)$ 关于 a 和 b 的偏导数，并令其等于 0，得到如下方程组:

$$\begin{cases} \dfrac{\partial Q}{\partial a} = -2\sum_{i=1}^{n}(y_i - a - bx_i) = 0, \\[2mm] \dfrac{\partial Q}{\partial b} = -2\sum_{i=1}^{n}(y_i - a - bx_i)x_i = 0. \end{cases} \tag{9-5}$$

化简后得

$$
\begin{cases}
na + n\overline{x}b = n\overline{y}, \\
n\overline{x}a + \displaystyle\sum_{i=1}^{n} x_i^2 b = \sum_{i=1}^{n} x_i y_i,
\end{cases}
\tag{9-6}
$$

称该方程组为正规方程组，其中 $\overline{x} = \dfrac{1}{n}\displaystyle\sum_{i=1}^{n} x_i$, $\overline{y} = \dfrac{1}{n}\displaystyle\sum_{i=1}^{n} y_i$. 接下来，求解该方程组可得

$$
\begin{cases}
\hat{a} = \overline{y} - \hat{b}\overline{x}, \\
\hat{b} = \dfrac{\displaystyle\sum_{i=1}^{n} x_i y_i - n\overline{x}\overline{y}}{\displaystyle\sum_{i=1}^{n} x_i^2 - n\overline{x}^2} = \dfrac{\displaystyle\sum_{i=1}^{n}(x_i - \overline{x})(y_i - \overline{y})}{\displaystyle\sum_{i=1}^{n}(x_i - \overline{x})^2}.
\end{cases}
\tag{9-7}
$$

注意，在式 (9-7) 中，由于 x_i 不完全相同，故 $\displaystyle\sum_{i=1}^{n}(x_i - \overline{x})^2 \neq 0$，即参数 a 和 b 有唯一最大似然估计值 $\hat{a}$ 和 $\hat{b}$.

最后，可得回归函数 $\mu(x)$ 的估计函数 $\hat{\mu}(x) = \hat{a} + \hat{b}x$，称其为 Y 关于 x 的经验回归函数；Y 关于 x 的估计方程为

$$
\hat{y} = \hat{a} + \hat{b}x,
\tag{9-8}
$$

称其为 Y 关于 x 的经验回归方程，简称回归方程，其图形称为回归直线.

进一步，将式 (9-7) 中的 $\hat{a} = \overline{y} - \hat{b}\overline{x}$ 代入式 (9-8) 中，可得回归方程

$$
\hat{y} = \overline{y} + \hat{b}(x - \overline{x}).
\tag{9-9}
$$

显然，该式表明回归直线通过散点图的几何中心 $(\overline{x}, \overline{y})$.

为方便计算，下面引入几个记号：

$$
l_{xx} = \sum_{i=1}^{n}(x_i - \overline{x})^2 = \sum_{i=1}^{n} x_i^2 - n\overline{x}^2,
$$

$$
l_{yy} = \sum_{i=1}^{n}(y_i - \overline{y})^2 = \sum_{i=1}^{n} y_i^2 - n\overline{y}^2,
$$

$$
l_{xy} = \sum_{i=1}^{n}(x_i - \overline{x})(y_i - \overline{y}) = \sum_{i=1}^{n} x_i y_i - n\overline{x}\overline{y}.
$$

于是，a 和 b 的最大似然估计值可重新表示为

$$
\begin{cases}
\hat{b} = \dfrac{l_{xy}}{l_{xx}}, \\
\hat{a} = \overline{y} - \hat{b}\overline{x} = \overline{y} - \dfrac{l_{xy}}{l_{xx}}\overline{x}.
\end{cases}
\tag{9-10}
$$

同理，令

$$l_{YY} = \sum_{i=1}^{n}(Y_i - \overline{Y})^2 = \sum_{i=1}^{n}Y_i^2 - n\overline{Y}^2,$$

$$l_{xY} = \sum_{i=1}^{n}(x_i - \overline{x})(Y_i - \overline{Y}) = \sum_{i=1}^{n}x_iY_i - n\overline{x}\overline{Y},$$

则 a 和 b 的最大似然估计量为

$$\begin{cases} \hat{b} = \dfrac{l_{xY}}{l_{xx}}, \\[2mm] \hat{a} = \overline{Y} - \hat{b}\overline{x} = \overline{Y} - \dfrac{l_{xY}}{l_{xx}}\overline{x}, \end{cases} \tag{9-11}$$

其中 $\overline{Y} = \dfrac{1}{n}\sum_{i=1}^{n}Y_i$.

【例 9-2】 分析例 9-1 中 Y 关于 x 的回归方程.

解 根据例 9-1 中的数据，可得 $\overline{x} = 0.543$，$\overline{y} = 20.771$，其他数值如下：

序号	x_i	y_i	$x_i - \overline{x}$	$y_i - \overline{y}$	$(x_i - \overline{x})^2$	$(y_i - \overline{y})^2$	$(x_i - \overline{x})(y_i - \overline{y})$
1	0.1	15	−0.443	−5.771	0.196	33.304	2.557
2	0.3	18	−0.243	−2.771	0.059	7.678	0.673
3	0.4	19	−0.143	−1.771	0.020	3.136	0.253
4	0.55	21	0.007	0.229	0.000	0.052	0.002
5	0.7	22.6	0.157	1.829	0.025	3.345	0.287
6	0.8	23.8	0.257	3.029	0.066	9.175	0.778
7	0.95	26	0.407	5.229	0.166	27.342	2.128
$\sum$	3.8	145.4	—	—	0.532	84.034	6.679

根据此表，得

$$l_{xx} = \sum_{i=1}^{7}(x_i - \overline{x})^2 = 0.532,$$

$$l_{yy} = \sum_{i=1}^{7}(y_i - \overline{y})^2 = 84.034,$$

$$l_{xy} = \sum_{i=1}^{7}(x_i - \overline{x})(y_i - \overline{y}) = 6.679.$$

因此

$$\hat{b} = \frac{l_{xy}}{l_{xx}} = \frac{6.679}{0.532} = 12.555,$$

$$\hat{a} = \overline{y} - \hat{b}\overline{x} = \frac{145.4}{7} - 12.555 \times \frac{3.8}{7} = 20.771 - 12.555 \times 0.543 = 13.954.$$

于是，所求回归方程为

$$\hat{y} = 13.954 + 12.555x.$$

2. σ^2 的估计

根据式 (9-2) 可知

$$E\{[y - \mu(x)]^2\} = E(\varepsilon^2) = D(\varepsilon) + [E(\varepsilon)]^2 = \sigma^2.$$

这表明 σ^2 的取值大小直接影响着用回归函数 $\mu(x)$ 逼近 Y 的效果. 具体来说，σ^2 越小，$\mu(x)$ 作为 Y 的近似所导致的误差越小；反之，σ^2 越大，$\mu(x)$ 作为 Y 的近似所导致的误差越大. 下面我们讨论参数 σ^2 的估计.

首先，估计 $Q(a, b)$ 的最小值. 称 $\hat{\mu}(x_i) = \hat{y}_i = \hat{a} + \hat{b}x_i$ 为回归值. 显然，此值刻画了 y_i 受 x_i 线性影响的部分. 从而 $y_i - \hat{y}_i$ 反映了受其他因素影响的部分，这里称 $y_i - \hat{y}_i$ 为在 x_i 处的残差或剩余；称

$$Q_{s2} = \sum_{i=1}^{n}(y_i - \hat{y}_i)^2 = \sum_{i=1}^{n}[y_i - (\hat{a} + \hat{b}x_i)]^2 \tag{9-12}$$

为残差平方和或剩余平方和，即 $Q(a, b)$ 的最小值. 进一步，由式 (9-9) 可知残差平方和也可表示为

$$\begin{aligned}
Q_{s2} &= \sum_{i=1}^{n}(y_i - \hat{y}_i)^2 = \sum_{i=1}^{n}[y_i - \overline{y} - \hat{b}(x_i - \overline{x})]^2 \\
&= \sum_{i=1}^{n}(y_i - \overline{y})^2 - 2\hat{b}\sum_{i=1}^{n}(x_i - \overline{x})(y_i - \overline{y}) + \hat{b}^2\sum_{i=1}^{n}(x_i - \overline{x})^2 \\
&= l_{yy} - 2\hat{b}l_{xy} + \hat{b}^2 l_{xx}.
\end{aligned} \tag{9-13}$$

再由式 (9-11) 可知 $\hat{b} = \dfrac{l_{xy}}{l_{xx}}$，代入式 (9-13) 得

$$Q_{s2} = l_{yy} - \hat{b}l_{xy}. \tag{9-14}$$

与此同时，残差平方和 Q_{s2} 相应的统计量为

$$Q_{S2} = l_{YY} - \hat{b}l_{xY}. \tag{9-15}$$

其次，为了能够估计 σ^2，这里给出相关定理.

定理 9-1　线性回归函数 $\mu(x) = \hat{a} + \hat{b}x$ 的回归系数 a 和 b，以及 σ^2 满足如下性质.

(1) $E(\hat{a}) = a$, $E(\hat{b}) = b$, $D(\hat{b}) = \dfrac{\sigma^2}{l_{xx}}$，且 $\hat{b} \sim N(b, \dfrac{\sigma^2}{l_{xx}})$；

(2) 设 $\hat{y}_0 = \hat{\mu}(x_0) = \hat{a} + \hat{b}x_0$ 为 $x = x_0$ 的回归值，则 $\hat{Y}_0 = \hat{a} + \hat{b}x_0$ 为相应的估计量，且

$$\hat{Y}_0 = \overline{Y} + \hat{b}(x_0 - \overline{x}) \sim N\left(a + bx_0, \left[\frac{1}{n} + \frac{(x_0 - \overline{x})^2}{l_{xx}}\right]\sigma^2\right);$$

(3) $\dfrac{Q_{S2}}{\sigma^2}$ 服从自由度为 $n-2$ 的 χ^2 分布, 即

$$\frac{Q_{S2}}{\sigma^2} \sim \chi^2(n-2).$$

该定理证明过程略, 感兴趣的读者可参考文献 [3] (263-264 页).

接下来, 由定理 9-1的性质 (3) 可知,

$$E\left(\frac{Q_{S2}}{\sigma^2}\right) = n-2,$$

可见

$$E\left(\frac{Q_{S2}}{n-2}\right) = \sigma^2.$$

从而 σ^2 的无偏估计量为

$$\hat{\sigma}^2 = \frac{Q_{S2}}{n-2} = \frac{l_{YY} - \hat{b}l_{xY}}{n-2}, \tag{9-16}$$

σ^2 的无偏估计值 (仍记为 $\hat{\sigma}^2$) 为

$$\hat{\sigma}^2 = \frac{Q_{s2}}{n-2} = \frac{l_{yy} - \hat{b}l_{xy}}{n-2}. \tag{9-17}$$

【例 9-3】 例 9-2 已求出 Y 关于 x 的回归方程, 在此基础之上, 试给出 σ^2 的无偏估计值.

解 由例 9-2 可知

$$l_{yy} = \sum_{i=1}^{7}(y_i - \overline{y})^2 = 84.034,$$

$$l_{xy} = \sum_{i=1}^{7}(x_i - \overline{x})(y_i - \overline{y}) = 6.679,$$

$$\hat{b} = \frac{l_{xy}}{l_{xx}} = \frac{6.679}{0.532} = 12.555.$$

于是 σ^2 的无偏估计值为

$$\hat{\sigma}^2 = \frac{Q_{s2}}{n-2} = \frac{l_{yy} - \hat{b}l_{xy}}{n-2} = \frac{84.034 - 12.555 \times 6.679}{7-2} = 0.036.$$

二、 回归方程的显著性检验

前面我们讨论了随机变量 Y 关于变量 x 的回归函数 $\mu(x)$, 总是假定该回归函数具有线性形式 $a+bx$. 而 Y 与 x 是否一定存在线性关系? 即回归函数 $\mu(x)$ 是否一定为关于 x 的线性函数? 一般来说, 需要通过假设检验才能确定. 事实上, 若 $b=0$, 则说明 Y 不受

x 影响，即 Y 与 x 之间一定不存在线性关系，回归函数也就没有意义了；若 $b \neq 0$，则说明 Y 受 x 影响，即 Y 与 x 之间存在线性关系. 于是，为了检验 Y 与 x 之间是否有线性关系，需检验假设

$$H_0 : b = 0, \quad H_1 : b \neq 0. \tag{9-18}$$

关于该假设的检验，常用的检验法有 F 检验法、t 检验法和相关系数检验法.

1. F 检验法

为了衡量数据波动的大小，这里计算数据总的偏差平方和

$$
\begin{aligned}
L_{YY} &= \sum_{i=1}^{n}(Y_i - \overline{Y})^2 = \sum_{i=1}^{n}[(Y_i - \hat{Y}_i) + (\hat{Y}_i - \overline{Y})]^2 \\
&= \sum_{i=1}^{n}(Y_i - \hat{Y}_i)^2 + 2\sum_{i=1}^{n}(Y_i - \hat{Y}_i)(\hat{Y}_i - \overline{Y}) + \sum_{i=1}^{n}(\hat{Y}_i - \overline{Y})^2.
\end{aligned}
$$

考虑到 $\hat{a} = \overline{Y} - \hat{b}\overline{x}$，则

$$
\begin{aligned}
\sum_{i=1}^{n}(Y_i - \hat{Y}_i)(\hat{Y}_i - \overline{Y}) &= \sum_{i=1}^{n}(Y_i - \hat{a} - \hat{b}x_i)(\hat{a} + \hat{b}x_i - \overline{Y}) \\
&= \sum_{i=1}^{n}(Y_i - \overline{Y} + \hat{b}\overline{x} - \hat{b}x_i)(\overline{Y} - \hat{b}\overline{x} + \hat{b}x_i - \overline{Y}) \\
&= \sum_{i=1}^{n}\hat{b}(x_i - \overline{x})(Y_i - \overline{Y}) - \hat{b}^2\sum_{i=1}^{n}(x_i - \overline{x})^2 \\
&= \frac{l_{xY}}{l_{xx}} \times l_{xY} - \frac{l_{xY}^2}{l_{xx}^2} \times l_{xx} = 0.
\end{aligned}
$$

于是

$$L_{YY} = \sum_{i=1}^{n}(\hat{Y}_i - \overline{Y})^2 + \sum_{i=1}^{n}(Y_i - \hat{Y}_i)^2 = Q_{S1} + Q_{S2}. \tag{9-19}$$

其中 $\sum_{i=1}^{n}(\hat{Y}_i - \overline{Y})^2 = Q_{S1}$，$\sum_{i=1}^{n}(Y_i - \hat{Y}_i)^2 = Q_{S2}$. 显然，这里将总的偏差平方和 L_{YY} 分解为两部分：一部分为 x 对 Y 的线性影响引起的偏差平方和 (也称为回归平方和) Q_{S1}，另一部分为随机波动引起的偏差平方和 Q_{S2}.

令 $R = \sqrt{\dfrac{Q_{S1}}{Q_{S1} + Q_{S2}}}$，则 R 反映了回归平方和占总偏差平方和的比例，称其为判定系数.

(1) 当 $Q_{S2} = 0$ 时，$R = 1$，这说明 Y 与 x 的线性关系非常显著；

(2) 当 $Q_{S1} = 0$ 时，$R = 0$，这说明 Y 与 x 的线性关系不显著；

(3) $0 \leqslant R \leqslant 1$，$R$ 越接近 1，Y 与 x 线性关系越显著；反之，二者之间的线性关系越不显著.

注解 9-2 前面已指出

$$\frac{Q_{S2}}{\sigma^2} \sim \chi^2(n-2).$$

此外，下面五个性质也成立：

(1) $\dfrac{L_{YY}}{\sigma^2} \sim \chi^2(n-1)$;

(2) $\dfrac{Q_{S1}}{\sigma^2} \sim \chi^2(1)$;

(3) Q_{S1} 和 Q_{S2} 相互独立；

(4) $\dfrac{Q_{S1}}{Q_{S2}/(n-2)} \sim F(1,~n-2)$;

(5) $\hat{b}$ 和 Q_{S2} 相互独立.

这些性质的证明过程略，感兴趣的读者可参考文献 [3] (263-264 页).

为检验假设

$$H_0 : b = 0, ~~ H_1 : b \neq 0,$$

给出检验统计量

$$F = \frac{Q_{S1}}{Q_{S2}/(n-2)} \sim F(1,~n-2). \tag{9-20}$$

当 H_0 为真时，根据显著性水平 α，确定拒绝域为

$$F \geqslant F_\alpha(1,~n-2).$$

然后代入样本值，计算出 F 的观测值 (仍记为 F)

$$F = \frac{Q_{s1}}{Q_{s2}/(n-2)}.$$

比较 F 的观测值与 $F_\alpha(1,~n-2)$：若 $F \geqslant F_\alpha(1,~n-2)$，则拒绝原假设 H_0，这说明 Y 与 x 的线性关系显著 (或认为回归效果是显著的)；若 $F < F_\alpha(1,~n-2)$，则接受原假设 H_0，这说明 Y 与 x 的线性关系不显著 (或认为回归效果不显著).

【例 9-4】 给定显著性水平 $\alpha = 0.05$，对例 9-2 所求出的 Y 关于 x 的回归方程进行 F 检验.

解 提出假设

$$H_0 : b = 0, ~~ H_1 : b \neq 0.$$

给定显著性水平 $\alpha = 0.05$，查 F 分布表可得 $F_{0.05}(1,~5) = 6.61$. 由题意可知

$$l_{xx} = \sum_{i=1}^{7}(x_i - \overline{x})^2 = 0.532,$$

$$l_{yy} = \sum_{i=1}^{7}(y_i - \overline{y})^2 = 84.034,$$

$$l_{xy} = \sum_{i=1}^{7} (x_i - \overline{x})(y_i - \overline{y}) = 6.679,$$

$$\hat{b} = \frac{l_{xy}}{l_{xx}} = \frac{6.679}{0.532} = 12.555.$$

于是

$$\frac{Q_{s2}}{n-2} = \frac{l_{yy} - \hat{b}l_{xy}}{n-2} = \frac{84.034 - 12.555 \times 6.679}{7-2} = 0.036,$$

$$Q_{s1} = l_{yy} - Q_{s2} = \hat{b}l_{xy} = 12.555 \times 6.679 = 83.855.$$

因此

$$F = \frac{Q_{s1}}{Q_{s2}/n-2} = \frac{83.855}{0.036} = 2329.306 > F_{0.05}(1, \ 5) = 6.61.$$

所以拒绝原假设 H_0，这说明 Y 与 x 的线性关系显著 (或认为回归效果是显著的).

2. t 检验法

由定理 9-1 和式 (9-16) 可知

$$\hat{b} \sim N\left(b, \ \frac{\sigma^2}{l_{xx}}\right), \ \frac{(n-2)\hat{\sigma}^2}{\sigma^2} = \frac{Q_{S2}}{\sigma^2} \sim \chi^2(n-2),$$

且 $\hat{b}$ 与 Q_{S2} 相互独立. 于是

$$\frac{\dfrac{\hat{b}-b}{\sqrt{\sigma^2/l_{xx}}}}{\sqrt{\dfrac{(n-2)\hat{\sigma}^2}{\sigma^2}\Big/(n-2)}} \sim t(n-2),$$

即

$$\frac{\hat{b}-b}{\hat{\sigma}}\sqrt{l_{xx}} \sim t(n-2).$$

为检验假设

$$H_0 : b = 0, \ H_1 : b \neq 0,$$

假设 H_0 为真，给出检验统计量

$$t = \frac{\hat{b}}{\hat{\sigma}}\sqrt{l_{xx}} \sim t(n-2). \tag{9-21}$$

根据显著性水平 α，确定拒绝域为

$$|t| = \frac{|\hat{b}|}{\hat{\sigma}}\sqrt{l_{xx}} \geqslant t_{\alpha/2}(n-2).$$

然后代入样本值，计算出 t 的观测值 (仍记为 t). 比较 t 的观测值与 $t_{\alpha/2}(n-2)$：若 $|t| \geqslant t_{\alpha/2}(n-2)$，则拒绝原假设 H_0，这说明 Y 与 x 的线性关系显著 (或认为回归效果是显著的)；若 $|t| < t_{\alpha/2}(n-2)$，则接受原假设 H_0，这说明 Y 与 x 的线性关系不显著 (或认为回归效果不显著).

【例 9-5】 给定显著性水平 $\alpha = 0.05$，对例 9-2 所求出的 Y 关于 x 的回归方程进行 t 检验.

解 提出假设
$$H_0 : b = 0, \quad H_1 : b \neq 0.$$

给定显著性水平 $\alpha = 0.05$，查 t 分布表可得 $t_{0.025}(5) = 2.5706$. 由例 9-3 和例 9-4 可知

$$l_{xx} = \sum_{i=1}^{7}(x_i - \overline{x})^2 = 0.532,$$

$$\hat{b} = \frac{l_{xy}}{l_{xx}} = \frac{6.679}{0.532} = 12.555,$$

$$\hat{\sigma}^2 = \frac{Q_{s2}}{n-2} = \frac{l_{yy} - \hat{b}l_{xy}}{n-2} = \frac{84.034 - 12.555 \times 6.679}{7-2} = 0.036.$$

于是

$$|t| = \frac{|\hat{b}|}{\hat{\sigma}}\sqrt{l_{xx}} = \frac{12.555}{\sqrt{0.036}} \times \sqrt{0.532} = 48.264 > t_{0.025}(5) = 2.5706.$$

所以拒绝原假设 H_0，这说明 Y 与 x 的线性关系显著 (或认为回归效果是显著的).

3. 相关系数检验法

由第四章知识可知，相关系数反映了随机变量之间线性关系的紧密程度. 对于一元线性回归模型中的变量 Y 与 x，这里定义其样本的相关系数为

$$r = \frac{\sum_{i=1}^{n}(x_i - \overline{x})(y_i - \overline{y})}{\sqrt{\sum_{i=1}^{n}(x_i - \overline{x})^2}\sqrt{\sum_{i=1}^{n}(y_i - \overline{y})^2}} = \frac{l_{xy}}{\sqrt{l_{xx}}\sqrt{l_{yy}}}. \tag{9-22}$$

给定显著性水平 α，查相关系数表 (见表 9-1) 确定 $r_\alpha(n-2)$. 然后根据样本值计算相关系数值 r. 比较 $|r|$ 的值与 $r_\alpha(n-2)$：若 $|r| \geqslant r_\alpha(n-2)$，则拒绝原假设 H_0，这说明 Y 与 x 的线性关系显著 (或认为回归效果是显著的)；若 $|r| < r_\alpha(n-2)$，则接受原假设 H_0，这说明 Y 与 x 的线性关系不显著 (或认为回归效果不显著).

表　9-1

$n-2$	α				
	0.10	0.05	0.02	0.01	0.001
1	0.98769	0.99692	0.999507	0.999877	0.9999988
2	0.90000	0.95000	0.98000	0.99900	0.99900
3	0.8054	0.8783	0.93433	0.95873	0.99116
4	0.7293	0.8114	0.8822	0.91720	0.97406
5	0.6694	0.7545	0.8329	0.8745	0.95075
6	0.6215	0.7067	0.7887	0.8343	0.92493
7	0.5822	0.6664	0.7498	0.7977	0.8982
8	0.5494	0.6319	0.7155	0.7646	0.8721
9	0.5214	0.6021	0.6851	0.7348	0.8471
10	0.4973	0.5760	0.6581	0.7079	0.8233

【例 9-6】　给定显著性水平 $\alpha = 0.05$，对例 9-2 所求出的 Y 关于 x 的回归方程进行相关系数检验.

解　根据例 9-2，可得

$$l_{xx} = \sum_{i=1}^{7}(x_i - \overline{x})^2 = 0.532,$$

$$l_{yy} = \sum_{i=1}^{7}(y_i - \overline{y})^2 = 84.034,$$

$$l_{xy} = \sum_{i=1}^{7}(x_i - \overline{x})(y_i - \overline{y}) = 6.679.$$

于是

$$r = \frac{l_{xy}}{\sqrt{l_{xx}}\sqrt{l_{yy}}} = \frac{6.679}{\sqrt{0.532}\sqrt{84.034}} = 0.999.$$

根据显著性水平 $\alpha = 0.05$，查相关系数表得 $r_{0.05}(5) = 0.7545$. 显然，$r \geqslant r_{0.05}(5)$，这说明 Y 与 x 的线性关系显著 (或认为回归效果是显著的).

通过本节的学习，我们知道对数据进行统计分析时，一定要掌握好数据特征，保证数据真实可靠，并充分运用所学知识对数据进行整理、分析和推断，得出有实用价值的结论以指导我们的实践. 这个过程需要我们具备一丝不苟、严谨求真和实事求是的科学态度. 作为学生，我们应当培养刻苦钻研、谨慎细致、精益求精的精神，为以后的统计工作或科学研究奠定良好的基础.

基础练习 9-1

1. 一元线性回归模型为 _____.

2. 对于线性回归方程的显著性检验，常见检验法为 _____、_____、_____.

第二节 一元线性回归的预测和控制

预测和控制是一元线性回归的两个重要应用，其中控制是预测的反问题.

设一元线性回归模型为

$$Y = a + bx + \varepsilon, \quad \varepsilon \sim N(0,\ \sigma^2).$$

给定一个样本

$$(x_1,\ Y_1),\ (x_2,\ Y_2),\ \cdots,\ (x_n,\ Y_n),$$

其样本值为

$$(x_1,\ y_1),\ (x_2,\ y_2),\ \cdots,\ (x_n,\ y_n).$$

显然，对于每一个 x_i，均有

$$Y_i = a + bx_i + \varepsilon_i, \quad \varepsilon_i \sim N(0,\ \sigma^2),$$

或

$$Y_i \sim N(a + bx_i,\ \sigma^2),\ i = 1,\ 2,\ \cdots,\ n.$$

依据样本值所求的 Y 关于 x 的回归方程为 $\hat{y} = \hat{a} + \hat{b}x$，并且经过检验是显著的.

一、预测

这里所讨论的预测问题，就是估计当 $x = x_0$ 时，Y 取值的大小，即估计 $Y_0 = a + bx_0 + \varepsilon$. 显然，$\hat{Y}_0 = \hat{a} + \hat{b}x_0$ 可作为 Y_0 的一个点估计量，相应地，$\hat{y}_0 = \hat{a} + \hat{b}x_0$ 可作为 Y_0 的一个点估计值. 然而，点估计并不能给出估计的精度. 为确保预测的精确性和可靠性，下面对 Y_0 进行区间估计，求出预测区间.

第一步 确定枢轴量.

根据定理 9-1可知点估计量 $\hat{Y}_0 = \hat{a} + \hat{b}x_0$ 满足

$$\hat{Y}_0 = \overline{Y} + \hat{b}(x_0 - \overline{x}) \sim N\left(a + bx_0,\ \left[\frac{1}{n} + \frac{(x_0 - \overline{x})^2}{l_{xx}}\right]\sigma^2\right).$$

由于 Y_0 是待估计的量 (即将要进行的一次独立观察结果)，因而它与之前得到的观察结果 $Y_1,\ Y_2,\ \cdots,\ Y_n$ 相互独立. 而 $\hat{Y}_0$ 是 $Y_1,\ Y_2,\ \cdots,\ Y_n$ 的线性组合，故 Y_0 与 $\hat{Y}_0$ 相互独立. 于是

$$\hat{Y}_0 - Y_0 \sim N\left(0,\ \left[1 + \frac{1}{n} + \frac{(x_0 - \overline{x})^2}{l_{xx}}\right]\sigma^2\right),$$

即

$$\frac{\hat{Y}_0 - Y_0}{\sigma\sqrt{1 + \dfrac{1}{n} + \dfrac{(x_0 - \overline{x})^2}{l_{xx}}}} \sim N(0,\ 1). \tag{9-23}$$

由式 (9-16) 知 $Q_{S2} = (n-2)\hat{\sigma}^2$，且 $\dfrac{Q_{S2}}{\sigma^2} \sim \chi^2(n-2)$，故

$$\frac{(n-2)\hat{\sigma}^2}{\sigma^2} \sim \chi^2(n-2). \tag{9-24}$$

因而，根据式 (9-23)、式 (9-24) 以及 t 分布的定义，可得枢轴量为

$$\frac{\hat{Y}_0 - Y_0}{\hat{\sigma}\sqrt{1 + \dfrac{1}{n} + \dfrac{(x_0 - \overline{x})^2}{l_{xx}}}} \sim t(n-2).$$

第二步 给定置信水平 $1 - \alpha$，确定置信区间.

根据置信水平 $1 - \alpha$，有

$$P\left\{\frac{|\hat{Y}_0 - Y_0|}{\hat{\sigma}\sqrt{1 + \dfrac{1}{n} + \dfrac{(x_0 - \overline{x})^2}{l_{xx}}}} < t_{\alpha/2}(n-2)\right\} = 1 - \alpha.$$

整理得

$$P\left\{\hat{Y}_0 - t_{\alpha/2}(n-2)\hat{\sigma}\sqrt{1 + \frac{1}{n} + \frac{(x_0 - \overline{x})^2}{l_{xx}}} < Y_0 < \hat{Y}_0 + t_{\alpha/2}(n-2)\hat{\sigma}\sqrt{1 + \frac{1}{n} + \frac{(x_0 - \overline{x})^2}{l_{xx}}}\right\} = 1 - \alpha.$$

于是 Y_0 的置信水平为 $1 - \alpha$ 的置信区间为

$$\left(\hat{Y}_0 - t_{\alpha/2}(n-2)\hat{\sigma}\sqrt{1 + \frac{1}{n} + \frac{(x_0 - \overline{x})^2}{l_{xx}}}, \ \hat{Y}_0 + t_{\alpha/2}(n-2)\hat{\sigma}\sqrt{1 + \frac{1}{n} + \frac{(x_0 - \overline{x})^2}{l_{xx}}}\right).$$

令

$$\delta(x_0) = t_{\alpha/2}(n-2)\hat{\sigma}\sqrt{1 + \frac{1}{n} + \frac{(x_0 - \overline{x})^2}{l_{xx}}},$$

则 Y_0 的置信水平为 $1 - \alpha$ 的置信区间可简写为

$$(\hat{Y}_0 - \delta(x_0), \ \hat{Y}_0 + \delta(x_0)).$$

代入样本值，相应的置信区间为

$$(\hat{y}_0 - \delta(x_0), \ \hat{y}_0 + \delta(x_0)). \tag{9-25}$$

图 9-2 非常直观、形象地显示了一元线性回归的预测.

【**例 9-7**】 (续例 9-2 和例 9-3) 求 $x = 0.5$ 时观测值 Y 的置信水平为 0.95 的预测区间.

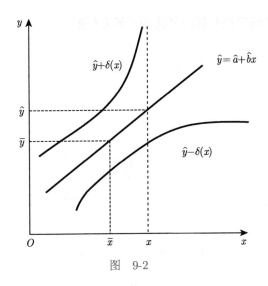

图　9-2

解　根据例 9-2 和例 9-3, 可得

$$n = 7, \ \hat{\sigma}^2 = 0.036, \ \hat{y} = 13.954 + 12.555x, \ \overline{x} = 0.543, \ l_{xx} = 0.532.$$

由于

$$\delta(0.5) = t_{0.025}(5) \times \hat{\sigma} \times \sqrt{1 + \frac{1}{7} + \frac{(0.5 - \overline{x})^2}{l_{xx}}}$$

$$= 2.5706 \times \sqrt{0.036} \times \sqrt{1 + \frac{1}{7} + \frac{(0.5 - 0.543)^2}{0.532}} = 0.522,$$

且

$$\hat{y}_0 = \hat{y}|_{x=0.5} = 13.954 + 12.555 \times 0.5 = 20.2315,$$

故 $x = 0.5$ 时, 观测值 Y 的置信水平为 0.95 的预测区间为

$$(\hat{y}_0 - 0.522, \ \hat{y}_0 + 0.522) = (20.2315 - 0.522, \ 20.2315 + 0.522)$$

$$= (19.710, \ 20.754).$$

二、　控制

所谓控制问题就是给定置信水平 $1 - \alpha$, 求出区间 $(x_1, \ x_2)$, 使得当 $x \in (x_1, \ x_2)$ 时, Y 的观测值不仅落在区间 $(y_1, \ y_2)$ 内, 且满足

$$P\{y_1 < Y < y_2\} = 1 - \alpha.$$

这里称区间 $(x_1, \ x_2)$ 为控制区间. 下面给出控制区间的求解过程.

由于

$$P\{y_1 < Y < y_2\} = 1 - \alpha,$$

则根据式 (9-25)，可知确定控制区间转化为求解方程组

$$\begin{cases} y_1 \leqslant \hat{y} - \delta(x), \\ y_2 \geqslant \hat{y} + \delta(x). \end{cases}$$

鉴于

$$\delta(x) = t_{\alpha/2}(n-2)\hat{\sigma}\sqrt{1 + \frac{1}{n} + \frac{(x-\overline{x})^2}{l_{xx}}}$$

比较复杂，故在很多情形下直接求解 x_1 和 x_2 是很困难的. 因而当 n 很大且 x 接近 $\overline{x}$ 时，可将其简化计算，即

$$1 + \frac{1}{n} + \frac{(x-\overline{x})^2}{l_{xx}} \approx 1,$$

$$t_{\alpha/2}(n-2) \approx z_{\alpha/2}.$$

于是，确定控制区间转化为求解

$$\begin{cases} y_1 \leqslant \hat{y} - z_{\alpha/2}\hat{\sigma} = \hat{a} + \hat{b}x - z_{\alpha/2}\hat{\sigma}; \\ y_2 \geqslant \hat{y} + z_{\alpha/2}\hat{\sigma} = \hat{a} + \hat{b}x + z_{\alpha/2}\hat{\sigma}. \end{cases}$$

注意上式的求解应保证 $y_1 \leqslant y_2$.

基础练习 9-2

1. 对一元线性回归待估计量 Y_0 进行区间估计时，采用的枢轴量为 _____.
2. 一元线性回归待估计量 Y_0 的置信水平为 $1-\alpha$ 的置信区间为 _____.

第三节　一元线性回归的推广

本节主要讨论一元线性回归的两种推广：一元非线性回归和多元线性回归.

一、 一元非线性回归

我们知道，变量之间除了线性关系外，还有非线性关系. 回归函数并非一定是关于自变量的线性函数. 这里主要讨论将一元非线性回归问题转换为线性回归问题，并利用线性回归对其进行分析.

一般来说，可分三步进行.

第一步　分析数据 (例如描出散点图)，确定回归函数可能的函数形式 $y = g(x)$.

第二步　将可能的函数转化为线性形式 $u = a + bv$，并对未知参数 a 和 b 进行估计，得到线性回归方程 $\hat{u} = \hat{a} + \hat{b}v$.

第三步　代回原变量，得到回归曲线方程 $\hat{y} = g(x)$.

下面给出几个常用的可能函数形式：

1. 双曲函数型

(1) $y = a + \dfrac{b}{x}$.

令 $v = \dfrac{1}{x}$，则原函数可转换为 $y = a + bv$.

(2) $\dfrac{1}{y} = a + \dfrac{b}{x}$.

令 $u = \dfrac{1}{y}$，$v = \dfrac{1}{x}$，则原函数可转换为 $u = a + bv$.

2. 指数函数型

(1) $y = ce^{bx}$，其中 $y > 0$，$c > 0$.

令 $u = \ln y$，$a = \ln c$，则原函数可转换为 $u = a + bx$.

(2) $y = ce^{\frac{b}{x}}$，其中 $y > 0$，$c > 0$.

令 $u = \ln y$，$v = \dfrac{1}{x}$，$a = \ln c$，则原函数可转换为 $u = a + bv$.

3. 幂函数型

$y = cx^b$，其中 $x > 0$，$y > 0$，$c > 0$.

令 $u = \ln y$，$v = \ln x$，$a = \ln c$，则原函数可转换为 $u = a + bv$.

4. 对数函数型

(1) $y = a + b\ln x$，其中 $x > 0$.

令 $v = \ln x$，则原函数可转换为 $y = a + bv$.

(2) $\ln y = a + b\ln x$，其中 $x > 0$，$y > 0$.

令 $u = \ln y$，$v = \ln x$，则原函数可转换为 $u = a + bv$.

5. S 函数型

$y = \dfrac{1}{a + be^{-x}}$.

令 $u = \dfrac{1}{y}$，$v = e^{-x}$，则原函数可转换为 $u = a + bv$.

【例 9-8】　根据下面的数据分析回归曲线.

x	5.6	4	2.5	3	1.8	2.4
Y	2.03	2.04	2.07	2.06	2.09	2.07

(1) 画出 Y 关于 x 的曲线散点图；

(2) 令 $u = \dfrac{1}{x}$，画出 Y 关于 u 的散点图；

(3) 求出 Y 关于 x 的回归曲线方程.

解　(1) 根据题目相应表中的数据，可画出 Y 关于 x 的曲线散点图 (见图 9-3). 从该图可以看出，这 6 个点在一条曲线上，即回归函数是某一非线性函数.

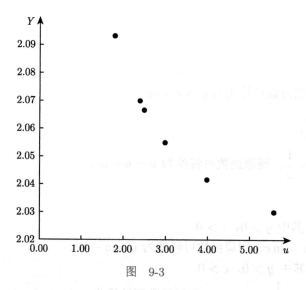

图 9-3

(2) 令 $u = \dfrac{1}{x}$，则 Y 关于 u 的相关数据如下：

u	0.18	0.25	0.4	0.33	0.56	0.42
Y	2.03	2.04	2.07	2.06	2.09	2.07

Y 关于 u 的曲线散点图如图 9-4 所示.

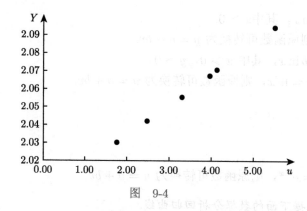

图 9-4

由图 9-4 可知，这 6 个点在一条直线上，即回归函数是某一线性函数，不妨设其为 $\mu(u) = a + bu$，下面估计参数 a 和参数 b.

由相关数据得

$$\overline{u} = 0.357, \quad \overline{y} = 2.060,$$

$$l_{uu} = \sum_{i=1}^{6}(u_i - \overline{u})^2 = 0.091,$$

$$l_{yy} = \sum_{i=1}^{6}(y_i - \overline{y})^2 = 0.002,$$

$$l_{uy} = \sum_{i=1}^{6}(\mu_i - \overline{u})(y_i - \overline{y}) = 0.015.$$

因而

$$\hat{b} = \frac{l_{uy}}{l_{uu}} = \frac{0.015}{0.091} = 0.165,$$

$$\hat{a} = \overline{y} - \hat{b}\overline{u} = 2.060 - 0.165 \times 0.357 = 2.001.$$

于是，所求线性回归方程为

$$\hat{y} = 2.001 + 0.165u.$$

(3) 根据 (2) 的结果可知，Y 关于 x 的回归曲线方程为

$$\hat{y} = 2.001 + \frac{0.165}{x}.$$

二、 多元线性回归

在客观世界中，随机变量 Y 往往与多个普通变量 x_1，x_2，$\cdots$，x_n 有关. 显然，对于自变量 x_1，x_2，$\cdots$，x_n 的每一组确定的值，Y 都有它的分布，其分布函数为 $F(Y|x_1$，x_2，$\cdots$，$x_n)$. 类似于一元线性回归情形，若 Y 的数学期望 $E(Y)$ 存在，则它是变量 x_1，x_2，$\cdots$，x_n 的函数. 我们将这一函数记为 $\mu_{Y|x_1, x_2, \cdots, x_n}$ 或 $\mu(x_1, x_2, \cdots, x_n)$，并称其为 Y 关于 x_1，x_2，$\cdots$，x_n 的回归函数. 这样研究 Y 与 x_1，x_2，$\cdots$，x_n 的相关关系转换为研究 $E(Y) = \mu(x_1, x_2, \cdots, x_n)$ 与 x_1，x_2，$\cdots$，x_n 的函数关系.

这里主要讨论 $\mu(x_1, x_2, \cdots, x_n)$ 是 x_1，x_2，$\cdots$，x_n 的线性函数的情形，且我们仅讨论下述多元正态线性回归问题. 设

$$Y = b_0 + b_1x_1 + b_2x_2 + \cdots + b_nx_n + \varepsilon, \ \varepsilon \sim N(0, \ \sigma^2), \tag{9-26}$$

其中 σ^2 为未知参数，b_0，b_1，$\cdots$，b_n 也为未知参数，称其为回归系数，其取值均与 x_1，x_2，$\cdots$，x_n 无关. 由于 ε 服从正态分布，故称式 (9-26) 为多元正态线性回归模型.

给定一个样本

$$(x_{11}, \ x_{12}, \ \cdots, \ x_{1n}, \ Y_1),$$
$$(x_{21}, \ x_{22}, \ \cdots, \ x_{2n}, \ Y_2),$$
$$\vdots$$
$$(x_{n1}, \ x_{n2}, \ \cdots, \ x_{nn}, \ Y_n).$$

相应的样本值为

$$(x_{11}, \ x_{12}, \ \cdots, \ x_{1n}, \ y_1),$$

$$(x_{21}, \ x_{22}, \ \cdots, \ x_{2n}, \ y_2),$$

$$\vdots$$

$$(x_{n1}, \ x_{n2}, \ \cdots, \ x_{nn}, \ y_n),$$

其中 x_{ij} 为自变量 x_j 的第 i 个观测值，Y_i 是在 $(x_{i1}, \ x_{i2}, \ \cdots, \ x_{in})$ 处对随机变量 Y 的独立观察结果，且满足

$$\begin{cases} Y_1 = b_0 + b_1 x_{11} + b_2 x_{12} + \cdots + b_n x_{1n} + \varepsilon_1, \\ Y_2 = b_0 + b_1 x_{21} + b_2 x_{22} + \cdots + b_n x_{2n} + \varepsilon_2, \\ \qquad\qquad\qquad\qquad \vdots \\ Y_n = b_0 + b_1 x_{n1} + b_2 x_{n2} + \cdots + b_n x_{nn} + \varepsilon_n. \end{cases} \tag{9-27}$$

注意 $\varepsilon_1, \ \varepsilon_2, \ \cdots, \ \varepsilon_n$ 相互独立，且均服从正态分布 $N(0, \ \sigma^2)$. 令

$$\boldsymbol{b} = \begin{pmatrix} b_0 \\ b_1 \\ \vdots \\ b_n \end{pmatrix}, \ \boldsymbol{Y} = \begin{pmatrix} Y_1 \\ Y_2 \\ \vdots \\ Y_n \end{pmatrix}, \ \boldsymbol{\varepsilon} = \begin{pmatrix} \varepsilon_1 \\ \varepsilon_2 \\ \vdots \\ \varepsilon_n \end{pmatrix},$$

$$\boldsymbol{X} = \begin{pmatrix} 1 & x_{11} & x_{12} & \cdots & x_{1n} \\ 1 & x_{21} & x_{22} & \cdots & x_{2n} \\ \vdots & \vdots & \vdots & & \vdots \\ 1 & x_{n1} & x_{n2} & \cdots & x_{nn} \end{pmatrix},$$

则式 (9-27) 可简写为 $\boldsymbol{Y} = \boldsymbol{X}\boldsymbol{b} + \boldsymbol{\varepsilon}$.

多元线性回归分析的任务，就是依据样本值去估计多元线性回归方程

$$\hat{y} = \hat{b}_0 + \hat{b}_1 x_1 + \hat{b}_2 x_2 + \cdots + \hat{b}_n x_n, \tag{9-28}$$

其中 $\hat{b}_0, \ \hat{b}_1, \ \hat{b}_2, \ \cdots, \ \hat{b}_n$ 为 $b_0, \ b_1, \ b_2, \ \cdots, \ b_n$ 的点估计值. 下面采用最小二乘法去估计未知参数，即求取 $\hat{b}_0, \ \hat{b}_1, \ \hat{b}_2, \ \cdots, \ \hat{b}_n$，使得误差的平方和

$$Q = \sum_{i=1}^{n} (y_i - b_0 - b_1 x_{i1} - b_2 x_{i2} - \cdots - b_n x_{in})^2 \tag{9-29}$$

取到最小，也就是

$$Q(\hat{b}_0, \ \hat{b}_1, \ \hat{b}_2, \ \cdots, \ \hat{b}_n) = \min \sum_{i=1}^{n} (y_i - b_0 - b_1 x_{i1} - b_2 x_{i2} - \cdots - b_n x_{in})^2.$$

首先，求 Q 关于 b_0，b_1，b_2，$\cdots$，b_n 的偏导数，并令其等于 0，得到如下方程组：

$$
\begin{cases}
\dfrac{\partial Q}{\partial b_0} = -2\sum_{i=1}^{n}(y_i - b_0 - b_1 x_{i1} - b_2 x_{i2} - \cdots - b_n x_{in}) = 0, \\[3mm]
\dfrac{\partial Q}{\partial b_1} = -2\sum_{i=1}^{n}(y_i - b_0 - b_1 x_{i1} - b_2 x_{i2} - \cdots - b_n x_{in})x_{i1} = 0, \\
\qquad\qquad\qquad\vdots \\
\dfrac{\partial Q}{\partial b_n} = -2\sum_{i=1}^{n}(y_i - b_0 - b_1 x_{i1} - b_2 x_{i2} - \cdots - b_n x_{in})x_{in} = 0.
\end{cases}
\tag{9-30}
$$

化简后得

$$
\begin{cases}
nb_0 + \sum_{i=1}^{n} x_{i1}b_1 + \sum_{i=1}^{n} x_{i2}b_2 + \cdots + \sum_{i=1}^{n} x_{in}b_n = \sum_{i=1}^{n} y_i, \\[3mm]
\sum_{i=1}^{n} x_{i1}b_0 + \sum_{i=1}^{n} x_{i1}^2 b_1 + \sum_{i=1}^{n} x_{i1}x_{i2}b_2 + \cdots + \sum_{i=1}^{n} x_{i1}x_{in}b_n = \sum_{i=1}^{n} x_{i1}y_i, \\
\qquad\qquad\qquad\vdots \\
\sum_{i=1}^{n} x_{in}b_0 + \sum_{i=1}^{n} x_{in}x_{i1}b_1 + \sum_{i=1}^{n} x_{in}x_{i2}b_2 + \cdots + \sum_{i=1}^{n} x_{in}^2 b_n = \sum_{i=1}^{n} x_{in}y_i,
\end{cases}
\tag{9-31}
$$

这里称该方程组为正规方程组. 为了方便求解该方程组，记方程组的系数矩阵为 $\boldsymbol{A}$，即

$$
\boldsymbol{A} =
\begin{pmatrix}
n & \sum_{i=1}^{n} x_{i1} & \sum_{i=1}^{n} x_{i2} & \cdots & \sum_{i=1}^{n} x_{in} \\
\sum_{i=1}^{n} x_{i1} & \sum_{i=1}^{n} x_{i1}^2 & \sum_{i=1}^{n} x_{i1}x_{i2} & \cdots & \sum_{i=1}^{n} x_{i1}x_{in} \\
\vdots & \vdots & \vdots & & \vdots \\
\sum_{i=1}^{n} x_{in} & \sum_{i=1}^{n} x_{in}x_{i1} & \sum_{i=1}^{n} x_{in}x_{i2} & \cdots & \sum_{i=1}^{n} x_{in}^2
\end{pmatrix}
$$

$$
=
\begin{pmatrix}
1 & 1 & \cdots & 1 \\
x_{11} & x_{21} & \cdots & x_{n1} \\
x_{12} & x_{22} & \cdots & x_{n2} \\
\vdots & \vdots & & \vdots \\
x_{1n} & x_{2n} & \cdots & x_{nn}
\end{pmatrix}
\begin{pmatrix}
1 & x_{11} & x_{12} & \cdots & x_{1n} \\
1 & x_{21} & x_{22} & \cdots & x_{2n} \\
\vdots & \vdots & \vdots & & \vdots \\
1 & x_{n1} & x_{n2} & \cdots & x_{nn}
\end{pmatrix}
= \boldsymbol{X}^{\mathrm{T}}\boldsymbol{X}.
$$

正规方程组的常数项向量记为 $\boldsymbol{B}$，即

$$B = \begin{pmatrix} \sum\limits_{i=1}^{n} y_i \\ \sum\limits_{i=1}^{n} x_{i1}y_i \\ \vdots \\ \sum\limits_{i=1}^{n} x_{in}y_i \end{pmatrix} = \begin{pmatrix} 1 & 1 & \cdots & 1 \\ x_{11} & x_{21} & \cdots & x_{n1} \\ x_{12} & x_{22} & \cdots & x_{n2} \\ \vdots & \vdots & & \vdots \\ x_{1n} & x_{2n} & \cdots & x_{nn} \end{pmatrix} \begin{pmatrix} y_1 \\ y_2 \\ \vdots \\ y_n \end{pmatrix} = \boldsymbol{X}^{\mathrm{T}}\boldsymbol{Y}.$$

于是，式 (9-31) 可转换为

$$Ab = B,$$

或

$$\boldsymbol{X}^{\mathrm{T}}\boldsymbol{X}b = \boldsymbol{X}^{\mathrm{T}}\boldsymbol{Y}. \tag{9-32}$$

求解矩阵方程，得

$$\hat{\boldsymbol{b}} = \begin{pmatrix} \hat{b}_0 \\ \hat{b}_1 \\ \vdots \\ \hat{b}_n \end{pmatrix} = (\boldsymbol{X}^{\mathrm{T}}\boldsymbol{X})^{-1}\boldsymbol{X}^{\mathrm{T}}\boldsymbol{Y}. \tag{9-33}$$

从而可得多元线性回归方程

$$\hat{y} = \hat{b}_0 + \hat{b}_1 x_1 + \hat{b}_2 x_2 + \cdots + \hat{b}_n x_n.$$

【例 9-9】 设某公司在 10 座城市的收入 Y (百万元) 与经费支出 x_1 (十万元)、销售数目 x_2 (千件) 有关，具体数据如下:

x_1 (十万元)	5.0	2.9	6.2	9.4	9.2	11.7	15.5	15.3	13.5	14.6
x_2 (千件)	25.0	8.4	38.4	88.4	84.6	136.9	240.3	234.1	182.3	213.2
Y (百万元)	9.3	7.8	7.6	8.4	8.3	9.1	10.0	10.1	10.4	11.1

求 Y 关于 x_1 和 x_2 的二元线性回归方程.

解　由题意知

$$\boldsymbol{X} = \begin{pmatrix} 1 & 5.0 & 25.0 \\ 1 & 2.9 & 8.4 \\ 1 & 6.2 & 38.4 \\ 1 & 9.4 & 88.4 \\ 1 & 9.2 & 84.6 \\ 1 & 11.7 & 136.9 \\ 1 & 15.5 & 240.3 \\ 1 & 15.3 & 234.1 \\ 1 & 13.5 & 182.3 \\ 1 & 14.6 & 213.2 \end{pmatrix}, \quad \boldsymbol{Y} = \begin{pmatrix} 9.3 \\ 7.8 \\ 7.6 \\ 8.4 \\ 8.3 \\ 9.1 \\ 10.0 \\ 10.1 \\ 10.4 \\ 11.1 \end{pmatrix}.$$

根据式 (9-33) 可得

$$\hat{\boldsymbol{b}} = \begin{pmatrix} \hat{b}_0 \\ \hat{b}_1 \\ \hat{b}_2 \end{pmatrix} = (\boldsymbol{X}^{\mathrm{T}}\boldsymbol{X})^{-1}\boldsymbol{X}^{\mathrm{T}}\boldsymbol{Y} = \begin{pmatrix} 8.404 \\ -0.145 \\ 0.018 \end{pmatrix}.$$

从而 Y 关于 x_1 和 x_2 的二元线性回归方程为

$$\hat{y} = 8.404 - 0.145x_1 + 0.018x_2.$$

类似于一元线性回归情形, 还需对所假定的多元线性回归模型进行假设检验, 验证其是否符合实际结果. 具体说来, 针对回归模型

$$Y = b_0 + b_1x_1 + b_2x_2 + \cdots + b_nx_n + \varepsilon, \ \varepsilon \sim N(0, \ \sigma^2),$$

提出假设

$$H_0: \ b_1 = b_2 = \cdots = b_n = 0,$$

$$H_1: \ b_1, \ b_2, \ \cdots, \ b_n \text{不全为 } 0,$$

并对其进行检验. 若最终拒绝原假设 H_0, 则说明 Y 与 x_1, x_2, $\cdots$, x_n 存在线性关系; 若接受原假设 H_0, 则说明 Y 与 x_1, x_2, $\cdots$, x_n 不存在线性关系.

此外, 也类似于一元线性回归情形, 还需对多元线性回归进行预测, 以求出给定的 x_{01}, x_{02}, $\cdots$, x_{0n} 对应的 Y_0 的观测值的预测区间.

上述内容读者可参阅参考文献 [26].

基础练习 9-3

1. 多元线性回归模型为 _____.

2. 对于多元线性回归问题, 相应的正规方程组的矩阵表达形式为 _____.

总习题九

1. 以家庭为考察对象，调查某种蔬菜年需求量与该蔬菜价格之间的关系，相关数据如下：

价格 x (元)	1	2	2	2.3	2.5	2.6	2.8	3	3.3	3.5
需求量 Y/500g	5	3.5	3	2.7	2.4	2.5	2	1.5	1.2	1.2

试画出散点图, 并求出 Y 关于 x 的线性回归方程 (保留小数点后 1 位).

2. 设某公司统计广告费用与销售额的相关数据如下：

广告费用 x (万元)	40	25	20	30	40	40
销售额 Y (万元)	490	395	420	475	385	525
广告费用 x (万元)	25	20	50	20	50	50
销售额 Y (万元)	480	400	560	365	510	540

(1) 画出散点图;

(2) 求出 Y 关于 x 的线性回归方程 (保留小数点后 3 位);

(3) 给定显著性水平 $\alpha = 0.05$, 检验假设 $H_0 : b = 0$, $H_1 : b \neq 0$.

3. 已知在某一化学反应过程中，产品得率 Y (%) 受温度 x (℃) 的影响，相关数据如下：

温度 x/℃	120	110	100	130	140	150	160	170	180	190
产品得率 Y(%)	54	51	45	61	66	70	74	78	85	89

(1) 求出 Y 关于 x 的线性回归方程 (保留小数点后 4 位);

(2) 给定显著性水平 $\alpha = 0.05$, 采用 t 检验法检验回归效果是否显著;

(3) 对 σ^2 进行估计 (保留小数点后 4 位);

(4) 求 $x = 125$ 时, Y 的置信水平为 0.95 的预测区间 (保留小数点后 4 位).

4. 抽样调查某城市居民的家庭生活，得到 1978—1989 年人均收入的相关数据如下：

年份 x	1978	1979	1980	1981	1982	1983
人均收入 Y (百元)	3.65	4.15	5.01	5.14	5.61	5.91
年份 x	1984	1985	1986	1987	1988	1989
人均收入 Y (百元)	6.94	9.08	10.68	11.82	14.37	15.97

(1) 画出散点图;

(2) 求出 Y 关于 x 的线性回归方程 (保留小数点后 3 位);

(3) 给定显著性水平 $\alpha = 0.05$, 检验假设 $H_0 : b = 0$, $H_1 : b \neq 0$;

(4) 请预测 1990 年 Y 的置信水平为 0.9 的人均收入 (保留小数点后 2 位).

5. 以下是某轿车价格的调查资料:

使用年限 x	1	2	3	4	5	6	7	8	9	10
均价 Y (百元)	2651	1943	1494	1087	765	538	484	290	226	204

假设回归曲线模型 $Y = \alpha e^{\beta x}$, 试求出 Y 关于 x 的回归曲线方程 (保留小数点后 4 位).

6. 一公司调查某电子元件平均单价 Y (元) 与已销售量 x_1 (件) 和预期销售量 x_2 (件) 之间的关系，抽查数据如下：

已销售量 x_1(件)	20	25	30	35	40	50
预期销售量 x_2(件)	200	625	900	1225	1600	2500
平均单价 Y(元)	1.81	1.70	1.65	1.55	1.48	1.40
已销售量 x_1(件)	60	65	70	75	80	90
预期销售量 x_2(件)	3600	4225	4900	5625	6400	8100
平均单价 Y(元)	1.30	1.26	1.24	1.21	1.20	1.118

求 Y 关于 x_1 和 x_2 的二元线性回归方程 (保留小数点后 4 位).

自测题九

1. 有专家推测玉米亩产量 Y (kg) 与尿素使用量 x (kg) 存在着某种线性关系. 调研得到部分数据如下：

x/kg	15	20	25	30	35	40	45
Y/kg	330	345	365	405	445	490	455

(1) 求出 Y 关于 x 的线性回归方程 (保留小数点后 3 位) (15 分)；
(2) 给定显著性水平 $\alpha = 0.005$，检验假设 $H_0 : b = 0$，$H_1 : b \neq 0$ (15 分).

2. 下表是关于弹簧长度 Y (cm) 与物体重量 x (g) 的相关数据：

x	50	100	150	200	250	300
Y	7.25	8.12	8.95	9.9	10.9	11.8

(1) 求出 Y 关于 x 的线性回归方程 (保留小数点后 4 位) (15 分)；
(2) 给定显著性水平 $\alpha = 0.005$，检验假设 $H_0 : b = 0$，$H_1 : b \neq 0$ (15 分)；
(3) 求 $x = 160$ 时，Y 的置信水平为 0.995 的预测区间 (保留小数点后 4 位) (10 分).

3. 以下是某企业 7 个分公司的总产值 Y (亿元)、员工人数 x_1 (万人) 和固定资产 x_2 (亿元) 的统计资料：

员工人数 x_1 (万人)	28.27	29.09	30	29.7	31.12	32.35	39
固定资产 x_2 (万人)	2.3	2.8	3.2	3.8	4.3	4.76	5.75
分公司总产值 Y(亿元)	4.91	5.4	6.5	7.21	8.4	9.98	14.3

求 7 个分公司总产值关于员工人数和固定资产的二元线性回归方程 (保留小数点后 2 位) (30 分).

参考文献

[1] ALIZADEH F, GOLDFARB D. Second-order cone programming [J]. Math. Programming, 2003, 95(1): 3–51.

[2] 王明慈，沈恒范. 概率论与数理统计 [M]. 3 版. 北京：高等教育出版社，2013.

[3] 盛骤，谢式千，潘承毅. 概率论与数理统计 [M]. 4 版. 北京：高等教育出版社，2008.

[4] 梁之舜，邓集贤，杨维权，等. 概率论与数理统计 [M]. 北京：高等教育出版社，1988.

[5] 刘文斌，石莹，程斌. 概率论与数理统计：经管类 [M]. 上海：同济大学出版社，2012.

[6] 吴赣昌. 概率论与数理统计：经管类 [M]. 4 版. 北京：中国人民大学出版社，2011.

[7] 邹述超，何腊梅. 概率论与数理统计 [M]. 北京：高等教育出版社，2002.

[8] 徐建豪，辛萍芳. 概率论与数理统计教程 [M]. 北京：科学出版社，2009.

[9] 沈恒范. 概率论与数理统计教程 [M]. 4 版. 北京：高等教育出版社，2002.

[10] 龚德恩，范培华，胡显佑. 经济数学基础：第三分册 概率统计 [M]. 4 版. 成都：四川人民出版社，2005.

[11] 王熙照. 概率论与数理统计 [M]. 北京：科学出版社，2009.

[12] 茆诗松，程依明，濮小龙. 概率论与数理统计教程 [M]. 北京：高等教育出版社，2004.

[13] 钟开莱. 概率论教程：英文版 原书第 3 版 典藏版 [M]. 北京：机械工业出版社，2010.

[14] 严士健，王隽骧，刘秀芳. 概率论基础 [M]. 北京：科学出版社，2009.

[15] 陈希孺. 概率论与数理统计 [M]. 北京：科学出版社，2000.

[16] 李贤平. 基础概率论 [M]. 北京：高等教育出版社，2010.

[17] 王保贵，谢俊来，邹广玉，等. 概率论与数理统计 [M]. 北京：科学出版社，2015.

[18] 姚孟臣. 概率论与数理统计 [M]. 北京：中国人民大学出版社，2010.

[19] 苏保河. 概率论与数理统计 [M]. 厦门：厦门大学出版社，2015.

[20] 周誓达. 概率论与数理统计 [M]. 北京：中国人民大学出版社，2012.

[21] 金义明. 概率论与数理统计 [M]. 杭州：浙江工商大学出版社，2013.

[22] 贾俊平，何晓群，金勇进. 统计学 [M]. 5 版. 北京：中国人民大学出版社，2012.

[23] 孟新焕，邰淑彩. 概率论与数理统计 [M]. 武汉：武汉大学出版社，2011.

[24] 周彩丽，张春琴，杨兰珍. 概率论与数理统计：经管类 [M]. 北京：科学出版社，2020.

[25] 李念伟，王凤英. 概率论与数理统计：经管类 [M]. 北京：化学工业出版社，2010.

[26] 汪荣鑫. 数理统计 [M]. 西安：西安交通大学出版社，2009.